Moeller

Leitfaden der Elektrotechnik

Herausgegeben von

Dr.-Ing. Hans Fricke
Professor an der Technischen Universität Braunschweig

Dr.-Ing. Heinrich Frohne
Professor an der Technischen Universität Hannover

Dr.-Ing. Paul Vaske
Dozent an der Fachhochschule Hamburg

Band III, Teil 1

 B. G. Teubner Stuttgart

Bauelemente der Halbleiterelektronik

Teil 1 Grundlagen, Dioden und Transistoren

Von Dr. rer. nat. H. Tholl
Dozent an der Fachhochschule Hamburg

1976. Mit 203 Bildern, 18 Tafeln und 60 Beispielen

 B. G. Teubner Stuttgart

CIP-Kurztitelaufnahme der Deutschen Bibliothek

Leitfaden der Elektrotechnik / Moeller. Hrsg. von
Hans Fricke ... – Stuttgart : Teubner.
NE : Moeller , Franz [Begr.]; Fricke, Hans [Hrsg.]
   Bd. 3. Bauelemente der Halbleiterelektronik.
   Teil 1. Grundlagen, Dioden und Transistoren / von
H. Tholl. – 1. Aufl. – 1976.
   ISBN 3-519-06418-9
NE: Tholl, Herbert

Das Werk ist urheberrechtlich geschützt. Die dadurch
begründeten Rechte, besonders die der Übersetzung, des
Nachdrucks, der Bildentnahme, der Funksendung, der
Wiedergabe auf photomechanischem oder ähnlichem Wege,
der Speicherung und Auswertung in Datenverarbeitungs-
anlagen, bleiben, auch bei Verwertung von Teilen des
Werkes, dem Verlag vorbehalten.

Bei gewerblichen Zwecken dienender Vervielfältigung ist
an den Verlag gemäß § 54 UrhG eine Vergütung zu zahlen,
deren Höhe mit dem Verlag zu vereinbaren ist.

© B.G. Teubner, Stuttgart 1976
Printed in Germany
Satz: Schmitt u. Köhler, Würzburg
Druck und Binderei: Passavia Druckerei AG, Passau
Umschlaggestaltung: W. Koch, Sindelfingen

Vorwort

Die Elektronik hat sich in den letzten zwei Jahrzehnten so stürmisch entwickelt wie wohl kaum ein anderer Bereich der Elektrotechnik. Dabei waren es vor allem die Fortschritte der Festkörper- und Halbleiterphysik, die diese Entwicklung vorantrieben. Während in den fünfziger Jahren die Schaltungstechnik in zunehmendem Maße den Übergang von Röhren- zu Transistorschaltungen vollzog, wurde in den sechziger Jahren als weiterer Fortschritt der Einsatz von integrierten Schaltkreisen erreicht. Im Bereich der integrierten Schaltkreise ist jetzt eine Entwicklung zu beobachten, die – bedingt durch eine verbesserte Halbleitertechnologie – zur Herstellung immer komplexerer integrierter Halbleiterschaltungen führt. Dies hat eine weitgehende Verringerung des Raumbedarfs elektronischer Schaltungen zur Folge und führt gleichzeitig zur Steigerung ihrer Leistungsfähigkeit. Sowohl elektronische Großrechner als auch besonders kleine elektronische Tischrechner zeugen vom hohen Stand dieser Schaltungstechnik.

Neben dieser Entwicklung hochintegrierter Halbleiterschaltungen wurde in den letzten zehn Jahren eine Vielzahl von Halbleiterbauelementen mit speziellen Eigenschaften entwickelt, die es erst ermöglichten, für viele Schaltungsprobleme besonders einfache und deshalb effektive Lösungen zu finden. Obwohl sich einerseits bei der Entwicklung neuer Halbleiterbauelemente bereits eine gewisse Sättigung abzeichnet, sind jedoch andererseits viele dieser Bauelemente noch nicht in die Lehrbücher der Technischen Universitäten und Fachhochschulen eingegangen.

Ziel dieses Buches ist es deshalb, eine Übersicht über die derzeit zur Verfügung stehenden Halbleiterbauelemente zu geben und ihren physikalischen Aufbau, ihre Wirkungsweise und ihre Anwendungsmöglichkeiten darzustellen. Dabei wird versucht, trotz der Vielzahl der Bauelemente den Lehrbuchcharakter zu wahren, um den Studierenden an Technischen Universitäten und Fachhochschulen das Einarbeiten in dieses Stoffgebiet zu erleichtern. Daher kann dieses Buch als vorlesungsbegleitendes Lehrbuch im Rahmen des Elektronikstudiums verwendet werden. Wegen der ausführlichen Darstellung der Halbleiterbauelemente ist es aber auch für den Ingenieur der Praxis sowie für Dozenten der Technischen Universitäten, Fachhochschulen und Fachschulen geeignet.

Um den Umfang des Buches, das innerhalb der Reihe „Leitfaden der Elektrotechnik" als Band III erscheint, nicht zu stark anwachsen zu lassen, ist der gesamte Stoff auf zwei Teilbände verteilt. Der Teil 1 enthält die Sachgebiete Dioden und bipolare Transistoren, und Teil 2 behandelt die Feldeffekt-Transistoren, weitere Spezialtransistoren, Thyristoren und die Bauelemente der Optoelektronik. Das Gebiet der integrierten Schaltkreise, die ja eigentlich keine Bauelemente mehr sind, sondern ganze Schaltungsgruppen darstellen, wird in diesen beiden Teilbänden nur am Rande gestreift.

Die Behandlung eines Bauelements geht zunächst von der Beschreibung seines physikalisch-technologischen Aufbaus aus und leitet daraus seine Kennlinien und sein Betriebsverhalten ab. Zur Vertiefung wird dann die Wirkungsweise an Hand zahlreicher Schaltungsbeispiele und Anwendungen dargestellt. Mit den Anwendungsbeispielen wird versucht, die Schaltungen möglichst genau zu dimensionieren und zu berechnen, um den Studierenden eine Anleitung zur Berechnung von Halbleiterschaltungen zu geben.

Die Gleichungen werden weitgehend als Größengleichungen dargestellt und, soweit dies der Platz zuläßt, abgeleitet. Bei den Formelzeichen werden für zeitabhängige Größen (z.B. Wechselspannungen) kleine Buchstaben verwendet. Zeitlich konstante Größen sind durch große Buchstaben gekennzeichnet. Als Voraussetzungen für das Studium sollten Grundkenntnisse der Elektrotechnik, wie sie etwa im Band I, Grundlagen der Elektrotechnik, behandelt werden, vorhanden sein.

Der Verfasser dankt den Herausgebern des „Leitfadens der Elektrotechnik" für die Aufnahme seines Buches in diese bekannte Lehrbuchreihe. Sein besonderer Dank gilt Herrn Prof. Dr. H. Fricke für seine vielen wertvollen Ratschläge und Herrn Dr. P. Vaske für seine vielen Hinweise zur Gestaltung des Buches. Nicht zuletzt gilt sein Dank auch dem Verlag für sein verständnisvolles Eingehen auf die Wünsche des Verfassers und für die hervorragende Ausstattung des Buches.

Hamburg, im Frühjahr 1976   Herbert Tholl

Inhalt

1 Physikalische Grundlagen der Stromleitung in Festkörpern

1.1 Atomarer Aufbau der halbleitenden Elemente 1
    1.1.1 Bohrsches Atommodell 1
    1.1.2 Einordnung der Halbleiter in das periodische System 4
1.2 Kristallaufbau der Halbleiter 4
1.3 Bändermodell des Festkörpers 5
1.4 Eigenleitung der Halbleiter 8
    1.4.1 Inversionsdichte 8
    1.4.2 Leitfähigkeit von Halbleitern 10
        1.4.2.1 Leitungsmechanismus. 1.4.2.2 Berechnung der Leitfähigkeit. 1.4.2.3 Isolator, Halbleiter und Metall
1.5 Störstellen-Halbleitung 14
    1.5.1 N-Halbleiter (Überschußleiter) 15
    1.5.2 P-Halbleiter (Defektleiter) 16
    1.5.3 Dotierungsgrad 16

2 Halbleiterdioden

2.1 PN-Übergang 18
    2.1.1 Allgemeine Beschreibung 18
    2.1.2 Berechnung der Diffusionsspannung 18
    2.1.3 Bändermodell des PN-Übergangs 20
    2.1.4 Berechnung der Kennlinie des PN-Übergangs 22
        2.1.4.1 Berechnung der Trägerdichten am PN-Übergang. 2.1.4.2 Berechnung des Stroms
2.2 Diskussion der Diodenkennlinie 26
    2.2.1 Durchlaßbereich 26
    2.2.2 Sperrbereich 28
2.3 Temperaturabhängigkeit von Sperrstrom und Durchlaßspannung 29
    2.3.1 Temperaturabhängigkeit des Sperrstroms 29
    2.3.2 Temperaturabhängigkeit der Durchlaßspannung 30

2.4 Schalt- und Frequenzverhalten 31
   2.4.1 Sperrschichtkapazität 31
   2.4.2 Diffusionskapazität 32
   2.4.3 Verhalten beim Ein- und Ausschalten der Durchlaßspannung 34

2.5 Kennwerte und Bauformen 35
   2.5.1 Kennzeichnung von Halbleitern 35
   2.5.2 Gehäuseformen von Dioden 36

2.6 Gleichrichterschaltungen mit Halbleiterdioden 37
   2.6.1 Einsatz von Siliziumdioden als Gleichrichter 38
   2.6.2 Gleichrichterschaltungen mit reiner Wirklast 40
   2.6.3 Gleichrichterschaltungen mit Ladekondensator 46

3 Halbleiterdioden mit besonderen Eigenschaften

3.1 Z-Dioden 52
   3.1.1 Wirkungsweise 52
      3.1.1.1 Zener-Effekt. 3.1.1.2 Lawineneffekt
   3.1.2 Kennlinie 54
   3.1.3 Bauformen, Kennzeichnung und Eigenschaften 57
   3.1.4 Anwendungen 58
      3.1.4.1 Spannungsstabilisierung. 3.1.4.2 Doppelte Stabilisierung.
      3.1.4.3 Spannungsbegrenzung

3.2 Tunnel-Dioden 62
   3.2.1 Wirkungsweise 62
   3.2.2 Eigenschaften 65
   3.2.3 Anwendungen 66
      3.2.3.1 Tunnel-Diode als Impulsgenerator. 3.2.3.2 Tunnel-Diode als Verstärker oder Oszillator hochfrequenter Wechselspannungen

3.3 Backward-Dioden 69
   3.3.1 Wirkungsweise 69
   3.3.2 Kennlinie, Bauform und Anwendung 71

3.4 Spitzen-Dioden 72
   3.4.1 Eigenschaften 73
   3.4.2 Anwendung 74

3.5 Hot-carrier-Dioden 74
   3.5.1 Metall-Halbleiterkontakt 75
   3.5.2 Eigenschaften und Aufbau 77
      3.5.2.1 Kennlinie. 3.5.2.2 Ersatzschaltung. 3.5.2.3 Durchbruchsspannung und Sperrstrom. 3.5.2.4 Verlustleistung. 3.5.2.5 Technologischer und mechanischer Aufbau
   3.5.3 Anwendungen 80
      3.5.3.1 Schnelles Diodentor. 3.5.3.2 Modulation. 3.5.3.3 Kleinsignal-Detektor

3.6 Kapazitäts-Dioden 84
   3.6.1 Wirkungsweise 85
   3.6.2 Eigenschaften und Bauformen 86
   3.6.3 Anwendungen 87
      3.6.3.1 Abstimmung eines Schwingkreises. 3.6.3.2 Abstimmung mit einer Doppeldiode

3.7 Varaktor-Dioden 89
   3.7.1 Wirkungsweise und Aufbau 89
   3.7.2 Anwendungen 90
      3.7.2.1 Frequenzvervielfacher. 3.7.2.2 Parametrischer Verstärker

3.8 Step-recovery-Dioden 94
   3.8.1 Wirkungsweise und Aufbau 95
   3.8.2 Berechnung der gespeicherten Ladung und der Speicherzeit 96
   3.8.3 Statische und dynamische Kennlinien 98
   3.8.4 Impulsformung 99
      3.8.4.1 Impulsaufsteilung. 3.8.4.2 Rechteckimpulsgenerator. 3.8.4.3 Mehrstufige Impulsaufsteilung
   3.8.5 Frequenzvervielfacher 102
      3.8.5.1 Step-recovery-Impulsgenerator. 3.8.5.2 Resonanzkreis für die Ausgangsfrequenz. 3.8.5.3 Filter für die Ausgangsfrequenz. 3.8.5.4 Vollständiger Frequenzvervielfacher

3.9 PIN-Dioden 108
   3.9.1 Wirkungsweise 108
   3.9.2 Eigenschaften und Bauformen 110
   3.9.3 Anwendungen 111
      3.9.3.1 Hochfrequenzabschwächer. 3.9.3.2 Duplexschalter in Radaranlagen

3.10 Impatt-Dioden 116
   3.10.1 Wirkungsweise 116
      3.10.1.1 Qualitative Erklärung. 3.10.1.2 Genauere Berechnung
   3.10.2 Eigenschaften und Aufbau 120
      3.10.2.1 Kennlinie. 3.10.2.2 Verlustleistung
   3.10.3 Anwendung als Mikrowellengenerator 121
      3.10.3.1 Ersatzschaltung. 3.10.3.2 Schwingbedingung. 3.10.3.3 Impatt-Mikrowellengenerator

3.11 Gunn-Dioden 125
   3.11.1 Wirkungsweise 125
   3.11.2 Eigenschaften und Bauform 129

4 Bipolare Transistoren

4.1 Aufbau und Wirkungsweise 130
   4.1.1 Allgemeine Beschreibung 130

X Inhalt

- 4.1.2 Bändermodell des Transistors 132
- 4.1.3 Stromverstärkung 134

4.2 Transistorkennlinien 135
- 4.2.1 Ausgangskennlinienfeld 136
- 4.2.2 Stromverstärkungs-Kennlinienfeld 137
- 4.2.3 Eingangskennlinienfeld 138
- 4.2.4 Spannungsrückwirkungs-Kennlinienfeld 139

4.3 Darstellung der Verstärkung im Kennlinienfeld der Emitterschaltung . . . 140

4.4 Kleinsignalverhalten 143
- 4.4.1 Grundschaltungen 143
- 4.4.2 Vierpoldarstellung 143
  - 4.4.2.1 Hybrid-Gleichungen. 4.4.2.2 Leitwert-Gleichungen. 4.4.2.3 Widerstands-Gleichungen. 4.4.2.4 Ersatzschaltungen der Vierpolgleichungen
- 4.4.3 Umrechnung der Vierpol-Parameter 147
  - 4.4.3.1 Umrechnung der h- und y-Parameter. 4.4.3.2 Berechnung der h- und y-Parameter der Kollektor- und der Basisschaltung aus den Parametern der Emitterschaltung
- 4.4.4 Arbeitspunktabhängigkeit der h-Parameter 151
- 4.4.5 Berechnung des Kleinsignal-Betriebsverhaltens mit h- und y-Parametern 153
  - 4.4.5.1 Berechnung der Betriebsgrößen mit den h-Parametern – 4.4.5.2 Berechnung der Betriebsgrößen mit den y-Parametern
- 4.4.6 Kleinsignal-Betriebsverhalten der Emitterschaltung 155
- 4.4.7 Kleinsignal-Betriebsverhalten der Kollektorschaltung 158
- 4.4.8 Kleinsignal-Betriebsverhalten der Basisschaltung 161
- 4.4.9 Kopplung von Verstärkerstufen 163

4.5 Temperaturverhalten 165
- 4.5.1 Restströme und ihre Temperaturabhängigkeit 165
  - 4.5.1.1 Restströme. 4.5.1.2 Temperaturabhängigkeit der Restströme
- 4.5.2 Temperaturabhängigkeit der Basis-Emitterspannung 166

4.6 Einstellung und Stabilisierung des Arbeitspunktes 167
- 4.6.1 Arbeitspunkteinstellung mit Basisspannungsteiler 167
- 4.6.2 Arbeitspunkteinstellung mit Basisvorwiderstand 168
- 4.6.3 Arbeitspunktstabilisierung durch Gleichstromgegenkopplung . . . 169

4.7 Kühlung 171
- 4.7.1 Thermischer Widerstand 172
- 4.7.2 Berechnung des thermischen Widerstands eines Kühlblechs . . . 173

4.8 Durchbruchverhalten 175
- 4.8.1 Basis-Emitter-Sperrspannung 175
- 4.8.2 Kollektor-Basis-Sperrspannung 175
- 4.8.3 Kollektor-Emitter-Sperrspannung 176
- 4.8.4 Fallende Ausgangskennlinien 178

4.8.5 Durchbruch 2. Art 179
    4.8.5.1 Durchbruch 2. Art bei leitender Basis-Emitterdiode. 4.8.5.2 Durchbruch 2. Art bei gesperrter Basis-Emitterdiode
4.8.6 Absolute Grenzwerte von Kollektorstrom und Kollektor-Emitterspannung 181
4.8.7 Impulsbelastung 183

4.9 Frequenzverhalten 184
    4.9.1 T-Ersatzschaltung 184
    4.9.2 Grenzfrequenz der Stromverstärkung der Basisschaltung 185
    4.9.3 Grenzfrequenz der Stromverstärkung der Emitterschaltung 186
    4.9.4 Transitfrequenz 187
    4.9.5 Arbeitspunktabhängigkeit der Transitfrequenz 187

4.10 Schaltverhalten 188
    4.10.1 Schaltzustände im Kennlinienfeld 188
    4.10.2 Schaltzeiten 190
        4.10.2.1 Übergang vom gesperrten in den übersteuerten Zustand.
        4.10.2.2 Übergang aus dem leitenden in den gesperrten Zustand.
        4.10.2.3 Berechnung von Schaltzeiten
    4.10.3 Verbesserung des Schaltverhaltens 195
        4.10.3.1 Beschleunigungskondensatoren. 4.10.3.2 Kollektor-Fangschaltung
    4.10.4 Schalten von kapazitiven und induktiven Lasten 197
        4.10.4.1 Kapazitive Last. 4.10.4.2 Induktive Last

4.11 Transistorrauschen 198
    4.11.1 Widerstandsrauschen 199
    4.11.2 Rauschursachen bei Transistoren 199
    4.11.3 Definition von Rauschzahl und Rauschmaß 201
    4.11.4 Berechnung der Rauschzahl 203
    4.11.5 Signal-Rauschabstand 205

4.12 Technologie und Bauformen 205
    4.12.1 Legierungsverfahren 206
    4.12.2 Diffusionsverfahren 206
        4.12.2.1 Diffusion bei konstanter Oberflächenkonzentration. 4.12.2.2 Diffusion bei konstanter Teilchenmenge
    4.12.3 Diffundierte Transistoren 207
        4.12.3.1 Einfach diffundierter Transistor. 4.12.3.2 Zweifach diffundierter Transistor. 4.12.3.3 Dreifach diffundierter Transistor
    4.12.4 Epitaxialverfahren 209
    4.12.5 Epitaxiale Transistoren 210
        4.12.5.1 Epitaxial-Base-Transistor. 4.12.5.2 Multiple-Epitaxial-Base-Transistor
    4.12.6 Ionen-Implantation 210
    4.12.7 Transistor-Topographie 211
    4.12.8 Gehäuseformen 212

4.13 Weitere wichtige Grundschaltungen 213
    4.13.1 Darlington-Schaltung 213
    4.13.2 Komplementär-Darlington-Schaltung 216
    4.13.3 Kaskode-Schaltung 218
    4.13.4 Konstantstromquelle 221

Anhang

1 Weiterführende Bücher und Literatur 225

2 Normblätter 226

3 Schaltzeichen 226

4 Verwendete Formelzeichen 227

Sachverzeichnis 232

Hinweise auf DIN-Normen in diesem Werk entsprechen dem Stande der Normung bei Abschluß des Manuskriptes. Maßgebend sind die jeweils neuesten Ausgaben der Normblätter des DIN Deutsches Institut für Normung e.V. im Format A4, die durch die Beuth-Verlag GmbH, Berlin und Köln, zu beziehen sind. – Sinngemäß gilt das gleiche für alle in diesem Buche angezogenen amtlichen Bestimmungen, Richtlinien, Verordnungen usw.

1 Physikalische Grundlagen der Stromleitung in Festkörpern

Festkörper verhalten sich sehr unterschiedlich bei der Leitung des elektrischen Stromes. Einerseits sind Metalle, wie z. B. Kupfer oder Aluminium, sehr gute Leiter, andererseits jedoch leiten Stoffe wie Quarz, Glas oder Keramik den Strom praktisch überhaupt nicht. Neben den Metallen und den Isolatoren gibt es aber noch Stoffe, die weder zu den Metallen noch zu den Isolatoren gerechnet werden können. Diese Festkörper haben zwar eine viel kleinere Leitfähigkeit als die Metalle, verglichen mit Isolatoren stellen sie jedoch relativ gute Leiter dar. Diese Stoffe, deren wichtigste Vertreter Silizium (Si) und Germanium (Ge) sind, werden deshalb als Halbleiter bezeichnet.

Mit der Entwicklung von Halbleiterdioden und Transistoren ist das Interesse der Festkörperforschung an diesen halbleitenden Stoffen sehr stark gewachsen, so daß es heute möglich ist, halbleitende Stoffe, wie z. B. Silizium oder Germanium, in sehr reiner Form darzustellen. Durch kontrollierte Verunreinigung (Dotierung) der Halbleiter wurde es schließlich möglich, die Vielzahl der Halbleiter-Bauelemente herzustellen.

In diesem Abschnitt wollen wir die Stromleitung in Halbleitern behandeln. Dabei wird sich zeigen, daß der Unterschied zwischen Halbleitern und Isolatoren nicht sehr groß ist, daß dagegen Metalle ein erheblich anderes Verhalten zeigen.

1.1 Atomarer Aufbau der halbleitenden Elemente

1.1.1 Bohrsches Atommodell

Für die Behandlung der Eigenschaften der Halbleiter betrachten wir zunächst den Aufbau der Atome mit dem klassischen Bohrschen Atommodell. Danach bestehen die Atome aus einem positiv geladenen Kern, der von negativ geladenen Elektronen umgeben ist, die sich auf kreis- und ellipsenförmigen Bahnen bewegen [1]. Auf einer solchen Bahn hält die elektrostatische Anziehungskraft der Zentrifugalkraft, die auf das Elektron einwirkt, gerade das Gleichgewicht. Auf jeder dieser Bahnen weist ein Elektron eine charakteristische Gesamtenergie auf, die sich aus der Summe seiner kinetischen und seiner potentiellen Energie zusammensetzt. Bezogen auf den Kern ist diese Energie um so größer, je weiter entfernt vom Kern das Elektron kreist.

Das Eigentümliche der atomaren Systeme ist nun, daß sich die Elektronen nicht auf beliebigen Bahnen bewegen, sondern sich nur auf ganz bestimmten diskreten Bahnen aufhalten können. Um dies zu verstehen, darf das Elektron nicht mehr als Teilchen betrachtet werden, sondern es muß als Materiewelle aufgefaßt werden. Diese Welleneigenschaft des Elektrons hat zuerst De Broglie entdeckt, und in der Folgezeit wurde in vielen physikalischen Experimenten bewiesen, daß ein Elektron sowohl als Teilchen als auch als Welle betrachtet werden kann.

1.1 Atomarer Aufbau der halbleitenden Elemente

Elektronen-Interferenzen und Elektronen-Mikroskopie belegen z.B. die Wellennatur des Elektrons. Dagegen läßt sich die Emission von Elektronen aus Glühkathoden besser mit dem Teilchenbild beschreiben. Die Wellenlänge einer solchen Materiewelle ist nach De Broglie $\lambda = h/mv$, wobei $h = 6,625 \cdot 10^{-34}$ Ws² das Plancksche Wirkungsquantum, m die Teilchenmasse und v die Teilchengeschwindigkeit ist. Im Wellenbild wird nun das Teilchen durch ein Wellenpaket (Wellengruppe) dargestellt, das in der Umgebung des Teilchenorts seine größte Amplitude hat. Je größer der Impuls mv des Teilchens ist, um so kleiner wird die Wellenlänge λ und somit die räumliche Konzentration des Wellenpakets, und um so stärker tritt die Teilchennatur in den Vordergrund. Bei einem Elektron, das sich mit der Geschwindigkeit $v = 2 \cdot 10^8$ m/s bewegt, beträgt die Wellenlänge $\lambda = 3,7 \cdot 10^{-3}$ pm und kommt hiermit in die Größenordnung des Durchmessers der Atomkerne.

Fassen wir nun das Elektron als eine solche Materiewelle auf, dann kann diese stationär auf einer geschlossenen Bahn nur existieren, wenn der Bahnumfang ein ganzes Vielfaches der Wellenlänge ist, so daß sich eine stehende Welle ausbilden kann. Dies ist die von Bohr gefundene Auswahlbedingung für die erlaubten Elektronenbahnen. Die Elektronenbahnen werden, beginnend bei der Bahn kleinsten Durchmessers, mit den Buchstaben K, L, M, N, O, P bezeichnet und z.B. K-Schale, L-Schale usw. genannt. Numeriert man die Schalen mit $n = 1$ (K-Schale), $n = 2$ (L-Schale) usw. mit n als Hauptquantenzahl, dann ergeben die Untersuchungen, daß die Anzahl der Elektronen Z pro Schale mit $Z = 2n^2$ anwächst. Danach enthält also die K-Schale maximal 2, die L-Schale maximal 8 und die M-Schale maximal 32 Elektronen.

Nach dem Naturprinzip der Energie-Minimierung bevorzugen die Elektronen diejenigen erlaubten Bahnen, auf denen ihre Gesamtenergie am geringsten ist. Das sind die dem Kern am nächsten liegenden inneren Bahnen. Die Gesamtzahl der Elektronen, die ein Atom enthält, richtet sich nach der Anzahl der im Kern enthaltenen positiv geladenen Teilchen (Protonen). Da das Atom nach außen elektrisch neutral erscheint, muß die Anzahl der Elektronen gleich der Anzahl der Protonen sein. Die Anzahl der Protonen ist gleich der sogenannten Ordnungszahl des betreffenden Elements. In Bild **2.1** sind die stark vereinfachten Atommodelle von Kohlenstoff (C), Silizium (Si) und Germanium (Ge) dargestellt. Alle drei Elemente weisen 4 Elektronen auf ihrer äußeren Schale auf. Im Atomkern sind außer den Protonen noch neutrale Kernteilchen (Neutronen) in etwa gleicher Anzahl enthalten.

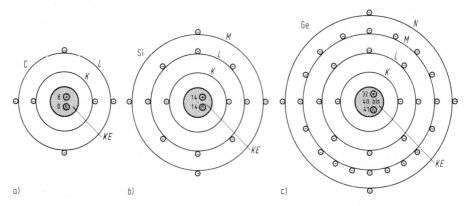

2.1 Vereinfachte Atommodelle von Kohlenstoff (C) a), Silizium (Si) b) und Germanium (Ge) c)
⊖ Symbol für Elektron, ⊕ Symbol für Proton, ⓝ Symbol für Neutron, *KE* Kern

1.1.1 Bohrsches Atommodell 3

Tafel 3.1 Periodisches System der Elemente
Die oben links am Symbol stehende Zahl gibt das Atomgewicht an; die unten links stehende Zahl ist die Ordnungszahl (Protonen-Anzahl des Kerns). Das Atomgewicht ist die Summe aus Protonen- und Neutronen-Anzahl. Da bei einem Element häufiger Atome mit unterschiedlicher Neutronen-Anzahl auftreten (Isotope), ist das Atomgewicht oft eine gebrochene Zahl.

Gruppen-Nr. (Wertigkeit gegen O_2)	I	II	III	IV	V	VI	VII	VIII
	$^{1,008}_{1}$H							$^{4,0}_{2}$He
Zunahme des metallischen Charakters →	$^{6,94}_{3}$Li	$^{9,01}_{4}$Be	$^{10,8}_{5}$B	$^{12,0}_{6}$C	$^{14,0}_{7}$N	$^{16,0}_{8}$O	$^{19,0}_{9}$F	$^{20,2}_{10}$Ne
	$^{23,0}_{11}$Na	$^{24,3}_{12}$Mg	$^{27,0}_{13}$Al	$^{28,1}_{14}$Si	$^{31}_{15}$P	$^{32,1}_{16}$S	$^{35,5}_{17}$Cl	$^{39,9}_{18}$Ar
	$^{39,1}_{19}$K	$^{40,1}_{20}$Ca	$^{45}_{21}$Sc bis $^{65,4}_{30}$Zn / $^{69,7}_{31}$Ga	$^{72,6}_{32}$Ge	$^{74,9}_{33}$As	$^{79}_{34}$Se	$^{79,9}_{35}$Br	$^{83,8}_{36}$Kr
	$^{85,5}_{37}$Rb	$^{87,6}_{38}$Sr	$^{88,9}_{39}$Y bis $^{112,4}_{48}$Cd / $^{114,8}_{49}$In	$^{118,7}_{50}$Sn	$^{121,8}_{51}$Sb	$^{127,6}_{52}$Te	$^{126,9}_{53}$J	$^{131,3}_{54}$Xe
	$^{132,9}_{55}$Cs	$^{137,4}_{56}$Ba	$^{138,9}_{57}$La bis $^{200,6}_{80}$Hg / $^{204,4}_{81}$Tl	$^{207,2}_{82}$Pb	$^{209,0}_{83}$Bi	$^{210}_{84}$Po	$^{210}_{85}$At	$^{222}_{86}$Rn
	$^{223}_{87}$Fr	$^{226,0}_{88}$Ra	$^{227}_{89}$Ac bis $^{253}_{102}$No					
	Alkali-Metalle	Erdalkali-Metalle	Bor-Aluminium-Gruppe	Kohlenstoff-Silizium-Gruppe	Stickstoff-Phosphor-Gruppe	Sauerstoff-Schwefel-Gruppe	Halogene	Edelgase
	←——— Metalle ———→			← Übergangsbereich →	←——— Nichtmetalle ———→			

Halbleiter für P-Dotierung: B, Al, Ga, In, Tl
Halbleiter für Basissubstanzen: Si, Ge
Halbleiter für N-Dotierung: P, As, Sb, Bi

1.1.2 Einordnung der Halbleiter in das periodische System

Im periodischen System werden die chemischen Elemente [1], deren kleinste Bausteine die Atome sind, nach ihrer Ordnungszahl in einer aus Zeilen und Spalten bestehenden Tafel 3.1 geordnet. Dabei steigt die Ordnungszahl in einer Zeile von links nach rechts. Eine neue Zeile wird immer dann begonnen, wenn wieder ein Element auftritt, das ähnliche chemische Eigenschaften hat wie das erste Element der vorangehenden Zeile. Dies ist z. B. bei den Elementen Lithium (Li), Natrium (Na), Kalium (K) usw. der Fall.

Die chemischen Eigenschaften eines Elements werden durch die am lockersten gebundenen Elektronen bestimmt; das sind die Elektronen der äußersten, noch besetzten Schale. Man nennt diese Elektronen Valenzelektronen. Bedingt durch das geschilderte Ordnungsprinzip stehen in jeder Spalte des periodischen Systems chemisch ähnliche Elemente, also Elemente mit der gleichen Anzahl von Valenzelektronen. Offensichtlich ist dann die Anzahl der Valenzelektronen identisch mit der Spaltennummer, in der das Element steht.

Die Elemente der ersten Spalte haben nur ein Valenzelektron, das sehr locker gebunden ist. Dies ist der Grund für die große chemische Aktivität dieser Elemente. Die Elemente der achten Gruppe sind dagegen als Edelgase bekannt für ihre chemische Inaktivität. Die Besetzung der Außenschale mit 8 Valenzelektronen führt also zu einer äußerst stabilen Konfiguration. Eine Sonderstellung nehmen auch die Halbleiterelemente der vierten Spalte ein; denn sie benötigen zu ihren 4 Valenzelektronen gerade noch ebenso viele, um eine stabile Achterschale zu bilden.

Nach dem im periodischen System enthaltenen Ordnungssystem stehen im linken Teil der Tafel 3.1 Elemente mit metallischem Charakter. Im rechten Teil der Tafel 3.1 sind dagegen Elemente mit nichtmetallischem Charakter zu finden. Die in der Mitte der Tafel liegenden Elemente der vierten Gruppe bilden auch hier als Halbleiter den Übergang zwischen Metallen und Isolatoren. Wichtig ist auch, daß der metallische Charakter der Elemente im periodischen System von oben nach unten zunimmt. So ist z. B. in der vierten Gruppe der Kohlenstoff (C) (in Diamantstruktur) einer der besten Isolatoren, Silizium (Si) und Germanium (Ge) haben halbleitende Eigenschaften, Zinn (Sn) und Blei (Pb) sind dagegen schon Metalle.

Für die Halbleitertechnik haben die Elemente Silizium (Si) und Germanium (Ge) besondere Bedeutung, aber auch die Elemente der Nachbargruppen (Bor (B), Aluminium (Al), Gallium (Ga) und Indium (In) in der dritten Gruppe; Phosphor (P), Arsen (As), Antimon (Sb) und Wismut (Bi) in der fünften Gruppe) sind als Dotierungselemente für die Halbleitertechnologie besonders wichtig.

1.2 Kristallaufbau der Halbleiter

Kohlenstoff (C), Silizium (Si) und Germanium (Ge) können in einer Festkörperstruktur kristallisieren, bei der jedes Atom tetraederförmig von vier Nachbaratomen umgeben ist [2]. Kristallisiert Kohlenstoff in dieser Struktur, entsteht ein Diamant. Dieser Gitterverband eines Festkörpers wird deshalb auch Diamantgitter genannt (Bild 5.1). Die Bindungskraft, die die Atome in diesem Verband zusammenhält, ist eine Austausch-Wechselwirkungskraft. Ein bestimmtes Atom aus dem Kristallgitterverband verwendet jeweils ein Elektron der vier Nachbaratome, um es zeitweilig in seine eigene äußere Elektronenschale einzubauen. Dadurch wird diese Schale ab und zu mit acht

Elektronen besetzt. Ebenso stellt aber auch das betrachtete Atom zeitweilig seine vier Valenzelektronen seinen vier Nachbaratomen zur Verfügung. Beim Austauschen benutzen die Elektronen der vier Nachbaratome für gewisse Zeitintervalle auch die Elektronenbahnen der äußersten besetzten Schale des betrachteten Atoms mit. Ebenso kreisen die Elektronen dieses Atoms auch zeitweilig auf den Bahnen der vier Nachbaratome. Dadurch sättigt sich jedes Atom im Gitterverband mit acht Elektronen auf der äußersten Schale ab, nimmt also **Edelgascharakter** an. Es kann rechnerisch nachgewiesen werden, daß eine solche gitterförmige Anordnung von Atomen einen energetisch tieferen Zustand darstellt als eine entsprechende Anzahl von Einzelatomen. Die entstehende **Gitterenergie**, die ein Maß für die Festigkeit der Bindung ist, beträgt bei dieser Bindung durch Austausch-Wechselwirkungskräfte, die auch **homöopolare** oder **kovalente Bindung** genannt wird, für den Kohlenstoff (Diamant) 7,5 eV. Als Vergleich dazu beträgt die Bindungsenergie eines Ionenkristalls, wie z. B. Natriumchlorid (Kochsalz) NaCl, 8 eV oder eines Metalls, wie z. B. Eisen (Fe), 4,23 eV.

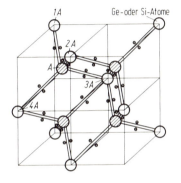

5.1 Diamantgittermodell von Silizium oder Germanium
Die 4 Nachbarn des Atoms A sind die Atome $1A$, $2A$, $3A$, $4A$; die schraffierten Atome haben im Modell jeweils 4 Nachbarn; ⊖ Symbol für Elektron

Ein Ionenkristall entsteht durch Elektronenabgabe bzw. Übernahme der beteiligten Atome. Beim Kochsalz NaCl gibt das Natriumatom sein einziges äußerstes Elektron an das Chloratom ab und wird dadurch zum positiven Ion (Na^+). Das Chloratom übernimmt dieses Elektron als achtes in den Verband seiner äußersten Schale und wird dadurch zum negativen Ion (Cl^-). Beide Atome haben jetzt Edelgascharakter (Achterschalen), und die zwischen positivem und negativem Ion bestehende elektrostatische Anziehungskraft bindet sie aneinander.

Das Zustandekommen der metallischen Bindung ist anschaulich schwer verständlich; denn im Metallgitter sind die Elektronen der äußeren Schale nicht mehr fest an die Atome gebunden. Es läßt sich jedoch quantenmechanisch berechnen, daß eine Anordnung von Atomen, deren äußere Elektronen frei im Kristall beweglich sind, einen energetisch günstigeren Zustand darstellt als eine gleiche Anzahl von Einzelatomen, in der jedes Atom sein Elektron behält.

Sowohl bei der kovalenten Bindung der Halbleiter als auch bei den Ionenkristallen sind die Valenzelektronen an ihre Atome gebunden. Freie Elektronen stehen im Gegensatz zum Metall für die Stromleitung nicht zur Verfügung. Man würde deshalb erwarten, daß auch Halbleiterkristalle Isolatoren sind. Experimente zeigen, daß dies bei sehr tiefen Temperaturen (einige K) auch der Fall ist. Mit wachsender Temperatur nimmt die Leitfähigkeit der Halbleiter jedoch sehr stark zu. Die Ursache hierfür wollen wir in den nächsten Abschnitten untersuchen.

1.3 Bändermodell des Festkörpers

Nach Abschn. 1.1 gehört zu jeder Bahn, die ein Elektron bei seinem Umlauf um den Atomkern benutzt, eine charakteristische Gesamtenergie, die auch als **Energie-Eigenwert** oder **Energieterm** [1] bezeichnet wird. Wir wollen festlegen, daß die aus der

1.3 Bändermodell des Festkörpers

Summe von potentieller und kinetischer Energie bestehende Gesamtenergie des Systems Atomkern-Elektron Null ist, wenn das Elektron unendlich weit vom Kern entfernt ist. Nähert sich nun das Elektron dem Kern, so wird in zunehmendem Maße die elektrostatische potentielle Energie in kinetische Energie umgewandelt. Dieses Freiwerden von kinetischer Energie können wir so auffassen, als wenn das Elektron in einen **Potentialtopf** hineinfällt. Im atomaren System wird diese Energie in elektromagnetische Energie umgewandelt und als Licht- oder **Röntgenstrahlung** abgestrahlt. Da die Energie im Unendlichen Null ist, muß nach diesem Potentialtopfmodell die Gesamtenergie des Elektrons beim Annähern an den Kern negative Werte annehmen. Bei der Annäherung des Elektrons an den Kern wächst die Anziehungskraft $F \sim 1/r^2$ reziprok mit dem Quadrat des Abstands, so daß die **potentielle Energie**

$$W = \int_{\infty}^{r} F \, dr \sim -\frac{1}{r} \tag{6.1}$$

die beim Annähern in kinetische bzw. elektromagnetische Energie umgewandelt wird, reziprok zum Abstand zunimmt. In Bild 6.1 ist ein solcher Potentialtopf dargestellt, und in ihn sind die Energieterme $W_1, W_2, \ldots W_\infty$ der einzelnen Elektronenbahnen, für die die **Hauptquantenzahl** $n = 1, 2, \ldots, \infty$ ist, eingezeichnet. Der Radius der Elektronenbahnen r nimmt mit dem Quadrat der Hauptquantenzahl n zu ($r_n \sim n^2$). Befindet sich ein Elektron auf einer Bahn mit großer Hauptquantenzahl n, dann ist es weit vom Kern entfernt, und es genügt ein geringer Energiebetrag, um es ganz dem Kern zu entreißen. Ein solches Elektron ist demnach sehr locker gebunden.

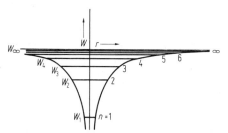

6.1
Potentialtopf eines einzelnen Atoms mit den eingezeichneten Energiewerten $W_1, W_2, \ldots, W_\infty$

Um das Verhalten der Atome im Festkörper zu verstehen [1], [2], muß nun untersucht werden, welchen Einfluß die Nachbaratome auf die Energieterme eines betrachteten Atoms haben. Die elektromagnetischen Störfelder der Nachbaratome stören die Elektronenbahnen dieses Atoms. Diese Beeinflussung der Bahnen (Verbiegung) wird um so größer, je mehr Nachbaratome stören. Dabei werden die äußeren Bahnen der locker gebundenen Valenzelektronen bedeutend stärker beeinflußt als die inneren Bahnen von fester gebundenen Elektronen. Die Verbiegung der Elektronenbahnen ist verbunden mit einer Verschiebung der Energieterme, die zu den Bahnen gehören. Wenn nun, wie im Kristall, etwa $6 \cdot 10^{23}$ Atome pro Mol jedes betrachtete Atom stören, entsteht eine Aufspaltung der diskreten Energiewerte in etwa 10^{23} Energieterme, die wegen ihrer großen Anzahl als kontinuierliches Band erscheinen. Die Energieterme, die zu den äußeren Bahnen gehören, **entarten** wegen der schwächeren Kopplung der Elektronen zum Kern zu erheblich breiteren Energiebändern als die zu den inneren Bahnen gehörenden Energieterme, die stark mit dem Kern gekoppelt sind und außerdem durch die Elektronen der äußeren Bahnen gegenüber den Störfeldern teilweise abgeschirmt sind. Aus diesen Betrachtungen ergibt sich das in Bild **7.1** dargestellte Energieniveau-Schema.

1.3 Bändermodell des Festkörpers

Durch die Bänderbildung „verschmieren" alle höheren Energieterme zu einem kontinuierlichen Leitungsband. Befinden sich nun in diesem Band Elektronen, d. h., benutzen Elektronen solche extrem gestörte Bahnen, so sind sie als frei zu betrachten und können, wenn eine Spannung an den Kristall gelegt wird, zur Stromleitung beitragen.

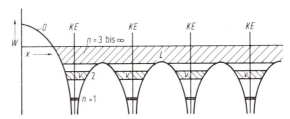

7.1
Potentialtöpfe der Atome im Gitterverband
Die Energiewerte mit $n \geq 3$ verschmieren zum Leitungsband L; der Term mit $n = 2$ verbreitet sich zum Valenzband V; O ist der Verlauf des Oberflächenpotentials; KE Orte der Atomkerne

Die im Valenzband befindlichen Elektronen sind jedoch an den zugehörigen Kern gebunden, und sie können ihren Platz nur verlassen, wenn sie durch Energieeinwirkung die Energielücke, das verbotene Band, zwischen Valenz- und Leitungsband überspringen, also aus der festen Bindung herausgebrochen werden. Elektronen des Valenzbandes können deshalb keinen Strom leiten. Dieses von Heitler-London entwickelte atomistische Bild der Bänderentstehung ist sehr anschaulich.

Eine andere Möglichkeit, die Entstehung von Bändern zu erklären, wurde von Hund und Mulliken [2] angegeben. Danach denkt man sich den Festkörper als ein einziges großes Riesenmolekül und ordnet die Elektronen nicht mehr einem einzelnen Atom des Moleküls zu, sondern betrachtet sie als dauernd im Kraftfeld aller Atomrümpfe befindlich. Ihre Energie in diesem periodischen Gitterpotential wird berechnet unter Vernachlässigung der Wechselwirkung der Elektronen untereinander. Hierbei wird das Elektron wieder als Materiewelle aufgefaßt und kann deshalb nicht mehr an einem bestimmten Ort lokalisiert werden. Die Wellenlänge dieser Materiewellen muß im Festkörper ein ganzzahliges Vielfaches der Kristallänge sein. Jeder so in den Kristall „hineinpassenden" Materiewelle ist ein Energieterm zugeordnet. Da jedoch die Wellenlänge sehr klein im Vergleich zu den Kristalldimensionen ist, ergibt sich wieder eine Vielzahl von Materiewellen, die ein Band von diskreten, dicht beieinander liegenden Energiewerten liefern. Durch die periodisch angeordneten Kristallatome tritt bei bestimmten Elektronen-Wellenlängen eine Totalreflexion der Welle auf. Es entsteht eine stehende Welle, die keine Energie transportiert. Das gesamte Band der Energieterme wird bei den Energietermen, die den stehenden Wellen zugeordnet sind, unterbrochen; es zerfällt in erlaubte und verbotene Energiebereiche, d.h. in einzelne Energiebänder.

Bei dieser Berechnung betrachtet man die Leitungselektronen als freie Elektronen, für die dann mit der Kraft F und der Beschleunigung a die Bewegungsgleichung $F = m_n a$ benutzt wird. Die Abweichung von dieser Bewegung als freies Elektron, die im periodischen Potential der Gitteratome auftritt und besonders stark bei Bewegungsenergien ist, die den Bandgrenzen entsprechen, wird durch eine effektive Masse m_n beschrieben. Durch diese formale Darstellung wird die effektive Masse der Leitungselektronen eine Funktion der Elektronenenergie und kann im Extremfall an den Bandgrenzen sogar negativ sein. Die effektive Masse eines Leitungselektrons kann sich deshalb merklich von der normalen Ruhmasse $m = 9,106 \cdot 10^{-28}$ g des freien Elektrons unterscheiden. In analoger Weise wird auch für die in Abschn. 1.4 eingeführten Defektelektronen eine effektive Masse m_p definiert.

8 1.4 Eigenleitung der Halbleiter

Während das atomistische Bild wesentlich anschaulicher ist, leistet jedoch das letztere Modell für die mathematische Berechnung erheblich mehr.

Für den Stromtransport im Kristall kommen stets nur die äußeren locker gebundenen Elektronen in Frage. Wir werden deshalb im folgenden unsere Betrachtungen auf die von diesen Elektronen erzeugten Energiebänder – das **Leitungs-** und das **Valenzband** – beschränken (Bild 8.1).

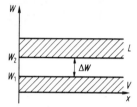

8.1 Energiebandschema des Festkörpers
L Leitungsband, V Valenzband, $\Delta W = W_2 - W_1$ Bandabstand

1.4 Eigenleitung der Halbleiter

Durch die vorangegangenen Überlegungen zur Bänderentstehung wird klar, daß eine Stromleitung im Festkörper nur möglich ist, wenn im Leitungsband Elektronen enthalten sind. Wenn, wie beim absoluten Nullpunkt, das Leitungsband vollkommen leer und das Valenzband vollkommen besetzt sind, ist eine Stromleitung nicht möglich. Mit zunehmender Temperatur werden durch die thermische Energie im Kristall Gitterschwingungen angeregt. Dadurch werden Elektronenbindungen aufgebrochen, oder nach dem Bändermodell Elektronen aus dem Valenz- in das Leitungsband befördert. Die zugeführte thermische Energie muß dabei ausreichen, um den Bandabstand ΔW zu überwinden. Bei einem solchen Generationsprozeß entstehen stets paarweise ein freies **Leitungselektron** im Leitungsband und ein positiv geladenes Atom des betreffenden Halbleiters, z.B. Silizium oder Germanium. Ein solches positives Ion wollen wir als **positives Loch** oder als **Defektelektron** bezeichnen.

1.4.1 Inversionsdichte

Für den erwähnten Generationsprozeß wollen wir annehmen, daß durch **thermische Ionisation** auf die Zeit bezogen g Elektron-Loch-Paare erzeugt werden [3], [4], [5], [9]. Diese **Erzeugungsrate** g hängt nur von der Temperatur T ab und nicht von den schon vorhandenen Elektronen und Löcherdichten. Die Elektronendichte n ist die Anzahl freier Leitungselektronen bezogen auf das Volumen und wird meist in Teilchen pro cm^3, also in cm^{-3}, angegeben. Ebenso ist die Löcherdichte p die auf das Volumen bezogene Anzahl von positiven Löchern (Defektelektronen).

Im stationären Zustand müssen im Halbleiterkristall pro Zeit genau so viele Elektron-Loch-Paare verschwinden wie durch thermische Ionisation erzeugt werden. Ein Elektron-Loch-Paar verschwindet, wenn ein Elektron einem positiven Loch (z.B. einem positiven Si-Ion) begegnet und in dessen unbesetzte Valenzbindung übernommen wird. Dadurch neutralisiert sich das Atom wieder, und sowohl positive als auch negative Ladung sind

1.4.1 Inversionsdichte

verschwunden. Einen solchen Prozeß nennt man **Rekombination**. Es ist leicht einzusehen, daß die auf die Zeit bezogenen auftretenden Rekombinationsprozesse, die **Rekombinationsrate**

$$w = r\,n\,p \tag{9.1}$$

um so größer ist, je größer sowohl Elektronendichte n als auch Löcherdichte p sind, wobei der **Rekombinationskoeffizient** r einen Proportionalitätsfaktor darstellt und unabhängig von den Dichten n und p ist.

Das Gleichgewicht zwischen Ionisation und Rekombination ergibt

$$g = w = r\,n\,p \tag{9.2}$$

und den Quotienten

$$g/r = n\,p = n_i^2 \tag{9.3}$$

der von den Dichten unabhängig und nur eine Funktion der Temperatur ist. Die **Inversionsdichte**, **Eigenkonzentration** oder **Intrinsiczahl** $n_i = \sqrt{g/r}$ hat die Dimension einer Dichte und ist nur von der Temperatur abhängig. Der Zusammenhang

$$n_i^2 = n\,p \tag{9.4}$$

wird als **Massenwirkungsgesetz** des Halbleiters bezeichnet. Gl. (9.4) entnehmen wir, daß bei konstanter Temperatur T eine Vergrößerung der Elektronendichte n eine Verkleinerung der Löcherdichte p verursacht und umgekehrt. Bei der durch thermische Ionisation verursachten Eigenleitung entstehen Leitungselektronen und Löcher immer paarweise, so daß eine getrennte Beeinflussung der Dichten n und p nicht möglich ist. Dies wird jedoch bei den noch zu besprechenden Störstellen-Halbleitern anders sein, denn hier können durch **Dotierung** die Dichten n und p unabhängig voneinander geändert werden.

Die **Temperaturabhängigkeit der Inversionsdichte** kann mit den Methoden der thermodynamischen Statistik berechnet werden. Man erhält

$$n_i^2 = n_{i0}^2 \left(\frac{T}{T_0}\right)^3 \cdot \exp\left[e\,\Delta W \left(\frac{1}{T_0} - \frac{1}{T}\right)\bigg/k\right] \tag{9.5}$$

mit $e = 1{,}602 \cdot 10^{-19}$ As Elementarladung

ΔW Bandabstand zwischen Valenz- und Leitungsband

$k = 1{,}38 \cdot 10^{-23}$ Ws/K Boltzmann-Konstante

T_0 Ausgangstemperatur, auf die bezogen die Erhöhung oder Erniedrigung von n_i berechnet wird; (z. B. kann $T_0 = 300$ K = Zimmertemperatur gewählt werden)

n_{i0} Inversionsdichte bei $T = T_0$

In Gl. (9.5) überwiegt der Exponentialfaktor bei weitem gegenüber dem Faktor $(T/T_0)^3$, so daß die Inversionsdichte exponentiell mit der Temperatur T zunimmt. Ferner geht in den Exponenten der Bandabstand ΔW des Halbleitermaterials ein. Daher ist die Inversionsdichte bei gleicher Temperatur für Germanium ($\Delta W = 0{,}75$ eV) erheblich größer als für Silizium ($\Delta W = 1{,}1$ eV). Da die Inversionsdichte die Anzahl der freien Ladungsträger bezogen auf das Volumen angibt und die Anzahl der freien Ladungsträger die

1.4 Eigenleitung der Halbleiter

Leitfähigkeit des Halbleiterkristalls bestimmt, wird bei gleicher Temperatur ein Germanium-Kristall erheblich leitfähiger sein als ein Silizium-Kristall.

1.4.2 Leitfähigkeit von Halbleitern

1.4.2.1 Leitungsmechanismus. Wird durch thermische Ionisation ein Elektron-Loch-Paar gebildet, diffundiert sowohl das Elektron als auch das Loch durch den Kristall und beschreibt dabei eine unregelmäßige Zickzackbewegung, die durch die ständigen Stöße mit den Gitteratomen des Kristalls verursacht wird. Die Mechanismen der Elektronen- und der Löcherwanderung sind jedoch ganz verschieden. Bild 10.1 soll diesen Unterschied

10.1 Erklärung des Diffusionsvorgangs eines Elektrons und eines positiven Lochs im Kristall in drei Zeitschritten (a, b, c) mit der Elektronendarstellung, der Elektronen- und Löcherdarstellung und der Bändermodelldarstellung
  ○ Ge- oder Si-Atom, — Valenzelektron, — freies Elektron, + positives Loch, ◎ freier Platz in einer Bindung, ● vorangegangener Ort von Elektronen oder Loch

verdeutlichen. Bei dem dort eingezeichneten Elektron-Loch-Paar diffundiert das Elektron als Teilchen unter dem Einfluß seiner thermischen Energie durch den Kristall. In den freien Platz der aufgebrochenen Bindung, der in unserer Bezeichnungsweise ein positives Loch ist, können ohne Energieaufwand Elektronen aus benachbarten Bindungen nachrücken. Die eigentliche Bewegung eines positiven Loches ist also ein ständiges Springen der Elektronen von Nachbaratomen in freie Plätze, wodurch die freien Plätze scheinbar weiterwandern. Bei Benutzung der Defektelektronen-Darstellung kann man diesen Prozeß auch als Diffusion des Defektelektrons bezeichnen. In der Darstellung des Bändermodells wandern die Elektronen im Leitungsband L und die Löcher im Valenzband V. Wird nun an den Kristall eine elektrische Spannung gelegt, überlagert sich sowohl der ungerichteten Diffusionsbewegung der Elektronen im Leitungsband als auch der Diffusionsbewegung der Löcher im Valenzband eine gerichtete Komponente. Die Elektronen wandern zum Pluspol (Anode) und die Löcher zum Minuspol (Kathode). Ein Festkörper kann demnach nur dann Strom leiten, wenn entweder das Leitungsband nicht vollkommen leer oder das Valenzband nicht vollkommen besetzt ist.

1.4.2.2 Berechnung der Leitfähigkeit. Die Driftgeschwindigkeit der Elektronen

$$v_n = b_n E \tag{11.1}$$

und der Löcher

$$v_p = b_p E \tag{11.2}$$

zu den Elektroden hin ist eine Funktion der elektrischen Feldstärke E und der Beweglichkeit der Elektronen b_n bzw. der Löcher b_p. Die Stromdichte

$$S = e n v_n + e p v_p \tag{11.3}$$

setzt sich aus dem Anteil von Elektronenstromdichte $e n v_n$ und Löcherstromdichte $e p v_p$ zusammen. Mit Gl. (11.1) und (11.2) wird die Stromdichte

$$S = e E (b_n n + b_p p) \tag{11.4}$$

Schließlich ist bei Eigenleitung $p = n = n_i$, und man erhält die Stromdichte

$$S = e E (b_n + b_p) n_i \tag{11.5}$$

Die elektrische Leitfähigkeit ist daher

$$\gamma = S/E = e n_i (b_n + b_p) \tag{11.6}$$

Sie ist nach Gl. (11.6) um so größer, je größer die Inversionsdichte n_i und die Beweglichkeiten b_n und b_p der Ladungsträger sind. Da die Inversionsdichte n_i mit wachsender Temperatur exponentiell zunimmt, wächst auch die Leitfähigkeit exponentiell mit der Temperatur. In Tafel **12.1** sind einige Werte für Silizium und Germanium zusammengestellt.

Beispiel 1. Wir wollen mit den in Tafel **12.1** angegebenen Werten für die Inversionsdichte n_i den Ionisationsgrad n_i/n_g des Halbleiterkristalls berechnen.
Für Silizium erhält man mit der Anzahl der Atome pro cm³ $n_g = 2 \cdot 10^{22}$ cm^{-3} den Ionisationsgrad $n_i/n_g = (6{,}8 \cdot 10^{10}$ cm$^{-3})/(2 \cdot 10^{22}$ cm$^{-3}) = 3{,}4 \cdot 10^{-12}$. Für Germanium ergibt sich mit $n_g = 0{,}8 \cdot 10^{22}$ cm^{-3} der Ionisationsgrad $n_i/n_g = (2{,}5 \cdot 10^{13}$ cm$^{-3})/(0{,}8 \cdot 10^{22}$ cm$^{-3}) = 3{,}1 \cdot 10^{-9}$.

1.4 Eigenleitung von Halbleitern

Trotz der großen Werte für n_i ist jedoch der Ionisationsgrad bei Zimmertemperatur ($T = 300$ K) noch sehr gering.

Tafel 12.1 Festkörpereigenschaften von Silizium und Germanium [6]

				Silizium	Germanium
Elektronen-Beweglichkeit	b_n	in cm²/Vs	bei 300 K	1900	3900
Löcher-Beweglichkeit	b_p	in cm²/Vs	bei 300 K	425	1900
Inversionsdichte	n_i	in cm⁻³	bei 300 K	$6{,}8 \cdot 10^{10}$	$2{,}5 \cdot 10^{13}$
spezifischer Widerstand	$1/\gamma$	in Ω cm	bei 300 K	$1{,}59 \cdot 10^{-5}$	$2{,}0 \cdot 10^{-2}$
Bandabstand	ΔW	in eV		1,1	0,75

1.4.2.3 Isolator, Halbleiter und Metall. Anhand des Bändermodells lassen sich die Unterschiede zwischen den drei Festkörpertypen leicht erkennen:

Isolator. Beim Isolator ist der Bandabstand ΔW relativ groß, z.B. 7,5 eV beim Diamanten (Bild 12.2a), so daß bei Temperaturen unter 5000 K praktisch keine thermische Ionisation, also auch keine Eigenleitung auftritt. Solche Isolatoren würden erst bei derart hohen Temperaturen zu Halbleitern werden, bei denen sie längst geschmolzen sind.

Halbleiter. Bei den Halbleitern ist der Bandabstand relativ klein, und infolge thermischer Ionisation befinden sich schon bei Zimmertemperatur Elektronen im Leitungsband (Bild 12.2b). Isolator und Halbleiter unterscheiden sich also nur in der Größe des Bandabstandes, so daß eine scharfe Trennung zwischen diesen beiden Festkörperarten nicht möglich ist. Man rechnet Stoffe, deren Bandabstand kleiner als 2,5 eV bis 3 eV ist, zu den Halbleitern, Stoffe mit größerem Bandabstand dagegen zu den Isolatoren.

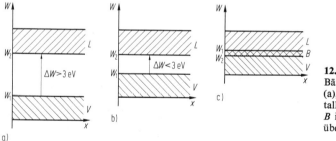

12.2
Bändermodell von Isolator (a), Halbleiter (b) und Metall (c)
B ist der Bereich der Bandüberlappung beim Metall

Zu den halbleitenden Stoffen zählen nicht nur die besonders wichtigen chemischen Elemente Silizium und Germanium, sondern auch eine größere Anzahl chemischer Verbindungen aus Elementen der dritten und fünften Gruppe (III-V-Verbindungen), der zweiten und sechsten Gruppe (II-VI-Verbindungen) und der vierten und sechsten bzw. fünften und sechsten Gruppe des periodischen Systems. Die wichtigsten dieser Verbindungen sind in Tafel 13.1 zusammengestellt. Dort wird auch angegeben, für welche Halbleiterbauelemente sie vorwiegend verwendet werden. Schließlich sind in Tafel 13.2 noch die Bandabstände einiger halbleitender Stoffe angegeben.

Tafel 13.1 Übersicht über die wichtigsten halbleitenden Stoffe und ihre Anwendung in Halbleiterbauelementen

Gruppe	Halbleiter	Einsatz in den Bauelementen
IV	Si, Ge, Si/Ge-Legierung SiC	Diode, Transistor, Photoelement, Photo-Diode, Photo-Transistor, VDR-Widerstand
III–V	GaP, GaAs, GaAsP, InSb, InAs,	Luminiszenz-Diode Magnetfeldabhängiger Widerstand
II–VI	CdS, CdSe, MgO,	Photowiderstand, NTC-Widerstand
IV–VI	PbS, PbSe, PbTe	Photowiderstand
V–VI	Bi_2Te_3	Kühlelement

Tafel 13.2 Bandabstände einiger Halbleiter

Halbleiter	InSb	PbS	Ge	Si	GaAs	Se	CdS
Bandabstand ΔW in eV	0,18	0,37	0,7	1,1	1,4	1,7	1,9

Metalle. Metalle zeichnen sich dadurch aus, daß es bei ihnen zu einer **Bandüberlappung** (Bild **12.**2c) zwischen Leitungs- und Valenzband kommt. Es ist also keine thermische Ionisation mehr nötig, um Elektronen in das Leitungsband zu befördern. Das entstehende Energieband ist nur teilweise besetzt, so daß eine gute Stromleitung möglich ist. Die Valenzelektronen eines Metalls können überhaupt nicht mehr einem bestimmten Atom zugeordnet werden und bewegen sich frei im Kristall. Beim Metall liefert also jedes Atom mindestens ein Elektron, so daß etwa 10^{23} Elektronen pro cm^3 für die Stromleitung zur Verfügung stehen. Daraus erklärt sich die um Größenordnungen höhere Leitfähigkeit der Metalle gegenüber den Halbleitern.

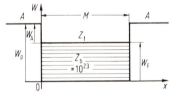

13.3
Potentialtopfmodell des Metalls
W_F Fermi-Energie, W_p Tiefe des Potentialtopfes, W_A Austrittsarbeit, A Außenwelt, M Metall, Z_f freie Zustände, Z_b besetzte Zustände

Als physikalisches Modell für ein Metall benutzt man meist das **Potentialtopfmodell** [1], [2], [3] (Bild **13.3**). Dabei faßt man die freien Leitungselektronen des Metalls als Materiewellen auf (s. Abschn. 1.3), die je nach Wellenlänge unterschiedliche Energie haben. Die in einem Kristall enthaltenen freien Elektronen liefern dabei etwa 10^{23} Energieterme. In dem Teilchensystem eines solchen **Elektronengases** können jedoch nie zwei Elektronen die gleiche Energie haben. Die im Leitungsband zur Verfügung stehenden Zustände (freie Energieterme) werden deshalb von den Elektronen Zustand für Zustand besetzt, bis die etwa 10^{23} Kristallelektronen verbraucht sind. Dann ist die Oberkante dieses „Fermi-Sees", die **Fermi-Kante** oder **Fermi-Energie** W_F, er-

1.5 Störstellen-Halbleitung

reicht. Beim Übergang von den besetzten zu den unbesetzten Zuständen entsteht bei der Fermi-Energie W_F ein abrupter Sprung, wenn die Temperatur 0 K beträgt, so daß die Elektronen selbst beim absoluten Nullpunkt der Temperatur eine Energie von maximal W_F aufweisen. Hierdurch unterscheidet sich ein Elektronengas erheblich von einem klassischen Gas. Mit steigender Temperatur T werden zunehmend Elektronen aus den besetzten Zuständen des Leitungsbands in unbesetzte Zustände oberhalb der Fermi-Energie W_F gehoben. Die Fermi-Kante verwischt nach Bild **14.**1 zusehends, und die Anzahl der besetzten Zustände nimmt kontinuierlich gemäß der Fermi-Funktion

$$f(W) = \frac{1}{1 + \exp\left[(W - W_F)/kT\right]} \tag{14.1}$$

ab.

Der funktionelle Verlauf von Gl. (14.1), der in Bild **14.**1 eingetragen ist, liefert mit wachsender Temperatur T einen immer weniger abrupten Übergang. Bei sehr hohen Temperaturen (T_3 in Bild **14.**1) werden schließlich Elektronen in so hohe Energie-Zustände gehoben, daß sie die Austrittsarbeit W_A überwinden und den Kristall verlassen können. Diese thermische Emission von Elektronen wird z. B. bei den Glühkathoden von

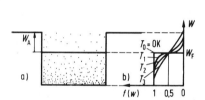
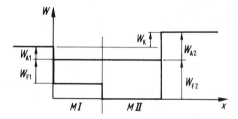

14.1 Potentialtopf (a) des Metalls bei $T > 0$ K (die als Striche symbolisierten besetzten Zustände von Bild **13.**3 sind hier als Punkte dargestellt) und Fermi-Funktion (b) bei 4 verschiedenen Temperaturen $T_3 > T_2 > T_1 > T_0 = 0$ K

14.2 Darstellung der Entstehung des Kontaktpotentials W_k beim Kontaktieren zweier Metalle
W_{F1}, W_{F2} Fermi-Energien der beiden Metalle MI, MII
W_{A1}, W_{A2} Austrittsarbeiten der beiden Metalle MI, MII

Elektronenröhren ausgenutzt. Werden Elektronen in freie Zustände oberhalb der Fermi-Energie W_F gebracht, so entstehen unterhalb von W_F positive Löcher. Es befinden sich also Elektronen immer oberhalb und Löcher unterhalb der Fermi-Kante W_F. Bringt man zwei Metalle mit unterschiedlichen Austrittsarbeiten eng miteinander in Kontakt, gleichen sich die Fermi-Kanten beider Metalle einander an, und es entsteht ein Kontaktpotential $W_K = W_{A2} - W_{A1}$ (Bild **14.**2).

1.5 Störstellen-Halbleitung

Die Leitfähigkeit eines Silizium- oder Germanium-Kristalls läßt sich durch den Einbau von Störstellen wesentlich vergrößern. Dabei werden 4wertige Si- oder Ge-Atome durch 3wertige Atome wie Bor (B), Aluminium (Al), Gallium (Ga) oder Indium (In) oder durch

5wertige Atome wie Phosphor (P), Arsen (As) oder Antimon (Sb) ersetzt. Dadurch entstehen im Si- oder Ge-Wirtsgitter Störstellen. Der Einbau solcher Fremdatome wird als Dotierung bezeichnet. Dotiert man mit 3wertigen Fremdatomen, erhält man einen P-Halbleiter. Bei Dotierung mit 5wertigen Fremdatomen entsteht ein N-Halbleiter.

1.5.1 N-Halbleiter

Zum Verständnis der N-Halbleitung (N steht für negativ), die auch Überschußleitung genannt wird, wollen wir mit Bild **15.**1 untersuchen, wie sich ein auf einem Germaniumplatz untergebrachtes Arsen-Atom verhält. Das überzählige 5. Elektron des As-Atoms kann mit den benachbarten Ge-Atomen keine kovalente Bindung eingehen; denn alle Bindungen sind schon abgesättigt. Daher ist dieses Elektron nur noch sehr locker an das As-Atom gebunden. Es wird deshalb nur wenig Energie benötigt, um das As-Atom zu ionisieren. Hierfür reicht schon die thermische Energie bei Zimmertemperatur aus. Die Störstelle wirkt in diesem Fall als Donator D, also als Spender eines Leitungselektrons. Dieser Vorgang kann als Dissoziation oder Ionisation $D \rightarrow D^+ + \ominus$ eines neutralen Donators aufgefaßt werden. Dabei ist das Symbol $\ominus$ als Zeichen für ein Elektron und D als Symbol für ein 5wertiges Atom gewählt.

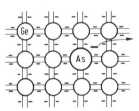
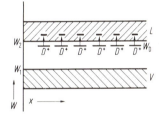

15.1 Vereinfachtes Ge-Gittermodell mit 5wertigem Störstellenatom (As)
— überschüssiges Leitungselektron, — Valenzelektron

15.2 Donatorenzustände D^+ im Bändermodell
W_D Energieniveau der Donatoren

Da wegen der lockeren Bindung des 5. Donator-Elektrons nur geringe Energie aufgewandt werden muß, um den Donator zu ionisieren, ergibt sich im Bändermodell, daß die Donator-Niveaus wie in Bild **15.**2, dicht unter der unteren Grenze des Leitungsbands liegen müssen. Der Abstand der Donator-Niveaus W_D vom Leitungsband beträgt $W_2 - W_D = 0{,}0127$ eV für As in Germanium und 0,0096 eV für Sb in Germanium. Da die thermische Energie bei Zimmertemperatur schon etwa 0,03 eV beträgt, sind bei diesen geringen Energieabständen nahezu alle Donatoren ionisiert. Die positiv ionisierten Donatoren D^+ sind ortsfest gebunden; denn da sie selbst nicht in der Lage sind, ein Elektron zu binden, können sie auch nicht an der Löcherleitung teilnehmen.

Im N-Halbleiter kommen also zusätzlich zu den durch Eigenleitung erzeugten Ladungsträgerpaaren noch positive ortsfeste Donatoren und negative Leitungselektronen hinzu.

1.5.2 P-Halbleiter

Beim P-Halbleiter (P steht für positiv), auch Defektleiter genannt, werden auf Germanium- oder Siliziumplätze 3wertige Atome, wie z.B. Indium (In), als Störstellen eingebaut. Um eine vollständige kovalente Bindung zu erzeugen, fehlt dem 3wertigen Indiumatom jedoch ein Elektron. Es kann deshalb (Bild 16.1) ein Elektron aus benachbarten Germaniumbindungen aufnehmen. Dieses Elektron wird vom Indium-Atom gewissermaßen akzeptiert. Es entsteht ein negativ geladener Akzeptor A. Dieses 4. Elektron wird fast genauso fest vom Indium-Atom gebunden, wie die anderen Valenzelektronen. Mit dem Binden eines Valenzelektrons aus einer Nachbarbindung wird dort ein positives Loch erzeugt. Diesen Sachverhalt kann man wieder mit einer Reaktionsgleichung $A \to A^- + \oplus$ beschreiben. Das Symbol $\oplus$ ist als Zeichen für ein positives Loch und A als Symbol für ein 3wertiges Atom gewählt.

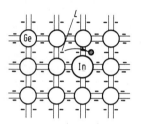

16.1
Vereinfachtes Ge-Gittermodell mit 3wertigem Störstellenatom (In)
◎ freier Platz in Gitterverbindung, — Valenzelektron
An der Stelle L entsteht ein positives Loch nach dem Springen dieses Elektrons in den freien Platz.

Die Energieniveaus W_{AK} der Akzeptoren liegen nach Bild 16.2 wegen der festen Bindung des 4. Elektrons dicht über der Oberkante des Valenzbands. Daher muß, um einen negativ ionisierten Akzeptor zu neutralisieren, ihm also ein Elektron zu entreißen, fast genauso viel Energie aufgewendet werden wie für die Ionisation eines Germanium-Atoms. Der Akzeptoren-Abstand vom Valenzband beträgt $W_{AK} - W_1 = 0{,}00108$ eV für Ga in Germanium und $0{,}0112$ eV für In in Germanium. Auch hier genügt schon die thermische Energie der Zimmertemperatur, um die Akzeptoren-Niveaus zu besetzen, also Akzeptoren negativ zu ionisieren. Die negativ ionisierten Akzeptoren sind ebenfalls ortsfest gebunden. Bei der Löcherleitung verhalten sie sich genauso wie die Germanium- oder Siliziumatome, nur daß sie negativ geladen sind und diese Ladung auch behalten. Im P-Halbleiter sind also zusätzlich zu den durch Eigenleitung entstandenen Ladungsträgerpaaren noch negativ ionisierte Akzeptoren und positive Defektelektronen erzeugt worden.

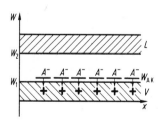

16.2
Akzeptorenzustände A^- im Bändermodell
W_{AK} Energieniveau der Akzeptoren

1.5.3 Dotierungsgrad

Bezeichnen wir mit n_D die Donatorendichte, mit n_{AK} die Akzeptorendichte und mit n_0 die Dichte der Wirtsatome, dann ist die Dichte aller Atome $n_g = n_0 + n_D$ bzw. $n_g = n_0 + n_{AK}$, und es läßt sich der Dotierungsgrad

$$\delta_n = n_D/n_g \quad \text{bzw.} \quad \delta_p = n_{AK}/n_g \tag{16.1}$$

1.5.3 Dotierungsgrad

definieren. In der Halbleitertechnologie werden Dotierungsgrade von 10^{-2} bis 10^{-8} verwendet. Bei dem Dotierungsgrad $\delta = 10^{-8}$ ist jedes 10^8-te Atom ein Fremdatom. Man erkennt, welche Forderungen an die Reinheit der Halbleiter gestellt werden müssen, um solche Verunreinigungen noch gezielt durchführen zu können. Aber selbst bei diesem geringen Dotierungsgrad $\delta = 10^{-8}$ ist die durch die Dotierung erzeugte Elektronen- oder Löcherdichte erheblich größer als die durch die Eigenleitung verursachte Inversionsdichte n_i. Bei $\delta_n = 10^{-8}$ ist z.B. die Donatorendichte $n_D = \delta_n n_g = 2 \cdot 10^{22} \cdot 10^{-8}$ cm^{-3} $= 2 \cdot 10^{14}$ cm^{-3}. Da alle Donatoren ionisiert sind, beträgt auch die durch die Dotierung verursachte Elektronendichte $n = 2 \cdot 10^{14}$ cm^{-3} und ist so erheblich größer als die durch die Eigenleitung verursachte Inversionsdichte $n_i = 6{,}8 \cdot 10^{10}$ cm^{-3} für Silizium bei Zimmertemperatur (300 K).

Während jedoch die durch Dotierung erzeugte Ladungsträgerdichte im Bereich der Zimmertemperatur temperaturunabhängig ist, da ja alle Donatoren oder Akzeptoren ionisiert sind, steigt die Inversionsdichte der Eigenleitung nach (Gl. 9.5) exponentiell mit der Temperatur. Daher wird im Germanium oberhalb 400 K die Inversionsdichte n_i größer als die durch Dotierung erzeugte Dichte. In Silizium tritt dieser Zustand wegen des größeren Bandabstands erst bei Temperaturen oberhalb 500 K auf. Deshalb werden Halbleiterbauelemente bei so hohen Temperaturen unbrauchbar.

Wird ein Halbleiter N-dotiert, sinkt nach Gl. (9.4) wegen $p\,n = n_i^2 = \text{const}$ bei $T = \text{const}$ die Löcherdichte p. Umgekehrt sinkt bei P-Dotierung die Elektronendichte n. In einem dotierten Halbleiter ist also stets eine Trägerart in der Majorität und die andere in der Minorität. Die überwiegenden Ladungsträger werden **Majoritätsträger** und die in geringerer Anzahl vorhandenen **Minoritätsträger** genannt. In Tafel 17.1 sind die Majoritäts- und Minoritätsträger der beiden Halbleitertypen zusammengestellt.

Tafel 17.1 Majoritäts- und Minoritätsträger im N- und P-Halbleiter

Halbleitertyp	Majoritätsträger	Minoritätsträger
N-Halbleiter	Elektronen von Donatoren / Eigenleitung	Löcher von Eigenleitung
P-Halbleiter	Löcher von Akzeptoren / Eigenleitung	Elektronen von Eigenleitung

Beispiel 2. Ein Siliziumkristall wird mit dem Dotierungsgrad $\delta_D = 5 \cdot 10^{-5}$ N-dotiert. Die Minoritätsträgerdichte p (Löcherdichte) ist bei Zimmertemperatur ($T = 300$ K) zu bestimmen. Die Inversionsdichte beträgt für Silizium bei Zimmertemperatur $n_i = 6{,}8 \cdot 10^{10}$ cm^{-3}. Mit der Gesamtdichte $n_g = 2 \cdot 10^{22}$ cm^{-3} wird die Elektronendichte

$$n = n_D = \delta_D\, n_g = 5 \cdot 10^{-5} \cdot 2 \cdot 10^{22}\ \text{cm}^{-3} = 10^{18}\ \text{cm}^{-3}$$

Nach Gl. (9.4) erhält man schließlich die Löcherdichte

$$p = n_i^2/n = (6{,}8 \cdot 10^{10}\ \text{cm}^{-3})^2/(10^{18}\ \text{cm}^{-3}) = 4{,}6 \cdot 10^3\ \text{cm}^{-3}$$

2 Halbleiterdioden

2.1 PN-Übergang

2.1.1 Allgemeine Beschreibung

Werden ein P-leitender und ein N-leitender Halbleiter miteinander in engen Kontakt gebracht, diffundieren an der Grenzschicht, dem PN-Übergang, im Gegensatz zu den ortsfesten Donatoren und Akzeptoren die Elektronen des N-Bereichs und die Löcher des P-Bereichs (Majoritätsträger) in das Gebiet entgegengesetzter Dotierung, in dem sie dann Minoritätsträger sind. Ursache für diese Diffusion ist die thermische Energie der Träger und das Konzentrationsgefälle der Ladungsträger am PN-Übergang. Dieser Vorgang ist schematisch in Bild **19.1**a dargestellt. Bild **19.1**b zeigt den Verlauf von Elektronen- und Löcherdichte an der Grenzschicht. Diffundieren einerseits Elektronen aus dem N- in das P-Gebiet und andererseits Löcher aus dem P- in das N-Gebiet, baut sich im N-Gebiet an der Grenzschicht durch den Überschuß an verbleibenden positiven Donatoren und durch das Eindringen positiver Löcher eine unkompensierte positive Raumladung auf. Im P-Gebiet verbleiben unkompensierte negative Akzeptoren und zusätzlich eingedrungene Elektronen, so daß dort eine negative unkompensierte Raumladung entsteht (Bild **19.1**c). Diese Raumladung baut ein elektrisches Feld auf, das einen zum Diffusionsstrom der Majoritätsträger entgegengerichteten Feldstrom von Minoritätsträgern zur Folge hat (Bild **19.1**d). Liegt am PN-Übergang keine äußere Spannung, heben sich Diffusions- und Feldstrom genau gegenseitig auf. Die entstehende Raumladungsfeldstärke E erzeugt am Grenzübergang einen Spannungssprung

$$U_\mathrm{D} = \int E \, \mathrm{d}x. \tag{18.1}$$

Die Integration ist über den gesamten PN-Übergang durchzuführen. Man nennt U_D Diffusionsspannung (Bild **19.1**c), da die Ursache ihrer Entstehung die Diffusion der Ladungsträger ist. Die Diffusionsspannung hängt von den Ladungsträgerdichten und ihrer thermischen Energie ab. Wir wollen sie im folgenden Abschnitt berechnen.

2.1.2 Berechnung der Diffusionsspannung

Mit der Elementarladung e, der Fläche A und den Diffusionskoeffizienten der Elektronen D_n und der Löcher D_p sind die sich einstellenden Diffusionsströme [6] der Elektronen

$$I_\mathrm{Dn} = A \, D_\mathrm{n} \, e \, \mathrm{d}n/\mathrm{d}x \tag{18.2}$$

und der Löcher

$$I_\mathrm{Dp} = A \, D_\mathrm{p} \, e \, \mathrm{d}p/\mathrm{d}x \tag{18.3}$$

2.1.2 Berechnung der Diffusionsspannung

dem Konzentrationsgefälle dn/dx bzw. dp/dx proportional. Diese Diffusionsströme werden im spannungslosen Zustand durch gleich große **Feldströme**

$$I_{fn} = A\,b_n\,e\,E_D\,n \tag{19.1}$$

$$I_{fp} = A\,b_p\,e\,E_D\,p \tag{19.2}$$

kompensiert. E_D ist die **Diffusionsfeldstärke** am PN-Übergang, b_n und b_p sind Beweglichkeiten der Elektronen der Löcher sowie n die Elektronen- und p die Löcherdichte. Feld- und Diffusionsströme sind gleich

$$A\,b_n\,e\,E_D\,n = A\,D_n\,e\,dn/dx \tag{19.3}$$

$$A\,b_p\,e\,E_D\,p = A\,D_p\,e\,dp/dx \tag{19.4}$$

Integriert man Gl. (19.3) und (19.4), erhält man die **Diffusionsspannungen**

$$U_D = \int E_D\,dx = \frac{D_n}{b_n}\cdot\int\frac{dn}{n} = \frac{D_n}{b_n}\cdot\ln(n_{n0}/n_{p0}) \tag{19.5}$$

$$U_D = \int E_D\,dx = \frac{D_p}{b_p}\cdot\int\frac{dp}{p} = \frac{D_p}{b_p}\cdot\ln(p_{p0}/p_{n0}) \tag{19.6}$$

n_{n0} und p_{p0} sind die Majoritätsträgerdichten im N- und P-Gebiet weit entfernt von der Grenzschicht, n_{p0} und p_{n0} dagegen die ungestörten Minoritätsträgerdichten im P- bzw. N-Gebiet.
Gl. (19.5) und (19.6) sind identisch. Dies erkennt man, wenn die Minoritätsträgerdichten durch Gl. (9.4) ersetzt werden

$$n_{p0} = n_i^2/p_{p0} \quad \text{und} \quad p_{n0} = n_i^2/n_{n0} \tag{19.7}$$

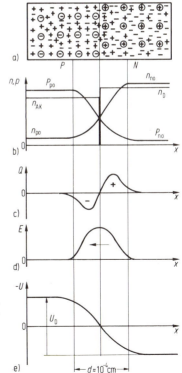

19.1
Verhalten des PN-Übergangs
a) Schematische Darstellung der Ladungsträger am PN-Übergang
b) Verlauf der Trägerdichten am PN-Übergang
c) Unkompensierte Raumladung
d) Diffusionsfeldstärke
e) Diffusionsspannung
+ positive Löcher, ⊕ Donatoren, − Leitungselektronen, ⊖ Akzeptoren
p_{p0} ungestörte Majoritätsträger-Löcherdichte im P-Gebiet
n_{p0} ungestörte Minoritätsträger-Elektronendichte im P-Gebiet
n_{n0} ungestörte Majoritätsträger-Elektronendichte im N-Gebiet
p_{n0} ungestörte Minoritätsträger-Löcherdichte im N-Gebiet
n_{AK} Akzeptorendichte im P-Gebiet
n_D Donatorendichte im N-Gebiet
Neutralitätsbedingung: P-Gebiet $p_{p0} = n_{p0} + n_{AK}$
N-Gebiet $n_{n0} = p_{n0} + n_D$

2.1 PN-Übergang

Mit Gl. (19.7) erhält man sowohl aus Gl. (19.5) als auch aus Gl. (19.6) die **Diffusionsspannung**

$$U_D = \frac{kT}{e} \cdot \ln(n_{n0}\, p_{p0}/n_i^2) \tag{20.1}$$

In Gl. (20.1) haben wir noch eine von Einstein abgeleitete Gleichung

$$D_n/b_n = D_p/b_p = kT/e = U_T \tag{20.2}$$

benutzt, aus der ersichtlich ist, daß Diffusionskoeffizient und Beweglichkeit keine von einander unabhängigen Größen sind, sondern über Temperatur T, Boltzmann-Konstante k und Elementarladung e miteinander verknüpft sind. Der Quotient kT/e hat die Dimension einer Spannung und wird deshalb als **Temperaturspannung** U_T bezeichnet.

Beispiel 3. Man berechne die Diffusionsspannung von Germanium und Silizium bei Zimmertemperatur $T = 300$ K. Sowohl das N- als auch das P-Gebiet sei mit Majoritätsdichten $n_{n0} = p_{p0} = 3 \cdot 10^{16}$ cm^{-3} dotiert.

Für die Temperatur $T = 300$ K erhält man nach Gl. (20.2) mit der Boltzmann-Konstanten $k = 1{,}38 \cdot 10^{-23}$ Ws/K und der Elementarladung $e = 1{,}6 \cdot 10^{-19}$ As für die Temperaturspannung

$$U_T = \frac{kT}{e} = \frac{1{,}38 \cdot 10^{-23}\ \text{Ws/K} \cdot 300\ \text{K}}{1{,}6 \cdot 10^{-19}\ \text{As}} = 26\ \text{mV}$$

Entnimmt man noch aus Tafel 12.1 die Inversionsdichten $n_i = 2{,}5 \cdot 10^{13}$ cm^{-3} für Germanium und $n_i = 6{,}8 \cdot 10^{10}$ cm^{-3} für Silizium, so ergibt sich aus Gl. (20.1) für Germanium die Diffusionsspannung

$$U_D = \frac{kT}{e} \cdot \ln(n_{n0}\, p_{p0}/n_i^2) = 0{,}026\ \text{V} \cdot 2 \cdot \ln(3 \cdot 10^{16}\ \text{cm}^{-3}/2{,}5 \cdot 10^{13}\ \text{cm}^{-3}) = 0{,}368\ \text{V}$$

und für Silizium

$$U_D = 0{,}026\ \text{V} \cdot 2 \cdot \ln(3 \cdot 10^{16}\ \text{cm}^{-3}/6{,}8 \cdot 10^{10}\ \text{cm}^{-3}) = 0{,}675\ \text{V}$$

2.1.3 Bändermodell des PN-Übergangs

In Bild 21.1 wollen wir das Verhalten des PN-Übergangs noch mit dem Bändermodell unter dem Einfluß einer von außen angelegten Spannung betrachten. Soll ein PN-Übergang als Halbleiterdiode verwendet werden, müssen die P- und N-dotierten Halbleitergebiete mit Metallelektroden versehen werden. Im Metall existiert wegen der Bänderüberlappung im Gegensatz zum Halbleiter kein verbotenes Band, sondern es befinden sich Leitungselektronen oberhalb und Löcher unterhalb der Fermi-Energie W_F, wie in Abschn. 1.4.2.3 gezeigt ist. Im Halbleiter liegt das Fermi-Niveau im verbotenen Band. Bei einem reinen Eigenleiter würde es genau in der Mitte zwischen Valenz- und Leitungsband sein. Beim N-Halbleiter dagegen liegt es dicht unter dem Leitungsband. Durch die Donatoren sind ja Leitungselektronen in großer Zahl in das Leitungsband gebracht worden. Die Fermi-Funktion von Gl. (14.1) muß also am unteren Rand W_2 des Leitungsbands mit $1/2 > f(W_2) > 0$ eine merklich von Null abweichende Amplitude haben. Dies ist nur der Fall, wenn $(W_2 - W_F)/(kT)$ klein, also $W_F \approx W_2$ ist.

In einem P-Halbleiter liegt das Fermi-Niveau dicht über der Oberkante W_1 des Valenzbands. Um nämlich die Akzeptorenniveaus vollständig zu besetzen, also Elektronen auf

2.1.3 Bändermodell des PN-Übergangs

diese Energieniveaus zu bringen, muß wiederum $(W_F - W_1)/(kT)$ klein, also $W_F \approx W_1$ sein.

Beim Kontakt zwischen Halbleiter und Metall gleichen sich die Fermi-Niveaus an, so daß ohne äußere Spannung das Fermi-Niveau in allen Materialien gleich hoch liegt (Bild **21.1**a). Da ein PN-Übergang keine Spannungsquelle ist, muß die Diffusionsspannung U_D an den Metall-Halbleiter-Übergängen durch entsprechende Kontaktpotentiale wieder rückgängig gemacht werden. Deshalb können beim Kontakt eines N-Halbleiters mit einem Metall fast nur Elektronen zwischen Metall und Halbleiter übertreten und beim Kontakt eines P-Halbleiters mit einem Metall fast nur positive Löcher (Bild **21.1**a).

Ohne äußere Spannung baut sich am PN-Übergang gerade eine derart hohe Diffusionsspannung auf, daß der Diffusionsstrom der Majoritätsträger gleich dem Feldstrom der Minoritätsträger ist. Der Gesamtstrom durch den PN-Übergang ist dann Null.

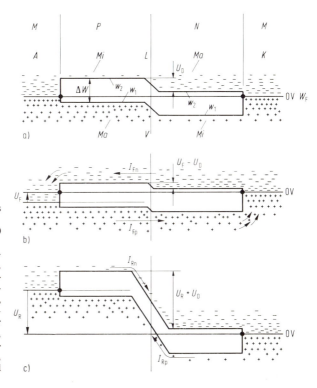

21.1
Bändermodell des PN-Übergangs
a) spannungslos $U = 0$
b) Durchlaßpolung $U = U_F > 0$
c) Sperrpolung $U = U_R < 0$
I_{Fn}, I_{Fp} Elektronen- bzw. Löcheranteil des Durchlaßstroms, I_{Rn}, I_{Rp} Elektronen- bzw. Löcheranteil des Sperrstroms, U_D Diffusionsspannung, L Leitungsband, V Valenzband, W_F Fermi-Energie, M Metall, P P-dotierter und N N-dotierter Halbleiter, A Anode, K Kathode, Mi Minoritätsträger, Ma Majoritätsträger, $\Delta W = W_2 - W_1$ Bandabstand

Wird an das P-Gebiet gegenüber dem N-Gebiet eine positive Spannung U_F gelegt, wird die Potentialbarriere der Grenzschicht auf $U_F - U_D$ abgebaut, und mit wachsender positiver Spannung U_F erfolgt eine immer stärkere Überflutung des PN-Übergangs mit Majoritätsträgern. Der Übergang verschmälert sich, und der Strom steigt mit wachsender Spannung U_F steil an; denn der Minoritätsträger-Feldstrom kann den Majoritätsträgerstrom nicht mehr kompensieren. Der PN-Übergang ist auf Durchlaß gepolt; U_F wird Durchlaßspannung genannt.

2.1 PN-Übergang

Wird andererseits an das P-Gebiet eine negative Spannung U_R gelegt, wird der Potentialwall am Übergang auf $U_R + U_D$ erhöht und außerdem verbreitert. Der Diffusionsstrom der Majoritätsträger stirbt mit wachsender Spannung U_R zunehmend aus. Übrig bleibt ein **Sperrstrom** I_R, der aus Minoritätsträgern der Eigenleitung besteht. Im Vergleich zum Durchlaßstrom I_F ist dieser Sperrstrom I_R sehr klein (einige nA bis µA). Da die Minoritätsträgerdichten im P- und N-Gebiet nur durch die thermische Ionisation bestimmt sind und deshalb bei der Temperatur $T = $ const ebenfalls konstant sind, ist der Sperrstrom von dem Spannungswert an, von dem Majoritätsträger den PN-Übergang nicht mehr durchqueren können, praktisch konstant und unabhängig von der Sperrspannung. Man nennt diesen konstanten Sperrstrom den **Sättigungs-Sperrstrom** I_{RS}.

Ein PN-Übergang hat also offensichtlich gleichrichtende Eigenschaften. Nur in Durchlaßpolung kann ein großer Strom passieren. Er stellt daher eine **Halbleiterdiode** dar, für die das in Bild 22.1 b gezeigte Schaltzeichen verwendet wird. Fast alle Halbleiterbau-

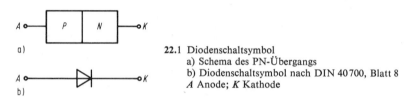

22.1 Diodenschaltsymbol
a) Schema des PN-Übergangs
b) Diodenschaltsymbol nach DIN 40700, Blatt 8
A Anode; K Kathode

elemente enthalten einen oder mehrere derartige PN-Übergänge, so daß der Theorie dieses PN-Übergangs für das Verständnis aller Halbleiterbauelemente eine grundlegende Bedeutung zukommt.

2.1.4 Berechnung der Kennlinie des PN-Übergangs

Wir wollen die Kennlinie eines idealen PN-Übergangs berechnen, d.h. den Zusammenhang zwischen der am Übergang liegenden Spannung U und dem durch den PN-Übergang fließenden Strom I, also die Funktion $I = f(U)$.

Da der PN-Übergang eine Halbleiterdiode darstellt, ist dies auch die Kennlinie einer idealen Halbleiterdiode. Wie wir in Abschn. 2.2.1 noch sehen werden, sind für reale Dioden noch gewisse Korrekturen erforderlich. Das Ergebnis der folgenden Rechnung führt schließlich auf Gl. (25.5). Der Leser, der die Rechnung nicht verfolgen möchte, kann das Studium ab Gl. (25.5) wieder aufnehmen.

2.1.4.1 Berechnung der Trägerdichten am PN-Übergang. Für die Berechnung beginnen wir mit den Strömen am Übergang und erinnern uns, daß im spannungslosen Fall nach Gl. (19.3) und (19.4) Feld- und Diffusionsstrom gleich groß sind. Bei angelegter äußerer Spannung fließt zwar ein Strom durch die Diode, aber dieser ist sehr klein im Vergleich zu Feld- und Diffusionsstrom, die sich auch in diesem Fall noch weitgehend kompensieren. Wir setzen deshalb analog zu Gl. (19.3) und (19.4)

$$A\, b_n\, e\, E\, n = A\, D_n\, e\, \mathrm{d}n/\mathrm{d}x \tag{22.1}$$

$$A\, b_p\, e\, E\, p = A\, D_p\, e\, \mathrm{d}p/\mathrm{d}x \tag{22.2}$$

2.1.4 Berechnung der Kennlinie des PN-Übergangs

Die Feldstärke E rührt jetzt aber von der Diffusionsspannung U_D und von der angelegten Spannung U her. Die Gesamtspannung ist

$$U_g = U - U_D \tag{23.1}$$

Für $U > 0$ liegt **Durchlaßpolung** und für $U < 0$ **Sperrpolung** vor. In der folgenden Rechnung suchen wir nicht die Diffusionsspannung U_D, sondern die Ladungsträgerkonzentration, die zu U_g gehört. Hierzu stellen wir uns vor, daß die eigentliche Sperrschicht sehr dünn sei und an der Stelle $x = 0$ liegen möge. Ferner sollen nur in der Sperrschicht unkompensierte Raumladungen vorkommen, die angrenzenden Halbleitergebiete jedoch neutral sein.

Die Integration von Gl. (22.1) und (22.2), die über die Sperrschicht auszuführen ist, liefert die **Gesamtspannung**

$$U_g = U - U_D = \int E\,dx = \frac{kT}{e}\int \frac{dn}{n} = \frac{kT}{e}\int \frac{dp}{p} \tag{23.2}$$

$$= \frac{kT}{e}\ln\left(\frac{n_{px0}}{n_{nx0}}\right) \tag{23.3}$$

Dabei haben wir wieder die Einstein-Gleichung (20.2) benutzt und z. B. für die Elektronendichte im P-Bereich an der Stelle $x = 0$ die Bezeichnung n_{px0} eingeführt.

Wir setzen voraus, daß nur in der unendlich dünnen Sperrschicht unkompensierte Raumladungen vorhanden sind, das angrenzende Halbleitermaterial aber elektrisch neutral ist. Diese Neutralität läßt sich in folgender Weise formulieren

$$n_{nx} - p_{nx} = n_{n0} - p_{n0} \tag{23.4}$$

$$p_{px} - n_{px} = p_{p0} - n_{p0} \tag{23.5}$$

Dabei sind n_{px} bzw. n_{px} die ortsabhängigen Elektronendichten im N- bzw. P-Bereich und n_{n0} bzw. n_{p0} die ungestörten Elektronendichten im N- bzw. P-Bereich, die in größerem Abstand vom PN-Übergang vorhanden sind. Die entsprechenden Definitionen gelten auch für die Löcherdichten p_{px}, p_{nx}, p_{p0} und p_{n0}.

Lösen wir Gl. (23.3) nach n_{px0} auf und benutzen Gl. (23.4) sowie für die Diffusionsspannung

$$U_D = U_T \ln(n_{n0}/n_{p0})$$

nach Gl. (19.5) und (20.2), erhalten wir an der Stelle $x = 0$ die Minoritätsträger-Elektronendichte

$$n_{px0} = \frac{n_{n0} - p_{n0} + p_{nx0}}{n_{n0}} \cdot n_{p0}\exp(U/U_T) \tag{23.6}$$

Da $n_{n0} \gg (p_{n0} - p_{nx0})$ ist, wird der Quotient in Gl. (23.6) nahezu 1, so daß wir schreiben können

$$n_{px0} = n_{p0}\exp(U/U_T) \tag{23.7}$$

Die gleichen Rechnungen mit Gl. (19.6) und (23.5) führen zur Minoritätsträger-Löcherdichte an der Stelle $x = 0$

$$p_{nx0} = p_{p0}\exp(U/U_T) \tag{23.8}$$

24 2.1 PN-Übergang

Mit Gl. (23.7) und (23.8) haben wir die Minoritätsträgerdichten und somit die grundlegenden Gleichungen für den PN-Übergang gewonnen. Bei Durchlaßpolung ($U > 0$) wird die Trägerdichte am PN-Übergang angehoben, da die Exponentialfunktion größer als 1 wird (Bild 24.1 b). Umgekehrt werden bei Sperrpolung ($U < 0$) die Minoritätsträgerdichten abgesenkt, denn die Exponentialfunktion wird kleiner als 1 (Bild 24.1 c). Ist $U = 0$, ergeben sich am PN-Übergang die ungestörten Dichten n_{p0} und p_{n0} (Bild 24.1 a).

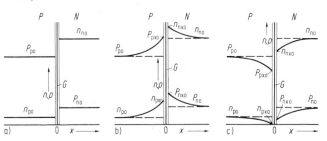

24.1
Minoritäts- n_p, p_n und Majoritätsträgerdichten n_n, p_p im P- und N-dotierten Gebiet
a) spannungslos $U = 0$
b) Durchlaßpolung $U > 0$
c) Sperrpolung $U < 0$
G Grenzschicht

2.1.4.2 Berechnung des Stromes. Der Strom durch den PN-Übergang setzt sich aus den Stromanteilen von Majoritäts- und Minoritätsträgern zusammen, so daß wir mit dem Löcherstrom I_{pp} und dem Elektronenstrom I_{np} im P-Gebiet sowie dem Elektronenstrom I_{nn} und dem Löcherstrom I_{pn} im N-Gebiet für den Diodenstrom schreiben können

$$I = I_{pp} + I_{np} = I_{pn} + I_{nn} \tag{24.1}$$

Der Verlauf dieser Stromanteile ist schematisiert in Bild 24.2 dargestellt. Beim Eintritt in das P-Gebiet ist der Strom zunächst ein reiner Löcherstrom I_{pp}. Am PN-Übergang setzt sich der Strom aus Löcher- und Elektronenstrom zusammen. Beim Austritt aus dem N-Gebiet wird der Strom schließlich ein reiner Elektronenstrom I_{nn}.

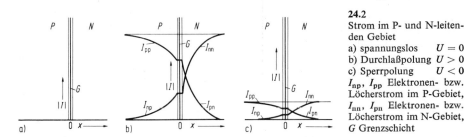

24.2
Strom im P- und N-leitenden Gebiet
a) spannungslos $U = 0$
b) Durchlaßpolung $U > 0$
c) Sperrpolung $U < 0$
I_{np}, I_{pp} Elektronen- bzw. Löcherstrom im P-Gebiet,
I_{nn}, I_{pn} Elektronen- bzw. Löcherstrom im N-Gebiet,
G Grenzschicht

In der Ebene der Sperrschicht fließt ein reiner Minoritätsträgerstrom, denn jedes Elektron, das im N-Gebiet noch ein Majoritätsträger war, wird beim Durchtritt in das P-Gebiet zum Minoritätsträger. Gleiches gilt auch für die Löcher. Daher dürfen wir in der Ebene der Sperrschicht ($x = 0$) für die Ströme schreiben

$$I_{pp} = I_{pn} \tag{24.2}$$

(Majoritätsträgerstrom = Minoritätsträgerstrom)

$$I_{np} = I_{nn} \tag{24.3}$$

(Minoritätsträgerstrom = Majoritätsträgerstrom)

2.1.4 Berechnung der Kennlinie des PN-Übergangs

und für den Diodenstrom

$$I = I_{pn} + I_{np} \tag{25.1}$$

Wir benötigen also für die Berechnung des Stromes in dieser Ebene nur die Minoritätsträgerdichten an der Stelle $x = 0$. Da der Minoritätsträgerstrom in der Ebene der Sperrschicht nach Gl. (25.1) und (24.3) gleich dem Diffusionsstrom der Majoritätsträger ist, können wir für den Diodenstrom

$$I = A D_n e \left.\frac{dn_{px}}{dx}\right|_{x=0} - A D_p e \left.\frac{dp_{nx}}{dx}\right|_{x=0} \tag{25.2}$$

schreiben. Dabei berücksichtigt das Minuszeichen in Gl. (25.2), daß der Löcherstrom entgegengesetzt zum Elektronenstrom fließt. Um die Differentialquotienten bilden zu können, muß jedoch das Dichtegefälle an der Stelle $x = 0$ bekannt sein. Berechnet sind bisher aber nur die Minoritätsträgerdichten an der Stelle $x = 0$. Mit wachsender Entfernung von der Grenzschicht fallen diese Dichten wie in Bild 24.1 b, c infolge der Rekombination von Elektronen mit Löchern exponentiell ab. Die Minoritätsträgerdichten sind also eine Funktion des Ortes x. Für die Löcherdichte im N-Gebiet machen wir mit der **Rekombinationsweglänge** L_p der Löcher im N-Bereich den Ansatz

$$p_{nx} = [p_{n0} \exp(U/U_T) - p_{n0}] \exp(-x/L_p) + p_{n0} \tag{25.3}$$

Der Ort x muß hier positiv eingesetzt werden.

Analog schreiben wir mit der **Rekombinationsweglänge** L_n der Elektronen im P-Gebiet für die Elektronendichte im P-Bereich

$$n_{px} = [n_{p0} \exp(U/U_T) - n_{p0}] \exp(x/L_n) + n_{p0} \tag{25.4}$$

Der Ort x muß in Gl. (25.4) negativ eingesetzt werden.

Für $x = 0$ liefern Gl. (25.3) und (25.4) die richtigen Grenzwerte wie sie von Gl. (23.7) und (23.8) gefordert werden. Ebenso ergeben sich weitab vom PN-Übergang für $x = \infty$ die ungestörte Löcherdichte $p_{nx} = p_{n0}$ und für $x = -\infty$ die ungestörte Elektronendichte $n_{px} = n_{p0}$.

Die Differentiation von Gl. (25.3) und (25.4) und das Einsetzen der Differentialquotienten in Gl. (25.2) führen schließlich zu dem **Diodenstrom**

$$I = A e \left(\frac{D_n n_{p0}}{L_n} + \frac{D_p p_{n0}}{L_p}\right) \left[\exp\left(\frac{U}{U_T}\right) - 1\right] \tag{25.5}$$

und mit dem **Sättigungssperrstrom**

$$I_{RS} = -A e \left(\frac{D_n n_{p0}}{L_n} + \frac{D_p p_{n0}}{L_p}\right) \tag{25.6}$$

läßt sich für den **Diodenstrom** schreiben

$$I = I_{RS} [1 - \exp(U/U_T)] \tag{25.7}$$

2.2 Diskussion der Diodenkennlinie

Mit Gl. (25.7) haben wir die Kennlinie der idealen Halbleiterdiode gefunden. Ihr Verlauf ist in Bild 26.1 aufgetragen. Im Sperrbereich für $U<0$ geht der Diodenstrom schließlich in den konstanten Minoritätsträgerstrom, den Sättigungssperrstrom I_{RS}, über. Bei $U=0$ sind Minoritätsträger- und Majoritätsträgerstrom einander gleich, so daß der Strom durch die Diode null ist. Im Durchlaßbereich für $U>0$ überwiegt der Majoritäts-

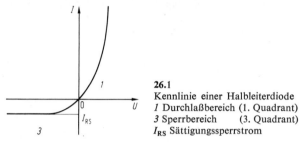

26.1
Kennlinie einer Halbleiterdiode
1 Durchlaßbereich (1. Quadrant)
3 Sperrbereich (3. Quadrant)
I_{RS} Sättigungssperrstrom

trägerstrom, der für $U \gg U_T$ exponentiell mit wachsender Spannung ansteigt. Wie Gl. (25.7) zeigt, wächst der Sättigungssperrstrom linear mit den durch Eigenleitung (thermische Ionisation) erzeugten Minoritätsträgerdichten n_{p0} und p_{n0}. Da diese jedoch sehr stark temperaturabhängig sind, wird auch der Sperrstrom stark mit der Temperatur T ansteigen.

2.2 Diskussion der Diodenkennlinie

2.2.1 Durchlaßbereich

Im Durchlaßbereich verläuft die Kennlinie für $U \gg U_T$ nahezu exponentiell. Da U_T bei $T=300$ K (Zimmertemperatur) nach Beispiel 3 nur 26 mV beträgt, ist dies schon bei relativ kleinen Durchlaßspannungen der Fall. Man erhält also näherungsweise für den Dioden-Durchlaßstrom

$$I_F = -I_{RS} \exp(U_F/U_T) \quad \text{für} \quad \exp(U_F/U_T) \gg 1 \tag{26.1}$$

(Man beachte, daß der Zahlenwert des Sättigungssperrstroms I_{RS} negativ ist!)

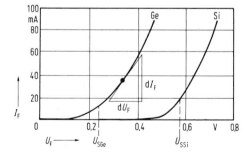

26.2
Durchlaßkennlinien einer Germanium- und einer Siliziumdiode
U_{SGe} Schwellspannung der Germaniumdiode
U_{SSi} Schwellspannung der Siliziumdiode
$r_F = dU_F/dI_F$ differentieller Durchlaßwiderstand

Dabei haben wir jetzt den Durchlaßstrom mit I_F und die Durchlaßspannung mit U_F bezeichnet. Wegen des größeren Bandabstands sind die Sättigungssperrströme von Siliziumdioden etwa um den Faktor 10^3 kleiner als die von Germaniumdioden. In Bild 26.2 sind die Kennlinien einer Germaniumdiode ($I_{RS} = 10$ μA) und einer Siliziumdiode

($I_{RS} = 10$ nA) aufgetragen. Für die Beschreibung von Kennlinien ist es in der Praxis günstiger, eine Temperaturspannung von 30 mV bis 50 mV zu benutzen; wir haben daher mit $U_T = 40$ mV gerechnet. Wegen des größeren Sperrstroms steigt der Durchlaßstrom I_F nach Gl. (26.1) bei der Germaniumdiode schon bei Durchlaßspannungen $U_F = 0{,}2$ V bis 0,3 V in den mA-Bereich an, wogegen dies bei der Siliziumdiode erst bei 0,5 V bis 0,6 V eintritt. Das lineare Auftragen der exponentiell verlaufenden Kennlinien erweckt den Anschein, als ob für Germaniumdioden bei der Spannung von 0,2 V bis 0,3 V und für Siliziumdioden bei der Spannung von 0,5 V bis 0,6 V ein Knick in der Kennlinie aufträte. Man hat deshalb den Begriff der Schwellspannung U_S, gelegentlich auch Durchlaß- oder Schleusenspannung genannt, eingeführt und kann sie als diejenige Spannung definieren, bei der der Durchlaßstrom I_F auf 1/10 des maximal zulässigen Durchlaßstroms angestiegen ist.

Mit dieser Definition liegt die Schwellspannung von Germaniumdioden bei 0,2 V bis 0,3 V und von Siliziumdioden bei 0,5 V bis 0,7 V. Erst nach Überschreiten dieser Spannungsschwelle wird eine Diode soweit leitend, daß ein nennenswerter, etwa im mA-Bereich liegender Strom durch sie hindurchfließt. Bei kleineren Spannungen ist natürlich auch schon ein, wenn auch erheblich kleinerer Durchlaßstrom vorhanden, der jedoch häufig vernachlässigt werden kann.

Differentieller Widerstand der Diode in Durchlaßrichtung. Die Differentiation der Kennlinie des Durchlaßbereichs ergibt den differentiellen Leitwert

$$\frac{dI_F}{dU_F} = \frac{-I_{RS}}{U_T} \exp\left(\frac{U_F}{U_T}\right) = \frac{I_F}{U_T} = \frac{1}{r_F} \tag{27.1}$$

oder den differentiellen Durchlaßwiderstand der Diode

$$r_F = U_T/I_F \tag{27.2}$$

Der differentielle Durchlaßwiderstand (Innenwiderstand) nimmt also umgekehrt proportional mit dem Durchlaßstrom I_F ab. Die Durchlaßspannung U_F einer Halbleiterdiode steigt bei Verzehnfachung des Durchlaßstroms etwa um 0,1 V an, wie das folgende Beispiel zeigt.

Beispiel 4. Zu berechnen ist die Erhöhung der Durchlaßspannung ΔU_F einer Halbleiterdiode bei Verzehnfachung des Durchlaßstroms.
Wir bilden das Verhältnis

$$\frac{I_{F2}}{I_{F1}} = \frac{\exp(U_{F2}/U_T)}{\exp(U_{F1}/U_T)} = \exp\left(\frac{U_{F2} - U_{F1}}{U_T}\right)$$

Die Auflösung der Gleichung liefert

$$\Delta U_F = U_{F2} - U_{F1} = U_T \ln(I_{F2}/I_{F1})$$

Ist $I_{F2}/I_{F1} = 10$ und benutzen wir für die Temperaturspannung $U_T = 26$ mV bis 50 mV, wird

$$\Delta U_F = U_T \ln 10 = 2{,}3\, U_T \approx 0{,}06\text{ V bis } 0{,}11\text{ V}$$

Wegen dieser geringen Spannungsänderung bei großen Stromänderungen werden in Durchlaßrichtung gepolte Halbleiterdioden häufig zur Stabilisierung kleiner Spannungen verwendet.

2.3 Temperaturabhängigkeit von Sperrstrom und Durchlaßspannung

Linearer Bereich der Diodenkennlinie. Durchlaßkennlinien von Halbleiterdioden verlaufen nur dann exponentiell, wenn die Dioden aus idealen PN-Übergängen bestehen. Bei der Berechnung des idealen PN-Übergangs wird vorausgesetzt, daß die an den PN-Übergang angrenzenden P- und N-leitenden Halbleitergebiete widerstandslos sind, so daß an ihnen keine Spannung abfällt. Bei der realen Diode trifft dies nicht mehr zu, und wir müssen deshalb bei Berücksichtigung dieser Bahnwiderstände die ideale Diode durch die Ersatzschaltung von Bild **28.1** ersetzen. In dieser Ersatzschaltung simulieren die Wirkwiderstände R_{B1} und R_{B2} die Widerstände der P- und N-leitenden Halbleitergebiete sowie die Widerstände der Zuleitungen, und die Diode D soll einen

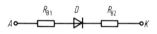

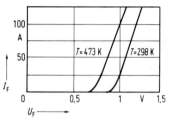

28.1
Ersatzschaltung einer Diode D
idealer PN-Übergang; R_{B1}, R_{B2}
Bahnwiderstände der P- und N-
leitenden Bereiche

28.2
Kennlinie einer Silizium-
diode bei großen Durchlaßströmen (Übergang in den
linearen Bereich)

idealen PN-Übergang darstellen. Bei sehr großen Durchlaßströmen wird der Durchlaßwiderstand r_F sehr klein und kann gegenüber den Bahnwiderständen R_{B1} und R_{B2} vernachlässigt werden. Der Verlauf der Kennlinie wird dann zunehmend durch die stromunabhängigen Bahnwiderstände bestimmt, so daß der Strom schließlich wie in Bild **28.2** nahezu linear mit der Spannung zunimmt [17].

2.2.2 Sperrbereich

Im Sperrbereich für $U = U_R < 0$ geht der Dioden-Sperrstrom I_R in den konstanten Sättigungssperrstrom I_{RS} über, wenn der Strom durch die Diode ein reiner Minoritätsträgerstrom geworden ist. Aus Gl. (25.4) für die Diodenkennlinie ergibt sich deshalb für den Diodenstrom

$$I_R = I_{RS} \quad \text{für} \quad \exp(U_R/U_T) \ll 1 \tag{28.1}$$

(Der Zahlenwert der Sperrspannung U_R ist negativ einzusetzen).
Die Bedingung für Gl. (28.1) ist bei der Temperaturspannung $U_T = 26$ mV schon für $U_R = -0,2$ V hinreichend gut erfüllt. Erhöht man die negative Sperrspannung U_R, so bleibt zunächst der Sperrstrom annähernd konstant, bis er schließlich beim Erreichen der Durchbruchspannung des PN-Übergangs sehr schnell ansteigt. Das Durchbruchverhalten wird in Abschn. 3.1.1 bei den Z-Dioden behandelt.

2.3 Temperaturabhängigkeit von Sperrstrom und Durchlaßspannung

2.3.1 Temperaturabhängigkeit des Sperrstroms

Der Sperrstrom einer Halbleiterdiode ist ein Minoritätsträgerstrom. Die Minoritätsträger werden durch thermische Ionisation erzeugt. Da im gesamten Kristall die Tempe-

2.3.1 Temperaturabhängigkeit des Sperrstroms

ratur T den selben Wert hat, gilt für die Trägerdichten

im P-Gebiet $\quad n_{p0}\, p_{p0} = n_i^2 = f(T)$ (29.1)

im N-Gebiet $\quad p_{n0}\, n_{n0} = n_i^2 = f(T)$ (29.2)

in der Sperrschicht $\quad p_x\, n_x = n_i^2 = f(T)$ (29.3)

Wir betrachten diejenige Stelle in der Sperrschicht, an der die ortsabhängige Elektronendichte n_x gleich der ortsabhängigen Löcherdichte p_x ist. Dort gilt

$$p_x = n_x = n_i \qquad (29.4)$$

und der Minoritätsträgerstrom besteht in etwa zu gleichen Anteilen aus Elektronen- und Löcherstrom. Die **Inversionsdichte**

$$n_i = n_{i0} \left(\frac{T}{T_0}\right)^{3/2} \exp\left[\frac{e\,\Delta W}{2\,k}\left(\frac{1}{T_0} - \frac{1}{T}\right)\right] \qquad (29.5)$$

erhalten wir aus Gl. (9.5), wobei n_{i0} die Inversionsdichte bei der Temperatur T_0 ist. Wird die Temperatur T nur wenig gegenüber der Ausgangstemperatur T_0 geändert, ist also $T/T_0 \approx 1$, läßt sich Gl. (29.5) näherungsweise schreiben

$$n_i = n_{i0} \exp\left[\frac{e\,\Delta W}{2\,k\,T_0^2}(T - T_0)\right] \qquad (29.6)$$

Der Minoritätsträger-Sperrstrom ist nun proportional zur Minoritätsträgerdichte und somit nach Gl. (29.4) proportional zur Inversionsdichte n_i, so daß sich für den temperaturabhängigen Sperrstrom ergibt

$$I_{RST} = I_{RS0} \exp[C(T - T_0)] \qquad (29.7)$$

mit I_{RS0} als Sperrstrom bei der Temperatur $T = T_0$ und der **Temperaturkonstanten**

$$C = e\,\Delta W/(2\,k\,T_0^2) \qquad (29.8)$$

Mit den Bandabständen $\Delta W = 1{,}1$ V für Silizium und $\Delta W = 0{,}75$ V für Germanium erhält man bei Zimmertemperatur $T_0 = 300$ K die Temperaturkonstanten $C = 0{,}071$ K^{-1} für Silizium und $C = 0{,}049$ K^{-1} für Germanium.

Beispiel 5. Zu berechnen ist die Erhöhung des Sperrstroms einer Silizium- und einer Germaniumdiode, wenn sich die Temperatur um $\Delta T = 10$ K von $T_0 = 300$ K auf $T = 310$ K erhöht. Aus Gl. (29.7) erhalten wir für die Siliziumdiode mit $C = 0{,}071$ K^{-1} für das Verhältnis der Sperrströme

$$I_{RST}/I_{RS0} = \exp[C(T - T_0)] = \exp[0{,}071\text{ K}^{-1}(310\text{ K} - 300\text{ K})] = 2{,}07$$

und mit $C = 0{,}049$ K^{-1} für die Germaniumdiode

$$I_{RST}/I_{RS0} = \exp[C(T - T_0)] = \exp[0{,}049\text{ K}^{-1}(310\text{ K} - 300\text{ K})] = 1{,}63$$

Hiermit verdoppelt sich etwa der Sperrstrom einer Halbleiterdiode bei einer Temperaturerhöhung von $\Delta T = 10$ K.

2.3.2 Temperaturabhängigkeit der Durchlaßspannung

Ist die Durchlaßspannung U_F bedeutend größer als die Temperaturspannung $U_T = 26\,\text{mV}$ bei der Temperatur $T = 300\,\text{K}$, kann man nach Gl. (26.1) den Verlauf der Durchlaßkennlinie durch die Gleichung

$$I_F = -I_{RS} \exp(U_F/U_T)$$

annähern. Für den Sättigungssperrstrom I_{RS} setzen wir jetzt den temperaturabhängigen Sperrstrom I_{RST} nach Gl. (29.7) ein und erhalten den temperaturabhängigen Durchlaßstrom

$$I_{FT} = -I_{RS0} \exp[C(T - T_0) + (U_F/U_T)] \qquad (30.1)$$

Wir untersuchen jetzt die Durchlaßspannung U_F bei konstant gehaltenem Durchlaßstrom I_F und bilden deshalb die Ableitung

$$\frac{dI_{FT}}{dT} = -I_{RS0}\left(C + \frac{1}{U_T}\frac{dU_F}{dT}\right)\exp\left[C(T-T_0) + \frac{U_F}{U_T}\right] = 0$$

Lösen wir diese Gleichung auf, erhalten wir die Änderung der Durchlaßspannung mit der Temperatur bei konstantem Durchlaßstrom

$$dU_F/dT = -CU_T \qquad (30.2)$$

Bei der Differentiation haben wir die Temperaturspannung U_T als Konstante behandelt. Dies ist möglich, solange die Temperaturänderung nicht zu groß wird.
Für Zimmertemperatur $T = T_0 = 300\,\text{K}$ erhalten wir mit der Temperaturspannung $U_T = 26\,\text{mV}$ und mit der Temperaturkonstanten $C = 0{,}071\,\text{K}^{-1}$ für Siliziumdioden

$$dU_F/dT = -CU_T = -0{,}071\,\text{K}^{-1} \cdot 26\,\text{mV} = -1{,}85\,\text{mV/K}$$

und mit $C = 0{,}049\,\text{K}^{-1}$ für Germaniumdioden

$$dU_F/dT = -CU_T = -0{,}049\,\text{K}^{-1} \cdot 26\,\text{mV}$$
$$= -1{,}27\,\text{mV/K}$$

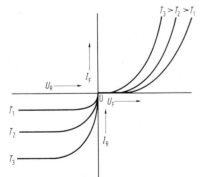

30.1 Kennlinien einer Halbleiterdiode bei verschiedenen Temperaturen
Da $I_R \ll I_F$ ist, ist I_R gegenüber I_F gedehnt aufgetragen. Hierdurch entsteht der Knick der Kennlinien im Koordinatennullpunkt.

Die Durchlaßspannung U_F nimmt also linear mit der Temperatur T ab, wobei als Richtwert $-2\,\text{mV/K}$ für Siliziumdioden angenommen werden kann. In Bild **30.1** ist die Diodenkennlinie für verschiedene Temperaturen T aufgetragen. Um die gegenüber den Durchlaßströmen sehr kleinen Sperrströme darstellen zu können, haben wir für den dritten Quadranten von Bild **30.1** einen kleineren Strommaßstab gewählt. Hierdurch entsteht der Knick der Kennlinien im Nullpunkt des Koordinatensystems.

2.4 Schalt- und Frequenzverhalten

Das Verhalten von Dioden bei schnellen Schaltvorgängen im µs- bis ns-Bereich sowie bei Frequenzen im MHz-Bereich wird durch die Diodenkapazitäten bestimmt [16]. Wir müssen die Kapazität der gesperrten Diode C_S und die Kapazität der leitenden Diode C_D unterscheiden.

2.4.1 Sperrschichtkapazität

Die **Sperrschichtkapazität** C_S der gesperrten Diode wird durch die am PN-Übergang sich gegenüber stehenden unkompensierten Raumladungen (Bild 19.1c) verursacht. Nehmen wir an, daß P- und N-Gebiete der Diode gleich dotiert sind, also $p_{p0} = n_{n0}$ ist, läßt sich mit der Verschiebungskonstanten $\varepsilon_0 = 8{,}86 \cdot 10^{-12}$ As/Vm die **Dicke der Sperrschicht**

$$d = \sqrt{4\,\varepsilon_r\,\varepsilon_0/e} \cdot \sqrt{|U_g|/n_{n0}} \tag{31.1}$$

berechnen. ε_r ist die relative Dielektrizitätskonstante. Ist die von außen an die Diode angelegte Sperrspannung groß gegen die Diffusionsspannung U_D, kann für $|U_g| \approx |U_R|$ gesetzt werden. Ändert sich die Sperrspannung U_R, ändert sich nach Gl. (31.1) auch die Dicke der Sperrschicht. Dabei werden am PN-Übergang Ladungen verschoben. Es fließt ein kapazitiver Verschiebungsstrom solange, bis sich die Sperrschichtdicke der geänderten Sperrspannung angepaßt hat. Der **Verschiebungsstrom** (kleine Buchstaben i für Zeitwerte) ist mit der Fläche A

$$i_n = i_p = \mathrm{d}Q/\mathrm{d}t = e\,A\,n_{n0}\,\mathrm{d}d_n/\mathrm{d}t = e\,A\,p_{p0}\,\mathrm{d}d_p/\mathrm{d}t \tag{31.2}$$

Dabei ist d_n die Dicke des in den N-Bereich und d_p entsprechend die Dicke des in den P-Bereich reichenden Teils der Sperrschicht. Aus Gl. (31.2) erhält man

$$n_{p0}\,d_n = p_{p0}\,d_p \tag{31.3}$$

Die Sperrschicht erstreckt sich also am weitesten in den schwächer dotierten Bereich. Nehmen wir wieder gleiche Dotierung an und setzen wir voraus, daß $|U_R| \gg U_D$ ist, und beachten ferner, daß der gesamte Verschiebungsstrom aus dem Anteil der Elektronen n_{p0} und der Löcher p_{p0} besteht, ergibt sich mit Gl. (31.1) und (31.2) der Verschiebungsstrom im PN-Übergang

$$i = i_n + i_p = 2\,e\,A\,n_{n0}\,\frac{\mathrm{d}d_n}{\mathrm{d}|U_R|} \cdot \frac{\mathrm{d}|U_R|}{\mathrm{d}t} = A\sqrt{4\,\varepsilon_r\,\varepsilon_0\,e\,\frac{n_{n0}}{|U_R|}} \cdot \frac{\mathrm{d}|U_R|}{\mathrm{d}t} \tag{31.4}$$

Führen wir in Analogie zu einem kapazitiven Strom $i = C\,\mathrm{d}u/\mathrm{d}t$ den entsprechenden Wert der Kapazität ein, erhält man hier die **Sperrschichtkapazität**

$$C_S = A\sqrt{4\,\varepsilon_r\,\varepsilon_0\,e\,n_{n0}/|U_R|} \tag{31.5}$$

Nach Gl. (31.5) bedeutet höhere Dotierung n_{n0} eine Vergrößerung der Sperrschichtkapazität C_S. Die Erhöhung der Sperrspannung U_R hat eine Verringerung der Sperrschichtkapazität zur Folge. Diese Steuerbarkeit der Sperrschichtkapazität durch die angelegte Sperrspannung wird bei den Kapazitäts-Dioden ausgenutzt (Abschn. 3.6).

2.4 Schalt- und Frequenzverhalten

Beispiel 6. Zu berechnen ist die Sperrschichtkapazität einer Diode, die mit den Majoritätsträgerdichten $n_{n0} = p_{p0} = 10^{16}$ cm^{-3} dotiert ist, an der die Sperrspannung $|U_R| = 20$ V liegt und deren PN-Übergang den Querschnitt $A = 1$ mm^2 hat.

Mit der relativen Dielektrizitätskonstanten $\varepsilon_r = 4$ und der Verschiebungskonstanten $\varepsilon_0 = 8{,}86 \cdot 10^{-14}$ As/Vcm, der Elementarladung $e = 1{,}6 \cdot 10^{-19}$ As und Gl. (32.2) finden wir die Sperrschichtkapazität

$$C_S = A \sqrt{4\,\varepsilon_r\,\varepsilon_0\,e\,n_{n0}/|U_R|}$$

$$= 0{,}01\text{ cm}^2 \sqrt{4 \cdot 4 \cdot 8{,}86 \cdot 10^{-14}\text{ As/Vcm} \cdot 1{,}6 \cdot 10^{-19}\text{ As} \cdot 10^{16}\text{ cm}^{-3}/20\text{ V}}$$

$$= 1{,}06 \cdot 10^{-10}\text{ As/V} = 106\text{ pF}$$

2.4.2 Diffusionskapazität

Die Kapazität der leitenden Diode kann man als eine **Diffusionskapazität** auffassen, denn bei Polung des PN-Übergangs in Durchlaßrichtung wird dieser von Majoritätsträgern überschwemmt, die in die Gebiete entgegengesetzter Dotierung hineindiffundieren. Dort halten sie sich als Minoritätsträger bis zu ihrer **Rekombination** noch eine gewisse Zeit auf (**Lebensdauer**). Während dieser Zeit wandern sie im Mittel um die Rekombinationsweglänge L_p (Löcher) bzw. L_n (Elektronen) in das Gebiet entgegengesetzter Dotierung hinein. Dabei nehmen die Minoritätsträgerdichten nach Gl. (25.3) und (25.4) wie in Bild 24.1b exponentiell auf die ungestörten Minoritätsträgerdichten ab. Im P-Gebiet sind also Elektronen als Minoritätsträger in der Nähe des PN-Übergangs und im N-Gebiet Löcher gespeichert. Der PN-Übergang wirkt deshalb als Ladungsspeicher und stellt eine Kapazität dar. Die gespeicherte Ladung können wir durch Integration von Gl. (25.3) und (25.4) berechnen. Dabei nehmen wir an, daß die Rekombinationsweglängen klein gegen die Längen des P- und N-Bereichs sind, so daß wir die Integration von 0 bis ∞ erstrecken können. Wir erhalten mit der Elementarladung e und dem Querschnitt A für die gespeicherten Minoritätsträgerladungen der Löcher

$$Q_p = e\,A\,L_p\,p_{n0}\,[\exp(U_F/U_T) - 1] \tag{32.1}$$

und der Elektronen

$$Q_n = e\,A\,L_n\,n_{p0}\,[\exp(U_F/U_T) - 1] \tag{32.2}$$

Nehmen wir jetzt zur Vereinfachung an, daß gleiche Dotierung $p_{n0} = n_{p0}$ vorliegt und daß die Rekombinationsweglängen $L_p = L_n = L$ einander gleich sind, wird die gesamte gespeicherte Ladung, wenn wir noch die Exponentialfunktion durch die Diodengleichungen (25.7) oder (26.1) ersetzen

$$Q_F = 2\,e\,A\,L\,p_{n0}\,I_F/(-I_{RS}) \tag{32.3}$$

Führen wir den Sättigungssperrstrom nach Gl. (25.6) ein und nehmen zur weiteren Vereinfachung an, daß die Diffusionskoeffizienten $D_p = D_n = D$ ebenfalls gleich sind, erhalten wir für die Speicherladung

$$Q_F = I_F\,L^2/D \tag{32.4}$$

Nach Gl. (32.4) wächst die gespeicherte Ladung mit dem Quadrat der Rekombinationsweglänge L und linear mit dem Durchlaßstrom I_F.

Für die Berechnung der Diffusionskapazität C_D gehen wir von Gl. (32.1) und (32.2) aus und bilden den Strom

$$i = \frac{dQ_F}{dt} = \frac{dQ_p}{dt} + \frac{dQ_n}{dt} \tag{33.1}$$

$$= \frac{dQ_F}{dU_F} \cdot \frac{dU_F}{dt} = \frac{2\, e\, A\, L\, p_{n0}}{U_T} \cdot \exp\left(\frac{U_F}{U_T}\right) \cdot \frac{dU_F}{dt} \tag{33.2}$$

Der Vergleich mit einem kapazitiven Strom $i = C\, du/dt$ liefert hier die **Diffusionskapazität**

$$C_D = \frac{2\, e\, A\, L\, p_{n0}}{U_T} \cdot \exp\left(\frac{U_F}{U_T}\right) \tag{33.3}$$

oder mit Gl. (25.6) und (25.7)

$$C_D = \frac{2\, e\, A\, L\, p_{n0}}{U_T} \cdot \frac{I_F}{-I_{RS}} = \frac{L^2}{D\, U_T} \cdot I_F = \frac{Q_F}{U_T} \tag{33.4}$$

Führen wir noch über Gl. (27.2) den differentiellen Durchlaßwiderstand r_F ein, können wir auch schreiben

$$C_D = \frac{L^2}{D} \cdot \frac{1}{r_F} \tag{33.5}$$

Beispiel 7. Zu berechnen ist die Diffusionskapazität C_D einer in Durchlaßrichtung mit dem Strom $I_F = 1$ A betriebenen Siliziumdiode. Als Rekombinationsweglänge verwende man $L = 2 \cdot 10^{-4}$ cm und für die Beweglichkeit $b = 10^3$ cm^2/Vs und ermittle den Diffusionskoeffizienten D aus der Einstein-Gleichung (20.2).

Wir berechnen zunächst aus Gl. (20.2) mit $U_T = 26$ mV den Diffusionskoeffizienten

$$D = b\, U_T = (10^3\ \text{cm}^2/\text{Vs}) \cdot 0{,}026\ \text{V} = 26\ \text{cm}^2/\text{s}$$

Mit Gl. (33.4) finden wir die Diffusionskapazität

$$C_D = \frac{L^2}{D\, U_T} \cdot I_F = \frac{(2 \cdot 10^{-4}\ \text{cm})^2 \cdot 1\ \text{A}}{(26\ \text{cm}^2/\text{s}) \cdot 0{,}026\ \text{V}} = 59 \cdot 10^{-9}\ \text{As/V} = 59\ \text{nF}$$

Wie Beispiel 7 zeigt, muß man bei der Diffusionskapazität mit relativ großen Werten rechnen. Allerdings ist die Diffusionskapazität trotzdem nicht so kritisch, wie es zunächst scheinen mag, denn parallel zu ihr liegt der sehr niederohmige differentielle Durchlaßwiderstand r_F. Nach Gl. (33.5) ist die **Zeitkonstante**

$$\tau = C_D\, r_F = L^2/D = \text{const}$$

Sie liegt im ns-Bereich.

2.4.3 Verhalten beim Ein- und Ausschalten der Durchlaßspannung

Das Schaltverhalten untersuchen wir mit einer Gleichrichterdiode in der Schaltung von Bild 34.1a. Beim Einschalten der Generatorspannung liegt zunächst die volle Generatorspannung $U_G = 2$ V an der Diode, da der PN-Übergang noch ladungsträgerfrei, also hochohmig, ist. Während der Anstiegszeit t_r wird am PN-Übergang die erforderliche Minoritätsträgerkonzentration aufgebaut (Bild 24.1b); der Durchlaßstrom i_F steigt und die Durchlaßspannung u_F fällt auf den stationären Wert von $U_F \approx 0{,}7$ V ab. Beim Abschalten der Spannung wirkt der PN-Übergang als Diffusionskapazität, die über den

2.5 Kennwerte und Bauformen

Generatorwiderstand R_G und über den zur Strombegrenzung dienenden Widerstand R entladen wird. Bei der Entladung während der Zeit t_{rr} kehrt sich der Diodenstrom um. Da während dieser Zeit die in der Umgebung des PN-Übergangs gespeicherte Ladung Q_F wieder ausgeräumt wird, bezeichnet man diesen negativen Strom als **Ausräumstrom** i_{rr} (reverse recovery current). Erst wenn sämtliche Minoritätsträger ausgeräumt sind und der PN-Übergang trägerfrei ist, sperrt die Diode wieder. Bei der in Bild **34**.1 verwendeten Schaltung fällt der Ausräumstrom i_{rr} mit der Zeitkonstanten $\tau \approx 5~\mu s$, woraus man mit dem Wirkwiderstand $R_G + R = 60~\Omega$ die Diffusionskapazität $C_D = \tau/(R_G + R) = 5~\mu s/(60~\Omega) = 0{,}1~\mu F$ abschätzen kann. Die im abfallenden Kurventeil der Diodenspannung u_F auftretende Stufe wird durch die Spannungsteilung zwischen innerem Bahnwiderstand der Diode R_B und Generatorwiderstand R_G verursacht.

Anstiegszeit t_r und Rückwärts-Erholzeit t_{rr} begrenzen die Arbeitsfrequenz der Diode. Folgt z. B. der nächste negative Impuls schon während der Zeit t_{rr}, ist es der Diode nicht möglich, den gesperrten Zustand vorher wieder zu erreichen. Sehr hohe Frequenzen können dann z. B. nicht mehr gleichgerichtet werden. Die Gleichrichtung von sehr hochfrequenten Signalen ($f > 10$ MHz) ist mit Spitzen- oder Schottky-Dioden möglich (s. Abschn. 3.4 und 3.5).

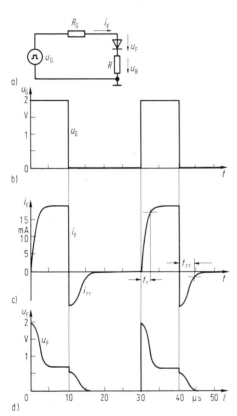

34.1
Verhalten einer Diode beim Ein- und Ausschalten des Durchlaßstroms
a) Schaltung
b) ansteuernde Generatorimpulse $u_G = f(t)$
c) Verlauf des Durchlaßstromes $i_F = f(t)$
d) Verlauf der Durchlaßspannung $u_F = f(t)$
t_r Anstiegszeit (rise time), t_{rr} Rückwärts-Erholzeit (reserse recovery time), i_{rr} Ausräumstrom

2.5 Kennwerte und Bauformen

Die Kennwerte und Bauformen von Dioden hängen ganz wesentlich von ihrem Anwendungszweck ab. Wir unterscheiden hierbei Allzweckdioden, die für Schalter-, Gleichrichter-, Begrenzer- oder Logikschaltungen verwendet werden können, und Dioden, die z. B. ausschließlich als Gleichrichter in der 50-Hz-Leistungselektronik verwendet werden. Hinzu kommt die Vielzahl der Spezialdioden, die jedoch in den folgenden Abschnitten gesondert behandelt werden.

2.5.1 Kennzeichnung von Halbleitern

Für die Bezeichnung von Halbleitern und somit auch von Halbleiterdioden ist noch keine international allgemein gültige Normung eingeführt worden. In Deutschland wird weitgehend einheitlich das folgende Halbleiterkennzeichnungsschema angewendet. Danach werden alle Halbleiterbauteile mit 2 oder 3 großen Buchstaben gekennzeichnet, denen noch eine mehrstellige Kennziffer folgt. Dabei haben die Buchstaben die in Tafel 35.1 angegebene Bedeutung.

Für Typen, die vorwiegend in Rundfunk-, Fernseh- und Magnettongeräten verwendet werden, besteht die Typenbezeichnung aus 2 Buchstaben und 3 Ziffern,

für Typen, die vorwiegend für andere Aufgaben, also vornehmlich für kommerzielle Zwecke, eingesetzt werden, besteht die Typenbezeichnung aus 3 Buchstaben und 2 Ziffern.

Tafel 35.1 Kennzeichnungsschema für Halbleiterbauelemente

erster Buchstabe

A Ausgangsmaterial Germanium (Material mit einem Energiebandabstand von 0,6 eV bis 1,0 eV)
B Ausgangsmaterial Silizium (Material mit einem Energiebandabstand von 1,0 eV bis 1,3 eV)
C III-V-Material, z. B. Gallium-Arsenid (Material mit einem Energiebandabstand von 1,3 eV und mehr)
D Material mit einem Energiebandabstand von weniger als 0,6 eV, z. B. Indium-Antimonid
R Halbleiter-Material für Photoleiter und Hallgeneratoren

zweiter Buchstabe

A Diode (ausgenommen Tunnel-, Leistungs-, Z-Diode und strahlungsempfindliche Diode, Bezugsdiode und Spannungsregler, Abstimmdiode)
B Diode mit veränderlicher Sperrschichtkapazität (Abstimmdiode)
C Transistor für Anwendungen im Tonfrequenzbereich
D Leistungstransistor für Anwendung im Tonfrequenzbereich
E Tunnel-Diode
F Hochfrequenz-Transistor
H Hall-Feldsonde
K Hallgenerator in magnetisch offenem Kreis (z. B. Magnetogramm- oder Signalsonde)
L Hochfrequenz-Leistungstransistor
M Hallgenerator in magnetisch geschlossenem Kreis (z. B. Hallmodulator und Hallmultiplikator)
P Strahlungsempfindliches Halbleiterbauelement (z. B. Photoelement)
Q Strahlungserzeugendes Halbleiterbauelement (z. B. Lumineszenzdiode)
R Elektrisch ausgelöste Steuer- oder Schaltbauteile mit Durchbruchcharakteristik, z. B. Thyristortetrode für kleine Leistungen
S Transistor für Schaltanwendungen
T Elektrisch oder mittels Licht ausgelöste Steuer- oder Schaltbauteile mit Durchbruchcharakteristik, z. B. Thyristortetrode, steuerbarer Leistungsgleichrichter
U Leistungstransistor für Schaltanwendungen
X Vervielfacher-Diode, z. B. Varaktor-Diode und Step-recovery-Diode
Y Leistungsdiode, Spannungsrückgewinnungsdiode, „booster"-Diode
Z Bezugs- oder Spannungsreglerdiode, Z-Diode,

als dritter Buchstabe wird der Buchstabe Z oder Y oder X usw. verwendet.

Die den Buchstaben folgenden Ziffern haben nur die Bedeutung einer laufenden Kennzeichnung; sie beinhalten also keine technische Aussage.

2.5 Kennwerte und Bauformen

Nach diesem Kennzeichnungsschema bedeuten z. B.:
AA 119 Germanium-Allzweckdiode
BY 133 Silizium-Leistungsdiode (Gleichrichter)
BB 109 Silizium-Abstimmdiode (Varicap)
CAY 13 Gallium-Arsenid-Diode (für kommerzielle Zwecke)
Entsprechendes gilt auch für Transistoren und andere Halbleiterbauelemente.
Als ältere Bezeichnung für Germaniumdioden wurde OA und eine zweistellige Zahl verwendet, z. B. OA 90:, OA 91, OA 95. Ebenso war früher für Germanium-Transistoren die Bezeichnung OC und Kennziffer üblich.
Nach amerikanischer Jedec-Norm werden
Dioden mit 1 N und drei- bis vierstelliger Zahl
bipolare Transistoren mit 2 N und drei- bis vierstelliger Zahl
Feldeffekttransistoren mit 3 N und drei- bis vierstelliger Zahl
bezeichnet.
Häufig findet man jedoch auch eine Bezeichnung mit nur einer fünfstelligen Zahl.

2.5.2 Gehäuseformen von Dioden

Bei der Standardisierung der mechanischen Abmessungen von Halbleiterbauteilen setzt sich in zunehmendem Maße die Jedec-Norm international durch. Diese Norm ist in der Jedec-Publikation Nr. 12 E (Mai 1964) festgelegt, und Jedec-Bezeichnungen dürfen nur Entwürfe des JS 10 Committee on mechanical standardisation führen. Für Diodengehäuse (2 Anschlüsse) ist die Bezeichnung DO-1 bis DO-45 gewählt worden (D steht für Diode). Von diesen 45 Gehäusen treten nur die in Bild **36.1** dargestellten häufiger auf. Besonders häufig werden für Kleindioden die Glasgehäuse DO-7 und DO-35 verwendet. Für Dioden höherer Verlustleistung werden die Metallgehäuse DO-1, DO-4 und DO-5 benutzt.

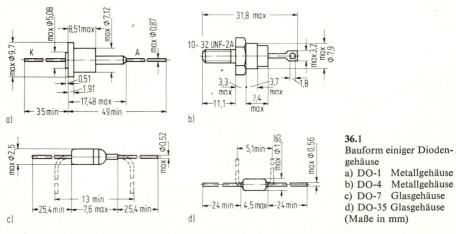

36.1
Bauform einiger Diodengehäuse
a) DO-1 Metallgehäuse
b) DO-4 Metallgehäuse
c) DO-7 Glasgehäuse
d) DO-35 Glasgehäuse
(Maße in mm)

Sonderbauformen von Gehäusen werden verwendet für Spezialdioden, wie Hochspannungsgleichrichterdioden, Höchstfrequenzdioden, Diodenquartette als Brückengleichrichter usw.

Meist wird der Kathodenanschluß durch einen Farbpunkt oder Farbring gekennzeichnet. Bei größeren Gehäusen wird das Diodensymbol aufgedruckt, oder die Anschlüsse werden mit + und − bezeichnet.

Tafel 37.1 Daten einiger Gleichrichterdioden

Typ	Sperrspannung $-U_R$ in V	Maximaler Durchlaßstrom $I_{F\,max}$ in A	Mittlerer Durchlaßstrom $I_{F\,mi}$ in A	Gehäuse	Verwendung
BA 100	60	0,1	0,018	DO-35	Allzweck
1 N 4148	75	0,2	0,075	DO-35	Schalter
BY 127	1 250	10	1	SOD-18	Gleichrichter
BYX 33	1 600	2 000	400	SOD-10/2	Leistungsgleichrichter
B 15	100 000	0,5	0,33	Spezial	Hochspannungsgleichrichter

Welchen Fortschritt moderne Siliziumgleichrichter gegenüber älteren Festkörpergleichrichtern, wie Selen- oder Kupferoxydulgleichrichtern, gebracht haben, zeigt Tafel 37.2, in der die Daten von Silizium und Germanium mit Selen und Kupferoxydul (CuO_2) verglichen werden.

Wie man Tafel 37.2 entnehmen kann, ist für den Aufbau von Leistungsgleichrichtern Silizium der bei weitem geeigneteste Werkstoff. Insbesondere kommen Siliziumgleichrichter der heute in allen Bereichen der Elektronik angestrebten Miniaturisierung weitgehend entgegen, kann doch wegen der um mehr als 3000fach größeren Stromdichte gegenüber Selengleichrichtern der Kristallquerschnitt erheblich verringert werden.

Tafel 37.2 Vergleich der Leistungsfähigkeit einiger Gleichrichter [6]

	Silizium	Germanium	Selen	Kupferoxydul
Sperrspannung $-U_R$ in V	500	200	30	5
Stromdichte S in A/cm^2	170	50	0,05	0,05
Temperatur der Sperrschicht T_S in °C	150	75	100	50

2.6 Gleichrichterschaltungen mit Halbleiterdioden

In Gleichrichterschaltungen der Leistungselektronik, insbesondere bei der Gleichrichtung von Netz-Wechselspannungen, werden heute fast ausschließlich Siliziumgleichrichter verwendet. Nach Abschn. 2.5 verträgt Silizium die größten Stromdichten und Temperaturen. Um die trotz niedriger Durchlaßspannung ($U_F = 0,6$ V bis 1 V) auftretende

2.6 Gleichrichterschaltungen mit Halbleiterdioden

Verlustleistung (etwa 1 W pro 1 A Durchlaßstrom) abführen zu können, wird der Siliziumkristall in Gehäuse mit niedrigem **Wärmewiderstand** eingebaut (zur Definition des Wärmewiderstands R_{th} s. Abschn. 4.7). Um kurzzeitige, große Leistungsspitzen und somit eine kurzzeitige Überhitzung des Kristalls zu vermeiden, muß das Gehäuse auch eine große Wärmekapazität aufweisen. In Bild **38**.1 ist der innere Aufbau eines Leistungsgleichrichters wiedergegeben. Der Siliziumkristall ist in der Reihenfolge P N N$^+$ dotiert.

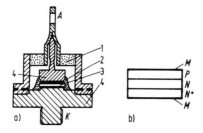

38.1 Aufbau eines Siliziums-Leistungsgleichrichters
a) Querschnitt durch das Gehäuse
b) Querschnitt durch das Siliziumchip
A Anode, *K* Kathode, *1* Keramik, *2* Epoxidharz, *3* Siliziumchip, *4* Kupferblock, *M* Metallanschlüsse, *N*$^+$ hochdotierte N-Schicht

Unter einer N$^+$-dotierten Schicht versteht man eine hoch dotierte N-Schicht (Donatorendichte $> 10^{18}$ cm^{-3}). Ebenso ist eine P$^+$-Schicht eine hoch dotierte P-Schicht. Beim Siliziumgleichrichter sorgt die schwächer dotierte N-Schicht für eine ausreichende Sperrspannung und die hoch dotierte N$^+$-Schicht wegen ihrer großen Leitfähigkeit für einen niedrigen Bahnwiderstand und somit niedrige Durchlaßspannung.

Das Schaltsymbol der Gleichrichterdiode und die Durchlaßkennlinie von Leistungsgleichrichtern sind schon in Bild **22**.1 b und Bild **28**.2 gezeigt. Die Kennlinie verläuft, bedingt durch den Einfluß des Bahnwiderstands, bei großen Strömen nahezu linear. Die Sperrströme von Siliziumgleichrichtern liegen bei der Temperatur $T = 300$ K im Bereich von einigen µA. Die Sperrspannung beträgt bei Gleichrichtern mit einer Sperrschicht bis zu 1 500 V. Bei Gleichrichtern mit mehreren Sperrschichten kann sie bis auf 100 kV gesteigert werden.

2.6.1 Einsatz von Siliziumdioden als Gleichrichter

Arbeitet die Diode als Gleichrichter von sinusförmigen Wechselspannungen, fließt nur während einer **Halbschwingung** Strom durch die Diode (Bild **38**.2). Mit dem Scheitelwert u_m der an die Diode gelegten Wechselspannung $u = u_m \sin(\omega t)$ wird der Scheitelwert des Stroms $i_m = u_m/(R_S + R_L)$ und hängt somit vom Lastwiderstand R_L und vom Innenwiderstand R_S der Gleichrichterschaltung ab.

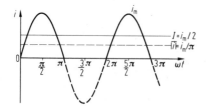

38.2 Wechselstrom bei Einweggleichrichtung
i_m Scheitelwert, I Effektivwert, $|i|$ Gleichrichtwert

2.6.1 Einsatz von Siliziumdioden als Gleichrichter

Mit der Periodendauer T des Wechselstromes wird der **Gleichrichtwert** (s.a. Band I)[1] des durch die Diode fließenden Stroms

$$\overline{|i|} = \frac{1}{T} \int_0^T |i|\, dt \qquad (39.1)$$

der lineare, über eine Periode gebildete Mittelwert des Betrags des Diodenstroms $i = i_m \sin(\omega t)$. Setzen wir den Diodenstrom in Gl. (39.1) ein und führen die Integration nur von 0 bis π durch, da nach Bild **38.2** für Stromflußwinkel Θ von π bis 2π wegen des Sperrens der Diode der Strom Null ist, erhalten wir für den **Gleichrichtwert** dieser **Einweggleichrichtung**

$$\overline{|i|} = \frac{i_m}{2\pi} \int_0^\pi |\sin(\omega t)|\, d(\omega t) = \frac{i_m}{\pi} \qquad (39.2)$$

Der **Effektivwert** I ist definiert durch die Gleichung

$$I^2 = \frac{1}{T} \int_0^T i^2\, dt \qquad (39.3)$$

und ist der quadratische Mittelwert des Diodenstroms. Setzt man den Diodenstrom ein, ergibt sich

$$I^2 = \frac{i_m^2}{2\pi} \int_0^\pi \sin^2(\omega t)\, d(\omega t) = \frac{i_m^2}{4} \qquad (39.4)$$

und somit der **Effektivwert** des Stromes

$$I = i_m/2 \qquad (39.5)$$

Als das Verhältnis von Effektiv- zu Gleichrichtwert gibt der **Formfaktor**

$$F = I/\overline{|i|} = (i_m/2)/(i_m/\pi) = \pi/2 = 1{,}57 \qquad (39.6)$$

den Zusammenhang zwischen diesen beiden Größen wieder.

Beim Betrieb von Leistungsgleichrichtern kann im Augenblick des Einschaltens ein sehr viel höherer Einschaltstrom fließen als der später sich einstellende Dauerstrom. Dies tritt insbesondere dann auf, wenn der Gleichrichter auf eine teilweise kapazitive Last (Ladekondensator in Bild **47.1**) arbeitet; denn im Einschaltmoment stellt der ungeladene Kondensator einen Kurzschluß dar. Der maximale Kurzschlußstrom wird dann nur durch den Innenwiderstand von Transformator und Gleichrichter begrenzt. Vom Hersteller werden für Gleichrichter deshalb **Überstromkurven** [17] angegeben (Bild **40.1**). Dabei ist der **Überstrom** $I_ü = I_k - I$ die Differenz zwischen dem Effektivwert des maximalen Kurzschlußstroms I_k und dem Effektivwert des für den Gleichrichter zugelassenen Dauerstroms I. Bei Gleichrichtern wird jedoch meist als zugelassener Dauerstrom der Gleichrichtwert $\overline{|i|}$ angegeben.

---
[1] Verzeichnis der Leitfadenbände auf den Einbandinnenseiten.

2.6 Gleichrichterschaltungen von Halbleiterdioden

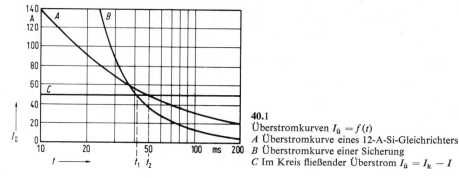

40.1
Überstromkurven $I_ü = f(t)$
A Überstromkurve eines 12-A-Si-Gleichrichters
B Überstromkurve einer Sicherung
C Im Kreis fließender Überstrom $I_ü = I_k - I$

Beispiel 8. Zu berechnen ist der Überstrom $I_ü$ eines Gleichrichters für 12 A zugelassenem Dauerstrom. Der Effektivwert der Transformatorspannung beträgt $U = 220$ V, und der Kurzschlußwiderstand von Transformator und Gleichrichter ist zusammen $R_S = 2{,}25$ Ω.

Aus dem Scheitelwert der Transformatorspannung $u_m = \sqrt{2}\, U = \sqrt{2} \cdot 220$ V $= 311$ V berechnen wir zunächst den Scheitelwert des Kurzschlußstroms $i_{km} = u_m/R_S = 311$ V$/2{,}25$ Ω $= 138$ A. Der Effektivwert des Kurzschlußstromes ergibt sich nach Gl. (39.5) $I_k = i_{km}/2 = 138$ A$/2 = 69$ A. Mit dem Formfaktor wird nach Gl. (39.6) der Effektivwert des Dauerstroms

$$I = F\,|i| = (\pi/2) \cdot 12\text{ A} = 18{,}8\text{ A}$$

Wir erhalten deshalb für den Überstrom

$$I_ü = I_k - I = 69\text{ A} - 18{,}8\text{ A} = 50{,}2\text{ A}$$

Der Überstromkurve des 12-A-Gleichrichters (Bild **40.**1) entnehmen wir, daß dieser Strom 50 ms lang fließen darf. Danach muß der Kurzschluß beseitigt sein. Dies kann z.B. durch eine Kurzschlußsicherung erreicht werden, deren Abschaltcharakteristik B außer der Überstromkurve A des Gleichrichters und der Kurzschlußüberstromgeraden C ebenfalls in Bild **40.**1 eingezeichnet ist. Damit der Gleichrichter gesichert ist, muß der Schnittpunkt zwischen B- und C-Kurve zeitlich vor dem Schnittpunkt zwischen A- und C-Kurve liegen. Im vorliegenden Fall würde die Sicherung bei 50 A nach 43 ms, also rechtzeitig, ansprechen.

Sollen zur Erhöhung des Durchlaßstroms mehrere Dioden parallel geschaltet werden, ist es meist nötig, in Reihe zu jeder Diode einen sehr kleinen Widerstand (einige 0,1 Ω) zu schalten, um die unterschiedlichen Durchlaßspannungen auszugleichen. Ebenso muß man bei der Reihenschaltung von Dioden, die zur Erhöhung der Gesamtsperrspannung nötig ist, i. allg. parallel zu den Dioden hochohmige Widerstände schalten, um für eine gleichmäßige Aufteilung der Gesamtsperrspannung auf die einzelnen Dioden zu sorgen.

2.6.2 Gleichrichterschaltungen mit reiner Wirklast

Wir wollen zunächst einige Gleichrichterschaltungen unter den Verhältnissen, die bei reiner Wirklast auftreten, untersuchen [12].

Einwegschaltung. Die Schaltung ist in Bild **41.**1 und der Stromverlauf in Bild **41.**2 wiedergegeben. Die Diode öffnet bei der gezeichneten Polarität in der positiven Halbschwingung und sperrt die negative Halbschwingung. Die Schaltung hat folgende Eigenschaften:

$$\text{Eingangsspannung } u_e = u_{em} \sin(\omega t) \qquad (40.1)$$

$$\text{Ausgangsspitzenspannung } u_{RLm} = u_{em} - U_F \qquad (40.2)$$

mit der Diodenspannung $U_F = 0{,}6$ V bis 1 V

Für $U_F \ll u_{em}$ ist der

Gleichrichtwert der Ausgangsspannung $\overline{|u_{RL}|} = u_{RLm}/\pi$ (41.1)

der Gleichrichtwert des Ausgangsstroms $\overline{|i|} = \overline{|u_{RL}|}/R_L$ (41.2)

der Effektivwert der Ausgangsspannung $U_{RL} = \overline{|u_{RL}|}\,\pi/2 = u_{RLm}/2$ (41.3)

der Effektivwert des Ausgangsstroms $I = U_{RL}/R_L$ (41.4)

die erforderliche Sperrspannung der Diode $|U_{Rmax}| = u_{em} = \sqrt{2}\,U_e$ (41.5)

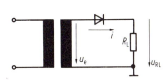

41.1 Einwegschaltung mit reiner Wirklast R_L

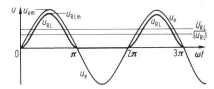

41.2 Zeitlicher Verlauf von Eingangsspannung u_e und Ausgangsspannung u_{RL} der Einwegschaltung

Beispiel 9. Zu berechnen sind Mittelwert und Effektivwert der Ausgangsspannung und des Ausgangsstroms einer Einwegschaltung mit einem Siliziumgleichrichter. Der Scheitelwert der Eingangsspannung beträgt $u_{em} = \sqrt{2}\cdot 220\text{ V} = 311\text{ V}$. Der Lastwiderstand sei $R_L = 120\,\Omega$.

Da die Durchlaßspannung der Siliziumdiode mit $U_F = 0{,}7$ V sehr klein gegen den Scheitelwert der Eingangsspannung $u_e = 311$ V ist, können wir diese bei den folgenden Rechnungen vernachlässigen. Wir erhalten dann die Ausgangsspitzenspannung $u_{RLm} = u_{em} = 311$ V, den Gleichrichtwert der Ausgangsspannung $\overline{|u_{RL}|} = u_{RLm}/\pi = 311\text{ V}/\pi = 99$ V, ihren Effektivwert $U_{RL} = u_{RLm}/2 = 311\text{ V}/2 = 155{,}5$ V, den Gleichrichtwert des Ausgangsstroms $\overline{|i|} = \overline{|u_{RL}|}/R_L = 99\text{ V}/120\,\Omega = 0{,}82$ A und seinen Effektivwert $I = U_{RL}/R_L = 155{,}5\text{ V}/120\,\Omega = 1{,}3$ A. Wir berechnen noch den Formfaktor $F = I/\overline{|i|} = 1{,}3\text{ A}/0{,}82\text{ A} = 1{,}58$. Der Formfaktor weicht bei der Einwegschaltung erheblich von 1 ab.

Mittelpunktschaltung. Die Schaltung ist in Bild **41.3**, Strom- und Spannungsverlauf sind in Bild **41.4** wiedergegeben. Die Spannung verläuft an Klemme a und b des Transfor-

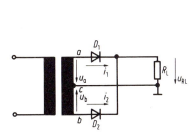

41.3 Zweiwegschaltung mit reiner Wirklast R_L

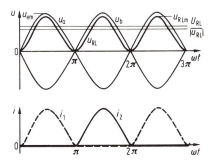

41.4 Spannungs- und Stromverlauf der Zweiwegschaltung

2.6 Gleichrichterschaltungen von Halbleiterdioden

mators gegenüber der an Masse liegenden Mittelpunktanzapfung c gegenphasig. Führt Klemme a die positive Halbschwingung, öffnet die Diode D_1, und die Diode D_2 sperrt. Führt a die negative Halbschwingung, liegt an b die positive Halbschwingung, die Diode D_2 öffnet, und die Diode D_1 sperrt. In jeder Halbschwingung fließt deshalb der Strom in gleicher Richtung durch den Lastwiderstand R_L. Dadurch ergeben sich für die Schaltung folgende Eigenschaften:

Ist u_{em} der Scheitelwert der gesamten zwischen Klemme a und b liegenden Sekundärspannung, dann sind die Eingangsspannungen gegen Masse

$$u_a = (u_{em}/2) \sin(\omega t) \tag{42.1}$$

$$u_b = -(u_{em}/2) \sin(\omega t) \tag{42.2}$$

Ausgangsspitzenspannung $u_{RLm} = (u_{em}/2) - U_F$ (42.3)

Für $U_F \ll u_{em}$ ist der

Gleichrichtwert der Ausgangsspannung $\overline{|u_{RL}|} = 2\, u_{RLm}/\pi$ (42.4)

der Effektivwert der Ausgangsspannung $U_{RL} = u_{RLm}/\sqrt{2} = \overline{|u_{RL}|}\, \pi/(2\sqrt{2})$ (42.5)

die erforderliche Sperrspannung der Dioden $|U_{Rmax}| = u_{em} = \sqrt{2}\, U_e$ (42.6)

Da hier beide Halbschwingungen ausgenutzt werden, steigen Gleichrichtwert von Ausgangsstrom und Ausgangsspannung auf das Doppelte gegenüber der Einwegschaltung.

Beispiel 10. Mit den Zahlenwerten des Beispiels 9, S. 41, sind Gleichrichtwert und Effektivwert von Ausgangsspannung und Ausgangsstrom einer Mittelpunktschaltung zu berechnen. Es ist ferner der Formfaktor F anzugeben.

Vernachlässigen wir wieder die Dioden-Durchlaßspannung U_F, erhalten wir aus Gl. (42.3) bis (42.5) die Ausgangsspitzenspannung $u_{RLm} = u_{em}/2 = \sqrt{2} \cdot 220\,\text{V} = 311\,\text{V}$, den Gleichrichtwert der Ausgangsspannung $\overline{|u_{RL}|} = 2\, u_{RLm}/\pi = 2 \cdot 311\,\text{V}/\pi = 198{,}1\,\text{V}$ und ihren Effektivwert $U_{RL} = u_{RLm}/\sqrt{2} = 311\,\text{V}/\sqrt{2} = 220\,\text{V}$.

Außerdem sind analog zu Beispiel 9 der Gleichrichtwert des Ausgangsstroms $\overline{|i|} = \overline{|u_{RL}|}/R_L = 198{,}1\,\text{V}/120\,\Omega = 1{,}65\,\text{A}$ und sein Effektivwert $I = U_{RL}/R_L = 220\,\text{V}/120\,\Omega = 1{,}83\,\text{A}$.

Für den Formfaktor ergibt sich $F = I/\overline{|i|} = 1{,}83\,\text{A}/1{,}65\,\text{A} = 1{,}11$. Er weicht also erheblich weniger von 1 ab als der Formfaktor der Einwegschaltung.

Brückenschaltung. Die Brückenschaltung benötigt im Gegensatz zur Mittelpunktschaltung keinen Transformator mit zwei gleichen Sekundärwicklungen. Dafür sind jedoch 4 Dioden erforderlich (Bild 42.1). Die Spannungsverläufe, gemessen an den Klemmen a, c, d gegen Masse, zeigt Bild 42.2. Dabei hält, wenn d negativ gegen c ist, die leitende Diode D_3 die

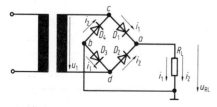

42.1 Zweiweg-Brückenschaltung

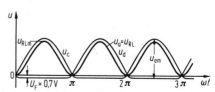

42.2 Spannungsverläufe der Zweiweg-Brückenschaltung

Spannung u_d auf $-0{,}7$ V gegen Masse. Ist c negativ gegen d, hält die leitende Diode D_4 den Punkt c auf $-0{,}7$ V gegen Masse. Ist Klemme c positiv gegen Klemme d, fließt der Strom i_1 über die Diode D_1, den Lastwiderstand R_L und die Diode D_3 zum Transformator zurück. Kehrt sich die Polarität um, so benutzt der Strom i_2 den Weg von der Klemme d über die Diode D_2, den Lastwiderstand R_L und die Diode D_4 zur Klemme c des Transformators. In beiden Fällen durchfließt der Strom den Lastwiderstand R_L in gleicher Richtung. Es werden also wieder beide Halbschwingungen ausgenutzt. Die Schaltung hat die gleichen Eigenschaften wie die Mittelpunktschaltung, nur daß die Spitzenausgangsspannung

$$u_{RLm} = u_{em} - 2\,U_F \qquad (43.1)$$

ist, da jeweils zwei Diodenstrecken im Strompfad liegen. Der Vorteil der Brückenschaltung ist jedoch, daß der Transformator nur eine Sekundärwicklung benötigt.

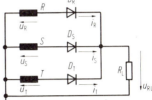

43.1 Dreiphasen-Mittelpunktschaltung

Dreiphasen-Mittelpunktschaltung. In Bild **43.1** ist nur die in Stern geschaltete Sekundärseite des Dreiphasentransformators gezeichnet. Die drei Spannungen

$$u_R = u_{em}\sin(\omega t) \qquad (43.2)$$

$$u_S = u_{em}\sin[\omega t - (2/3)\pi] \qquad (43.3)$$

$$u_T = u_{em}\sin[\omega t - (4/3)\pi] \qquad (43.4)$$

sind um 120° gegeneinander phasenverschoben. Spannungs- und Stromverlauf sind in Bild **43.2** dargestellt. Die Dioden liefern in der Reihenfolge D_R, D_S, D_T den Strom durch den Lastwiderstand R_L. Dabei sinkt die Spannung u_{RL} nicht mehr auf Null ab.
Eigenschaften der Schaltung:

Die Ausgangsspitzenspannung beträgt $u_{RLm} = u_{em} - U_F$ \qquad (43.5)

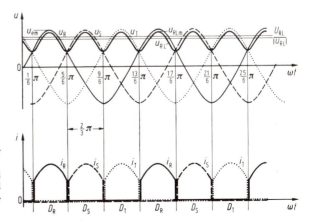

43.2
Spannungs- und Stromverläufe der Dreiphasen-Mittelpunktschaltung
$\omega t = \pi/6$ bis $5\pi/6$ Diode D_R leitend
$\omega t = 5\pi/6$ bis $9\pi/6$ Diode D_S leitend
$\omega t = 9\pi/6$ bis $13\pi/6$ Diode D_T leitend

Ist die Dioden-Durchlaßspannung $U_F \ll u_{em}$, dann ist der Gleichrichtwert der Ausgangsspannung

$$\overline{|u_{RL}|} = \frac{3}{2\pi} u_{RLm} \int_{\pi/6}^{5\pi/6} \sin(\omega t)\, d(\omega t) = u_{RLm} \cdot 3\sqrt{3}/(2\pi) = 0{,}826\, u_{RLm} \qquad (44.1)$$

und mit

$$U_{RL}^2 = \frac{3}{2\pi} u_{RLm}^2 \int_{\pi/6}^{5\pi/6} \sin^2(\omega t)\, d(\omega t)$$

wird der Effektivwert der Ausgangsspannung

$$U_{RL} = u_{RLm} \sqrt{\frac{1}{2} + \frac{3\sqrt{3}}{8\pi}} = 0{,}84\, u_{RLm} \qquad (44.2)$$

Die erforderliche Sperrspannung der Dioden ist

$$|U_{Rmax}| = \tfrac{3}{2} u_{em} = \tfrac{3}{2} \sqrt{2}\, U_e \qquad (44.3)$$

Die Brummspannung ist

$$u_{Brss} = u_{RLm}/2 = 0{,}605\, \overline{|u_{RL}|} \qquad (44.4)$$

Unter Brummspannung verstehen wir hier die Spannungsdifferenz zwischen maximaler und minimaler Ausgangsspannung. Die Ausgangsspannung der dreiphasigen Mittelpunktschaltung stellt eine Gleichspannung $\overline{|u_{RL}|}$ dar, der eine Wechselspannung, die Brummspannung u_{Brss}, überlagert ist. Der Begriff Brummspannung stammt aus der Rundfunktechnik. Dort ruft eine nicht hinreichend geglättete Gleichspannung einen Brummton im Lautsprecher hervor.

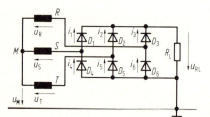

44.1 Dreiphasen-Brückenschaltung

Beispiel 11. Mit den Zahlenwerten von Beispiel 9, S. 41 sollen Gleichrichtwert und Effektivwert der Ausgangsspannung und des Ausgangsstroms einer Dreiphasen-Mittelpunktschaltung berechnet werden. Ferner ist der Formfaktor F anzugeben.
Vernachlässigen wir wieder die Dioden-Durchlaßspannung U_F, erhalten wir aus Gl. (43.5) bis (44.2) die Ausgangsspitzenspannung $u_{RLm} = u_{em} = \sqrt{2} \cdot 220$ V = 311 V, den Gleichrichtwert der Ausgangsspannung $\overline{|u_{RL}|} = u_{RLm} \cdot 3\sqrt{3}/(2\pi) = 0{,}826 \cdot 311$ V = 256,9 V und ihren Effektivwert $U_{RL} = 0{,}84\, u_{RLm} = 0{,}84 \cdot 311$ V = 261,2 V.
Außerdem sind analog zu Beispiel 9 der Gleichrichtwert des Ausgangsstromes $\overline{|i|} = \overline{|u_{RL}|}/R_L = 256{,}9$ V/120 Ω = 2,14 A und sein Effektivwert $I = U_{RL}/R_L = 261{,}2$ V/120 Ω = 2,18 A.
Mit diesen Werten erhalten wir für den Formfaktor $F = I/\overline{|i|} = 2{,}18$ A/2,14 A = 1,02, der damit nur noch unwesentlich von 1 abweicht.

2.6.2 Gleichrichterschaltungen mit reiner Wirklast

Dreiphasen-Brückenschaltung. Während bei der Mittelpunktschaltung jeweils nur die positive Halbschwingung der 3 Phasen durchgelassen wird, wird bei der Brückenschaltung auch noch die negative Halbschwingung ausgenutzt. Wenn, wie in Bild **44**.1, die untere Seite des Lastwiderstands R_L an Masse (0 V) liegt, schalten die Dioden D_4, D_5, D_6 jeweils die negativste der drei Spannungen u_R, u_S, u_T an Masse. Hält z.B. die Diode D_5 vom Winkel ωt_0 (s. Bild **45**.1 b) die Phase T an Masse, so steigt bei weiterem Abfallen der Spannung u_T wegen der Klammerung der rechten Seite der Transformatorwicklung T an Masse die Spannung an der linken Seite, also die Spannung u_M, von dem beim Winkel ωt_0 vorliegenden Wert $u_T = u_{em}/2$ weiter zu positiven Werten an und erreicht schließlich im Minimum der Spannung u_T den Scheitelwert u_{em}, um danach mit steigender Spannung u_T wieder abzufallen. Beim Winkel ωt_1 übernimmt Diode D_6 und beim Winkel ωt_2 Diode D_4 die Klammerung an Masse, und die Vorgänge wiederholen sich entsprechend mit den Spannungen u_R und u_T. Dadurch zeigt die Spannung u_M am Sternpunkt M den in Bild **45**.1 b dargestellten Verlauf. Zu den Zeitwerten der Mittelpunktspannung u_M müssen jetzt noch die Zeitwerte der Strangspannungen u_R, u_S, u_T addiert werden, um die gegen

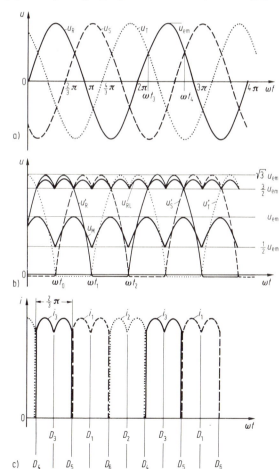

45.1
Spannungs- und Stromverläufe der Dreiphasen-Brückenschaltung
a) Strangspannungen u_R, u_S, u_T gegen den Sternpunkt M gemessen
b) Strangspannungen $u_R{'}$, $u_S{'}$, $u_T{'}$, Mittelpunktspannung u_M und Spannung am Lastwiderstand u_{RL} gegen Masse gemessen
c) Stromblöcke durch die Gleichrichterdioden
(Die unter der Abzisse angegebenen Dioden sind in dem Intervall, in dem sie stehen, leitend. Die Ströme i_4, i_5, i_6 fließen, wenn D_4, D_5, D_6 leitend sind.)

2.6 Gleichrichterschaltungen von Halbleiterdioden

Masse gemessenen, also über den Lastwiderstand R_L abfallenden Spannungen u'_R, u'_S, u'_T zu erhalten. Da jedoch die Dioden D_1, D_2, D_3 jeweils nur die positivste der drei Strangspannungen u_R, u_S, u_T an den Lastwiderstand R_L durchschalten, darf auch jeweils nur die positivste dieser drei Spannungen, also z. B. im Intervall ωt_3 bis ωt_4 (s. Bild 45.1a) die Spannung u_R, zu der Mittelpunktspannung u_M addiert werden. Aus dieser Addition ergeben sich die in Bild 45.1b dargestellten Spannungsverläufe u'_R, u'_S, u'_T, die die Spannungen an den Klemmen R, S, T der Schaltung von Bild 44.1, gemessen gegen Masse, sind.

In der Schaltung liegen, wie bei der einfachen Brückenschaltung, stets zwei Dioden im Strompfad. Die Ausgangsspitzenspannung u_{RLm} ergibt sich nun aus der maximalen Spannung zwischen zwei Strängen, die das $\sqrt{3}$-fache der Strangspannung ist, abzüglich zweier Diodenspannungen. Wir finden somit

Ausgangsspitzenspannung $u_{RLm} = \sqrt{3}\, u_{em} - 2\, U_F \approx \sqrt{3}\, u_{em}$ (46.1)

Gleichrichtwert der Ausgangsspannung $\overline{|u_{RL}|} = [(\sqrt{3} + 3/2)/2]\, u_{em} = 1{,}61\, u_{em}$ (46.2)

$$\overline{|u_{RL}|} = (1{,}61/\sqrt{3})\, u_{RLm} = 0{,}93\, u_{RLm}$$ (46.3)

Effektivwert der Ausgangsspannung $U_{RL} \approx \overline{|u_{RL}|} = 0{,}93\, u_{RLm}$ (46.4)

Erforderliche Sperrspannung der Dioden $|U_{Rmax}| = \sqrt{3}\, u_{em} = \sqrt{6}\, U_e$ (46.5)

Brummspannung $u_{Brss} = (\sqrt{3} - 3/2)\, u_{em} = [(\sqrt{3} - 3/2)/\sqrt{3}]\, u_{RLm}$
$= 0{,}134\, u_{RLm} = 0{,}143\, U_{RL}$ (46.6)

Bezogen auf den Gleichrichtwert der Ausgangsspannung beträgt die Brummspannung nur noch 14,3%. In vielen Fällen erübrigt sich dann eine weitere Glättung dieser Spannung. Da Gleichrichtwert und Effektivwert der Ausgangsspannung nahezu übereinstimmen, ist in diesem Fall der Formfaktor $F = 1$.

Beispiel 12. Zu berechnen sind wieder mit den Zahlenwerten von Beispiel 9, S. 41, also mit $u_{em} = 311$ V und $R_L = 120\,\Omega$, Effektivwert und Gleichrichtwert von Ausgangsspannung und Ausgangsstrom.
Aus den Gl. (46.1) bis (46.4) erhalten wir die Ausgangsspitzenspannung $u_{RLm} = \sqrt{3}\, u_{em} = 539$ V, den Gleichrichtwert der Ausgangsspannung $\overline{|u_{RL}|} = 1{,}61\, u_{em} = 0{,}93\, u_{RLm} = 0{,}93 \cdot 539$ V $= 501{,}3$ V und ihren Effektivwert $U_{RL} = \overline{|u_{RL}|} = 501{,}3$ V. Für den Gleichricht- und den Effektivwert des Ausgangsstroms ergibt sich $\overline{|i|} = I = U_{RL}/R_L = 501{,}3$ V$/120\,\Omega = 4{,}18$ A. Der Formfaktor ist hier schon $F \approx 1$. Bei gleicher Strangspannung u_{em} ist der Gleichrichtwert des Ausgangsstroms gegenüber der Einwegschaltung von Beispiel 9 von 0,82 A auf 4,18 A gestiegen. Für Gleichrichterschaltungen der Leistungselektronik ist deshalb die Dreiphasen-Brückenschaltung am günstigsten.

2.6.3 Gleichrichterschaltungen mit Ladekondensator

Soll eine möglichst konstante Ausgangsgleichspannung erzielt werden, so ist es notwendig, die pulsierende Gleichspannung zu glätten. Eine Möglichkeit hierfür ist die Parallelschaltung eines Kondensators zum Lastwiderstand R_L (Ladekondensator), wie

2.6.3 Gleichrichterschaltungen mit Ladekondensator

dies in Bild **47.1**a für die Einweg- und in Bild **47.1**b für die Mittelpunktschaltung dargestellt ist. Es ergeben sich die in Bild **47.2** (Einwegschaltung) und Bild **47.3** (Mittelpunktschaltung) gezeigten Spannungs- und Stromverläufe. Während der Zeit

$$\Delta t = \Theta/\omega \tag{47.1}$$

(Stromflußwinkel Θ, Kreisfrequenz $\omega = 2\pi f$) wird fast der gesamte durch die Diode fließende Strom zur Ladung der Kapazität C verwendet. In der Sperrphase der Diode (Transformatorspannung u_e < Kondensatorspannung u_C) liefert der Kondensator C den Strom für den Verbraucher R_L und entlädt sich dabei exponentiell mit der Zeitkonstanten $\tau = R_L C$. Der Ladungsverlust wird während der nächsten Ladeperiode wieder ersetzt.

Die am Kondensator C bzw. am Ladewiderstand R_L sich aufbauende mittlere Ladespannung $\overline{|u_{RL}|}$ wird um so größer sein, je größer der Lastwiderstand R_L ist, denn um

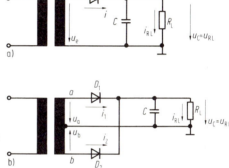

47.1
Gleichrichterschaltungen mit Ladekondensator C
a) Einwegschaltung
b) Zweiweg-Mittelpunktschaltung

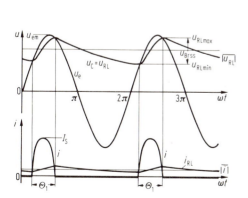

47.2 Spannungs- und Stromverlauf bei der Einwegschaltung mit Ladekondensator C

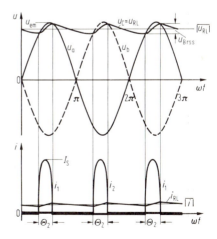

47.3 Spannungs- und Stromverlauf bei der Zweiweg-Mittelpunktschaltung mit Ladekondensator C

2.6 Gleichrichterschaltungen von Halbleiterdioden

so kleiner ist der Verbraucherstrom, je größer die Kreisfrequenz ω ist, denn um so kürzer ist die Entladungsphase der Kapazität.

Die Zweiwegschaltung liefert eine höhere Ladespannung; denn die Entladungsphase wird halbiert, was einer Verdopplung der Kreisfrequenz ω gleich kommt.

Diodenspitzenstrom. Da die Dioden nur in einem Bruchteil der Gesamtperiode die Kondensatorladung wieder ergänzen müssen, ist der Diodenspitzenstrom I_S bedeutend größer als der mittlere Gleichstrom $\overline{|i|}$, der durch den Lastwiderstand R_L fließt. Dabei sind wegen des kleineren Stromflußwinkels Θ die Verhältnisse in der Zweiwegschaltung ungünstiger als in der Einwegschaltung. Eine genaue Berechnung dieser Ströme ist schwierig, und wir wollen deshalb hier darauf verzichten. Die Stromverhältnisse $I_S/\overline{|i|}$ und I_S/I können Bild **48.1** entnommen werden, wo sie über dem Produkt $m\omega R_L C$ aufgetragen sind, wobei für die Einwegschaltung die Pulszahl $m = 1$ und für die Zweiwegschaltung $m = 2$ ist [17].

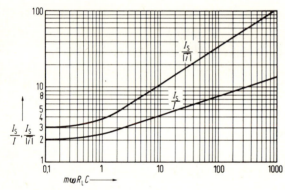

48.1
Verhältnis des Diodenspitzenstroms I_S zum Gleichrichtwert $\overline{|i|}$ bzw. zum Effektivwert I des Gleichstroms in Abhängigkeit von $m\omega R_L C$
$m = 1$ Einwegschaltung
$m = 2$ Zweiwegschaltung

Beispiel 13. Einweg- und Zweiwegschaltung werden mit einer Wechselspannung der Frequenz $f = 50$ Hz betrieben und mit dem Lastwiderstand $R_L = 100\ \Omega$ belastet. Parallel zum Lastwiderstand liegt die Ladekapazität $C = 318\ \mu\text{F}$. Die mittlere Gleichspannung, die sich am Ladekondensator aufbaut, betrage $\overline{|u_{RL}|} = 50$ V. Unter Benutzung von Bild **48.1** sind die Diodenspitzenströme zu berechnen.

Wir berechnen zunächst das Produkt $m\omega R_L C$ und erhalten mit $m = 1$ für die Einwegschaltung

$$m\omega R_L C = m \cdot 2\pi f R_L C = 1 \cdot 2\pi \cdot 50\ \text{s}^{-1} \cdot 100\ \Omega \cdot 318\ \mu\text{F} = 10$$

und mit $m = 2$ für die Zweiwegschaltung

$$m\omega R_L C = m \cdot 2\pi f R_L C = 2 \cdot 2\pi \cdot 50\ \text{s}^{-2} \cdot 100\ \Omega \cdot 318\ \mu\text{F} = 20$$

Aus Bild **48**.1 entnehmen wir für die Einwegschaltung $I_S/\overline{|i|} = 11$ und für die Zweiwegschaltung $I_S/\overline{|i|} = 17$. Der mittlere Gleichstrom beträgt bei $\overline{|u_{RL}|} = 50$ V

$$\overline{|i|} = \overline{|u_{RL}|}/R_L = 50\ \text{V}/100\ \Omega = 0{,}5\ \text{A}$$

Damit erhalten wir die Diodenspitzenströme der Einwegschaltung

$$I_S = 11 \cdot \overline{|i|} = 11 \cdot 0{,}5\ \text{A} = 5{,}5\ \text{A}$$

und der Zweiwegschaltung

$$I_S = 17 \cdot \overline{|i|} = 17 \cdot 0{,}5\ \text{A} = 8{,}5\ \text{A}$$

2.6.3 Gleichrichterschaltungen mit Ladekondensator 49

Bei Gleichrichteranordnungen mit Ladekondensator müssen also die Gleichrichterdioden erheblich größere periodische Spitzenströme bewältigen, als der mittlere Gleichstrom $\overline{|i|}$ vermuten läßt. Beim Einschalten der Netzspannung können die Verhältnisse noch ungünstiger werden, da der Ladekondensator noch ungeladen ist und im ersten Augenblick einen Kurzschluß darstellt. Um den Gleichrichter vor zu großem Spitzenstrom zu schützen, ist es dann nötig, zwischen Gleichrichter und Ladekondensator einen Schutzwiderstand R_S zu schalten. Dadurch wird jedoch auch die mittlere Ausgangsspannung $\overline{|u_{RL}|}$ verringert und der Stromflußwinkel Θ vergrößert, so daß das Verhältnis $I_S/\overline{|i|}$ kleiner wird. Bild 49.1 zeigt das Stromverhältnis $I_S/\overline{|i|}$ für verschiedene Stromverhältnisse $R_S/(m R_L)$ mit $R_S = R_S + R_T + r_F$ als gesamten, im Kurzschlußkreis liegenden Widerstand, Transformatorinnenwiderstand R_T, Diodengleichstromwiderstand r_F, $m = 1$ für Einwegschaltung und $m = 2$ für Zweiwegschaltung.

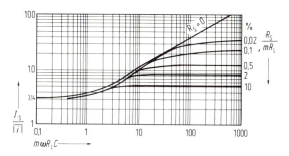

49.1 Verhältnis des Diodenspitzenstroms I_S zum Gleichrichtwert $\overline{|i|}$ in Abhängigkeit von $m\omega R_L C$ mit dem Widerstandsverhältnis $R_S/(m R_L)$ als Parameter

Beispiel 14. Unter Benutzung von Bild 49.1 ist der Diodenspitzenstrom einer Einwegschaltung zu berechnen. Es gelten die Werte von Beispiel 13, S. 48. Der gesamte im Kurzschlußkreis liegende Widerstand beträgt $R_S = 10\,\Omega$.

Aus Bild 49.1 erhalten wir für $m \omega R_L C = 10$ und für $R_S/(m R_L) = 10\,\Omega/(1 \cdot 100\,\Omega) = 0,1$ das Stromverhältnis $I_S/\overline{|i|} = 5$, so daß bei $\overline{|i|} = 0,5\,\text{A}$ der Spitzenstrom durch die Diode nur noch $I_S = 5\,\overline{|i|} = 5 \cdot 0,5\,\text{A} = 2,5\,\text{A}$ beträgt, gegenüber 5,5 A ohne Widerstand R_S.

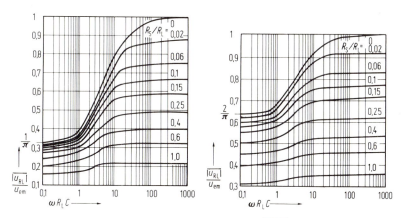

49.2 Verhältnis der mittleren Ausgangsgleichspannung $\overline{|u_{RL}|}$ zum Scheitelwert der Eingangswechselspannung u_{em} in Abhängigkeit von $\omega R_L C$ mit dem Widerstandsverhältnis R_S/R_L als Parameter für eine Einwegschaltung (a) und eine Zweiwegschaltung (b)

2.6 Gleichrichterschaltungen von Halbleiterdioden

Gleichrichtwert der Ausgangsspannung. Mit wachsendem Widerstand R_S sinkt der Gleichrichtwert der Ausgangsspannung $\overline{|u_{RL}|}$. Seine Abhängigkeit bezogen auf den Scheitelwert der Eingangswechselspannung u_{em} von dem Produkt $\omega R_L C$ mit R_S/R_L als Parameter ist in Bild **49.**2a für die Einweg- und in Bild **49.**2b für die Zweiwegschaltung dargestellt. Mit der Kurve für $R_S = 0$ (also $R_S/R_L = 0$) wird für R_L oder $C \to \infty$ das Spannungsverhältnis $\overline{|u_{RL}|}/u_{em} = 1$; d.h., der Kondensator wird auf den Scheitelwert u_{em} der Eingangswechselspannung aufgeladen (also $\overline{|u_{RL}|} = u_{em}$). Andererseits wird sich für $C \to 0$ der Gleichrichtwert der Ausgangsspannung wie beim nur mit Wirkwiderständen belasteten Gleichrichter verhalten, also in der Einwegschaltung $\overline{|u_{RL}|}/u_{em} = 1/\pi = 0{,}318$ und in der Zweiwegschaltung $\overline{|u_{RL}|}/u_{em} = 2/\pi = 0{,}636$ sein. Ein nennenswerter Anstieg von $\overline{|u_{RL}|}$ erfolgt erst, wenn das Produkt $\omega R_L C > 1$ wird, da erst dann die Lücken zwischen den Halbschwingungen durch den Kondensatorstrom merklich ausgefüllt werden.

Beispiel 15. Mit den Werten von Beispiel 13, S. 48, berechne man den erforderlichen Scheitelwert der Eingangswechselspannung u_{em} für Einweg- und Zweiwegschaltung, wenn der Schutzwiderstand a) $R_S = 0$ und b) $R_S = 10\,\Omega$ beträgt.
Einwegschaltung: a) $R_S = 0$. Mit $\omega R_L C = 10$ entnehmen wir Bild **49.**2a $\overline{|u_{RL}|}/u_{em} = 0{,}81$, so daß der Scheitelwert $u_{em} = \overline{|u_{RL}|}/0{,}81 = 50\,\text{V}/0{,}81 = 61{,}9\,\text{V}$ sein muß.
b) $R_S = 10\,\Omega$. Aus Bild **49.**2a erhalten wir mit $\omega R_L C = 10$ und $R_S/R_L = 0{,}1$ das Spannungsverhältnis $\overline{|u_{RL}|}/u_{em} = 0{,}62$ und somit den erforderlichen Scheitelwert $u_{em} = 50\,\text{V}/0{,}62 = 80{,}6\,\text{V}$.
Zweiwegschaltung: a) $R_S = 0$. Mit $\omega R_L C = 10$ erhalten wir aus Bild **49.**2b $\overline{|u_{RL}|}/u_{em} = 0{,}92$ und somit den erforderlichen Scheitelwert $u_{em} = 50\,\text{V}/0{,}92 = 54{,}4\,\text{V}$.
b) $R_S = 10\,\Omega$. Aus Bild **49.**2b entnehmen wir für $\omega R_L C = 10$ und $R_S/R_L = 0{,}1$ nun $\overline{|u_{RL}|}/u_{em} = 0{,}75$, so daß der Spannungsscheitelwert $u_{em} = 50\,\text{V}/0{,}75 = 66{,}7\,\text{V}$ sein muß.

Brummspannung. Für die Brummspannung u_{Brss} liefert die numerische Rechnung, wenn $m \omega R_L C > 3$ und $R_S = 0$ ist, näherungsweise

$$u_{Brss} = \frac{4}{m \omega R_L C} \overline{|u_{RL}|} \qquad (50.1)$$

Die Brummspannung wird demnach um so kleiner, je größer Lastwiderstand R_L und Ladekondensator C werden. Bei der Zweiwegschaltung ($m = 2$) ist die Brummspannung nur halb so groß wie bei der Einwegschaltung.

Beispiel 16. Bei Benutzung der Werte von Beispiel 13, S. 48, berechne man die Brummspannung für den Schutzwiderstand $R_S = 0$.
Aus Gl. (50.1) erhalten wir für die Einwegschaltung mit $m \omega R_L C = 10$ die Brummspannung

$$u_{Brss} = 4\,\overline{|u_{RL}|}/(m \omega R_L C) = 4 \cdot 50\,\text{V}/10 = 20\,\text{V}$$

und für die Zweiwegschaltung mit $m \omega R_L C = 20$ die Brummspannung

$$u_{Brss} = 4 \cdot 50\,\text{V}/20 = 10\,\text{V}$$

Durch Einbau eines Schutzwiderstandes würde die Brummspannung geringfügig verringert.

Dimensionierung des Schutzwiderstandes. Die Bemessung des Schutzwiderstandes R_S wollen wir an dem folgenden Beispiel behandeln.

2.6.3 Gleichrichterschaltungen mit Ladekondensator

Beispiel 17. Für einen Siliziumgleichrichter mit dem mittleren Gleichstrom $\overline{|i|} = 0{,}5$ A ist der Spitzenstrom $I_S = 35$ A für die Zeit $t = 2$ ms zugelassen. Der Innenwiderstand des Transformators betrage $R_T = 1\,\Omega$. Der Schutzwiderstand ist so zu bemessen, daß der Spitzenstrom des Gleichrichters nicht überschritten wird.

Der maximal mögliche Kurzschlußstrom ist $I_k = u_{em}/R_S$, wenn die Wechselspannung im Spannungsmaximum u_{em} eingeschaltet wird und der Ladekondensator vollkommen entladen ist. Wenn wir den Scheitelwert der Eingangsspannung $u_{em} = 80{,}6$ V (s. Beispiel 15, S. 50) wählen, genügen für den Schutzwiderstand $R_S = u_{em}/I_k = 80{,}6$ V/35 A $= 2{,}3\,\Omega$.

Bei dem Ladekondensator $C = 318\,\mu$F beträgt die Ladezeitkonstante $\tau = R_S C = 2{,}3\,\Omega \cdot 318\,\mu$F $= 0{,}73$ ms. Daher wird der Kondensator C in einem Bruchteil einer halben Netzperiode aufgeladen ($T/2 = 10$ ms bei $f = 50$ Hz). Da $\tau < 2$ ms ist, wird der oben geforderte Grenzwert für die Zeitdauer des Spitzenstroms eingehalten.

Der Durchlaßwiderstand des Gleichrichters beträgt bei dem Durchlaßstrom $I_F = I_S = 35$ A nur $r_F \approx 0{,}01\,\Omega$ und ist daher vernachlässigbar klein, so daß der Schutzwiderstand $R_S \approx R_S - R_T = 2{,}3\,\Omega - 1\,\Omega = 1{,}3\,\Omega$ wird. Wäre der Transformatorinnenwiderstand ausreichend groß, könnte auf einen zusätzlichen Schutzwiderstand ganz verzichtet werden.

Sperrspannung der Dioden bei Kondensatorlast. Die maximale Sperrspannung der Dioden ist mit dem Scheitelwert der Eingangsspannung u_{em} und der bei rein kapazitiver Last ebenso großen Ausgangsgleichspannung $\overline{|u_{RL}|}$

$$|U_{Rmax}| = u_{em} + \overline{|u_{RL}|} \approx 2\,u_{em} \tag{51.1}$$

Diese maximale Sperrspannung ist also erforderlich, wenn Ladekondensator und Lastwiderstand groß sind, so daß in der Sperrphase der Diode keine nennenswerte Entladung des Kondensators auftritt. Im Gegensatz zum Betrieb mit reiner Wirklast müssen jetzt die Dioden die doppelte Sperrspannung aufweisen.

3 Halbleiterdioden mit besonderen Eigenschaften

3.1 Z-Dioden

3.1.1 Wirkungsweise

Nach Abschn. 2.2.2 steigt der Sperrstrom einer Halbleiterdiode beim Erreichen einer bestimmten Sperrspannung sehr stark an, so daß die Diode zerstört wird, wenn im äußeren Kreis keine Strombegrenzung vorgesehen ist. Als Ursachen für diesen Durchbruch sind zwei physikalische Effekte verantwortlich, der Zener-Effekt und der Lawineneffekt.

3.1.1.1 Zener-Effekt. Steigt die Spannung an der in Sperrichtung gepolten Diode an, so erhöht sich die Feldstärke an der Sperrschicht, da an den gut leitenden P- und N-dotierten Gebieten keine Spannung abfällt. Bedingt durch die große Feldstärke werden die Bahnen von Valenzelektronen der Gitteratome stark beeinflußt [3]. Die Feldstärke kann leicht abgeschätzt werden: Mit der Dicke der Sperrschicht d nach Gl. (31.1) ergibt sich für die elektrische Feldstärke am PN-Übergang

$$E = |U_g|/d = \sqrt{\frac{e}{4\,\varepsilon_r\,\varepsilon_0}\,n_{n0}\,|U_g|} \qquad (52.1)$$

Für die Gesamtspannung $|U_g| = 6$ V, die Majoritätsträgerdichte $n_{n0} = 2 \cdot 10^{18}$ cm^{-3} und die relative Dielektrizitätskonstante $\varepsilon_r = 4$ betragen z.B. die Sperrschichtdicke $d = 5{,}5 \cdot 10^{-6}$ cm und die Feldstärke am PN-Übergang $E = 1{,}1 \cdot 10^6$ V/cm. Bei diesen großen Feldstärken werden die Elektronenbahnen so sehr gestört, daß Bindungen aufgebrochen werden und Elektronen aus dem Valenzband in das Leitungsband „tunneln" (Bild **52.1**). Dieser Tunneleffekt setzt bei der Zener-Feldstärke $E \approx 10^6$ V/cm

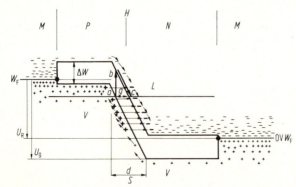

52.1
Bändermodell der Z-Diode im Bereich des Zener-Durchbruchs
W_F Fermi-Energie, U_R Sperrspannung, U_D Diffusionsspannung, $U_g = U_R + U_D$; g Basisbreite des Potentialwalls, der durchtunnelt wird; − Leitungselektron, + positives Loch; −+ durch Tunneleffekt entstandenes Elektron oder Loch; M Metall, H Halbleiter, S Sperrschicht, L Leitungsband, V Valenzband

sehr abrupt ein, d. h., es genügt beim Erreichen dieser Zener-Schwelle eine geringfügige Spannungserhöhung, um eine große Stromsteigerung zu erzeugen.

Beim Tunneleffekt muß man das Elektron als Materiewelle endlicher Ausdehnung auffassen. Normalerweise könnte ein Valenzelektron, das sich im Energieniveau a des Valenzbands der P-Zone befindet, das gleich hohe, noch von keinem Elektron besetzte Energieniveau c des Leitungsbands der N-Zone nur durch „Erklimmen" des Potentialberges bis zur Höhe b und anschließendem „Abstieg" auf c erreichen (dicke Pfeile in Bild 52.1). Ist der Potentialberg an seiner Basis (Strecke g) jedoch sehr dünn ($\approx 10^{-7}$ cm), besteht für das Elektron auch die Möglichkeit unter kurzzeitiger Verletzung des Energiesatzes den Potentialberg direkt zu durchtunneln und das unbesetzte Energieniveau c des Leitungsbands zu erreichen (dünne Pfeile in Bild 52.1).

3.1.1.2 Lawineneffekt. Da die Sperrschichtbreite nach Gl. (31.1) von der Höhe der Dotierung der P- und N-Gebiete abhängt, kann auch die Durchbruchspannung $U_{(BR)}$ über die Dotierung verändert werden. Hoch dotierte Dioden haben sehr dünne Sperrschichten und infolge des Zener-Effekts kleine Durchbruchspannungen. Bei schwächer dotierten Dioden (Dotierungsdichte p oder $n < 10^{18}$ cm^{-3}) nimmt nach Gl. (31.1) die Sperrschichtdicke d zu und nach Gl. (52.1) die Feldstärke E ab. Der Tunneleffekt kann nicht mehr stattfinden. Freie, im Leitungsband befindliche Elektronen (Minoritätsträger) können jedoch beim Durchlaufen der verbreiterten Sperrschicht im elektrischen Feld soviel kinetische Energie aufnehmen, daß sie mit zunehmender Wahrscheinlichkeit in der Lage sind, bei Zusammenstößen mit Gitteratomen durch Stoßionisation Valenz-

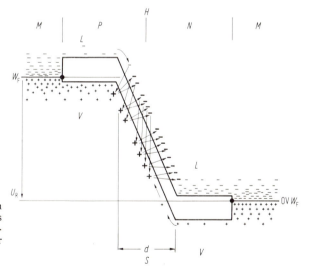

53.1
Bändermodell der Z-Diode im Bereich des Lawinendurchbruchs — + durch Stoßionisation entstandenes Leitungselektron oder Loch; Legende s. Bild 52.1

elektronen herauszuschlagen und ebenfalls in das Leitungsband zu befördern. Da bei jedem solchen Stoßionisierungsvorgang außer dem stoßenden Elektron noch ein weiteres Elektron erzeugt wird, das ebenfalls wieder stoßionisieren kann, steigt der Strom lawinenartig an (Bild 53.1) [3]. Hinzu kommt, daß auch die beim Ionisationsvorgang im Valenzband zurückbleibenden positiven Löcher durch Stoßionisation erneut Elektronen und Löcher erzeugen, die wiederum ionisieren. In Bild 53.1 ist aus Über-

3.1 Z-Dioden

sichtlichkeitsgründen die Ionisation der Löcher weggelassen. Ferner müßten in Bild 53.1 alle Pfeile senkrecht verlaufen, da das durch Stoßionisation erzeugte Elektron am Ort des ionisierenden Elektrons entsteht. Dieser Elektronen- und Löcher-Vervielfachungsprozeß führt zu einem steilen Anwachsen des Sperrstroms I_R, wenn die in Sperrichtung gepolte Spannung U_R einen kritischen, für die Stoßionisierung ausreichenden Spannungswert $U_{(BR)}$, die Durchbruchspannung, näherungsweise erreicht. Die Vergrößerung des Sperrstroms kann man durch einen Faktor M beschreiben, mit dem der Sperrstrom I_R im Durchbruchgebiet zu multiplizieren ist, und den wir deshalb als Durchbruchfaktor bezeichnen. Er muß so aufgebaut sein, daß er unendlich wird, wenn die Spannung U_R die Durchbruchspannung $U_{(BR)}$ erreicht. Diese Forderung wird durch

$$M = \frac{1}{1 - (U_R/U_{(BR)})^m} \tag{54.1}$$

erfüllt. Der Exponent m hat abhängig von der Dotierung und vom Werkstoff den Wert 2 bis 6. Er beschreibt die Steilheit der Zunahme von M bei der Annäherung von U_R an $U_{(BR)}$. Ein großer Exponent m bedeutet einen steilen Anstieg. Mit dem Durchbruchfaktor M können wir nun für den Strom im Durchbruchbereich [19] schreiben

$$I'_R = I_z = M I_{RS} = \frac{I_{RS}}{1 - (U_R/U_{(BR)})^m} \tag{54.2}$$

Den erhöhten Sperrstrom des Durchbruchbereichs I'_R bezeichnet man — gleichgültig ob Zener- oder Lawinendurchbruch vorliegt — als Zener-Strom I_z. Die Sperrspannung U_R im Durchbruchsbereich wird Zener-Spannung U_z genannt. Erreicht die Zener-Spannung $U_z = U_R$ die Durchbruchspannung $U_{(BR)}$, geht der Zener-Strom $I_z \to \infty$, da der Nenner in Gl. (54.2) gegen Null strebt. Ist dagegen die Sperrspannung wesentlich kleiner als die Durchbruchspannung, wird der Zener-Strom $I_z = I_{RS}$, also gleich dem normalen Sättigungssperrstrom I_{RS}.

3.1.2 Kennlinie

Als Schaltzeichen für Z-Dioden wird das in Bild 54.1 gezeigte Symbol verwendet. Wird die Z-Diode in Durchlaßrichtung gepolt, arbeitet sie als normale Diode mit der Schwellspannung $U_S \approx 0{,}7$ V für Silizium. Die Kennlinie einer Silizium-Z-Diode ist in Bild 55.1 a

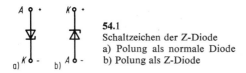

54.1
Schaltzeichen der Z-Diode
a) Polung als normale Diode
b) Polung als Z-Diode

mit einem feineren (nA bis µA) und im Bild 55.1 b mit einem gröberen Strommaßstab (mA) dargestellt. Werden Durchlaßspannung und -strom positiv gezählt, liegt also die Durchlaßkennlinie im 1. Quadranten, so liegt die Durchbruchkennlinie im 3. Quadranten und sowohl Zener-Spannung U_z und Zener-Strom I_z als auch Durchbruchspannung $U_{(BR)}$ haben negative Zahlenwerte.

Wie im Durchlaßbereich kann man auch im Durchbruchbereich einen differentiellen Diodenwiderstand r_z, den Zener-Widerstand

$$r_z = dU_z/dI_z \qquad (55.1)$$

definieren. Setzt man in Gl. (54.2) für die Sperrspannung U_R die Zener-Spannung U_z ein und führt die Differentiation aus, ergibt sich für den Zener-Widerstand

$$r_z = \frac{I_{RS}\,U_{(BR)}}{m\,I_z} \qquad (55.2)$$

In Gl. (55.2) ist sowohl der Wert des Sättigungssperrstroms I_{RS} als auch der Durchbruchspannung $U_{(BR)}$ negativ, so daß der Zener-Widerstand r_z wieder positiv wird. Nach Gl. (55.2) steigt der Zener-Widerstand r_z mit wachsender Durchbruchspannung $U_{(BR)}$ linear und fällt umgekehrt mit dem Quadrat des Zener-Stroms I_z. Die Experimente bestätigen zumindest bei hohen Durchbruchspannungen, also im Lawinendurchbruch-

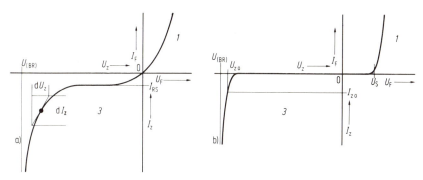

55.1 Kennlinie der Z-Diode
    a) empfindlicher (μA) Strommaßstab
    b) unempfindlicher (mA) Strommaßstab
    1 Durchlaßbereich (1. Quadrant)
    3 Sperr-Zener-Bereich (3. Quadrant)

bereich, die Tendenz dieses Verhaltens. Die Durchbruchspannung $U_{(BR)}$ ist durch die Dotierung in weiten Grenzen (2 V bis ca. 600 V) veränderbar. In Datenbüchern wird nicht die Durchbruchspannung $U_{(BR)}$ angegeben, da diese ohnehin nur ein theoretischer Wert ist, sondern es wird diejenige Spannung $U_z = U_{z0}$ mitgeteilt, bei der der Zener-Strom I_z einen bestimmten Wert I_{z0} (z. B. 10 mA) erreicht hat. Meist wird dann diese Spannung U_{z0} als die Zener-Spannung U_z der Diode bezeichnet. Da bei der Zener-Spannung $U_{z0} \approx 7$ V der physikalische Durchbruchsmechanismus wechselt, kann auch nicht erwartet werden, daß der für den Lawinenbereich abgeleitete Zener-Widerstand r_z im gesamten Durchbruchspannungsbereich Gültigkeit hat. Den kleinsten Zener-Widerstand haben Z-Dioden mit der Zener-Spannung $U_{z0} \approx 7$ V, also im Übergangsbereich zwischen Zener- und Lawinendurchbruch. Bild **56.1** zeigt den Verlauf des Zener-Widerstands r_z für Z-Dioden mit unterschiedlicher Zener-Spannung U_{z0}.

Temperaturabhängigkeit der Zener-Spannung. Die Änderung der Zener-Spannung

$$\Delta U_{z0} = \alpha\, U_{z0}\, \Delta T \qquad (55.3)$$

mit der Temperatur T ist um so größer, je größer die Temperaturänderung ΔT und je größer die Zenerspannung U_{z0} selbst ist. Der Temperaturkoeffizient α ist nach Bild **56.2**

3.1 Z-Dioden

für Zener-Spannungen unterhalb 6 V negativ und für solche oberhalb 6 V positiv. Physikalisch liegt dies an den unterschiedlichen Durchbruchmechanismen oberhalb und unterhalb von 6 V. Für Spannungsstabilisierungszwecke eignen sich also Z-Dioden mit der Zener-Spannung $U_{z0} \approx 5$ bis 6 V am besten, da sie einerseits den kleinsten Zener-Widerstand r_z und andererseits den geringsten Temperaturkoeffizienten α

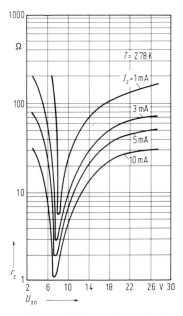 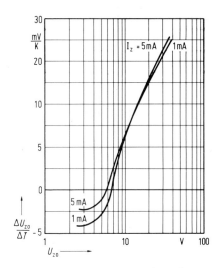

56.1 Zener-Widerstand r_z von Z-Dioden unterschiedlicher Zener-Spannung U_{z0} mit dem Zener-Strom I_z als Parameter

56.2 Temperaturabhängigkeit $\Delta U_{z0}/\Delta T$ der Zener-Spannung von Z-Dioden unterschiedlicher Zener-Spannung U_{z0} mit Zener-Strom I_z als Parameter

aufweisen. Dies wird besonders deutlich in Bild **57.1**, wo die Änderung der Zener-Spannung ΔU_{z0} für Dioden verschiedener Zener-Spannung U_{z0} als Funktion der Temperatur T aufgetragen ist. Die Z-Diode mit $U_{z0} = 5,6$ V zeigt die geringsten Temperaturabweichungen.

Beispiel 18. Man berechne die Änderung der Zener-Spannung ΔU_{z0} einer Z-Diode mit der Zener-Spannung $U_{z0} = 20$ V, wenn sich die Temperatur von $T = 300$ K auf $T = 373$ K erhöht.
Bild **56.2** entnimmt man für $U_{z0} = 20$ V die Änderung $\Delta U_{z0}/\Delta T = 15$ mV/K. Hiermit werden der Temperaturkoeffizient

$$\alpha = \frac{1}{U_{z0}} \cdot \frac{\Delta U_{z0}}{\Delta T} = \frac{15 \text{ mV/K}}{20 \text{ V}} = 7,5 \cdot 10^{-4} \text{ K}^{-1}$$

und die Änderung der Zener-Spannung $\Delta U_{z0} = \alpha \Delta T U_{z0} = 7,5 \cdot 10^{-4} \text{K}^{-1} \cdot 73 \text{ K} \cdot 20 \text{V} = 1,1 \text{V}$. Die relative Änderung der Zener-Spannung beträgt $\Delta U_{z0}/U_{z0} = 1,1 \text{V}/20 \text{V} = 0,055 \,\widehat{=}\, 5,5\%$.

3.1.3 Bauformen, Kennzeichnung und Eigenschaften

Z-Dioden für kleinere Leistungen werden z. B. in Allglas-DO-35- oder Kunststoff-DO-7-Gehäuse eingebaut. Für größere Verlustleistungen benutzt man Metallgehäuse (z. B. DO-5).

Kennzeichnungsschema für Z-Dioden. Um die verschiedenen Spannungsgruppen mit den dazugehörigen Toleranzen von Z-Dioden eines Grundtyps unterscheiden zu können, werden an die Typenbezeichnung des Grundtyps (z. B. BZY 83) Zusatzbuchstaben und Ziffern angehängt. Diese Zusatzkennzeichnung wird durch einen schrägen Strich abgetrennt. Der 1. Buchstabe gibt die Toleranz der Zener-Spannung an.

$B \triangleq \pm 2\%$, $C \triangleq \pm 5\%$, $D \triangleq \pm 10\%$

Daran schließt sich durch Angabe des Zahlenwerts der Zener-Spannung in V die mittlere Zener-Spannung des jeweiligen Typs an. Handelt es sich dabei um Werte, die zwischen zwei ganzen Zahlen liegen (z. B. 6,8 V), so ist an die Stelle des Kommas ein V zu setzen (z. B. 6V8).

Als Beispiel sei hier die vollständige Bezeichnung einer Z-Diode angegeben. Daten anderer Z-Dioden enthält Tafel 57.2

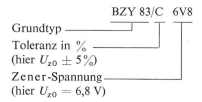

BZY 83/C 6V8
Grundtyp
Toleranz in %
(hier $U_{z0} \pm 5\%$)
Zener-Spannung
(hier $U_{z0} = 6,8$ V)

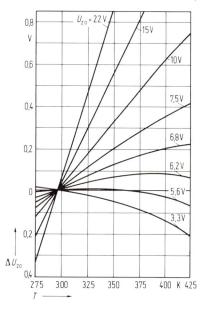

57.1 Änderung der Zener-Spannung ΔU_{z0} mit der Temperatur T für Dioden unterschiedlicher Zener-Spannung U_{z0}

Tafel 57.2 Kenngrößen einiger Z-Dioden

Typ	U_{z0} und in V	r_z in Ω	bei I_z in mA	$\Delta U_{z0}/\Delta T$ in mV/K	P_V in W	Gehäuse
BZY 85/B3V9	3,9	60	5	$-1,3$	0,4	DO–7
BZY 85/C5V6	5,6	32	5	$-0,17$	0,4	DO–7
BZX 70/C75	75	100	10	$+7$	2,5	SOD–18
BZY 91/C10	10	0,4	2000	$+9$	75	DO–5

3.1.4 Anwendungen

3.1.4.1 Spannungsstabilisierung. Wegen des kleinen differentiellen Innenwiderstandes r_z eignen sich Z-Dioden sehr gut für Spannungsstabilisierungen; denn zu einer großen Änderung des Zener-Stroms ΔI_z gehört eine sehr kleine Änderung der Zener-Spannung

3.1 Z-Dioden

ΔU_z. Faßt man die einfache Z-Diodenstabilisierung in Bild 58.1 als Spannungsregelungschaltung auf, so handelt es sich um eine Parallelregelung, denn Lastwiderstand R_L und Z-Diode liegen parallel. Da die Ausgangsspannung $U_a = U_z$ nahezu konstant ist, wird bei Verringerung des Laststroms I_L der Strom I_z wachsen und umgekehrt. Bei $I_L = 0$ muß die Z-Diode den gesamten Strom übernehmen. Es fließt also auch im Leerlauf ein großer Zener-Strom I_z. Daher hat eine solche Parallelregelung einen schlechten Wirkungsgrad und eignet sich auch nicht für Schaltungen mit größeren Ausgangsströmen I_L [12].

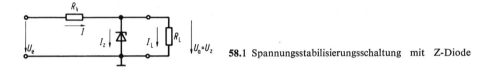

58.1 Spannungsstabilisierungsschaltung mit Z-Diode

Berechnung der Stabilisierungseigenschaften. Der Strom durch den Vorwiderstand R_V ist

$$I = (U_e - U_z)/R_V = I_z + I_L \tag{58.1}$$

Durch Umformung von Gl. (58.1) ergibt sich die Eingangsspannung

$$U_e = U_z + R_V I_z + R_V I_L \tag{58.2}$$

Wenn wir zur Differenzbildung übergehen, erhalten wir die Eingangsspannungsdifferenz

$$\Delta U_e = \Delta U_z + R_V \Delta I_z + R_V \Delta I_L \tag{58.3}$$

Wir benutzen Gl. (55.1) und ersetzen ΔU_z durch $r_z \Delta I_z$ und erhalten

$$\Delta U_e = \Delta U_z [1 + (R_V/r_z)] + R_V \Delta I_L \tag{58.4}$$

Mit Gl. (58.4) wollen wir untersuchen, wie sich die Schaltung bei Schwankungen ΔU_e der Eingangsspannung und bei Schwankungen ΔI_L des Laststroms verhält. Die Umstellung von Gl. (58.4) liefert die Änderung der Zener-Spannung, die gleich der Ausgangsspannung ΔU_a ist

$$\Delta U_z = \Delta U_a = \frac{r_z}{r_z + R_V} \Delta U_e - \frac{r_z R_V}{r_z + R_V} \Delta I_L \tag{58.5}$$

1. Fall: Regelung von Schwankungen der Eingangsspannung. Mit der Laststromänderung $\Delta I_L = \Delta U_z/R_L$ erhalten wir bei dem Lastwiderstand R_L aus Gl. (58.5) die Zener-Spannungsänderung

$$\Delta U_z = \Delta U_a = \frac{r_z}{r_z + R_V} \Delta U_e - \frac{r_z}{r_z + R_V} \cdot \frac{R_V}{R_L} \Delta U_z \tag{58.6}$$

Die Auflösung von Gl. (58.6) nach ΔU_z ergibt

$$\Delta U_z = \Delta U_a = \frac{r_z}{r_z + R_V + (r_z R_V/R_L)} \cdot \Delta U_e \approx \frac{r_z}{R_V} \Delta U_e \tag{58.7}$$

wenn $r_z \ll R_V$ ist.

3.1.4 Anwendungen

Die Stabilisierung wird also um so besser, je kleiner der Zener-Widerstand r_z und je größer der Vorwiderstand R_V sind.

Wir definieren den **relativen Stabilisierungsfaktor**

$$S = (\Delta U_e/U_e)/(\Delta U_a/U_a) \tag{59.1}$$

Er gibt an, um welchen Faktor die relativen Schwankungen $\Delta U_e/U_e$ der Eingangsspannung U_e verringert werden. Setzen wir noch Gl. (58.7) in Gl. (59.1) ein, so erhalten wir

$$S = \frac{r_z + R_V[1 + (r_z/R_L)]}{r_z} \cdot \frac{U_a}{U_e} \approx \frac{R_V}{r_z} \cdot \frac{U_a}{U_e} \tag{59.2}$$

2. Fall: Regelung von Laststromschwankungen. Wir halten jetzt die Eingangsspannung U_e konstant. Also ist $\Delta U_e = 0$, und wir erhalten aus Gl. (58.5) die Ausgangsspannungsänderung

$$\Delta U_z = \Delta U_a = -\frac{r_z R_V}{r_z + R_V} \Delta I_L \approx -r_z \Delta I_L \tag{59.3}$$

wenn der Zener-Widerstand $r_z \ll R_V$ ist.

Das negative Vorzeichen in Gl. (59.3) besagt, daß bei positiver Laststromänderung ΔI_L (wachsendem Laststrom I_L) die Ausgangsspannungsänderung negativ ist, also die Ausgangsspannung U_a abnimmt. Auch die Regelung von Spannungsschwankungen bei Laststromschwankungen wird um so besser, je kleiner der Zener-Widerstand r_z ist. Als Ausgangswiderstand der Schaltung ergibt sich aus Gl. (59.3)

$$r_a = \left.\frac{\Delta U_a}{\Delta I_L}\right|_{\Delta U_e = 0} = \frac{r_z R_V}{r_z + R_V} \approx r_z \tag{59.4}$$

Grenzen der Stabilisierung. Bei der Dimensionierung der Schaltung muß beachtet werden, daß einerseits durch die Z-Diode ein nicht zu kleiner Strom $I_{z\min}$ fließt, wenn der Laststrom I_L groß und infolge einer negativen Schwankung ΔU_e die Eingangsspannung U_e klein ist (ungünstigster Fall für $I_{z\min}$), und daß andererseits aber auch mit der Verlustleistung P_{Vz} und der Zener-Spannung U_z der maximal zulässige Zener-Strom $I_{z\max} = P_{Vz}/U_z$ der Diode nicht überschritten wird. Für den kleinsten Zener-Strom kann als Richtwert $I_{z\min} = 0{,}1\, I_{z\max}$ angenommen werden. Für kleinere Zener-Ströme steigt der Zener-Widerstand r_z beträchtlich an, und die Stabilisierung verschlechtert sich. Der ungünstigste Fall für $I_{z\max}$ liegt vor, wenn der Laststrom I_L den kleinsten und die Eingangsspannung U_e den größten Wert (positive Schwankung von ΔU_e) erreicht. Zur Erzielung eines guten Stabilisierungsfaktors sollte nach Gl. (58.5) der Vorwiderstand R_V möglichst groß gewählt werden. Dies hat jedoch den Nachteil, daß bei größeren Ausgangsströmen I_L auch die Eingangsspannung U_e sehr groß werden muß, da der Spannungsabfall über den Vorwiderstand R_V groß wird. Somit ist aber auch die Verlustleistung im Vorwiderstand R_V sehr groß. Als Kompromiß bietet sich an, die Eingangsspannung U_e ungefähr doppelt so groß wie die Ausgangsspannung U_a zu wählen.

Beispiel 19. Zu berechnen ist eine Stabilisierungsschaltung, an die folgende Forderungen gestellt werden: Ausgangsspannung $U_a = U_z = 12$ V, Laststromschwankung zwischen $I_{L\min} = 0$ und $I_{L\max} = 150$ mA, Schwankung der Eingangsspannung $\Delta U_e/U_e = \pm\, 0{,}15$.

3.1 Z-Dioden

Wir wählen die Eingangsspannung $U_e = 2U_a = 24$ V. Aus der Schwankung der Eingangsspannung U_e erhalten wir die minimale Eingangsspannung $U_{e\,min} = U_e - \Delta U_e = U_e - 0{,}15\,U_e = 24$ V $- 0{,}15 \cdot 24$ V $= 20{,}4$ V und entsprechend die maximale Eingangsspannung $U_{e\,max} = U_e + 0{,}15\,U_e = 24$ V $+ 0{,}15 \cdot 24$ V $= 27{,}6$ V. Wir wählen den minimalen Zener-Strom $I_{z\,min} = 10$ mA. Aus der Bedingung für die Einhaltung von $I_{z\,min}$ berechnen wir den Vorwiderstand durch Umstellen von Gl. (58.1)

$$R_V = \frac{U_{e\,min} - U_z}{I_{L\,max} - I_{z\,min}} = \frac{20{,}4\text{ V} - 12\text{ V}}{150\text{ mA} - 10\text{ mA}} = 52{,}5\ \Omega$$

Ebenfalls nach Gl. (58.1) wird dann im ungünstigsten Fall der maximale Zener-Strom

$$I_{z\,max} = \frac{U_{e\,max} - U_z}{R_V} - I_{L\,min} = \frac{27{,}6\text{ V} - 12\text{ V}}{52{,}5\ \Omega} - 0 = 297\text{ mA}$$

Für die maximalen Verlustleistungen ergibt sich in der Z-Diode $P_{Vz} = I_{z\,max}\,U_z = 0{,}297$ A $\cdot 12$ V $= 3{,}54$ W und im Vorwiderstand $P_{VR} = (U_{e\,max} - U_z)\,I_{z\,max} = (27{,}6$ V $- 12$ V$)\,0{,}297$ A $= 4{,}63$ W. Wir benutzen als Z-Diode zwei in Reihe geschaltete 6-V-Dioden, die einen kleinen Temperaturkoeffizienten α haben (z.B. BZY 92/C5V6 oder BZY 92/C6V2). Der Zener-Widerstand sei insgesamt $r_z = 3\ \Omega$; dann wird nach Gl. (59.2) für minimalen Laststrom $I_{L\,min} = 0$ also $R_L = \infty$, der Stabilisierungsfaktor

$$S = \frac{r_z + R_V\,[1 + (r_z/R_L)]}{r_z} \cdot \frac{U_a}{U_e} = \frac{3\ \Omega + 52{,}5\ \Omega}{3\ \Omega} \cdot \frac{12\text{ V}}{24\text{ V}} = 9{,}25$$

Die Ausgangsspannung schwankt nach Gl. (59.1) also um $(\Delta U_e/U_e)/S = \pm\,0{,}15/9{,}25 = \pm\,0{,}016 = \pm\,1{,}6\,\%$. Bei einer Laststromänderung von 0 auf 150 mA sinkt nach Gl. (59.3) die Ausgangsspannung U_a um

$$\Delta U_a = -\frac{r_z\,R_V}{r_z + R_V}\,\Delta I_L = -\frac{3\ \Omega \cdot 52{,}5\ \Omega}{3\ \Omega + 52{,}5\ \Omega} \cdot 150\text{ mA} = -0{,}425\text{ V}$$

also um $-3{,}5\,\%$. Der Ausgangswiderstand der Schaltung beträgt nach Gl. (59.4)

$$r_a = \frac{r_z\,R_V}{r_z + R_V} = \frac{3\ \Omega \cdot 52{,}5\ \Omega}{3\ \Omega + 52{,}5\ \Omega} = 2{,}84\ \Omega$$

3.1.4.2 Doppelte Stabilisierung. Eine Verbesserung der Stabilisierung von Spannungsschwankungen ist durch die in Bild **60.1** gezeigte Schaltung möglich. In dieser Schaltung sind zwei Stabilisierungsglieder mit den Zener-Widerständen r_{z1} und r_{z2} sowie den

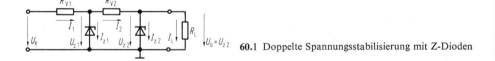

60.1 Doppelte Spannungsstabilisierung mit Z-Dioden

Vorwiderständen R_{V1} und R_{V2} hintereinandergeschaltet. Sind die Vorwiderstände groß gegen die Zener-Widerstände, dann reduziert nach Gl. (58.7) das erste Glied die Eingangsspannungsschwankung auf

$$\Delta U_{z1} = \Delta U_e\,r_{z1}/R_{V1} \tag{60.1}$$

Diese verringerte Schwankung ΔU_{z1} der Zener-Spannung U_{z1} wird nun durch das zweite Stabilisierungsglied erneut reduziert auf

$$\Delta U_{z2} = \Delta U_a = \Delta U_{z1} r_{z2}/R_{V2} \tag{61.1}$$

Setzen wir Gl. (60.1) in Gl. (61.1) ein, so erhalten wir schließlich für die Schwankung der Ausgangsspannung

$$\Delta U_a = \frac{r_{z1}}{R_{V1}} \cdot \frac{r_{z2}}{R_{V2}} \Delta U_e \tag{61.2}$$

Aus der Definitionsgleichung (59.1) erhalten wir mit Gl. (61.2) den Stabilisierungsfaktor

$$S = \frac{R_{V1}}{r_{z1}} \cdot \frac{R_{V2}}{r_{z2}} \cdot \frac{U_a}{U_e} \tag{61.3}$$

Gegenüber Laststromschwankungen ergibt sich allerdings keine Verbesserung; denn die Ausgangsspannungsschwankung ist hierfür

$$\Delta U_a \approx r_{z2} I_L \tag{61.4}$$

und der Ausgangswiderstand

$$r_a \approx r_{z2} \tag{61.5}$$

Die Zener-Spannungen der beiden Dioden sollen so gewählt werden, daß $U_{z1} = 2 U_{z2}$ ist.

Beispiel 20. In einer doppelten Stabilisierungsschaltung nach Bild 60.1 beträgt die Ausgangsspannung $U_a = U_{z2} = 12$ V, die Zener-Spannung $U_{z1} = 24$ V und die Eingangsspannung $U_e = 36$ V. Die Vorwiderstände haben die Werte $R_{V1} = 33\,\Omega$ und $R_{V2} = 36\,\Omega$. Der Zener-Widerstand der Dioden sei $r_{z1} = r_{z2} = 3\,\Omega$. Man berechne den Stabilisierungsfaktor S und die Schwankung der Ausgangsspannung $\Delta U_a/U_a$ bei einer Eingangsspannungsschwankung von $\Delta U_e/U_e = \pm 0{,}15 \triangleq \pm 15\%$.

Aus Gl. (61.3) ergibt sich der Stabilisierungsfaktor

$$S = \frac{R_{V1}}{r_{z1}} \cdot \frac{R_{V2}}{r_{z2}} \cdot \frac{U_a}{U_e} = \frac{33\,\Omega \cdot 36\,\Omega \cdot 12\,\text{V}}{3\,\Omega \cdot 3\,\Omega \cdot 36\,\text{V}} = 44$$

Nach Gl. (59.1) erhalten wir durch Umstellen die Ausgangsspannungsschwankung $\Delta U_a/U_a = (\Delta U_e/U_e)/S = (\pm 15\%)/44 = \pm 0{,}34\%$. Sie ist erheblich kleiner als bei der einfachen Stabilisierung nach Beispiel 19, S. 59.

3.1.4.3 Spannungsbegrenzung. Wird an die in Bild 61.1a gezeigte Schaltung eine Wechselspannung $u_e = u_{em} \sin(\omega t)$ gelegt, arbeitet in der positiven Halbschwingung der Wechselspannung die Diode Z_1 als normale Diode in Durchlaßrichtung und die Diode Z_2 als

61.1
Spannungsbegrenzung mit Z-Dioden
a) Schaltung
b) zeitlicher Verlauf von Eingangs- und Ausgangsspannung

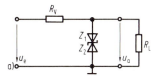
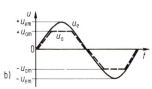

Z-Diode. In der negativen Halbschwingung ist es umgekehrt. Die Wechselspannung wird nach Bild **61.1**b auf $u_{am} = U_z + U_s$ (mit Zener-Spannung U_z und Schwellspannung U_s der Dioden) begrenzt. Der größte Strom durch die Dioden wird $I_{z\max} = (u_{em} - u_{am})/R_V$, wenn u_{em} der Scheitelwert der Wechselspannung, u_{am} die Amplitude der begrenzten Spannung und R_V ein Vorwiderstand ist. Man kann auf diese Weise einen Verbraucher R_L vor unerwünscht hohen Spannungsimpulsen schützen.

3.2 Tunnel-Dioden

3.2.1 Wirkungsweise

Die an einem PN-Übergang sich aufbauende Diffusionsspannung U_D wird in Abschn. 2.1.2 mit Gl. (20.1) berechnet. Mit den für normale Dioden üblichen Dotierungen (Trägerdichten $n_{n0} = p_{p0} = 10^{16}$ cm^{-3}) beträgt die Diffusionsspannung $U_D = 0,3$ V bis 0,7 V für Germanium und Silizium. Diese Werte sind kleiner als die Bandabstände von Germanium (0,75 V) oder Silizium (1,1 V) (s. Beispiel 3 und Tafel 12.1). Unter diesen Verhältnissen liegt die Unterkante des Leitungsbands W_2 im N-Gebiet energetisch höher als die Oberkante des Valenzbands W_1 im P-Gebiet (s. Bild 21.1). Erhöht man die Dotierung in die Größenordnung von $n \approx 10^{20}$ cm^{-3}, wird die Diffusionsspannung U_D schließlich größer als der Bandabstand ΔW, wie wir in dem folgenden Beispiel zeigen wollen.

Beispiel 21. Zu berechnen ist die Diffusionsspannung U_D einer mit $n_{n0} = p_{p0} = 2 \cdot 10^{20}$ cm^{-3} hoch dotierten Siliziumdiode.
Bei der Temperatur $T = 300$ K und mit der Inversionsdichte $n_I = 6,8 \cdot 10^{10}$ cm^{-3} (s. Tafel 12.1) erhalten wir aus Gl. (20.1)

$$U_D = U_T \ln \frac{n_{n0} \, p_{p0}}{n_I^2} = 26 \text{ mV} \cdot \ln \left(\frac{2 \cdot 10^{20} \text{ cm}^{-3}}{6,8 \cdot 10^{10} \text{ cm}^{-3}} \right)^2 = 1,135 \text{ V}$$

Unter diesen Bedingungen ist also die Diffusionsspannung U_D größer als der Bandabstand $\Delta W = 1,1$ V.

Derart hoch dotierte Dioden sind Tunnel-Dioden [7], [10], [11]. Die hohe Dotierung verursacht einen sehr dünnen PN-Übergang, für den wir nach Gl. (31.1) die Dicke $d = 2,3 \cdot 10^{-7}$ cm abschätzen, wenn wir für die Gesamtspannung $|U_g| = U_D$ (ohne äußere Spannung, also $U = 0$) und für die Dotierungsdichte $n_{n0} = 2 \cdot 10^{20}$ cm^{-3} einsetzen. Die Feldstärke im PN-Übergang wird unter diesen Verhältnissen nach Gl. (52.1) $E = 5 \cdot 10^6$ V/cm und reicht somit aus für das Einsetzen des Tunnel-Effekts.

Wir wollen das Verhalten des hoch dotierten PN-Übergangs am Bändermodell (Bild 63.1) studieren [3], [6]. Bild 63.1a zeigt den stromlosen PN-Übergang. Die Donatoren- und Akzeptoren-Niveaus sind der Übersichtlichkeit wegen nicht eingezeichnet. Da die Diffusionsspannung U_D größer als der Bandabstand ΔW ist, liegt das Fermi-Niveau W_F im unteren Bereich des Leitungsbands des N-Gebiets und im oberen Bereich des Valenzbands des P-Gebiets. An der Sperrschicht tritt eine Bandüberlappung auf, d.h., die Oberkante W_1 des Valenzbands des P-Gebiets liegt höher als die Unterkante W_2 des Leitungsbands des N-Gebiets (vgl. hierzu Bild 21.1). An der Überlappungsstelle sind die Bänder nur durch eine sehr dünne Potentialbarriere getrennt, und es kann Tunneleffekt einsetzen. Der von links nach rechts fließende Tunnelstrom ist schon aus Abschn. 3.1.1.1 als Zener-Strom I_Z bekannt. Hinzu kommt der von rechts nach links fließende und von Esaki zuerst entdeckte Tunnelstrom I_{Esaki}, den wir deshalb Esaki-Strom nennen. Über die Potentialbarriere hinweg fließt von links nach rechts ein Minoritätsträger-Sperrstrom I_{RS} und von rechts nach links ein Majoritätsträger-Diffusionsstrom I_D. Diese Ströme sind von normalen Dioden bekannt.

3.2.1 Wirkungsweise

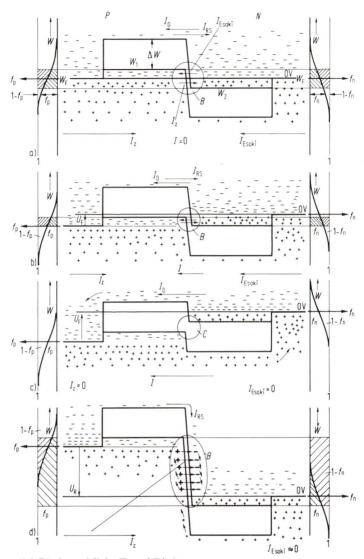

63.1 Bändermodell der Tunnel-Diode
a) ohne äußere Spannung
b) mit kleiner Durchlaßspannung U_F
c) mit größerer Durchlaßspannung U_F
d) mit Sperrspannung U_R
B Bereich der Bandüberlappung; C keine Bandüberlappung mehr; I_D Majoritätsträger-Diffusionsstrom, I_{RS} Minoritätsträger-Sperrstrom,
$I_z \approx \int_{w_2}^{w_1} f_p (1 - f_n) \, dW$ Zener-Tunnelstrom, $I_{Esaki} \approx \int_{w_2}^{w_1} f_n (1 - f_p) \, dW$
Esaki-Tunnelstrom, f_n Fermi-Funktion der Leitungselektronen, f_p Fermi-Funktion der Löcher, W_F Fermi-Energie, + positives Loch, − Leitungselektron

3.2 Tunnel-Dioden

Ohne angelegte äußere Spannung muß der Strom durch die Diode $I = 0$ sein, d.h., es muß gelten

$$I = I_D + I_{Esaki} - I_{RS} - I_z = 0$$

Es kompensieren sich Zener- und Esaki-Strom und Diffusions- und Sperrstrom. Die Tunnelströme sind der Anzahl der Elektronen proportional, die bezogen auf die Zeit die Potentialbarriere durchtunneln. Für den Esaki-Strom ist z.B. die Wahrscheinlichkeit X, ob ein Elektron die Barriere auf einem bestimmten Energieniveau durchtunnelt, proportional zur Besetzungswahrscheinlichkeit des Niveaus im Leitungsband des N-Gebiets (die Fermi-Funktion f_n gibt diese Wahrscheinlichkeit an, s. Bild **14**.1) und proportional zur Wahrscheinlichkeit, daß ein gleich hohes Energieniveaus im Valenzband des P-Gebiets unbesetzt ist $(1 - f_p)$. Es gilt also

$$X \sim f_n (1 - f_p) \tag{64.1}$$

Um den Esaki-Strom

$$I_{Esaki} = A \int_{W_2}^{W_1} Z \, \varrho_L f_n \, \varrho_V (1 - f_p) \, dW \tag{64.2}$$

zu erhalten, muß mit der Tunnelwahrscheinlichkeit Z, die von der Dicke des Potentialwalls abhängt, den Dichten ϱ_L, ϱ_V der Energiezustände im Leitungs- bzw. Valenzband und der Fläche A des PN-Übergangs über alle Energieniveaus im Überlappungsbereich, also zwischen W_2 und W_1, integriert werden.

Für den Zener-Strom erhält man einen analogen Ausdruck. Nehmen wir zur Vereinfachung die Dichten der Energiezustände ϱ_L und ϱ_V als konstant an, sinkt nach Abschn. 1.4.2.3 und Gl. (14.1) die Elektronendichte n mit wachsender Energie W gemäß der Fermi-Funktion

$$f_n(W) = \left[1 + \exp\left(\frac{W - W_F}{kT}\right)\right]^{-1}$$

Die Dichte der freien Zustände nimmt dagegen mit $(1 - f_n)$ bei wachsender Energie W zu. Unterhalb der Fermi-Energie W_F können wir die freien Zustände auch als positive Löcher interpretieren; denn jedes Elektron, das durch thermische Anregung oberhalb W_F befördert wird, hinterläßt unterhalb W_F ein positives Loch als freien Platz. In Bild **63**.1 ist links und rechts die Fermi-Funktion aufgetragen. Im spannungslosen Fall liegen die Funktionen in gleicher Höhe und die Auswertung des Integrals von Gl. (64.2) liefert für die Ströme I_{Esaki} und I_z den gleichen Wert, d.h., die Ströme kompensieren sich.

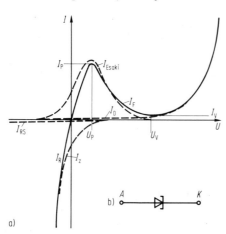

64.1 Kennlinie $I = f(U)$ der Tunnel-Diode a) und ihre Zusammensetzung aus den einzelnen Stromanteilen sowie Schaltzeichen der Tunnel-Diode b)
Höckerstrom $I_P \approx 1$ mA bis 100 mA, Höckerspannung $U_P \approx 50$ mV, Talstrom I_V, Talspannung $U_V \approx 300$ mV bis 400 mV

Bei Durchlaßpolung nach Bild **63.**1 b steigt zunächst der Strom I_{Esaki}, und der Zener-Strom I_z sinkt. Die Differenz $I_{Esaki} - I_z = I_F$ steigt. Wird jedoch die Durchlaßspannung zu groß, wird schließlich nach Bild **63.**1 c die Bandüberlappung aufgehoben; sowohl der Zener-Strom I_z als auch der Esaki-Strom I_{Esaki} werden Null. Jetzt beginnt jedoch der normale Durchlaßstrom I_D der Diode stark anzuwachsen. Die Majoritätsträger überfluten die weitgehend abgebaute Potentialbarriere.

In Sperrichtung wächst nach Bild **63.**1 d der Zener-Strom I_z steil an; denn einer wachsenden Anzahl von Elektronen im Valenzband der P-Seite steht eine wachsende Anzahl von freien Plätzen im Leitungsband der N-Seite gegenüber. Die Ströme I_{Esaki} und I_D werden Null; dagegen fließt der aus I_{RS} und I_z bestehende Strom in Sperrichtung, wobei der Zener-Strom I_z bei weitem überwiegt ($I_{RS} \approx 1$ nA, $I_z \approx 1$ mA). Daher sperrt im Gegensatz zu einer normalen Diode eine Tunnel-Diode bei Polung in Sperrichtung nicht.

3.2.2 Eigenschaften

Aus dem beschriebenen Verhalten ergibt sich der in Bild **64.**1 a für die einzelnen Stromanteile gezeigte Verlauf. Die Summe der einzelnen Stromanteile liefert schließlich den stark ausgezogenen Verlauf der Kennlinie. Bild **64.**1 b zeigt das Schaltzeichen der Tunnel-Diode nach DIN 40700.

Für das Verhältnis der in Bild **64.**1 a eingetragenen Höcker- und Talströme I_P und I_V gilt

    Silizium-Tunnel-Dioden $I_P/I_V \approx 6$
    Germanium-Tunnel-Dioden $I_P/I_V \approx 10$
    Gallium-Arsenid-Tunnel-Dioden $I_P/I_V \approx 60$

Für die Anwendung ist der Bereich negativen Widerstands zwischen der Höckerspannung U_P und der Talspannung U_V besonders wichtig. Gibt man nämlich die Diodenspannung vor, erhält man eindeutig einen Arbeitspunkt A in Bild **65.**1 a.

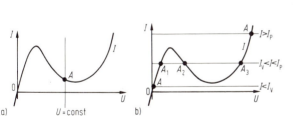
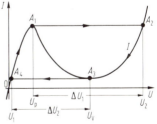
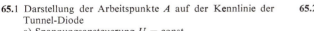

65.1 Darstellung der Arbeitspunkte A auf der Kennlinie der Tunnel-Diode
   a) Spannungsansteuerung $U = $ const
   b) Stromansteuerung $I = $ const

65.2 Darstellung der Spannungssprünge einer Tunnel-Diode bei Stromeinspeisung

Wenn man dagegen nach Bild **65.**1 b den Strom vorgibt (Stromeinspeisung), erhält man im Bereich $I_V < I < I_P$ drei mögliche Arbeitspunkte A_1, A_2, A_3, von denen jedoch der auf dem negativen Ast liegende Punkt A_2 instabil ist. Hieraus ergibt sich bei der Stromeinspeisung in die Diode das in Bild **65.**2 gezeigte Verhalten: Erreicht der Strom

3.2 Tunnel-Dioden

den Wert I_P (bei A_1), springt bei weiterer Stromsteigerung die Diode in den Arbeitspunkt A_2. Es wird also ein Spannungssprung ΔU_1 verursacht. Bei Absenkung des Stromes I bis auf I_V (bei A_3), springt bei weiterer Verringerung des Stromes I die Diode in den Arbeitspunkt A_4. Es entsteht der Spannungssprung ΔU_2. Die Spannung springt außerordentlich schnell, nämlich in Zeiten von 1 ns bis 0,1 ns. Deshalb ist die Tunnel-Diode zur Erzeugung sehr steiler Spannungsimpulse gut geeignet. Die Kennwerte von zwei Tunnel-Dioden sind in der Tafel **66.1** angegeben.

Tafel 66.1 Kennwerte von Tunnel-Dioden (für Temperatur $T = 238$ K bis 373 K)

Typ	I_P in mA	$\dfrac{I_P}{I_V}$	U_P in mV	U_V in mV	t_r in ns	R_s in Ω	C_0 in pF	U_2 in mV	Grenzwerte		
									I_F in mA	I_R in mA	P_V in mW
40561	5	6	50 bis 100	300	1,8	3	25	500	10	-15	5
40574	50	8	80 bis 130	355	0,1	1,5	12	580	85	-125	50

Für die Tunnel-Diode kann man mit dem differentiellen Widerstand r_{TD} des PN-Übergangs, der Reiheninduktivität L_s der Zuleitungen, dem Reihenwiderstand R_s der Zuleitungen und der P- und N-Bahnen, der Kapazität C_{pn} der Sperrschicht und der Anoden-Kathoden-Kapazität C_0 die in Bild **66.2** dargestellte Ersatzschaltung für tiefe und hohe Frequenzen angeben. Für die Schaltzeit einer Tunnel-Diode gilt näherungsweise

$$t_r \approx \frac{C_0 (U_2 - U_V)}{I_P - I_V} \qquad (66.1)$$

wobei U_2 die Spannung an der Tunnel-Diode im Arbeitspunkt A_2 (Bild **65.2**) ist. Die Schaltzeit sinkt also mit wachsendem Höckerstrom I_P (s. Tafel **66.1**). Zur Erzeugung sehr steiler Impulse muß man Tunnel-Dioden mit großem Höckerstrom verwenden, da nur dann die Kapazität C_0 schnell genug umgeladen wird.

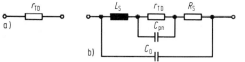

66.2 Ersatzschaltung einer Tunnel-Diode mit Arbeitspunkt im fallenden Bereich der Kennlinie
a) für tiefe Frequenzen
b) für hohe Frequenzen

3.2.3 Anwendungen

3.2.3.1 Tunnel-Diode als Impulsgenerator. Wegen ihrer kurzen Schaltzeit ist die Tunnel-Diode sehr gut für die Erzeugung steiler Spannungssprünge in der in Bild **67.1** gezeigten Schaltung geeignet. Einer konstanten, der Tunnel-Diode TD über den Widerstand R zugeführten positiven Versorgungsgleichspannung U_- wird eine z.B. sinusförmige Wechselspannung $u = u_m \sin(\omega t)$ überlagert. Die Gleichspannung U_- muß größer als die Talspannung U_V der Tunnel-Diode sein und der Wirkwiderstand R so gewählt werden, daß die **Widerstandsgerade** die Kennlinie der Tunnel-Diode nach Bild **67.2** dreimal schneidet. Für den **Wirkwiderstand** R muß deshalb mit Höckerspannung U_P, Talspannung U_V, Höckerstrom I_P und Talstrom I_V gelten

$$(U_- - U_P)/I_P < R < (U_- - U_V)/I_V \qquad (67.1)$$

Durch die Überlagerung der Wechselspannung u wird die Widerstandsgerade im Kennlinienfeld ständig parallel hin- und herverschoben (auf der Spannungsachse um den Wert U_- mit der Amplitude $\pm u_m$). Starten wir einen Zyklus beim Punkt A_0 in Bild **67.2**

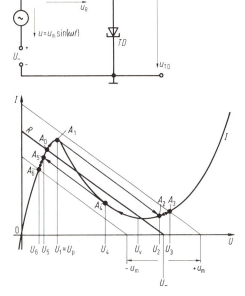

67.1
Prinzipschaltung eines Tunnel-Dioden-Impulsgenerators

67.2
Kennlinienaussteuerung bei der in Bild **67.1** gezeigten Schaltung
Während einer Periode der Wechselspannung $u = u_m \sin(\omega t)$ werden nacheinander die Arbeitspunkte $A_0, A_1, A_2, A_3, A_4, A_5, A_6, A_0$ durchlaufen. Dabei entstehen die Spannungssprünge $\Delta U_+ = U_2 - U_P$ und $\Delta U_- = U_4 - U_5$

und lassen die Gesamtspannung $U_- + u$ anwachsen, so wird beim Erreichen des Höckers A_1 der Kennlinie ein Sprung zum Punkt A_2 erfolgen; denn für ein weiteres Wachsen der Spannung existiert nur ab A_2 auf dem zweiten positiven Ast wieder ein stabiler Arbeitspunkt. Steigt die Spannung u noch auf ihren Scheitelwert u_m, so wird der Punkt A_3 erreicht. Anschließend fällt die Wechselspannung u wieder, und bei der Talspannung U_V wird erneut in das Gebiet negativen differentiellen Widerstands r_{TD} eingetreten. Es entsteht beim Punkt A_4 ein Sprung zum Punkt A_5. Schließlich sinkt die Gesamtspannung $U_- + u$ noch auf den Wert $U_- - u_m$ ab, und der Arbeitspunkt A_6 wird erreicht. Danach steigt die Wechselspannung u wieder, und wir gelangen zum Ausgangspunkt A_0. Der nächste Zyklus beginnt.

Ein solcher Zyklus enthält also zwei **Spannungssprünge**

$$\Delta U_+ = U_2 - U_P \quad \text{und} \quad \Delta U_- = U_4 - U_5$$

In Bild **68.1** ist das hieraus sich ergebende Impulsbild $u_{TD} = f(t)$ (Ausgangsspannung u_{TD} von Bild **67.1**) dargestellt. Arbeitspunkte und Spannungen sind wie in Bild **67.2** bezeichnet. Die zu den Zeitpunkten t_+ und t_- erfolgenden Spannungssprünge ΔU_+

3.2 Tunnel-Dioden

und ΔU_- haben eine **Anstiegs-** bzw. **Abfallzeit** von 0,1 ns bis 1 ns je nach verwendeter Tunnel-Diode. Diese steilen Spannungssprünge eignen sich deshalb sehr gut zum Testen von Breitbandverstärkern, schnellen Oszillographen u. ä.

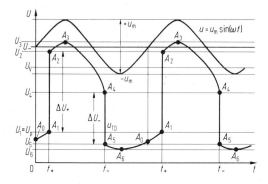

68.1 Zeitlicher Verlauf der Ausgangsspannung $u_{TD} = f(t)$ des Tunnel-Dioden-Impulsgenerators nach Bild **67.1** bei einer Aussteuerung nach Bild **67.2**

3.2.3.2 Tunnel-Diode als Verstärker oder Oszillator hochfrequenter Wechselspannungen.

Wir betrachten als Beispiel die in Bild **68.2** dargestellte Schaltung. Verstärkt werden soll die aus dem Generator G gelieferte Hochfrequenzspannung u_e (100 MHz bis einige GHz). Über die Induktivität L und den Wirkwiderstand R erhält die Tunnel-Diode TD eine positive Vorspannung U_-, die so gewählt werden muß, daß $U_P < U_- < U_V$ ist (also $U_- \approx 0,2$ V bis 0,3 V). Für den **Wirkwiderstand** muß mit dem differentiellen Widerstand r_{TD} gelten

$$R < (U_- - U_P)/I_P \approx |r_{TD}| \tag{68.1}$$

d. h., es darf nach Bild **69.1** nur ein Schnittpunkt A der Widerstandsgeraden mit der Kennlinie der Diode auf dem negativen Ast existieren. Bei dieser Arbeitspunkteinstellung wird der aus Induktivität L und Kapazität C bestehende Schwingkreis durch den **negativen differentiellen Widerstand** r_{TD} der Tunnel-Diode entdämpft. Wenn der

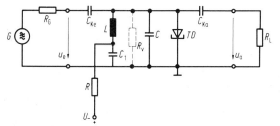

68.2 Tunnel-Dioden-Verstärkerschaltung
C_{Ke}, C_{Ka} Koppelkondensatoren;
C_1 Abblockkondensator für die Gleichspannung U_-

Ersatzwiderstand R_V in Bild **68.2** alle Verluste des Schwingkreises enthält, besteht der gesamte, zum Schwingkreis **parallel liegende Wirkwiderstand** R_P aus der Parallelschaltung des Verlustwiderstands R_V, des Lastwiderstands R_L und des differentiellen Tunnel-Dioden-Widerstandes r_{TD}

$$R_p = r_{TD} R_g/(r_{TD} + R_g) \tag{68.2}$$

mit $\quad R_g = R_V R_L/(R_V + R_L)$ \hfill (69.1)

als gesamtem den Schwingkreis dämpfenden Widerstand.

Solange $|r_{TD}| > R_g$ ist, bleibt der gesamte Parallelwiderstand R_p positiv. Bei $|r_{TD}| = R_g$ wird R_p schließlich unendlich groß, d.h., der Schwingkreis wird nicht mehr bedämpft, und bei $|r_{TD}| < R_g$ wird R_p negativ. $|r_{TD}| > R_g$ ist für Verstärkerbetrieb erforderlich. $|r_{TD}| < R_g$ führt zur Selbsterregung des Kreises, und aus dem Verstärker wird ein Oszillator.

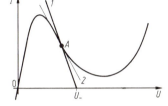

69.1 Arbeitspunkteinstellung eines Tunnel-Dioden-Verstärkers
 1 Widerstandsgerade für Wirkwiderstand R, 2 Widerstandsgerade des negativen differentiellen Widerstands r_{TD} im Arbeitspunkt A

Für das Verhältnis von Ausgangs- zu Eingangsspannung, also für die Spannungsverstärkung V_u, ergibt sich, wenn der Schwingkreis in Resonanz ist,

$$V_u = u_a/u_e = R_p/(R_p + R_G) \hfill (69.2)$$

Beispiel 22. Man berechne die Spannungsverstärkung V_u des Tunnel-Diodenverstärkers nach Bild 68.2, wenn der Lastwiderstand $R_L = 25\,\Omega$, der Generatorausgangswiderstand $R_G = 100\,\Omega$ und der differentielle Widerstand der Tunneldiode $r_{TD} = -30\,\Omega$ ist. Die Verluste des Schwingkreises sollen vernachlässigbar sein (also $R_V = \infty$).
Da der Verlustwiderstand $R_V = \infty$ ist, liefert Gl. (69.1) für den gesamten dämpfenden Widerstand $R_g = R_L = 25\,\Omega$. Daher erhalten wir aus Gl. (68.2) den Parallelwiderstand $R_p = r_{TD} R_g/(r_{TD} + R_g)$ = $-30\,\Omega \cdot 25\,\Omega/(-30\,\Omega + 25\,\Omega) = 150\,\Omega$. Die Spannungsverstärkung berechnen wir nach Gl. (69.2) $V_u = R_p/(R_p + R_G) = 150\,\Omega/(150\,\Omega + 100\,\Omega) = 0{,}6$. Ohne Tunnel-Diode wäre nach Gl. (68.2) und (69.1) $R_p = R_L$, und die Spannungsverstärkung wäre $V_u = R_L/(R_L + R_G) = 25\,\Omega/(25\,\Omega + 100\,\Omega) = 0{,}2$. Die Tunnel-Diode hat also einen dreifachen Spannungsgewinn gebracht.

Die Werte des negativen differentiellen Widerstandes liegen je nach Tunnel-Diode im Bereich von $r_{TD} = -10\,\Omega$ bis $-150\,\Omega$. Tunnel-Dioden neigen infolge ihrer Eigeninduktivität und Eigenkapazität (s. Ersatzschaltung in Bild 66.2) sehr leicht zur Selbsterregung und erzeugen dann Schwingungen im GHz-Bereich.

3.3 Backward-Dioden

3.3.1 Wirkungsweise

Backward-Dioden sind relativ hoch dotierte Silizium- oder Germanium-Dioden. Ihre Dotierung ist höher als die von Z-Dioden, jedoch kleiner als die Dotierung von Tunnel-Dioden. Daher tritt die bei Tunnel-Dioden vorkommende Bandüberlappung (s. Bild 63.1) bei der Backward-Diode wie in Bild 70.1 nur noch geringfügig auf. Bei

3.3 Backward-Dioden

Vorwärtspolung ist das durch den Esaki-Strom verursachte Strommaximum, das bei der Höckerspannung $U_P = 50$ mV bis 100 mV liegt, nur noch sehr schwach ausgebildet, da die geringfügige Bandüberlappung beim Anlegen einer Durchlaßspannung sofort aufgehoben wird. Andererseits ist jedoch die Sperrschicht der Backward-Diode noch dünn genug, um bei Polung in Rückwärtsrichtung sofort den Zener-Strom einsetzen zu lassen. Die Backward-Diode sperrt deshalb ebenso wie die Tunnel-Diode in Rückwärtsrichtung nicht.

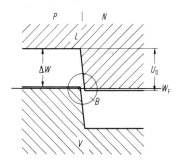

70.1 Bändermodell der Backward-Diode
B Bereich der Bandüberlappung, L Leitungsband, V Valenzband

In Bild 70.2 ist dieser Übergang von der hochdotierten Tunnel-Diode zur schwach dotierten Diode mit Lawinendurchbruchsverhalten dargestellt. Der N-Bereich der Diode wird durch Diffusion erzeugt, so daß mit wachsender Tiefe die Dotierung schwächer wird. Danach wird die N-Schicht am PN-Übergang schrittweise abgetragen. Hierzu läßt man auf den nicht durch einen Lack abgedeckten Bereich Flußsäure (HF) einwirken. Je nach

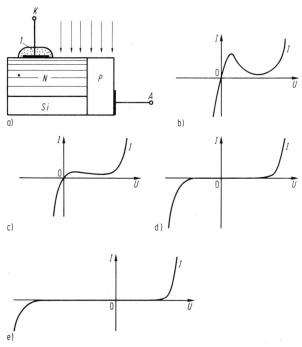

70.2
Übergang von der Tunnel-Diode zur Diode mit Lawinendurchbruch

a) Querschnitt durch das Diodenplättchen; 1 Kontaktabdeckung
b) Kennlinie $I = f(U)$ ohne Oberflächenabätzung; sehr hohe Dotierung $n \approx 10^{20}$ cm^{-3} — Tunnel-Dioden-Verhalten
c) Oberfläche z. T. abgeätzt; noch hohe Dotierung $n \approx 10^{19}$ cm^{-3} — Kennlinie $I = f(U)$ der Backward-Diode
d) Oberfläche weiter abgeätzt, nur noch mittlere Dotierung $n \approx 10^{18}$ cm^{-3} — Kennlinie $I = f(U)$ der Z-Diode
e) Oberfläche sehr weit abgeätzt; schwache Dotierung $n \approx 10^{17}$ bis 10^{16} cm^{-3} — Kennlinie $I = f(U)$ einer Diode mit Lawinendurchbruch

Dauer der Einwirkung wird eine mehr oder weniger dicke Siliziumschicht abgeätzt. Ohne Abätzung erhält man nach Bild **70.**2b die Kennlinie der hochdotierten Tunnel-Diode. Werden wie in Bild **70.**2c die am stärksten dotierten Schichten abgetragen, erfolgt der Übergang zur Backward-Diode. Bei weiterer Abätzung nach Bild **70.**2d vollzieht sich der Übergang zur Z-Diode (keine Bandüberlappung und deshalb kein Esaki-Strom mehr). Trägt man noch weiter ab, so daß nur noch die am schwächsten dotierten Schichten übrig bleiben, entsteht eine Diode, die nach Bild **70.**2e im 3. Diagrammquadranten einen Lawinendurchbruch aufweist, da die Feldstärke am PN-Übergang für den Zener-Tunnel-Effekt nicht mehr ausreicht.

3.3.2 Kennlinie, Bauform und Anwendung

Die Kennlinie einer Germanium-Backward-Diode (TU 300) ist in Bild **71.**1 wiedergegeben. Im 1. Quadranten beträgt der Höckerstrom nur noch $I_P \approx 100\,\mu A$ und der noch verbleibende negative differentielle Widerstand ist größer als $1\,k\Omega$, so daß die Diode zur Entdämpfung und Schwingungserzeugung nicht mehr geeignet ist. Wie bei einer Germanium-Diode steigt der Strom im 1. Quadranten im Bereich $U = 300\,mV$ bis $500\,mV$ stark an. In Rückwärtsrichtung fließt sofort ein großer Zener-Strom. Aus dieser Eigenschaft ergibt sich auch die Anwendung von Backward-Dioden als inverse Gleichrichter (die Bezeichnung Backward-Diode bedeutet Rückwärts-Diode). Für den Einsatz als Gleichrichter wird die Diode in Sperrichtung betrieben und die Gleichrichtung an dem Zener-Ast des 3. Quadranten vorgenommen. Der differentielle Diodenwiderstand beträgt auf diesem Kennlinienast etwa $r = \Delta U_R / \Delta I_R = 20\,\Omega$ bis $50\,\Omega$.

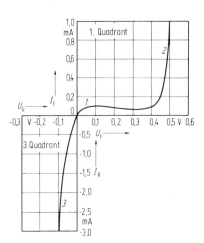

71.1 Kennlinie $I_F, I_R = f(U_F, U_R)$ einer Backward-Diode
1 Esaki-Strom, *2* Diffusionsstrom, *3* Zener-Strom

Als Sperrbereich der Diode benutzt man den im 1. Quadranten liegenden Bereich zwischen $U = 0$ und etwa $U = 450\,mV$. Da die Rückwärtskennlinie sofort sehr steil ansteigt, ist es mit der Backward-Diode möglich, sehr kleine, im mV-Bereich liegende Wechselspannungen gleichzurichten. Allerdings darf der größte Scheitelwert der Wechselspannung wiederum 0,4 V nicht überschreiten, da sonst die Diode auch in Vorwärtsrichtung gut leitend wird.

3.4 Spitzen-Dioden

Genau wie die Tunnel-Diode ist die Backward-Diode für den Einsatz bei höchsten Frequenzen bis zu 10 GHz geeignet, weil der Tunnelstrom kein Diffusionsstrom ist und in der sehr dünnen Sperrschicht praktisch keine Minoritätsträgerspeicherung auftritt. Außerdem kann der Tunneleffekt, der fast mit Lichtgeschwindigkeit abläuft, schnellsten Spannungsschwankungen folgen. Eingesetzt werden deshalb Backward-Dioden als Gleichrichter, Detektoren oder Mischer im Höchstfrequenzgebiet (GHz-Bereich), wo sie jedoch durch Hot-carrier-Dioden (s. Abschn. 3.5) eine starke Konkurrenz erhalten haben, da Hot-carrier-Dioden bei gleich gutem Hochfrequenzverhalten höhere Sperrspannungen und geringeres Rauschen aufweisen. Für Einzelheiten zu den Anwendungen s. Abschn. 3.5.3.

Bedingt durch ihre Anwendung im Höchstfrequenzbereich werden sowohl Backward- als auch Tunnel-Dioden in induktions- und kapazitätsarme koaxiale Keramikgehäuse eingebaut. Das Schaltzeichen und ein solches Gehäuse mit Bandanschlüssen sind in Bild 72.1a,b,c dargestellt. Die zugehörige Hochfrequenz-Ersatzschaltung zeigt Bild 72.1d. Sie ähnelt der Ersatzschaltung der Tunnel-Diode, nur hat hier der differentielle Durchlaßwiderstand r im 1. Quadranten der Kennlinie einen positiven Wert.

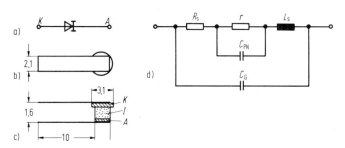

72.1 Backward-Diode
a) Schaltzeichen
b) Gehäuse (Draufsicht)
c) Gehäuse (Seitenansicht)
d) Ersatzschaltung
K Kathode für den Betrieb als inverser Gleichrichter, A Anode, I Keramik-Isolation (Maße in mm), R_s Bahn- und Zuleitungswiderstand, r differentieller Widerstand der Diode, L_s Zuleitungsinduktivität, C_{PN} Kapazität der Diode, C_G Gehäusekapazität

3.4 Spitzen-Dioden

Um das Verhalten normaler Flächen-Dioden bei hohen Frequenzen zu verbessern, ist es erforderlich, den wirksamen Diodenquerschnitt möglichst klein zu halten. Dadurch verringert sich die Kapazität der Sperrschicht. Bei der Spitzen-Diode nach Bild 73.1 wird der kleine Diodenquerschnitt durch Aufsetzen einer federnden Drahtspitze aus Wolfram, Molybdän oder Gold-Gallium auf ein N-leitendes Germaniumplättchen erreicht [10]. Das Germaniumplättchen, das die Kathode der Diode darstellt, ist auf das Ende eines der Zuführungsdrähte weich aufgelötet. Der zweite Zuführungsdraht trägt die S-förmig gebogene Drahtspitze. Die gesamte Anordnung ist in ein Glasgehäuse eingeschmolzen.

Durch einen Formierungsstromstoß wird der Spitzenkontakt mit dem Germaniumplättchen verschweißt. In der Umgebung der Metallspitze bildet sich durch Eindiffundieren von Metallatomen eine kleine P-leitende Zone mit einem Durchmesser von etwa

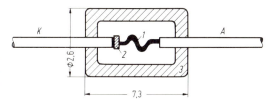

73.1
Aufbau einer Spitzen-Diode
1 Drahtspitze aus Wolfram, Molybdän oder Gold-Gallium; *2* Germanium-Plättchen, *3* Glasgehäuse (DO-7), *K* Kathode, *A* Anode (Maße in mm)

15 μm. Hierdurch ist die Spitzen-Diode eine Mischung aus PN- und Metall-Halbleiter-Diode. Die sich um die Spitze ausbildende Sperrschicht stellt einen gestörten Metall-Halbleiterübergang dar. Zum Metall-Halbleiterübergang s. Abschn. 3.5.1.

3.4.1 Eigenschaften

Der gestörte Metall-Halbleiterübergang zeigt im Durchlaßbereich keine exponentiell verlaufende Kennlinie, wie die halblogarithmische Auftragung in Bild **73.2** erkennen läßt. Bei größeren Durchlaßströmen macht sich der Bahnwiderstand der Diode zunehmend bemerkbar und verursacht ein weiteres Abknicken der Kennlinie. Die Öffnungsspannung entspricht der einer Germanium-Flächen-Diode. Die Durchlaßspannung U_F der Diode bei dem Durchlaßstrom I_F = const wird mit wachsender Temperatur T wie bei den Flächen-Dioden kleiner. Bild **73.3** zeigt die Änderung ΔU_F der auf die Temperaturänderung ΔT bezogenen Durchlaßspannung in Abhängigkeit vom Durchlaßstrom I_F. Die Änderung beträgt demnach $\Delta U_F / \Delta T = -1{,}6$ mV/K und fällt bei größeren

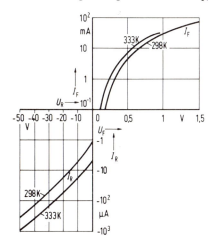

73.2 Kennlinie I_R, $I_F = f(U_R, U_F)$ einer Spitzen-Diode
(logarithmische Stromachse mit Temperatur T als Parameter)

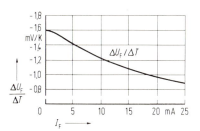

73.3 Temperaturabhängigkeit der Durchlaßspannung $\Delta U_F / \Delta T$ von Spitzen-Dioden in Abhängigkeit vom Durchlaßstrom I_F

3.5 Hot-carrier-Dioden

Strömen (ab $I_F = 20$ mA) auf $\Delta U_F/\Delta T = -1$ mV/K ab. Dieser Wert entspricht etwa dem von Flächen-Dioden.

Der **Sperrstrom** erreicht keinen Sättigungswert, sondern steigt mit wachsender Sperrspannung stark an. Dementsprechend groß sind die Sperrströme. Für die Diode AAY 27 ist z.B. bei der Sperrspannung $U_R = 20$ V und der Temperatur $T = 333$ K der Sperrstrom $I_R = 50$ µA. Das Sperrverhalten von Ge-Spitzen-Dioden ist relativ schlecht im Vergleich zum Sperrverhalten von Si-Flächen-Dioden. Mit der Temperatur nimmt der Sperrstrom um etwa (3 % bis 5 %)/K zu.

Ge-Spitzen-Dioden haben folgende **Grenzwerte**: Sperrspannung $U_R = 25$ V bis 100 V, Durchlaßstrom $I_F = 25$ mA bis 100 mA. Bei Golddraht-Spitzen-Dioden kann der Durchlaßstrom bis zu $I_F = 500$ mA gesteigert werden.

Die **Sperrschichtkapazität** C_S von Spitzen-Dioden ist, bedingt durch ihren Aufbau, sehr klein. In Bild 74.1 ist die Abhängigkeit der Sperrschichtkapazität C_S vom Betrag der Sperrspannung $|U_R|$ aufgetragen. Die Sperrschichtkapazität liegt demnach im Bereich $C_S = 1$ pF bis 0,2 pF und fällt mit wachsender Sperrspannung $|U_R|$.

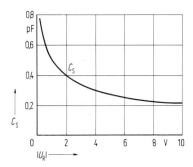

74.1 Sperrschichtkapazität C_S in Abhängigkeit vom Betrag der Sperrspannung $|U_R|$

Die **Rückwärts-Erholzeit** (s. Bild 34.1) von Spitzen-Dioden ist relativ klein und liegt bei etwa $t_{rr} = 15$ ns, wenn der vorangegangene Durchlaßstrom I_F und der Ausräumstrom (s. Abschn. 2.4.3) 20 mA betragen.

3.4.2 Anwendung

Wegen der kleinen Sperrschichtkapazität und der kurzen Erholzeit sind Spitzen-Dioden besonders für Hochfrequenzanwendungen und als schnelle Schalter geeignet, z.B. als Gleichrichter und Mischdioden im Höchstfrequenzbereich (100 MHz bis 1 GHz). Allerdings sind die Spitzen-Dioden sowohl in ihrem Hochfrequenz- als auch in ihrem Rauschverhalten den Hot-carrier-Dioden (Schottky-Dioden) unterlegen (s. Abschn. 3.5).

3.5 Hot-carrier-Dioden

Hot-carrier-Dioden, auch **Schottky-Dioden** genannt, sind Metall-Halbleiterdioden, die wegen der besonderen Eigenschaften des Metall-Halbleiterübergangs sehr kurze Schaltzeiten haben und deshalb für den Einsatz in Schaltungen der ns-Impulstechnik und in Mikrowellenschaltungen besonders geeignet sind.

3.5.1 Metall-Halbleiterkontakt

Die Verhältnisse sollen mit Bild **75**.1 betrachtet werden, sie ähneln denen beim PN-Übergang [3], [9]; jedoch muß man bedenken, daß bei einem Metall-N-Halbleiterübergang die Elektronendichte im Metall im Vergleich zu der im N-Halbleiter sehr groß ist und sich wegen der großen Leitfähigkeit des Metalls hier keine unkompensierten Raumladungen aufbauen können. Die im N-Halbleiter vorhandenen Elektronen sind durch Donatoren gespendet worden, so daß die Elektronendichte n_{n0} fern vom Übergang etwa gleich der Donatorendichte n_D ist (Eigenleitung vernachlässigt).

Die Elektronendichte n_R am Halbleiter-Metallübergang hängt jedoch von folgenden Einflüssen ab: Beim stromlosen Übergang wird sich die Elektronendichte n_R gerade so einstellen, daß infolge der thermischen Diffusion genauso viele Elektronen vom Metall

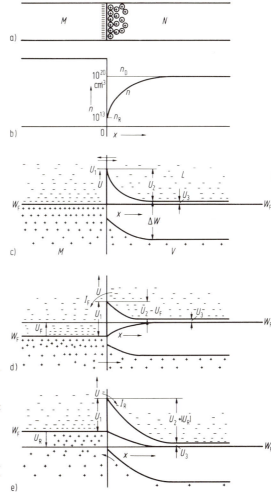

75.1
Übergangsverhalten des Metall-Halbleiterkontakts
a) Anordnung
b) Elektronendichteverlauf am Übergang sowie Bändermodell des Übergangs
c) spannungslos
d) in Durchlaßpolung
e) in Sperrpolung
M Metall, N Halbleiter, — Elektron, ⊕ unkompensierter Donator, L Leitungsband, V Valenzband

3.5 Hot-carrier-Dioden

zum Halbleiter wie umgekehrt diffundieren (Bild **75.1 b**). Dabei baut sich wieder eine Diffusionsbarriere auf, die dafür sorgt, daß diese Bedingung eingehalten wird (Bild **75.1 c**). Infolgedessen bildet sich im N-Halbleiter eine Verarmungszone aus, in der die positive Donatoren-Raumladung überwiegt. Im Metall entsteht direkt am Übergang eine negative Oberflächenladung, die von den aus dem Halbleiter stammenden Elektronen herrührt. Die Elektronen, die sich auf der Metallseite des Übergangs als Oberflächenladung ansammeln, können auf der Halbleiterseite wegen der viel geringeren Elektronendichte nicht allein von der Grenzoberfläche des Übergangs geliefert werden, sondern stammen aus einer breiteren Grenzschicht, in der dann die positive **Donatoren-Ladung** überwiegt.

Die Potentialbarriere

$$U_1 \approx U_2 = U_T \ln (n_{n0}/n_R) \tag{76.1}$$

läßt sich mit den Austrittsarbeiten U_1 und U_2 von Metall und Halbleiter, aus der Randdichte n_R und der Dichte n_{n0} berechnen. Die Spannung U_3 in Bild **75.1** ist sehr klein, da das **Fermi-Niveau** W_F im N-Halbleiter dicht unter dem Leitungsband liegt. Die Potentialbarriere beträgt z. B. bei den Elektronendichten $n_{n0} = 10^{20}$ cm^{-3} und $n_R = 10^{13}$ cm^{-3} sowie der Temperaturspannung $U_T = kT/e = 26$ mV nur $U_2 = 26$ mV · ln 10^7 = 420 mV. Die sich einstellende Elektronendichte n_R (Randdichte) hängt letztlich von den Austrittspotentialen des Metalls und des Halbleiters ab.

Legt man eine positive Durchlaßspannung U_F an die Metallseite des Übergangs, wird die Potentialbarriere auf den Wert $U_2 - U_F$ abgebaut, und nach Bild **75.1 d** überwiegt der Elektronenstrom vom Halbleiter zum Metall. Die vom Halbleiter in das Metall übertretenden Elektronen sind, da sie die Barriere überwunden haben, auf dem hohen Energieniveau U_2 gegenüber den Elektronen im Metall. Es sind **heiße Träger = hot carrier** [29]. Diese Eigenschaft der Elektronen bestimmt auch den Namen dieser Diode, die häufig auch **Schottky-barrier-Diode** oder kurz **Schottky-Diode** genannt wird, da die Theorie des Metall-Halbleiterkontakts von **Schottky** entwickelt worden ist. Ihre überschüssige Energie geben diese heißen Elektronen jedoch im Metall sehr schnell (10^{-13} s) durch Stöße ab.

Legt man eine negative Sperrspannung U_R an die Metallseite des Übergangs, erhöht sich die Barriere um diese Spannung U_R und die Elektronen können nicht mehr vom Halbleiter her die Barriere passieren. Es fließt nur ein kleiner aus Elektronen und Löchern bestehender Sperrstrom. Da im Metall mit wachsender Temperatur immer höhere, über der **Fermi-Energie** W_F liegende Energieniveaus mit Elektronen besetzt werden, nimmt dieser Sperrstrom mit wachsender Temperatur ebenfalls zu u. zw. nahezu exponentiell.

Gegenüber dem bekannten PN-Übergang hat der Metall-Halbleiter-Übergang den großen Vorteil, daß in ihm nahezu keine **Minoritätsträger-Speicherung** auftritt. Da bei der in Vorwärtsrichtung gepolten Diode auch Löcher in geringer Anzahl aus dem Metall in den N-Halbleiter diffundieren, ist in der Grenzschicht des N-Halbleiters zwar auch eine gewisse Minoritätsträger-Speicherung vorhanden, die jedoch erheblich kleiner als bei normalen PN-Dioden ist. Wird nun plötzlich die Spannung an der Diode von Durchlaß auf Sperren gepolt, können keine Elektronen (vom kleinen Sperrstrom abgesehen) in umgekehrte Richtung zurück in den Halbleiter fließen. Es fließt fast kein **Ausräumstrom** und, da die Minoritätsträger sehr schnell rekombinieren, sperrt die Diode fast augenblicklich. Die **Lebensdauer** der Minoritätsträger (Löcher im N-Halbleiter), die für die **Rückwärts-Erholzeit** verantwortlich ist, beträgt etwa 0,1 ns. Aus diesem

Grunde sind Hot-carrier-Dioden bis in den Frequenzbereich von 10 GHz brauchbar und werden zur Gleichrichtung, Modulation und zum Schalten von Spannungen hoher Frequenzen verwendet.

3.5.2 Eigenschaften und Aufbau

3.5.2.1 Kennlinie. Die Kennlinie einer Hot-carrier-Diode

$$I_F = I_{RS}\left[\exp\left(\frac{U_F}{m\,U_T}\right) - 1\right] \tag{77.1}$$

entspricht mit dem Sättigungsstrom I_{RS}, dem Durchlaßstrom I_F, der Durchlaßspannung U_F und der Temperaturspannung U_T weitgehend der Kennlinie eines PN-Übergangs nach Gl. (25.6), wobei m als Dioden-Qualitätsfaktor bezeichnet wird [20]. Für Hot-carrier-Dioden ist der Qualitätsfaktor $m \approx 1$, im Gegensatz zu PN-Dioden, für die meist $m \approx 1,5$ gilt. Der kleinere Wert des Dioden-Qualitätsfaktors m führt im Durchlaßbereich zu einem schnelleren exponentiellen Anstieg der Kennlinie und dadurch zu einer kleineren Schleusenspannung U_S (Bild **77.1**). Die halblogarithmisch aufgetragene Vorwärtskennlinie in Bild **77.2** zeigt, daß bis etwa $I_F = 10$ mA der Verlauf der Kennlinie streng exponentiell ist. Bei höheren Strömen macht sich der Spannungsabfall an dem zur Diode in Reihe liegenden Halbleiter-Bahnwiderstand sowie an dem Widerstand der Zuleitungsdrähte bemerkbar. Aus Bild **77.2** können wir diesen Bahnwiderstand $R_B = \Delta U_F/I_F = 0{,}185 \text{ V}/66 \text{ mA} = 2{,}8\,\Omega$ abschätzen.

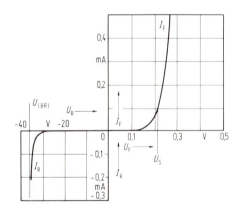

77.1 Kennlinie I_F, $I_R = f(U_F, U_R)$ einer Hot-carrier-Diode

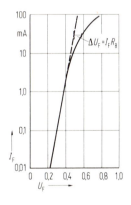

77.2 Durchlaßkennlinie $I_F = f(U_F)$ einer Hot-carrier-Diode bei logarithmisch aufgetragenem Strom I_F (Hewlett-Packard 5082–2500)

3.5.2.2 Ersatzschaltung. Unter Berücksichtigung des Bahnwiderstands R_B, der Zuleitungsinduktivität L, der Gehäusekapazität C_G und der Dioden-Sperrschichtkapazität C_S läßt sich die in Bild **78.1** dargestellte Ersatzschaltung angeben. Dabei ist mit der Temperaturspannung U_T und dem Durchlaßstrom I_F der differentielle Widerstand der Diode

3.5 Hot-carrier-Dioden

$r_F = U_T/I_F$. Die Dioden-Sperrschichtkapazität hat ohne angelegte äußere Spannung den Wert $C_S \approx 0{,}8$ pF und verringert sich nach Gl. (32.1) mit wachsender Sperrspannung $|U_R|$.

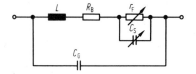

78.1 Ersatzschaltung einer Hot-carrier-Diode
L Zuleitungsinduktivität, R_B Bahnwiderstand, r_F differentieller Durchlaßwiderstand, C_S Sperrschichtkapazität, C_G Gehäusekapazität

3.5.2.3 Durchbruchspannung und Sperrstrom. Die Durchbruchspannung von Hot-carrier-Dioden schwankt zwischen $U_{(BR)} = 2$ V bis 70 V. Ursache für den Durchbruch ist der einsetzende Lawinendurchbruch in der trägerverarmten, verbreiterten Sperrschicht des N-Halbleitermaterials. Dabei ist die Durchbruchspannung $U_{(BR)}$ bei hoher N-Dotierung kleiner als bei niedriger N-Dotierung.

Der Sperrstrom von Hot-carrier-Dioden ist zwar relativ klein, jedoch größer als der Sperrstrom vergleichbarer Silizium-PN-Dioden. Er beträgt bei 300 K etwa $I_R = -10$ nA bis -100 nA. In Bild **78.2** ist die Abhängigkeit des Sperrstroms I_R von der Temperatur T dargestellt. Der lineare Verlauf der Kurven bei halblogarithmischer Auftragung zeigt, daß der Sperrstrom I_R nahezu exponentiell mit der Temperatur T ansteigt und bei 375 K etwa 1 µA bis 2 µA erreicht. Bei 425 K fließen bereits 10 µA bis 20 µA, so daß bei höheren Temperaturen die Dioden unbrauchbar werden. Die Spannungsabhängigkeit des Sperrstroms I_R wird durch die zwar geringe aber doch merkliche Absenkung der Austrittsarbeit U_1 des Metalls (s. Bild 75.1) bei wachsender Sperrspannung U_R verursacht.

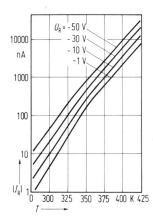

78.2 Sperrstrom $|I_R|$ einer Hot-carrier-Diode in Abhängigkeit von der Temperatur T

3.5.2.4 Verlustleistung. Die Verlustleistung für Gleichstrom beträgt bei Hot-carrier-Dioden $P_V = 0{,}2$ W bis 1 W. Der zulässige Durchlaßstrom I_F hängt dabei von der zulässigen Verlustleistung ab und liegt bei etwa 100 mA.

Beim Schalten schneller Impulse werden Hot-carrier-Dioden mit großen **Impulsleistungen** belastet. Wird die **Impulsenergie** in der Diode in einer Zeit umgesetzt, die kleiner als die thermische Zeitkonstante der Diode ist (≈ 10 ns), kommt es zu einem plötzlichen Temperaturanstieg im Dioden-Chip, da die frei werdende Wärmemenge nicht schnell genug abgeführt werden kann. Die Folge kann ein Ausbrennen der Diode sein. Für einen solchen Impuls-Burnout ist also die Zuführung einer hinreichenden Energiemenge in hinreichend kurzer Zeit (< 10 ns) notwendig. Diese kritische Energiemenge wird von den Herstellern angegeben und beträgt etwa 10^{-6} Ws bis $5 \cdot 10^{-6}$ Ws.

3.5.2.5 Technologischer und mechanischer Aufbau. Der mechanische Aufbau einer Hot-carrier-Diode ist in Bild **79.1**a dargestellt. Auf ein hoch N-dotiertes Siliziumplättchen der Größe 0,5 mm × 0,5 mm dampft man epitaxial (s.Abschn. 4.12.4) eine schwächer dotierte Siliziumschicht auf. Danach wird eine Matrix von Metallflächenelementen aufgebracht. Die Eigenschaften der Diode (Höhe der Potentialbarriere, Sperrstrom, Dioden-Kapazität) hängen von der Art des Metalls und der Geometrie der Flächenelemente ab. Das Siliziumplättchen wird auf den Fuß eines Zuführungsdrahts gelötet. Auf die Metallflächen-Matrix wird durch Thermokompression ein dünner Golddraht kontaktiert (s. Abschn. 4.12.8). Dabei verbindet sich i. allg. nur eines der Flächenelemente, so daß

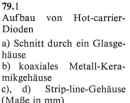
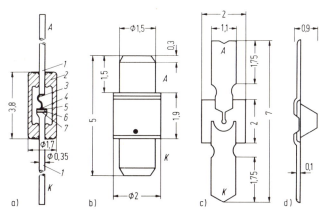

79.1
Aufbau von Hot-carrier-Dioden
a) Schnitt durch ein Glasgehäuse
b) koaxiales Metall-Keramikgehäuse
c), d) Strip-line-Gehäuse (Maße in mm)
A Anode, K Kathode, *1* Zuleitungen (vergoldet), *2* Glas, *3* Golddraht, *4* Metallpunktmatrix, *5* Epitaxial-Silizium-Schicht, *6* N^+-Silizium-Chip, *7* Lötkontakt (Maße in mm)

zu einer aktiven Hot-carrier-Diode eine größere Anzahl nicht angeschlossener und damit passiver Dioden parallel liegt. Das Dioden-Chip wird entweder hermetisch in ein Glasgehäuse, in ein koaxial gebautes Gehäuse oder in ein Strip-line-Gehäuse nach Bild **79.1**a, b, c, d eingebaut. Jedes Gehäuse hat nach Tafel **79.2** Zuleitungsinduktivitäten L und Gehäusekapazitäten C_G.

Tafel **79.2** Zuleitungsinduktivität L und Gehäusekapazität C_G verschiedener Diodengehäuse

	Glasgehäuse	Koaxial-Gehäuse	Strip-line-Gehäuse
L in nH	2,3	1	0,1
C_G in pF	0,17	0,15	0,07

Das Strip-line-Gehäuse hat also die geringste Kapazität C_G und Induktivität L und eignet sich deshalb am besten für sehr hohe Frequenzen.

3.5.3 Anwendungen

In der ns-Impulstechnik erstreckt sich die Anwendung von Hot-carrier-Dioden von schnellen Klammer- und Torschaltungen (z.B. in Sampling-Oszillographen) bis zu Begrenzer- und Gleichrichterschaltungen. Im Mikrowellenbereich werden sie in Mischstufen des GHz-Bereichs als Detektoren, Gleichrichter, Begrenzer und Modulatoren eingesetzt. Da sich die Vorwärtskennlinie von Hot-carrier-Dioden sehr genau reproduzieren läßt, sind sie besonders für abgeglichene Brückenschaltungen geeignet.

In Bild **80.**1 ist zum Vergleich das Ergebnis der Gleichrichtung einer 30-MHz-Wechselspannung einmal mit einer schnellen PN-Diode (Zeitkonstante $\tau \approx 1$ ns) und einmal mit einer Hot-carrier-Diode wiedergegeben. Der bei der PN-Diode auftretende negative Ausräumstrom fehlt bei der Hot-carrier-Diode, was die Überlegenheit der Hot-carrier-Diode verdeutlicht.

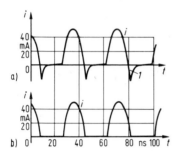

80.1 Gleichgerichteter höchstfrequenter Wechselstrom
a) mit schneller PN-Diode ($\tau = 1$ ns); *1* Ausräumstrom
b) mit Hot-carrier-Diode

3.5.3.1 Schnelles Diodentor. Besonders beim Aufbau schneller Sampling-Oszillographen müssen Diodentore verwendet werden, die für Zeiten von etwa 0,1 ns (Subnanosekunden-Bereich) geöffnet werden können. Außer den dafür erforderlichen Öffnungsimpulsen, deren Dauer nur Bruchteile einer ns betragen darf, müssen jedoch vor allem die im Diodentor verwendeten Dioden ebenso schnell sein. Hot-carrier-Dioden erfüllen diese Bedingung.

In Bild **81.**1 ist die Schaltung eines solchen Diodentors wiedergegeben. Eine über den Widerstand R_1 veränderliche Vorspannung wird an den Punkten *B* und *D* in die Brücke eingespeist und sorgt bei der gewählten Polarität dafür, daß alle 4 Dioden gesperrt sind. Die Vorspannung muß mindestens so groß sein wie der am Eingang *E* liegende größte Scheitelwert der Eingangsspannung u_e. Der Punkt *A* wird über den Widerstand R_2 ebenfalls auf 0 V symmetriert, denn ohne Eingangsspannung u_e liegt ja auch der Eingang *E* auf 0 V. Läuft nun am Impulseingang *P* ein nadelförmiger Öffnungsimpuls ein, wird dieser durch den Impulstransformator so umgesetzt, daß am Punkt *D* ein positiver und an Klemme *B* ein gleich großer negativer Impuls entsteht. Der positive Impuls öffnet die Dioden *1* und *2* und der negative Impuls die Dioden *3* und *4*. Der Punkt *E* wird zum Punkt *A* und damit zum Verstärker durchgeschaltet. Dabei bemerken Ausgang *A* und Eingang *E* wegen der symmetrischen Brückenschaltung nichts von den Öffnungsimpulsen. Über die Vorspannung ist noch eine gewisse Variation der Öffnungsdauer Δt des Diodentors möglich, denn das Diodentor öffnet erst, wenn der Impuls größer als Vorspannung U_v und Schwellspannung U_s ist. Die sehr kurzen Öffnungsimpulse können z.B. mit Step-recovery-Dioden (s. Abschn. 3.8) erzeugt werden.

3.5.3 Anwendungen

Weiterhin wird die Hot-carrier-Diode in der Impuls- und Digitaltechnik als **schnelle Schaltdiode** eingesetzt. Eine besondere Bedeutung hat sie dabei in den **Schottky-TTL-Schaltkreisen**, wo sie als schnelle Klammerdioden die Sättigung von Transistoren verhindert (s. Abschn. 4.10.3.2).

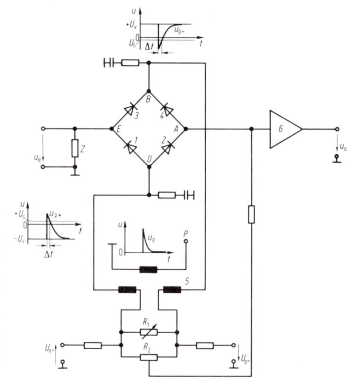

81.1
Schaltung eines Diodentors

1, 2, 3, 4 Diodentor;
5 Impulstransformator zur Erzeugung der Öffnungsimpulse;
u_p Eingangsimpuls;
u_{p+} positiver Öffnungsimpuls;
u_{p-} negativer Öffnungsimpuls;
R_1, R_2 Widerstände zur Erzeugung der Diodenvorspannung U_v;
6 Ausgangsverstärker

3.5.3.2 Modulation. Hot-carrier-Dioden sind sehr gut zur **Modulation** von Hochfrequenzschwingungen im GHz-Bereich geeignet. Beim Aufbau von **Überlagerungsempfängern** für den GHz-Bereich, in denen die empfangene Frequenz mit der Frequenz eines im Empfänger eingebauten **lokalen Oszillators** überlagert (gemischt) wird, werden Hot-carrier-Dioden ebenfalls mit Erfolg eingesetzt. In Bild 82.1 ist die Schaltung eines solchen **Gegentakt-Modulators** bzw. Mischers dargestellt. Zugeführt werden die Spannungen mit den Kreisfrequenzen ω_H (Hochfrequenz) und ω_M (Modulationsfrequenz bzw. Kreisfrequenz des lokalen Oszillators). Damit am Ausgang die modulierte Kreisfrequenz auftritt, muß man den nichtlinearen Verlauf der Strom-Spannungs-Kennlinie (bei Hot-carrier-Dioden ist dies eine Exponentialfunktion) beachten.
Hierzu entwickelt man die Kennlinie in eine **Taylor-Reihe** und erhält mit den Koeffizienten $k_0, k_1, k_2, \ldots$ den Strom durch Diode *1*

$$i_1 = k_0 + k_1 u_1 + k_2 u_1^2 + \ldots \tag{81.1}$$

und den Strom durch Diode *2*

$$i_2 = k_0 + k_1 u_2 + k_2 u_2^2 + \ldots \tag{81.2}$$

3.5 Hot-carrier-Dioden

Führt man die Entwicklung der Diodengleichung (25.7) durch, erhält man mit dem Sättigungssperrstrom I_{RS} und der Temperaturspannung U_T die Koeffizienten

$$k_0 = 0, \quad k_1 = I_{RS}/U_T, \quad k_2 = I_{RS}/(2\,U_T^2)$$

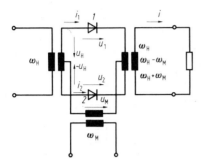

82.1 Dioden-Gegentakt-Modultationsschaltung (Mischung)
$u_H = u_{Hm} \sin(\omega_H t)$, $u_M = u_{Mm} \sin(\omega_M t)$

Der Schaltung in Bild 82.1 entnehmen wir die Spannungen

$$u_1 = u_{Mm} \sin(\omega_M t) + u_{Hm} \sin(\omega_H t) \tag{82.1}$$

$$u_2 = u_{Mm} \sin(\omega_M t) - u_{Hm} \sin(\omega_H t) \tag{82.2}$$

Im Ausgangskreis erhalten wir die Differenz

$$i = i_1 - i_2 \tag{82.3}$$

der beiden Ströme i_1 und i_2. Setzen wir Gl. (82.1) und (82.2) in Gl. (81.1) und (81.2) und schließlich Gl. (81.1) und (81.2) in Gl. (82.3) ein, ergibt sich für den Strom

$$i = 2\,k_1\,u_{Hm} \sin(\omega_H t) + 2\,k_2\,u_{Hm}\,u_{Mm}\,\{\cos[(\omega_H - \omega_M)\,t] - \cos[(\omega_H + \omega_M)\,t]\} \tag{82.4}$$

Es treten also im Ausgangskreis außer der Träger-Kreisfrequenz ω_H noch die Seitenband-Kreisfrequenzen $\omega_H - \omega_M$ und $\omega_H + \omega_M$ auf. Die Amplitude der Hochfrequenzschwingung schwankt mit der Frequenz der Modulationsspannung. Stellt ω_M die Überlagerungs-Kreisfrequenz eines im Mischer eingebauten lokalen Oszillators dar und wählt man deren Größe nahezu gleich der dem Mischer zugeführten Eingangs-Kreisfrequenz ω_H, treten am Ausgang die sehr hohen Kreisfrequenzen ω_H und $\omega_H + \omega_M \approx 2\,\omega_H$ sowie die niedrige Differenz-Kreisfrequenz $\omega_Z = \omega_H - \omega_M$ auf. ω_Z wird als Zwischen-Kreisfrequenz (ZF) bezeichnet, und in einem nachgeschalteten, auf die Kreisfrequenz ω_Z abgestimmten Resonanzverstärker wird nur diese weiterverstärkt. Gehört die Kreisfrequenz ω_H bereits zu einer modulierten Schwingung, besteht also aus einem Frequenzband, so wird dieses Frequenzband durch die Mischung zu tieferen, besser zu verarbeitenden Frequenzen hin verlagert (Frequenzkonverter). Die bei der Gegentakt-Modulation noch enthaltene Trägerkreisfrequenz ω_H kann man vermeiden, wenn eine doppelte Gegentakt-Modulation, auch Ringmodulation genannt, nach Bild 83.1 angewendet wird. Der Ausgangsstrom wird dann

$$i = 4\,k_2\,u_{Hm}\,u_{Mm}\,\{\cos[(\omega_H - \omega_M)\,t] - \cos[(\omega_H + \omega_M)\,t]\} \tag{82.5}$$

Er enthält nur noch die Seitenfrequenzen. Bei derartigen Gegentakt- oder Ringmodulatoren kommt es darauf an, daß die verwendeten Dioden möglichst gut in ihren Kennlinien übereinstimmen (Übereinstimmung der Koeffizienten k_1, k_2). Sie werden deshalb für diesen Zweck meist als Paare oder Quartette in integrierter Technologie auf einem Chip hergestellt.

3.5.3.3 Kleinsignal-Detektor. Bei Hochfrequenzempfängern wird häufig auf eine Zwischenfrequenzbildung nach Abschn. 3.5.3.2 verzichtet. Am Empfängereingang wird dann das Hochfrequenzsignal direkt gleichgerichtet und nur das aufmodulierte Signal weiterverarbeitet. Liegt nun die Frequenz des Trägersignals im GHz-Bereich, ist es möglich, Modulationsfrequenzen im MHz-Bereich zu verwenden und diese mit den in Bild 82.1 oder 83.1 gezeigten Modulationsschaltungen dem Höchstfrequenzsignal amplitudenmoduliert aufzuprägen.

Diese Aufgabe tritt u.a. in der Fernsehtechnik auf, wo die Modulationsfrequenzen die Bildinhaltsfrequenzen (Videofrequenz) sind, die zwischen 0 und etwa 6 MHz liegen. Durch direkte Gleichrichtung des Höchstfrequenzsignals kann diese Videofrequenz wiedergewonnen und mit einem Breitbandverstärker weiter verstärkt werden. Am Eingang des Verstärkers muß zu diesem Zweck eine möglichst rauscharme Höchstfrequenz-Gleichrichterdiode liegen.

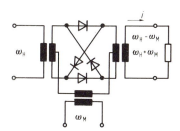
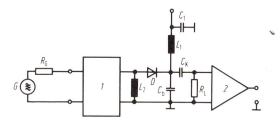

83.1 Schaltung für doppelte Gegentaktmodulation mit Diodenquartett (Ringmodulation)

83.2 Blockschaltbild eines Videoempfängers
1 Hochfrequenzfilter, *2* Videoverstärker

Man spricht in diesem Fall von einem Videoempfänger, dessen Blockschaltbild in Bild 83.2 wiedergegeben ist. Dabei kann der Generator G als Signalquelle z.B. eine Antenne und R_G der Antennenausgangswiderstand sein. Das Hochfrequenzfilter *1* filtert die gewünschte Eingangsfrequenz aus und paßt gleichzeitig den Generatorwiderstand R_G der Eingangsimpedanz des Detektors an. Von einer Stromquelle wird über die Induktivitäten L_1 und L_2 der Diodengleichstrom eingespeist. Die Induktivität L_2 ist so bemessen, daß der induktive Widerstand für die Höchstfrequenz groß, für die Videofrequenz aber klein ist. Die Induktivität L_1 muß auch für die Videofrequenz groß sein. Der Kondensator C_b (Bypass-Kondensator) stellt für die Höchstfrequenz nahezu einen Kurzschluß, für die Videofrequenz jedoch einen großen Widerstand dar. Er siebt nach Bild 84.1 also die Höchstfrequenz heraus, so daß nach der Gleichrichtung am Verstärkereingang nur noch die Videofrequenz liegt.

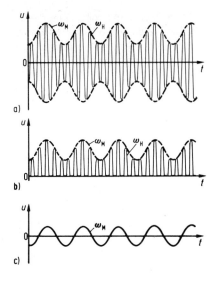

84.1 Hochfrequente Spannungen im Videoempfänger
a) amplitudenmodulierte Eingangsspannung mit den Frequenzen ω_H und ω_M
b) gleichgerichtete Eingangsspannung ohne Siebkondensator C_b
c) am Verstärkereingang liegendes Videosignal mit der Frequenz ω_M nach Aussiebung der Hochfrequenz ω_H durch Siebkondensator C_b

3.6 Kapazitäts-Dioden

Kapazitäts-Dioden sind in Sperrichtung gepolte Siliziumdioden [6], [7], [10], [11], bei denen die Änderung der Sperrschichtkapazität C_S in Abhängigkeit von der Sperrspannung U_R ausgenutzt wird. Silizium als Basismaterial hat den Vorteil des kleineren Sperrstroms gegenüber Germanium. Da die Kapazität der Diode durch die angelegte Gleichspannung veränderbar ist, besteht die Möglichkeit der elektronischen Abstimmung von Schwingkreisen, z. B. in Kanalwählern von UKW- und Fernsehgeräten.

Die elektronische Abstimmung mit Halbleiterdioden bietet gegenüber der Abstimmung mit einem Drehkondensator wesentliche Vorteile: Im elektrisch besonders empfindlichen

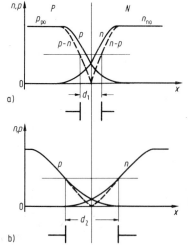

84.2 Elektronen- und Löcherdichte-Verteilung n bzw. $p = f(x)$ am PN-Übergang
a) bei kleiner Sperrspannung U_R
b) bei großer Sperrspannung U_R

Teil des Empfängers werden mechanisch verstellbare und relativ große und schwere Teile vermieden, Schalt- und Schleifkontakte entfallen. Es sind einfachere Konstruktionen mit kleineren Abmessungen und geringem Gewicht möglich. Der elektronisch abgestimmte Kanalwähler kann unabhängig von der Lage der Abstimmknöpfe an beliebiger Stelle im Gerät angeordnet werden, z.B. an einem Ort mit niedriger Temperatur und geringer Störeinstrahlungsgefahr.

3.6.1 Wirkungsweise

Für das Verständnis der Wirkungsweise betrachten wir Bild **84.2**. Dort ist für kleine und große Sperrspannung U_R die Löcher- und Elektronenkonzentration p bzw. n am PN-Übergang aufgetragen (gestrichelt die Differenz der Trägerdichten $n-p$ im N-Gebiet bzw. $p-n$ im P-Gebiet). Am PN-Übergang stehen sich die bewegliche positive Raumladung $p-n$ des P-Gebiets und die negative Raumladung $n-p$ des N-Gebiets in einem mittleren Abstand d_1 gegenüber. Erhöht man die Sperrspannung U_R, so wird die Trägerkonzentration am PN-Übergang abgesenkt und der mittlere Abstand der Ladungswolken vergrößert sich auf d_2, d.h., die Kapazität C_S der Sperrschicht verringert sich. In Abschn. 2.4.1 wird die Sperrschichtkapazität eines PN-Übergangs mit Gl. (31.5) berechnet. Ist die Sperrspannung U_R nicht wesentlich größer als die Diffusionsspannung U_D, muß in Gl. (31.5) für U_R die Gesamtspannung $U_g = U_R + U_D$ eingesetzt werden. Hiermit erhalten wir mit dem Querschnitt A, der relativen Dielektrizitätskonstanten ε_r, der Verschiebungskonstanten ε_0 und der Elektronendichte n_{n0} für die **Sperrschichtkapazität**

$$C_S = A\sqrt{\frac{4\varepsilon_r \varepsilon_0 n_{n0}}{U_D + |U_R|}} = \frac{A\sqrt{4\varepsilon_r \varepsilon_0 n_{n0}/U_D}}{\sqrt{1 + (|U_R|/U_D)}} \tag{85.1}$$

Der Zähler von Gl. (85.1) stellt die Sperrschichtkapazität C_{S0} ohne Sperrspannung dar ($U_R = 0$). Hiermit schreiben wir für die **Sperrschichtkapazität**

$$C_S = C_{S0}/[1 + (|U_R|/U_D)]^{0,5} \tag{85.2}$$

Gl. (85.2) gilt unter der Voraussetzung, daß die Dotierung am PN-Übergang sprunghaft von N- auf P-Dotierung überwechselt (abrupter PN-Übergang). Nur für diesen Fall liefert die Ableitung für den Exponenten von Gl. (85.2) den Wert $m = 0,5$. Allgemein gilt gilt für die Spannungsabhängigkeit der Sperrschichtkapazität

$$C_S = C_{S0}/[1 + (|U_R/U_D)]^m \tag{85.3}$$

Liegt ein linearer PN-Übergang vor (Bild **85.1**a), beträgt der Wert von $m = 0,33$. Bei Dioden mit hyperabruptem PN-Übergang (Bild **85.1**c) ist $m > 0,5$. Die Änderung der Sperrschichtkapazität C_S ist bei gleich großer Änderung der Sperrspannung U_R um so größer, je größer der Exponent m von Gl. (85.3) ist.

85.1 Akzeptorendichte n_{AK} und Donatorendichte n_D am PN-Übergang abhängig vom Ort x
a) linearer Übergang $m = 0,33$
b) abrupter Übergang $m = 0,5$
c) hyperabrupter Übergang $m > 0,5$
(Die Donatorendichte im N-Gebiet ist negativ aufgetragen.)

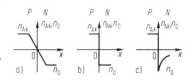

3.6 Kapazitäts-Dioden

In Bild 86.1a ist das Schaltzeichen der Kapazitäts-Diode wiedergegeben. In Bild 86.1b haben wir schließlich noch die Hochfrequenzersatzschaltung der Kapazitäts-Diode dargestellt. Darin sind C_S die spannungsabhängige Sperrschichtkapazität der Diode, R_B der Bahnwiderstand der Diode, R_p ein Parallelwiderstand zur Sperrschicht, der durch den Sperrstrom der Diode verursacht wird, L die Induktivität der Zuleitungen und C_G die Gehäusekapazität.

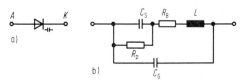

86.1 Schaltzeichen (a) und Hochfrequenz-Ersatzschaltung (b) der Kapazitäts-Diode

3.6.2 Eigenschaften und Bauformen

Als Beispiel sollen zwei **Abstimmdioden** angeführt werden.

Abstimmdiode für den VHF-Fernsehbereich: Sperrspannung $U_R = -28$ V, Sperrstrom $I_{RS} = -0,4$ nA bei $U_R = -28$ V und $T = 298$ K, Güte $Q_D = 280$ bei $f = 50$ MHz, Gehäuse DO-7. Der Verlauf ihrer Sperrschichtkapazität C_S in Abhängigkeit von der Sperrspannung U_R ist in Bild 86.2 wiedergegeben. Sie fällt von 40 pF bei $U_R = 1$ V auf 5 pF bei $U_R = 28$ V.

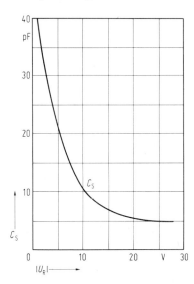

86.2 Spannungsabhängigkeit der Sperrschichtkapazität C_S einer VHF-Abstimmdiode

Abstimmdiode für den AM-Bereich: Es handelt sich bei dieser Diode um eine **Doppelabstimmdiode** für den Lang-, Mittel- und Kurzwellenbereich. Sperrspannung $U_R = -28$ V, Sperrstrom $I_{RS} = -50$ nA bei $U_R = 28$ V und $T = 298$ K, Güte $Q_D = 300$ bei $U_R = -3$ V und $f = 1$ MHz. Der Verlauf der beiden Sperrschichtkapazitäten C_{S1} und C_{S2} als Funktion der Sperrspannung U_R und die Gehäuseform sind in Bild 87.1 wiedergegeben.

3.6.3 Anwendungen

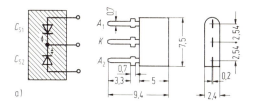
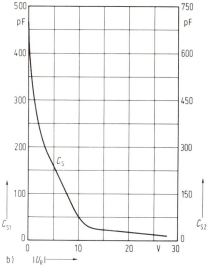

87.1
Doppelabstimmdiode für den AM-Bereich
a) Gehäuse (Maße in mm)
b) Spannungsabhängigkeit der Sperrschichtkapazitäten C_{S1} und C_{S2}

3.6.3 Anwendungen

3.6.3.1 Abstimmung eines Schwingkreises. In der in Bild 87.2a gezeigten Schaltung wird über den Widerstand R der Kapazitäts-Diode C_S die positive Steuergleichspannung U_{P-} zugeführt. Der Koppelkondensator C_K hält diese Gleichspannung vom Ausgang fern. Die Kapazität C_K sollte bedeutend größer sein als C_S. In diesem Fall besteht die Schwingkreiskapazität aus der Parallelschaltung von C_S und C. Der Kreis schwingt dann bei der Induktivität L mit der **Resonanzfrequenz**

$$f_\varrho = \frac{1}{2\pi \sqrt{(C + C_S) L}} \tag{87.1}$$

87.2
Schwingkreis mit Kapazitäts-Diode
a) Schaltung
b) zeitlicher Verlauf der Ausgangsspannung u_a ohne Verzerrung durch die Sperrschichtkapazität C_S und
c) mit Verzerrung durch die Sperrschichtkapazität C_S

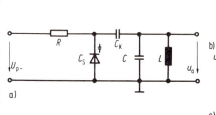
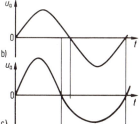

Der Widerstand R muß so groß gewählt werden, daß eine nennenswerte Bedämpfung des Schwingkreises durch die Steuerspannungsquelle nicht auftritt, d.h., er muß beträchtlich größer als der Resonanzwiderstand des Kreises sein. Nachteilig bei dieser Schaltung ist, daß an der Kapazitäts-Diode C_S nicht nur die Steuerspannung U_{p-} liegt, sondern daß die Spannung an der Diode auch im Rhythmus der Hochfrequenzspannung schwankt.

3.6 Kapazitäts-Dioden

Die Verhältnisse sind in Bild **87.2** b und c dargestellt. Liegt an der Kapazitäts-Diode die positive Halbschwingung der Hochfrequenzspannung $u_a = u_{am}\sin(\omega t)$, verringert sich die Kapazität C_S, und die positive Halbschwingung wird verkürzt. In der negativen Halbschwingung der Hochfrequenzspannung u_a wird die Kapazität C_S vergrößert, und die Halbschwingung wird verlängert. Mit wachsendem Scheitelwert u_{am} der Spannung u_a nehmen diese Frequenzverzerrungen zu. Es treten außer der **Grundschwingung** der Spannung u_a noch störende **Oberschwingungen** auf.

3.6.3.2 Abstimmung mit einer Doppeldiode. Durch die in Bild **88.1**a gezeigte Schaltung können **Oberschwingungen** weitgehend vermieden werden. Es kann eine Doppeldiode verwendet werden. Ein Koppelkondensator ist hier nicht mehr erforderlich. Im Maximum der positiven Halbschwingung der Spannung u_a liegt nach Bild **88.1**b an der Kapazitäts-Diode C_{S2} die Spannung $U_{p-} + (u_{am}/2)$ und an der Kapazitäts-Diode C_{S1} die Spannung $U_{p-} - u_{am} + (u_{am}/2) = U_{p-} - (u_{am}/2)$, wenn $C_{S1} = C_{S2}$ ist. In der negativen Halbschwingung kehren sich die Verhältnisse um. Liegt also in der positiven Halbschwingung an der Kapazitäts-Diode C_{S2} die große Spannung (C_{S2} wird dann kleiner), hat die Kapazitäts-Diode C_{S1} die kleine Spannung (C_{S1} wird dann größer) und umgekehrt in der negativen Halbschwingung. Infolge der Reihenschaltung der Diodenkapazitäten C_{S1} und C_{S2} wird die Kapazitätsänderung, die durch die Wechselspannung eintritt, weitgehend ausgeglichen, und Frequenzverzerrungen werden vermieden. Mit der Kapazität C und der Induktivität L zeigt der Schwingkreis die **Resonanzfrequenz**

$$f_\varrho = \frac{1}{2\pi\sqrt{\left[\dfrac{C_{S1}\,C_{S2}}{C_{S1}+C_{S2}}+C\right]L}} \tag{88.1}$$

Der Widerstand R muß wieder groß gegenüber dem Resonanzwiderstand des Schwingkreises sein.

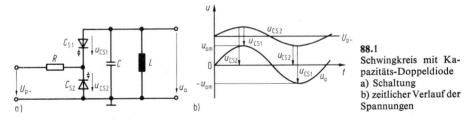

88.1 Schwingkreis mit Kapazitäts-Doppeldiode
a) Schaltung
b) zeitlicher Verlauf der Spannungen

Beispiel 23. Ein Schwingkreis nach Bild **87.2**a ist über den Frequenzbereich $f_{\varrho 1} = 300$ MHz bis $f_{\varrho 2} = 400$ MHz mit einer Kapazitäts-Diode, die eine Kennlinie $C_S = f(U_R)$ nach Bild **86.2** hat, abzustimmen. Man berechne die erforderliche Induktivität L und den Parallelkondensator C. Der Koppelkondensator C_K sei groß gegen C und C_S und werde vernachlässigt. Man ermittle ferner die maximale und minimale Sperrspannung U_R, die als Steuerspannung U_{p-} bei der Abstimmung an die Kapazitäts-Diode gelegt werden muß.

Wir wählen zunächst die maximale Kapazität $C_S = C_{S1} = 33$ pF für die Frequenz $f_{\varrho 1} = 300$ MHz und erhalten aus Bild **86.2** die zugehörige Steuerspannung $U_{p-} = |U_R| = 2$ V. Den minimalen Wert der Kapazität $C_S = C_{S2} = 10$ pF wählen wir für die Frequenz $f_{\varrho 2} = 400$ MHz und erhalten wieder aus Bild **86.2** für die zugehörige Steuerspannung $U_{p-} = |U_R| = 10{,}5$ V. Setzen wir nun zuerst $f_{\varrho 1}$ und C_{S1} für f_ϱ und C_S in Gl. (87.1) ein und anschließend $f_{\varrho 2}$ und C_{S2}, so erhalten wir zwei Gleichungen, die nach C und L aufgelöst werden können. So finden wir für die Kapazität

$$C = \frac{f_{\varrho_1}^2 C_{S1} - f_{\varrho_2}^2 C_{S2}}{f_{\varrho_2}^2 - f_{\varrho_1}^2} = \frac{(300 \text{ MHz})^2 \cdot 33 \text{ pF} - (400 \text{ MHz})^2 \cdot 10 \text{ pF}}{(400 \text{ MHz})^2 - (300 \text{ MHz})^2} = 19{,}6 \text{ pF}$$

und für die Induktivität

$$L = \frac{1}{4\pi^2} \cdot \frac{f_{\varrho_1}^{-2} - f_{\varrho_2}^{-2}}{C_{S1} - C_{S2}} = \frac{1}{4\pi^2} \cdot \frac{(300 \text{ MHz})^{-2} - (400 \text{ MHz})^{-2}}{33 \text{ pF} - 10 \text{ pF}} = 5{,}3 \text{ nH}$$

Für die Abstimmung muß eine Steuerspannungsquelle bereitgestellt werden, deren Spannung U_{p-} im Bereich 2 V bis 10,5 V regelbar ist.

3.7 Varaktor-Dioden

Varaktor-Dioden sind Siliziumdioden, die wie die in Abschn. 3.6 beschriebenen Kapazitäts-Dioden in Sperrichtung betrieben werden. Durch Verändern der Sperrspannung kann die Sperrschichtkapazität C_S der Diode verändert werden. In Abschn. 3.6 wird das Verhalten derartiger spannungsabhängiger Kapazitäten bei der Abstimmung von Schwingkreisen betrachtet. Bei großer überlagerter Hochfrequenzspannung entstehen infolge der nichtlinearen Kennlinie $C = f(U)$ Verzerrungen der HF-Schwingung, die mit dem Auftreten von Oberschwingungen verbunden sind [13], [21].

Was bei der Anwendung der Varaktor-Diode als Abstimmdiode ein lästiger Störeffekt ist, kann bei der Anwendung als **Frequenzvervielfacher** besonders gefördert werden. Varaktor-Dioden haben deshalb als Frequenzvervielfacher im Mikrowellen-Bereich große Bedeutung erlangt.

3.7.1 Wirkungsweise und Aufbau

Mit der **Sperrschichtkapazität** C_{S0} des spannungslosen PN-Übergangs ($U_R = 0$) und mit der Diffusionsspannung U_D nimmt nach Gl. (85.3) mit wachsender Sperrspannung U_R die Kapazität

$$C_S = C_{S0}/[1 + (|U_R|/U_D)]^m \tag{89.1}$$

der Sperrschicht ab. Ist $|U_R| \gg U_D \approx 0{,}5$ V, ergibt sich für die Sperrschichtkapazität näherungsweise

$$C_S \approx C_{S0} (U_D/|U_R|)^m \tag{89.2}$$

89.1 Ersatzschaltung der Varaktor-Diode

Der Exponent m hängt von der Art des PN-Übergangs ab (s. Abschn. 3.6) und beträgt für den abrupten Übergang $m = 0{,}5$. Da die Varaktor-Diode in Sperrichtung betrieben wird, findet man für sie die in Bild **89.1** angegebene Ersatzschaltung. Dabei ist C_{SU} die spannungsabhängige Kapazität und R_s der Reihenwiderstand, der aus Halbleiter-Bahnwiderstand und Zuleitungswiderstand besteht. Der Widerstand R_s muß möglichst

3.7 Varaktor-Dioden

klein gehalten werden, wenn eine angelegte Wechselspannung, die der Gleichspannung überlagert ist, voll als Kondensatorspannung

$$u_C = u/\sqrt{1 + (\omega R_s C_S)^2} \tag{90.1}$$

wirksam werden soll. Man definiert die **Diodengüte**

$$Q_D = \frac{1/(\omega C_S)}{R_s} = \frac{1}{2\pi f R_s C_S} \tag{90.2}$$

und die **Grenzfrequenzen**

$$\omega_g = 1/(R_s C_S) \quad \text{bzw.} \quad f_g = 1/(2\pi R_s C_S) \tag{90.3}$$

so daß bei $f = f_g$ die Güte $Q_D = 1$ ist.

Die Reihenwiderstände von Varaktor-Dioden liegen im Bereich $R_s = 0{,}5\,\Omega$ bis $1\,\Omega$, so daß bei der Sperrschichtkapazität $C_S = 5\,\text{pF}$ die Grenzfrequenz $f_g = 30\,\text{GHz}$ beträgt. Um R_s möglichst klein zu halten geht man von einem hochdotierten N^+-Substrat aus (Bild 90.1a), auf das eine dünne N-dotierte Epitaxialschicht aufgebracht wird. Die N-Schicht ist erforderlich, um die nötige Spannungsfestigkeit zu sichern. In diese wird eine P-Schicht eindiffundiert.

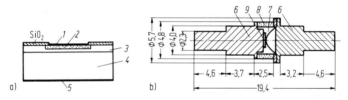

90.1 Technologischer Aufbau einer Varaktor-Diode
a) Struktur des Siliziumkristalls
b) Querschnitt durch das Gehäuse
1 Metall (Anode), *2* diffundierte P-Schicht, *3* epitaxiale N-Schicht, *4* N^+-Substrat, *5* Metall (Kathode), *6* Kupferzuführungen, *7* Zuleitung, *8* Keramikisolation, *9* Diodenkristall (Maße in mm)

Der Diodenkristall wird wie in Bild 90.1b in koaxiale Metall-Keramik-Gehäuse eingebaut. Dabei sind Verlustleistungen bis zu 5 W möglich wenn das Gehäuse auf einer Temperatur von 300 K gehalten werden kann. Die Sperrspannung von Varaktor-Dioden liegt im Bereich $U_R = -20\,\text{V}$ bis $-100\,\text{V}$ bei Sperrströmen I_R von einigen nA.

Die Größe der Diodenkapazität hängt vom vorgesehenen Frequenzbereich ab und beträgt etwa $C_S = 2\,\text{pF}$ bis $20\,\text{pF}$. Die Kapazität ändert sich bei Spannungsänderung nach Gl. (89.1) etwa um den Faktor 2 bis 3 bei einer Spannungsänderung von 3 V bis 25 V. Für Varaktor-Dioden beträgt der Exponent von Gl. (85.2) $m = 0{,}5$ bis $0{,}44$. Durch den Einbau in das Gehäuse treten zusätzlich Gehäusekapazitäten $C_G = 0{,}3\,\text{pF}$ bis $1\,\text{pF}$ und Zuleitungsinduktivitäten $L_S = 0{,}5\,\text{nH}$ bis $2\,\text{nH}$ auf, die gegebenenfalls beim Einbau des Varaktors in Vervielfacherkreise berücksichtigt werden müssen.

3.7.2 Anwendungen

3.7.2.1 Frequenzvervielfacher. Für die Anwendung im UHF- und Mikrowellenbereich muß die Varaktor-Diode mit großer HF-Amplitude, die etwa zwischen der Durchbruchsspannung $U_{(BR)}$ und 0 liegen sollte, angesteuert werden. Dadurch wird ein großer

3.7.2 Anwendungen

Bereich der nichtlinearen Kapazitätskennlinie erfaßt. Bei der folgenden einfachen mathematischen Betrachtung soll der Wechselstrom

$$i = i_m \sin(\omega t) \tag{91.1}$$

mit dem Scheitelwert i_m und der Kreisfrequenz ω die nichtlineare Kapazität C_S der Varaktor-Diode ansteuern. Ist Q_0 die Ladung der Kapazität C_S zur Zeit $t = 0$, so erhalten wir für $t > 0$ mit Gl. (91.1) die zeitabhängige Kondensatorladung

$$Q_t = Q_0 + \int i \, dt = Q_0 - \frac{i_m}{\omega} \cos(\omega t) \tag{91.2}$$

Für die an der nichtlinearen Sperrschichtpakazität C_S liegende zeitabhängige Sperrspannung ergibt sich mit Gl. (91.2) und (89.1)

$$|u_R| = \frac{Q_t}{C_S} = \frac{Q_0 - \frac{i_m}{\omega}\cos(\omega t)}{C_{S0} \, (U_D/|u_R|)^m} \tag{91.3}$$

wobei nach Gl. (85.1) und (85.2) die Kapazität C_{S0} die Sperrschichtkapazität C_S ohne angelegte Spannung ($u_R = 0$) darstellt. Lösen wir Gl. (91.3) nach $|u_R|$ auf und wählen den Exponenten $m = 1/2$ (abrupter PN-Übergang), erhalten wir

$$|u_R| = \left[\frac{Q_0 - \frac{i_m}{\omega}\cos(\omega t)}{C_{S0} \, U_D^{(1/2)}}\right]^2 = \frac{Q_0^2}{C_{S0}^2 \, U_D} - \frac{2 \, Q_0 \, i_m \cos(\omega t)}{\omega \, C_{S0}^2 \, U_D} + \frac{i_m^2 \cos^2(\omega t)}{\omega^2 \, C_{S0}^2 \, U_D} \tag{91.4}$$

Beträgt bei der Spannung U_0 die Sperrschichtkapazität C_{SU0}, erhalten wir für die **Anfangsladung der Kapazität**

$$Q_0 = C_{SU0} \, U_0 \tag{91.5}$$

wobei U_0 die angelegte **Sperr-(Gleich-)Spannung** ist. Mit Gl. (91.5) und (89.1), in der $|U_R| = U_0$ gesetzt werden muß, liefert der erste Term von Gl. (91.4) gerade die angelegte Gleichspannung U_0. Der zweite Term von Gl. (91.4) enthält die Grundschwingung mit der Kreisfrequenz ω und dem Scheitelwert

$$u_{1m} = \frac{2 \, i_m}{\omega \, C_{S0}} \sqrt{\frac{U_0}{U_D}} \tag{91.6}$$

wenn wir wieder die Anfangsladung Q_0 durch Gl. (91.5) und (89.1) ersetzen.
Der letzte Term von Gl. (91.4) läßt sich schreiben

$$\frac{i_m^2}{(\omega \, C_{S0})^2 \, U_D} \cos^2(\omega t) = \frac{i_m^2}{2 \, (\omega \, C_{S0})^2 \, U_D} \, [1 + \cos(2\omega t)] \tag{91.7}$$

Er enthält außer einem Gleichspannungsanteil die erste Oberschwingung mit der Kreisfrequenz 2ω und dem Scheitelwert

$$u_{2m} = \frac{i_m^2}{2 \, (\omega \, C_{S0})^2 \, U_D} \tag{91.8}$$

Benutzt man also eine Varaktor-Diode mit $m = 1/2$, tritt außer der Grundschwingung nur die erste Oberschwingung auf; es ist also nur eine **Frequenzverdopplung** möglich. Dabei beträgt nach Gl. (91.6) und (91.8) das Amplitudenverhältnis

$$\frac{u_{2m}}{u_{1m}} = \frac{i_m}{4\omega C_{S0}\sqrt{U_0\,U_D}} \qquad (92.1)$$

Beispiel 24. Man berechne das Leistungsverhältnis von erster Oberschwingung zu Grundschwingung für eine Varaktor-Diode, die unter den folgenden Bedingungen arbeiten soll:

$$i_m = 10\text{ mA},\ f = 1\text{ GHz},\ C_{S0} = 2\text{ pF},\ U_0 = 10\text{ V},\ U_D = 0{,}4\text{ V}$$

Aus Gl. (92.1) erhalten wir das Leistungsverhältnis

$$\left(\frac{u_{2m}}{u_{1m}}\right)^2 = \frac{i_m^2}{16\,\omega^2\,C_{S0}^2\,U_0\,U_D} = \frac{(10\text{ mA})^2}{16\cdot(2\pi\cdot 1\text{ GHz})^2\cdot(2\text{ pF})^2\cdot 10\text{ V}\cdot 0{,}4\text{ V}} = 0{,}01$$

Der Leistungsanteil der Oberschwingung beträgt demnach 1% der Grundschwingung.

Varaktor-Dioden mit abruptem PN-Übergang erzeugen nur die 1. Oberschwingung Wenn $m < 1/2$ ist, treten zwar höhere Oberschwingungen auf, aber auch dann überwiegt die 1. Oberschwingung bei weitem.

Will man eine **Verdreifachung** oder **Vervierfachung** der Eingangsfrequenz erreichen, benutzt man die Varaktor-Diode gleichzeitig als Verdoppler und als Mischer. Meist verwendet man eine Schaltung, die wir in Bild **92.1** in mehreren Schritten entwickeln wollen: Bild **92.1**a enthält den Generator, der die Grundschwingung mit der Kreisfrequenz ω_1 erzeugt, die Varaktor-Diode und den Lastwiderstand R_L. Zwischen Generator, Varaktor-Diode und Lastwiderstand werden die Reihenresonanzkreise K_1 und K_3 von Bild **92.1**b geschaltet, wobei K_1 auf die Kreisfrequenz ω_1 und K_3 auf die gewünschte Ausgangsfrequenz abgestimmt sein muß. Ist ω_3 die Kreisfrequenz der

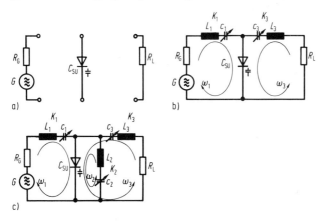

92.1 Schrittweise Entwicklung eines Frequenzvervielfachers
a) Generator G, Varaktor-Diode C_{SU}, Lastwiderstand R_L
b) Schaltung mit Reihenresonanzkreisen K_1, K_3 für die Frequenzverdopplung
c) Schaltung mit Resonanzkreisen K_1, K_3 und Idler-Kreis K_2 für die Frequenzverdrei- und -vervierfachung

1. Oberschwingung (Frequenzverdopplung), muß K_3 auf die Kreisfrequenz $\omega_3 = 2\omega_1$ abgestimmt werden. Will man jedoch z.B. eine Frequenzverdreifachung oder Vervierfachung erzielen, ist es zweckmäßig, einen 3. Reihenkreis K_2, den **Idler-Kreis** nach Bild **92.1**c, als Hilfskreis einzuführen. Der Kreis K_2 wird auf die Kreisfrequenz $\omega_2 = 2\omega_1$, also die doppelte Eingangskreisfrequenz, abgestimmt, so daß zwischen Varaktor-Diode und Idler-Kreis der Strom mit der Kreisfrequenz ω_2 fließen kann.

In der Varaktor-Diode wird der Strom mit den Kreisfrequenzen ω_1 und ω_2 an der nichtlinearen Kennlinie gemischt, und es entstehen Spannungskomponenten an der Varaktor-Diode, die folgende Kreisfrequenzen enthalten:

Grundschwingung ω_1
1. Oberschwingung $\omega_2 = 2\omega_1$
2. Oberschwingung $\omega_3 = \omega_1 + \omega_2 = 3\omega_1$
3. Oberschwingung $\omega_4 = 2\omega_2 = 4\omega_1$

Wird nun der Kreis K_3 auf die Kreisfrequenz $\omega_3 = 3\omega_1$ abgestimmt, filtert dieser die 2. Oberschwingung aus, und es ergibt sich eine Frequenzverdreifachung. Ist der Kreis K_3 auf die Kreisfrequenz $\omega_4 = 4\omega_1$ abgestimmt, erhält man die 3. Oberschwingung, und es entsteht ein Frequenzvervierfacher. I. allg. ist es nötig, sowohl den Generator G als auch den Lastwiderstand R_L an den Vervielfacherkreis anzupassen. Außerdem müssen die Resonanzkreise K_1 und K_3 eine gewisse Breitbandigkeit aufweisen, wenn die Eingangskreisfrequenz ω_1 durch Modulation schon zu einem Frequenzband entartet ist.

Unter Berücksichtigung dieser Gesichtspunkte ist der in Bild 93.1 gezeigte Varaktor-Vervielfacher entwickelt worden, der die Eingangsfrequenz $f_1 = \omega_1/(2\pi) = 50$ MHz auf die Ausgangsfrequenz $f_4 = \omega_4/(2\pi) = 200$ MHz umsetzt. Induktivität L_{Ke} und Kapazität C_{Ke} dienen der Anpassung des Eingangswiderstands an den Generator und Induktivität L_{Ka} und Kapazität C_{Ka} der Anpassung des Ausgangswiderstands an den Lastwiderstand. Die Kapazitäten C_1' und C_3' erhöhen die Bandbreite der Kreise K_1 und K_3. Der Widerstand $R = 82$ kΩ parallel zur Varaktor-Diode erzeugt die Vorspannung. Bei Eingangsleistungen von 30 W bis 40 W wird ein Umsetzungswirkungsgrad von 70 % erzielt, so daß die Ausgangsleistung bei 200 MHz bei 20 W bis 30 W liegt.

Bei Frequenzen im GHz-Bereich ist ein Aufbau der Kreise aus diskreten Elementen nicht mehr möglich. Man geht dann zur Hohlleitertechnik über, wie sie im Mikrowellenbereich üblich ist.

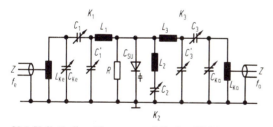

93.1 Vollständiger Frequenzvervielfacher (50 MHz → 200 MHz) mit den Bauelementen:

Kapazitäten:
$C_{Ke}, C_1' = 1$ bis 30 pF
$C_1 = 0{,}8$ bis 12 pF
$C_2 = 0{,}5$ bis 12 pF
$C_3, C_3', C_{Ka} = 0{,}5$ bis 10 pF

Induktivitäten:
L_1, L_{Ke} mit 11 Windungen
L_2 mit 3,5 Windungen
L_3, L_{Ka} mit 4 Windungen
Luftspulen mit 10 mm Durchmesser

Varaktor-Diode 1 N4386 (Motorola), Wirkwiderstand $R = 82$ kΩ

3.7.2.2 Parametrischer Verstärker. Die nichtlineare Kennlinie einer Varaktor-Diode kann auch zur Verstärkung hochfrequenter Signale ausgenutzt werden. Um das Prinzip zu erläutern, wollen wir folgendes Gedankenexperiment durchführen: In einen Schwingkreis, der mit der Signalkreisfrequenz ω_1 angeregt wird, sei eine veränderbare Kapazität eingebaut. Diese Kapazität C_S wird stets in den Spannungsmaxima und Spannungs-

3.8 Step-recovery-Dioden

minima sprungartig verkleinert (z. B. durch Auseinanderziehen der Kondensatorplatten). Da die Kondensatorladung Q in diesem Augenblick erhalten bleibt, steigt die Spannung am Kondensator $u = Q/C_S$ sprungartig an (Bild **94.**1 a), was einer Verstärkung gleichkommt. Die Verkleinerung der Kapazität C_S wird nun gerade in den Nulldurchgängen der Kondensatorspannung, also bei $u = 0$, wieder rückgängig gemacht, so daß sie keinen Einfluß auf die Kondensatorspannung hat.

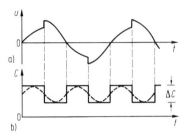

94.1 Darstellung der Verstärkung im parametrischen Verstärker
a) Verlauf der Signalspannung bei sprungartigen Kapazitätsänderungen
b) Verlauf der Kapazitätsänderung (ausgezogen bei sprunghafter Änderung; gestrichelt bei sinusförmiger Kapazitätsänderung)

Die Forderungen für die Funktionsfähigkeit eines solchen Modells sind demnach: Die Sperrschichtkapazitäts-Änderungskreisfrequenz ω_3 muß nach Bild **94.**1 b genau doppelt so groß wie die Signalkreisfrequenz ω_1 sein. Es muß ferner eine starre Phasenbeziehung zwischen den Kreisfrequenzen ω_1 und ω_3 bestehen, d. h., die Spannungsnulldurchgänge der Kreisfrequenz ω_3 müssen zeitlich mit den Spannungsmaxima bzw. Spannungsminima der Kreisfrequenz ω_1 zusammenfallen.

Die Kapazitätsänderung wird durch Steuerung einer Varaktor-Diode mit einem Pumpgenerator der Kreisfrequenz ω_3 erzeugt. Als Schaltung können wir Bild **92.**1 c verwenden, wenn wir den Lastwiderstand R_L durch einen Pumpgenerator mit der Kreisfrequenz $\omega_3 \approx 2\omega_1$ ersetzen und den Idler-Kreis K_2 auf die Kreisfrequenz $\omega_2 = \omega_3 - \omega_1$ abstimmen.

Eine genaue Analyse des Netzwerks zeigt, daß der Idler-Kreis dafür sorgt, daß die Forderungen bezüglich Frequenz und Phasenwinkel zwischen Signalkreis K_1 und Pumpkreis K_3 stets erfüllt sind. Die Energie zur Verstärkung des Signals mit der Kreisfrequenz ω_1 im Signalkreis wird bei diesem parametrischen Verstärker dem Pumpgenerator, also einer Wechselspannungsquelle, entzogen, im Gegensatz zu üblichen Verstärkern, bei denen meist die zur Verstärkung notwendige Energie Gleichspannungsquellen entnommen wird. Die Bezeichnung parametrischer Verstärker soll darauf hinweisen, daß bei diesen Verstärkern ein Kreisparameter, beim Varaktorverstärker also die spannungsabhängige Sperrschichtkapazität $C_{SU} = f(U)$, gesteuert wird. Parametrische Verstärker lassen sich auch mit nichtlinearen, stromabhängigen Induktivitäten L aufbauen.

3.8 Step-recovery-Dioden

Step-recovery-Dioden (step recovery = sprungartige Erholung) werden in der angelsächsischen Literatur auch Pulse-snap-Dioden, Snap-off-Dioden, Step-recovery-Varaktoren oder Snap-Varaktoren genannt [22]. Wir bezeichnen sie als Speicher-Schaltdioden oder als Speicher-Varaktoren. Sie werden zur Erzeugung von Impulsen im Subnanosekundenbereich und zur Erzeugung von Mikrowellenspektren benutzt.

3.8.1 Wirkungsweise und Aufbau

Bei der Step-recovery-Diode wird durch Vorwärtspolung des PN-Übergangs in diesem zunächst eine Minoritätsträger-Ladung gespeichert, deren Größe vom Durchlaßstrom I_F abhängt. Gegenüber der normalen Halbleiterdiode ist eine Step-recovery-Diode so konstruiert, daß der negative Ausräumstrom I_R nach Ablauf der Speicherzeit abrupt von seinem vollen Wert auf nahezu Null abfällt. Die Übergangszeit dieses Stromabbruchs liegt bei $t = 0,1$ ns bis $0,3$ ns. Solange der Strom I_R noch fließt, leitet die Diode. Der Übergang aus dem leitenden in den gesperrten Zustand erfolgt also abrupt in einigen 0,1 ns.

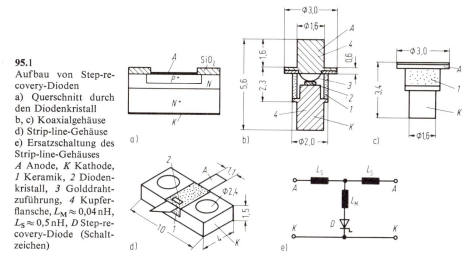

95.1 Aufbau von Step-recovery-Dioden
a) Querschnitt durch den Diodenkristall
b, c) Koaxialgehäuse
d) Strip-line-Gehäuse
e) Ersatzschaltung des Strip-line-Gehäuses
A Anode, K Kathode, 1 Keramik, 2 Diodenkristall, 3 Golddrahtzuführung, 4 Kupferflansche, $L_M \approx 0,04$ nH, $L_S \approx 0,5$ nH, D Step-recovery-Diode (Schaltzeichen)

Der Aufbau einer Silizium-Step-recovery-Diode ist in Bild 95.1a wiedergegeben. Sie besteht aus folgender Schichtenfolge: Auf ein hoch dotiertes N^+-Substrat mit der großen Elektronendichte $n^+ \approx 10^{19}$ cm^{-3} folgt eine schwach dotierte N-Schicht mit der niedrigen Elektronendichte $n \approx 10^{14}$ cm^{-3}. In die epitaxial aufgewachsene N-Schicht wird durch Diffusion eine wiederum hoch dotierte P^+-Schicht eingebracht, die eine Löcherdichte von $p^+ \approx 10^{19}$ cm^{-3} hat. Die Dicke der P^+-Schicht beträgt 5 µm bis 10 µm und die der epitaxialen N-Schicht 1 µm bis 5 µm. Nach erfolgter Aufdampfung der Metallanschlüsse und Passivierung der Oberfläche durch Oxydation wird das Dioden-Chip entweder in koaxiale Metall-Keramik-Gehäuse nach Bild 95.1b, in Glasgehäuse oder in besonders geformte Strip-line-Gehäuse nach Bild 95.1d eingebaut.

Bei Vorwärtspolung der Diode werden in die schwach leitende N-Zone Löcher und Elektronen injiziert und überschwemmen diese vollkommen. Wegen der geringen Majoritätsträgerdichte der N-Zone ist die Lebensdauer τ der injizierten Minoritätsträger (Löcher) relativ groß (bis zu einigen 100 ns). Wird die Diode in Sperrichtung gepolt, werden die in der N-Schicht gespeicherten Ladungsträger wieder abgebaut. Dabei fließt ein negativer Ausräumstrom (Bild 34.1) solange nahezu konstant, bis die Löcherkonzentration am P^+N- und die Elektronenkonzentration am N^+N-Übergang auf Null gesunken sind. In dieser Zeit ändert sich die an der Diode liegende Durchlaßspannung nur unwesentlich. Wegen der sehr dünnen N-Schicht ist die zu diesem Zeitpunkt in der

Diode verbliebene Speicherladung sehr gering. Der Ausräumstrom fällt deshalb nach Erreichen der Nullkonzentration an den Übergängen abrupt auf Null ab. Die Diode geht sprungartig aus dem leitenden in den gesperrten Zustand über. Sie wirkt deshalb wie ein Schalter, der nach einer gewissen Verzögerungszeit, der Speicherzeit t_s, plötzlich geöffnet wird.

3.8.2 Berechnung der gespeicherten Ladung und der Speicherzeit

Die in der Diode gespeicherte Ladung hängt vom Durchlaßstrom ab und läßt sich in folgender Weise berechnen: Wir nehmen an, daß zur Zeit $t = 0$ der konstante Durchlaßstrom I_F eingeschaltet wird. Für die zeitliche Änderung der gespeicherten Ladung Q_t erhalten wir mit der Lebensdauer τ der Minoritätsträger

$$dQ_t/dt = I_F - (Q_t/\tau) \tag{96.1}$$

In der Kontinuitätsgleichung (96.1) beschreibt der Strom I_F die Zunahme der Ladung Q_t und der Term $-Q_t/\tau$ die Abnahme der Ladung Q_t durch die endliche Lebensdauer τ der in das Gebiet entgegengesetzter Dotierung eingedrungenen Ladungsträger. Die Lösung der Differentialgleichung (96.1) ergibt für die Zeit $t > 0$ mit der Ladung vor dem Einschalten $Q_0 = 0$ für die Zeitabhängigkeit der gespeicherten Ladung

$$Q_t = I_F \tau (1 - e^{-t/\tau}) \tag{96.2}$$

Hieraus erhält man für die Zeit $t \to \infty$, also bei lange fließendem Durchlaßstrom, die maximal speicherbare Ladung

$$Q_{max} = I_F \tau \tag{96.3}$$

Für den Zeitpunkt $t = 2{,}3\tau$ beträgt jedoch die gespeicherte Ladung bereits 90% des Maximalwerts.

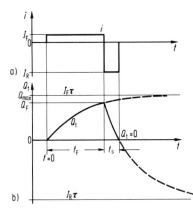

96.1 Zeitlicher Verlauf der gespeicherten Ladung $Q_t = f(t)$ (b) beim sprungartigen Ein- und Ausschalten des Durchlaßstroms I_F (a)

Wir wollen nun wie in Bild **96.1** nach der Zeit t_F den Durchlaßstrom I_F ab- und einen negativen konstanten Ausräumstrom I_R einschalten, durch den die in der Diode gespeicherte Ladung wieder geräumt wird. Für die Ausräumphase haben wir deshalb in Gl. (96.1) den Strom I_F durch I_R (der Zahlenwert von I_R ist negativ) zu ersetzen und erhalten somit die Differentialgleichung

$$dQ_t/dt + (Q_t/\tau) = I_R \tag{96.4}$$

3.8.2 Berechnung der gespeicherten Ladung und der Speicherzeit

Nach der Zeit t_F, also zu Beginn der Ausräumphase, ist nach Gl. (96.2) in der Diode die Ladung

$$Q_F = I_F \tau (1 - e^{-t_F/\tau}) \tag{97.1}$$

gespeichert. Mit diesem Anfangswert Q_F für die Ausräumphase ergibt die Lösung von Gl. (96.4) für $t > t_F$ die zeitabhängige Ladung

$$Q_t = I_R \tau + (Q_F - I_R \tau) e^{-(t-t_F)/\tau} \tag{97.2}$$

Der Verlauf von Gl. (96.2) und (97.2) ist in Bild **96.**1 dargestellt.
Die Speicherzeit ist die Zeitdifferenz $t_s = t - t_F$, nach der die gespeicherte Ladung Q_F ausgeräumt, d.h., in Gl. (97.2) die Ladung $Q_t = 0$ geworden ist. Wir setzen daher

$$I_R \tau + (Q_F - I_R \tau) e^{-t_s/\tau} = 0 \tag{97.3}$$

und erhalten durch Umstellen von Gl. (97.3) die Speicherzeit

$$t_s = \tau \ln\left(1 + \frac{Q_F}{-I_R \tau}\right) \tag{97.4}$$

Nach dieser Zeit t_s reißt der Ausräumstrom I_R abrupt ab, und die Diode sperrt. War während der Einspeicherphase die Zeit $t_F \gg \tau$, wird die gespeicherte Ladung $Q_F = Q_{max} = I_F \tau$, und Gl. (97.4) liefert für die Speicherzeit

$$t_s = \tau \ln\left[1 + \frac{I_F}{-I_R}\right] \tag{97.5}$$

Ist ferner der Ausräumstrom I_R dem Betrag nach bedeutend größer als der vorangegangene Durchlaßstrom I_F, so gilt $I_F/(-I_R) \ll 1$, und Gl. (97.5) liefert näherungsweise für die Speicherzeit

$$t_s = \tau I_F/(-I_R) \tag{97.6}$$

Der Fehler von Gl. (97.6) beträgt z.B. -5%, wenn $I_F/(-I_R) = 0{,}1$ ist.

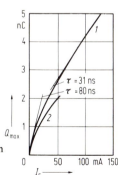

97.1 Abhängigkeit der maximalen Speicherladung Q_{max} vom Durchlaßstrom I_F für zwei verschiedene Step-recovery-Dioden
1 HP 5082-0200, *2* HP 5082-0201

Die Speicherzeit t_s hängt also vom Stromverhältnis $I_F/(-I_R)$ und von der Lebensdauer τ der gespeicherten Minoritätsträger ab. Während das Stromverhältnis $I_F/(-I_R)$ vom Anwender bestimmt werden kann, ist die Lebensdauer τ eine vom Hersteller durch Dotierung und geometrische Abmessungen bestimmte Größe. Allerdings ist die Lebensdauer τ nur in erster Näherung konstant. Sie hängt auch vom Durchlaßstrom I_F ab. Dies geht aus Bild **97.**1 hervor, wo die Abhängigkeit $Q_{max} = f(I_F)$ (s. auch Gl. (96.3)) für zwei Step-recovery-Dioden aufgetragen ist. Bei kleinen Durchlaßströmen I_F ist die Steigung τ größer ($\tau \approx 80$ ns) als bei größeren Strömen ($\tau \approx 30$ ns).

3.8.3 Statische und dynamische Kennlinien

Die Durchlaßkennlinie einer Step-recovery-Diode ist identisch mit der Kennlinie einer normalen Siliziumdiode. Die Durchlaßspannung beträgt $U_F \approx 0{,}7$ V bei dem Durchlaßstrom $I_F = 1$ mA. Bei dem Sperrstrom $I_R = -10$ µA liegt die Sperrspannung je nach Diodentyp zwischen $U_R = -20$ V bis -100 V.

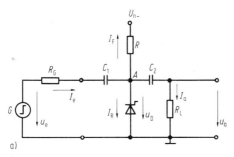
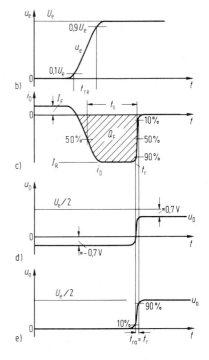

98.1 Impulsaufsteilungskreis und Impulsdiagramme
a) Testschaltkreis der Step-recovery-Diode
b) zeitlicher Verlauf des Eingangsspannungssprungs $u_e = f(t)$
c) zeitlicher Verlauf des Diodenstroms $i_D = f(t)$
d) zeitlicher Verlauf der Diodenspannung $u_D = f(t)$
e) zeitlicher Verlauf des Ausgangsspannungssprungs $u_a = f(t)$

Die dynamischen Eigenschaften wollen wir an dem in Bild **98.1**a gezeigten Testschaltkreis untersuchen, der eine typische Schaltung zur Aufsteilung von Rechteckimpulsen darstellt und gleichzeitig ein häufig für Step-recovery-Dioden verwendetes Schaltzeichen zeigt. Über den Widerstand R wird der Durchlaßstrom I_F eingespeist. Die Diode hält dadurch den Punkt A auf etwa $-0{,}7$ V (s. Bild **98.1**d). Schaltet der Rechteckgenerator einen positiven Spannungssprung über die Kapazität C_1 an die Diode (Bild **98.1**b), fließt ein negativer Ausräumstrom I_R (Bild **98.1**c). Die Diode ist jedoch noch solange leitend, bis die gespeicherte Ladung Q_F (schraffierte Fläche in Bild **98.1**c) ausgeräumt ist. Danach sperrt sie abrupt, und an der Diode sowie am Ausgang (Bild **98.1**d und e) tritt ein Spannungssprung $U_e/2$ auf, denn die Eingangsspannung U_e wird über die Wirkwiderstände $R_G = R_L = 50\ \Omega$ um den Faktor $1/2$ geteilt.

Die Schaltzeit t_t der Diode hängt auch von der in ihr gespeicherten Ladung ab und steigt mit wachsender Speicherladung Q_F leicht an, wie dies Bild **99.**1 für 3 verschiedene Dioden zeigt. Die Sperrschichtkapazität einer Step-recovery-Diode ist im Gegensatz zur Varaktor-Diode wegen der zwischen P$^+$- und N$^+$-Schicht liegenden schwach dotierten N-Schicht fast unabhängig von der Sperrspannung und steigt erst bei kleinen Sperrspannungen stark an. Bild **99.**2 zeigt den Verlauf der Diodenkapazität $C_R = C_G + C_S$ (mit Gehäusekapazität C_G und Sperrschichtkapazität C_S) in Abhängigkeit von der Sperrspannung U_R für 3 verschiedene Dioden.

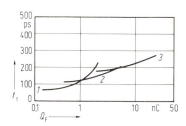
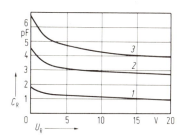

99.1 Schaltzeit t_t in Abhängigkeit von der gespeicherten Ladung Q_F für verschiedene Diodentypen
1 HP 5082-0201, *2* HP 5082-0200, *3* HP 5082-0202

99.2 Diodenkapazität $C_R = C_S + C_G$ in Abhängigkeit von der Sperrspannung $|U_R|$ für die Dioden von Bild **99.**1

Die Anstiegszeit t_r der Diode in dem in Bild **98.**1a gezeigten Testkreis setzt sich aus der echten Schaltzeit t_t der Diode und der RC-Anstiegszeit t_{RC} zusammen. Beim Schalten muß nämlich über die Parallelschaltung der Widerstände R_G und R_L die Kapazität C_R aufgeladen werden. Die entsprechende RC-Anstiegszeit für einen Anstieg von 10% auf 90% ist

$$t_{RC} = 2{,}2 \, \frac{R_G \, R_L}{R_G + R_L} (C_G + C_S) \tag{99.1}$$

Die Gesamtanstiegszeit erhält man aus

$$t_r = \sqrt{t_t^2 + t_{RC}^2} \tag{99.2}$$

Z.B. beträgt für die RC-Anstiegszeit $t_{RC} = 2{,}2 \cdot 25\,\Omega \cdot 3\,\mathrm{pF} = 165\,\mathrm{ps}$ und bei einer Anstiegszeit $t_r = 200\,\mathrm{ps}$ die echte Schaltzeit der Diode nur

$$t_t = \sqrt{t_r^2 - t_{RC}^2} = \sqrt{200^2 - 165^2}\,\mathrm{ps} = 114\,\mathrm{ps}$$

3.8.4 Impulsformung

3.8.4.1 Impulsaufsteilung. Eine wichtige Anwendung von Step-recovery-Dioden ist die Aufsteilung von Impulsen. Z.B. kann mit einer Diodenschaltung nach Bild **98.**1a die Flankensteilheit eines Eingangsimpulses von etwa 10 ns auf etwa 0,1 ns aufgeteilt werden. Am folgenden Beispiel wollen wir die Dimensionierung einer solchen Schaltung durchführen.

3.8 Step-recovery-Dioden

Beispiel 25. In Bild 98.1a legt der Generator G mit dem Ausgangswiderstand $R_G = 50\,\Omega$ an die Schaltung den Spannungssprung $U_e = 20\,\text{V}$ mit der Anstiegszeit $t_{re} = 10\,\text{ns}$. Man berechne den erforderlichen Eingangsstrom I_e, den Durchlaßstrom I_F und den Ausräumstrom I_R der Diode sowie den am Ausgang auftretenden Spannungssprung U_a. Verwendet wird eine Step-recovery-Diode mit der Minoritätsträger-Lebensdauer $\tau = 50\,\text{ns}$.

Die Speicherladung der Diode $Q_{max} = I_F\,\tau$ darf erst nach erfolgtem Anstieg der Eingangsspannung u_e, also nach 10 ns ausgeräumt sein; anderenfalls würde der abrupte Spannungssprung bereits auftreten, wenn die Eingangsspannung u_e noch nicht in voller Höhe anliegt. Die Speicherladung Q_{max} wird durch den Ausräumstrom I_R geräumt, so daß die schraffierte Fläche in Bild 98.1c ebenfalls Q_{max} ist. Schaltet die Diode gerade in dem Augenblick, in dem der maximale Ausräumstrom I_R erreicht wird, ist näherungsweise

$$Q_{max} = |I_R|\,t_{re}/2 \tag{100.1}$$

Der Generator G liefert mit der Durchlaßspannung $U_F = 0{,}7\,\text{V}$ den Eingangsstrom

$$I_e = |I_R| + I_F = (U_e + 0{,}7\,\text{V})/R_G = (20\,\text{V} + 0{,}7\,\text{V})/50\,\Omega = 414\,\text{mA} \tag{100.2}$$

solange die Diode noch leitend ist. Dieser Strom fließt zum größeren Teil als Ausräumstrom I_R und zum kleineren Teil als Strom I_F zur Spannungsquelle U_{n-}. Setzen wir Gl. (96.3) und (100.1) in Gl. (100.2) ein, erhalten wir für den Ausräumstrom

$$|I_R| = I_e/[1 + t_{re}/(2\tau)] = 414\,\text{mA}/[1 + 10\,\text{ns}/(2 \cdot 50\,\text{ns})] = 377\,\text{mA} \tag{100.3}$$

und für den Durchlaßstrom aus Gl. (100.2) $I_F = I_e - |I_R| = 414\,\text{mA} - 377\,\text{mA} = 37\,\text{mA}$. Die in der Diode gespeicherte Ladung beträgt nach Gl. (96.3)

$$Q_{max} = I_F\,\tau = 37\,\text{mA} \cdot 50\,\text{ns} = 1{,}85\,\text{nAs}$$

Sperrt nun die Diode plötzlich, fließt jetzt der Eingangsstrom I_e zum Teil über den Lastwiderstand $R_L = 50\,\Omega$ und zum Teil über den Widerstand R ab, und man findet für den Ausgangsstrom

$$I_a = I_e - I_F \tag{100.4}$$

wobei jetzt der Eingangsstrom

$$I_e = (U_e - U_a)/R_G \tag{100.5}$$

ist. Mit Gl. (100.4) und (100.5) erhalten wir die Ausgangsspannungsamplitude $U_a = I_a R_L = (U_e - I_F R_L)/2 = (20\,\text{V} - 37\,\text{mA} \cdot 50\,\Omega)/2 = 9{,}07\,\text{V}$.

Bei dieser Berechnung ist angenommen, daß der Strom I_F bei leitender und bei gesperrter Diode stets den gleichen Wert hat. Anstelle von U_{n-} müßte deshalb eine **Konstantstromquelle** angeschlossen werden, die genau $I_F = 37\,\text{mA}$ liefert. Arbeitet man mit einer Spannungsquelle, muß die Spannung U_{n-} groß gegen die am Punkt A auftretenden Spannungen sein. Wir wählen $U_{n-} = 200\,\text{V}$ und erhalten für den Widerstand $R \approx U_{n-}/I_F = 200\,\text{V}/37\,\text{mA} = 5{,}4\,\text{k}\Omega$. Wählen wir nach Bild 99.1 die Diode 2, so ergibt sich bei der gespeicherten Ladung $Q_{max} = 1{,}85\,\text{nAs}$ die Anstiegszeit des Ausgangsspannungssprungs $t_{ra} = 0{,}14\,\text{ns}$.

3.8.4.2 Rechteckimpulsgenerator.
Schaltet man in Bild **98.1**a anstelle des Lastwiderstands R_L ein Koaxialkabel, das den Wellenwiderstand $Z = R_L$ hat, und schließt dieses Kabel an seinem Ende kurz, so wird der in das Kabel hineinlaufende positive Spannungssprung am Kabelende mit negativem Vorzeichen reflektiert und kehrt nach der doppelten Laufzeit $T = 2l/v$ (mit Kabellänge l und Signalgeschwindigkeit v auf dem Kabel) wieder zum Ausgang der Schaltung zurück, so daß dort nach der Zeit T die Spannung wieder auf Null abfällt. Am Ausgang der Schaltung kann ein Spannungsimpuls der Dauer T abgegriffen werden.

3.8.4 Impulsformung

Beispiel 26. Mit dem beschriebenen Kabelgenerator soll ein Rechteckimpuls der Dauer $T = 3$ ns erzeugt werden. Man berechne die Länge des am Ende kurzgeschlossenen Kabels, wenn die Signalgeschwindigkeit auf dem Kabel $v = 20$ cm/ns beträgt.

Wir erhalten $l = v\,T/2 = 3\text{ ns} \cdot 20\text{ (cm/ns)}/2 = 30$ cm.

Eine weitere Möglichkeit, einen Rechteckimpuls kurzer Dauer mit steilen Flanken zu erzeugen, zeigt Bild **101.1**a. Dort wirkt die Diode D_1 als Aufsteilungsdiode und erhöht die Steilheit der positiven Flanke nach der Speicherzeit t_{s1}. Wenn die Diode D_1 sperrt, wird wegen $R_G = R_L$ der Eingangssprung im Verhältnis 1:2 geteilt an die Diode D_2 gelegt. Es beginnt die Ausräumphase der Diode D_2. Nach Ablauf der Speicherzeit t_{s2} sperrt diese; die Ausgangsspannung bricht wieder abrupt zusammen, und die Spannung u_D steigt nach Bild **101.1**b auf den vollen Wert U_e. In den Impulsdiagrammen von Bild **101.1**b sind zur Vereinfachung die Durchlaßspannungen der Dioden $U_{F1} = U_{F2} = 0$ gesetzt. Die Impulsbreite t_{s2} ist also über den Durchlaßstrom I_{F2} einstellbar. Allerdings ist die Abfallzeit des Ausgangsimpulses größer als seine Anstiegszeit, denn wenn die Diode D_1 sperrt, wird deren Kapazität C_R über die Parallelschaltung der Widerstände R_G und R_L aufgeladen. Wenn jedoch die Diode D_2 sperrt, wird ihre Sperrschicht- und Gehäusekapazität C_R über die Reihenschaltung der Widerstände $R_G + R_L$ geladen.

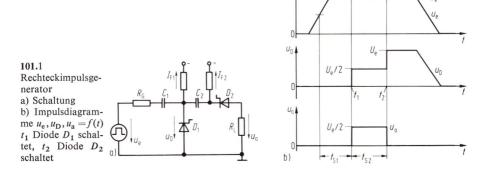

101.1 Rechteckimpulsgenerator
a) Schaltung
b) Impulsdiagramme $u_e, u_D, u_a = f(t)$
t_1 Diode D_1 schaltet, t_2 Diode D_2 schaltet

Beispiel 27. Um einen Rechteckspannungssprung von 5 ns Dauer zu erzeugen, soll die Step-recovery-Diode D_2 in Bild **101.1**a die Speicherzeit $t_{s2} = 5$ ns haben, wenn sie mit dem Ausräumstrom $|I_R| = 200$ mA betrieben wird. Ihr Vorwärtsstrom betrage $I_F = 20$ mA.

a) Um eine geeignete Diode auszuwählen, berechne man die Minoritäts-Lebensdauer τ.

Aus Gl. (97.5) erhalten wir

$$\tau = \frac{t_{s2}}{\ln\left[1 + (I_F/|I_R|)\right]} = \frac{5\text{ ns}}{\ln\left[1 + (20\text{ mA}/200\text{ mA})\right]} = 52{,}5\text{ ns}$$

b) Die Summe aus Gehäuse- und Sperrschichtkapazität der Diode sei $C_R = 3$ pF. Der Generatorausgangs- und der Lastwiderstand in Bild **101.1**a betrage $R_G = R_L = 50\ \Omega$. Man bestimme die Anstiegs- und die Abfallzeit des Rechteckimpulses, wenn die Schaltzeit der Dioden $t_t = 200$ ps beträgt.

Wir berechnen zunächst nach Gl. (99.1) die RC-Anstiegszeit

$$t_{RCr} = 2{,}2\,\frac{R_G R_L}{R_G + R_L}\,C_R = 2{,}2\,\frac{50\ \Omega \cdot 50\ \Omega}{50\ \Omega + 50\ \Omega}\,3\text{ pF} = 165\text{ ps}$$

und die RC-Abfallzeit $t_{RCf} = 2{,}2 (R_G + R_L) C_R = 2{,}2 (50\,\Omega + 50\,\Omega)\, 3\,\mathrm{pF} = 660\,\mathrm{ps}$. Aus Gl. (99.2) erhalten wir die Anstiegszeit

$$t_r = \sqrt{t_t^2 + t_{RCr}^2} = \sqrt{200^2 + 165^2}\,\mathrm{ps} = 260\,\mathrm{ps}$$

und die Abfallzeit

$$t_f = \sqrt{t_t^2 + t_{RCf}^2} = \sqrt{200^2 + 660^2}\,\mathrm{ps} = 690\,\mathrm{ps}$$

3.8.4.3 Mehrstufige Impulsaufsteilung.

Ist der Eingangsimpuls nicht hinreichend steil, muß in der Step-recovery-Diode viel Ladung gespeichert werden, um zu verhindern, daß die Diode schon während des Anstiegs der Eingangsspannung sperrt. Je größer die gespeicherte Ladung ist, um so größer wird jedoch auch die Schaltzeit t_t der Diode (Bild **99.1**). Benutzt man einen zweistufigen Kreis nach Bild **102.1**a, kann man für die 1. Stufe eine Diode größerer Speicherladung verwenden. Diese verkürzt die Anstiegszeit des Eingangsimpulses schon auf etwa 0,3 ns. Da die 2. Stufe mit dem sehr steilen Impuls der 1. Stufe angesteuert wird, kann sie mit sehr kleiner Speicherladung betrieben werden. Es ergibt sich das in Bild **102.1**b gezeigte (idealisierte) Impulsdiagramm. Mit der Speicherzeit $t_{s2} = 1\,\mathrm{ns}$ für die Diode D_2 und der Minoritätsträger-Lebensdauer $\tau_2 = 30\,\mathrm{ns}$ muß, wenn mit $|I_R| = 400\,\mathrm{mA}$ ausgeräumt wird, der Vorwärtsstrom der Diode etwa $I_{F2} \approx t_{s2}\,|I_R|/\tau_2 = 13\,\mathrm{mA}$ betragen. Die gespeicherte Ladung beträgt dann nur $Q_{max} = I_{F2}\,\tau_2 = 13\,\mathrm{mA} \cdot 30\,\mathrm{ns} = 400\,\mathrm{pAs}$, und nach Bild **99.1** wird die Schaltzeit $t_t = 75\,\mathrm{ps}$.

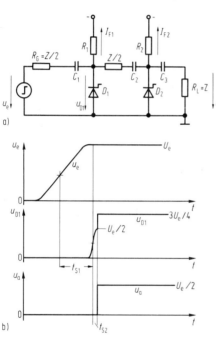

102.1 Zweistufige Impulsaufsteilungs-Schaltung (a) und zugehörige Impulsverläufe (b)

3.8.5 Frequenzvervielfacher

Die in Abschn. 3.7 behandelten Varaktor-Dioden werden im Sperrbereich betrieben, und bei ihrem Einsatz als Frequenzvervielfacher wird die nichtlineare Abhängigkeit der Sperrschichtkapazität von der angelegten Sperrspannung ausgenutzt. Step-recovery-Dioden dagegen wirken als Reaktanz-Schalter. Wird nämlich die Diode in Vorwärtsrichtung betrieben, stellt sie eine sehr große Diffusionskapazität dar. Sperrt die Diode abrupt, geht ihre Kapazität plötzlich auf den sehr kleinen, von der Sperrspannung nahezu unabhängigen Wert der Sperrschichtkapazität (einige pF) über.

Den Aufbau eines Step-recovery-Dioden-Frequenzvervielfachers wollen wir zunächst an einer Blockschaltung in Bild **103.1** betrachten. Er besteht aus den Baugruppen: Sinusgenerator *1* für die Eingangsfrequenz f_e, Step-recovery-Impulsgenerator *2*, Resonanzkreis *3* und Filter *4* für die Ausgangsfrequenz f_a.

Die auftretenden Impulsformen haben wir zur Übersicht zwischen die einzelnen Baugruppen gezeichnet und wollen nun die Wirkungsweise der einzelnen Gruppen besprechen, wobei wir jedoch die vom Sinusgenerator gelieferte Eingangsfrequenz f_e als gegeben ansehen.

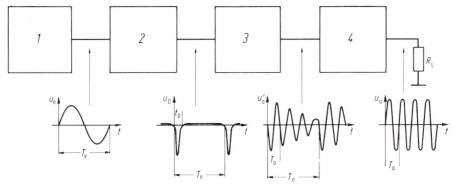

103.1 Blockschaltbild eines Frequenzvervielfachers
1 Generator für die Eingangsfrequenz f_e, *2* Step-recovery-Impulsgenerator, *3* Resonanzkreis für die Ausgangsfrequenz f_a, *4* Ausgangsfilter
(Unter den Blöcken sind die Spannungsverläufe hinter den einzelnen Baugruppen eingezeichnet.)

3.8.5.1 Step-recovery-Impulsgenerator.

Legen wir an eine Step-recovery-Diode eine Wechselspannung sehr hoher Frequenz $f_e = 1/T_e \gg 1/\tau$, wie dies Bild 103.2a zeigt, so werden in der positiven Halbschwingung Ladungsträger in der Diode gespeichert und in der negativen Halbschwingung wieder ausgeräumt. Die Diode richtet nicht mehr gleich (s. a. Abschn. 3.9). Überlagern wir der Wechselspannung eine negative Gleichspannung U_{n-} (Bild **103.2**b), verringert sich die eingespeicherte Ladung Q_1 (Bild **103.2**c), denn der Strom i_{Fm} wird kleiner. Der Scheitelwert des Ausräumstroms i_{Rm} vergrößert sich dagegen, so daß bereits vor Abschluß der negativen Halbschwingung die Speicherladung $Q_2 = Q_1$ ausgeräumt ist und die Diode wieder abrupt sperrt. Die negative Gleichspannung muß nun so gewählt werden, daß der Ausräumstrom genau im Maximum abreißt, da dann der Ausgangsspannungssprung (Bild **103.2**d)

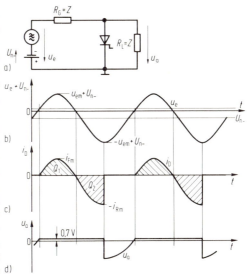

103.2 Zerhacken einer Sinusschwingung mit einer Step-recovery-Diode
a) Schaltung
b) bis d) zeitlicher Verlauf von Eingangsspannung u_e, Diodenstrom i_D und Ausgangsspannung u_a

3.8 Step-recovery-Dioden

am größten ist. Zerlegt man die zerhackte Ausgangsspannung in eine Fourier-Reihe, tritt ein reiches Oberschwingungsspektrum auf, dessen Oberschwingungsanteil von der Steilheit des Spannungssprungs abhängt.

Schaltet man wie in Bild 104.1 mit der Step-recovery-Diode eine Induktivität L in Reihe, ergeben sich etwas andere Verhältnisse. Würde die Diode ständig leiten, wäre der Diodenstrom sinusförmig und würde der Eingangsspannung um 90° nacheilen. Stellt man nun die Vorspannung U_{n-} so ein, daß wiederum im negativen Strommaximum $-i_{Rm}$ die Diode sperrt, ergibt sich eine sehr große Stromänderung di/dt, und in der Induktivität L wird ein negativer, sehr kurzer Spannungsimpuls induziert. Die Höhe und zeitliche

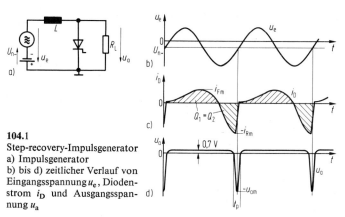

104.1
Step-recovery-Impulsgenerator
a) Impulsgenerator
b) bis d) zeitlicher Verlauf von Eingangsspannung u_e, Diodenstrom i_D und Ausgangsspannung u_a

Dauer dieses Spannungsimpulses läßt sich berechnen, wobei wir zur Vereinfachung den Lastwiderstand R_L, der dämpfend wirkt, vernachlässigen: Im Zeitpunkt des Schaltens ist in der Induktivität L die magnetische Energie

$$W_M = L\, i_{Rm}^2/2 \tag{104.1}$$

gespeichert. Wenn die Diode sperrt, fließt der Strom i_R zunächst weiter, und die Diodenkapazität C_R wird aufgeladen, bis die magnetische Energie verbraucht ist und in der Kapazität C_R als elektrostatische Energie

$$W_E = C_R\, u_{am}^2/2 \tag{104.2}$$

auftritt. Da $W_M = W_E$ ist, ergibt sich aus Gl. (104.1) und (104.2) für den Scheitelwert der Ausgangsspannung

$$u_{am} = i_{Rm}\sqrt{L/C_R} \tag{104.3}$$

Die Dauer t_p des Impulses ist durch die Resonanzfrequenz des aus L und C_R bestehenden Schwingkreises bestimmt und beträgt etwa eine halbe Periode, also

$$t_p \approx \pi\sqrt{L\, C_R} \tag{104.4}$$

Beispiel 28. Man berechne den Scheitelwert der Ausgangsspannung u_{am} und die Dauer t_p des Ausgangsimpulses, wenn die Step-recovery-Diode die Kapazität $C_R = 3$ pF hat und mit dem Scheitelwert des Stroms $i_{Rm} = 400$ mA ausgeräumt wird. Die Kreisinduktivität beträgt $L = 8{,}3$ nH.

3.8.5 Frequenzvervielfacher

Aus Gl. (104.3) erhalten wir für die Ausgangsspannung

$$u_{am} = i_{Rm} \sqrt{L/C_R} = 400 \text{ mA } \sqrt{8{,}3 \text{ nH}/3 \text{ pF}} = 21 \text{ V}$$

Für die Impulsdauer ergibt sich aus Gl. (104.4)

$$t_p \approx \pi \sqrt{L\, C_R} = \pi \sqrt{8{,}3 \text{ nH} \cdot 3 \text{ pF}} = 0{,}5 \text{ ns}$$

Selbstverständlich muß eine Diode verwendet werden, deren Durchbruchsspannung größer als der Scheitelwert der Ausgangsspannung u_{am} ist.
Nähern wir den von der Diode erzeugten Impuls durch eine Sinushalbschwingung, also durch

$$u_a = -u_{am} \sin(\pi t/t_p) = -u_{am} \sin(N \omega_e t) \quad \text{für} \quad 0 < t < t_p$$
und $\quad u_a = 0 \quad$ für $\quad t_p < t < T_e \quad$ (105.1)

mit dem Faktor

$$N = T_e/(2\, t_p) = 1/(2 f_e\, t_p) \tag{105.2}$$

und der Eingangskreisfrequenz $\omega_e = 2\pi f_e = 2\pi/T_e$ an, so ergibt die Fourier-Zerlegung der Impulsfolge das Spektrum der Ausgangsspannung

$$u_a = \sum_{n=-\infty}^{+\infty} \frac{C_n}{2} \exp(jn \omega_e t) \tag{105.3}$$

mit den Fourier-Koeffizienten

$$C_n = \frac{2\, u_{am}}{\pi\, N} \cos\left[\frac{n/(2N)}{1-(n/N)^2}\right] = C_0 \cos\left[\frac{n/(2N)}{1-(n/N)^2}\right] \tag{105.4}$$

Die Fourier-Koeffizienten C_n bestimmen die Scheitelwerte der Oberschwingungen. Da die Ordnungszahl $n = \omega_n/\omega_e$ ist, ergibt sich mit Gl. (105.2) für das Verhältnis

$$n/N = f_n/(N f_e) = 2\, t_p f_n \tag{105.5}$$

Der erste Nulldurchgang des Amplitudenspektrums findet nach Gl. (105.4) bei $n/N = 3$ statt; denn bei diesem Wert ist $\cos(3\pi/2) = 0$. In Bild 105.1 ist das Amplitudenspektrum für die im folgenden Beispiel angegebenen Werte aufgezeichnet.

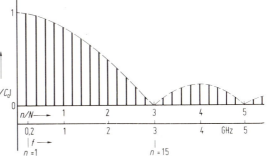

105.1
Amplitudenspektrum $|C_n/C_0|$ eines Sinushalbschwingungsimpulses der zeitlichen Dauer t_p
Die Frequenzskala gilt für $f_e = 200$ MHz, $t_p = 0{,}5$ ns, $N = 4$.
n Ordnungszahl der Oberschwingungen, z. B. $n = 1$ Grundschwingung und $n = 15$ entsprechend 14. Oberschwingung

Beispiel 29. Ein Step-recovery-Impulsgenerator wird mit der Eingangsfrequenz $f_e = 200$ MHz betrieben und erzeugt Impulse mit der Dauer $t_p = 0{,}5$ ns (s. Beispiel 28, S. 104). Man berechne die Anzahl der Oberschwingungen bis zum ersten Nulldurchgang des Amplitudenspektrums und gebe an, bei welcher Frequenz der Nulldurchgang liegt.

3.8 Step-recovery-Dioden

Mit den angegebenen Werten erhalten wir aus Gl. (105.2) den Faktor $N = 1/(2 f_e t_p) = 1/(2 \cdot 200 \text{ MHz} \cdot 0,5 \text{ ns}) = 5$, und die Anzahl der Oberschwingungen bis zum ersten Nulldurchgang beträgt einschließlich der Grundschwingung $n = 3 N = 3 \cdot 5 = 15$.

Der erste Nulldurchgang liegt demnach bei der Frequenz $f = n f_e = 15 \cdot 200 \text{ MHz} = 3 \text{ GHz}$. Je kürzer der Impuls t_p wird, um so größer wird nach Gl. (105.2) der Faktor N und um so mehr Oberschwingungen fallen in den Bereich bis zum ersten Nulldurchgang des Spektrums.

3.8.5.2 Resonanzkreis für die Ausgangsfrequenz. Arbeitet der Impulsgenerator auf eine reine Wirklast, entsteht das in Bild **105.**1 gezeigte Amplitudenspektrum. Schließt man an den Impulsgenerator einen Resonanzkreis an und stimmt ihn auf die gewünschte Oberschwingung ab, wird dieser Kreis durch die Nadelimpulse mit der Eingangsfrequenz f_e angestoßen und erzeugt eine periodisch angefachte, gedämpfte Schwingung, wobei die Dämpfung durch die angeschlossene Last verursacht wird. In Bild **106.**1b ist die entstehende gedämpfte Schwingung und in Bild **106.**1c das zugehörige Amplitudenspektrum dargestellt.

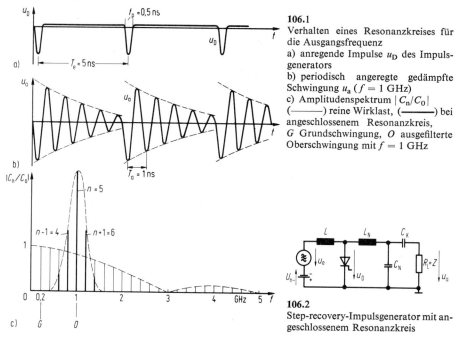

106.1
Verhalten eines Resonanzkreises für die Ausgangsfrequenz
a) anregende Impulse u_D des Impulsgenerators
b) periodisch angeregte gedämpfte Schwingung u_a ($f = 1$ GHz)
c) Amplitudenspektrum $|C_n/C_0|$
(———) reine Wirklast, (———) bei angeschlossenem Resonanzkreis,
G Grundschwingung, O ausgefilterte Oberschwingung mit $f = 1$ GHz

106.2
Step-recovery-Impulsgenerator mit angeschlossenem Resonanzkreis

Im Amplitudenspektrum äußert sich die Dämpfung des Kreises durch eine vergrößerte Bandbreite, d.h., es wird nicht nur die gewünschte n-te Oberschwingung, sondern auch mit merklichem Anteil die $(n-1)$-te und $(n+1)$-te Oberschwingung ausgefiltert. Ohne Resonanzkreis würde die Impulsenergie auf das gesamte Spektrum verteilt werden. Jetzt konzentriert sie sich dagegen auf die Frequenz der n-ten Oberschwingung. In Bild **106.**1c wird bei der Eingangsfrequenz $f_e = 200$ MHz die 5. Oberschwingung, also 1 GHz, ausgefiltert. Bild **106.**2 zeigt den Impulsgenerator mit einem angeschlossenen Reihenresonanzkreis. Der Kreis schwingt mit der Resonanzfrequenz

$$f_\varrho = 1/\left[2\pi \sqrt{L_N (C_N + C_K)}\right] \tag{106.1}$$

3.8.5 Frequenzvervielfacher

3.8.5.3 Filter für die Ausgangsfrequenz. Eine Umwandlung der gedämpften Schwingungen in eine Schwingung konstanter Amplitude verlangt die Herausfilterung der Spannungen mit den Frequenzen $(n-1)f_e$ und $(n+1)f_e$, so daß schließlich nur die gewünschte Ausgangsfrequenz nf_e zurückbleibt. Geeignet als Filter ist z. B. ein Kabel mit dem Wellenwiderstand $Z = 50\,\Omega$ und der Länge $l = \lambda/2$, also der halben Wellenlänge λ der Ausgangsfrequenz f_a.

Zwischen der Signalgeschwindigkeit v, der Wellenlänge λ und der Frequenz f besteht der Zusammenhang

$$v = f\lambda \tag{107.1}$$

so daß sich die **Kabellänge**

$$l = \lambda/2 = v/(2f_a) \tag{107.2}$$

berechnen läßt. Z. B. beträgt bei der Frequenz $f_a = 1$ GHz und der Signalgeschwindigkeit auf dem Kabel $v = 20$ cm/ns die Kabellänge $l = (20\,\text{cm/ns})/(2 \cdot 1\,\text{GHz}) = 10$ cm. Nach einem Laufweg von $l = \lambda/2$ sind die Spannungen mit den Frequenzen $(n-1)f_e$ und $(n+1)f_e$ gerade so in der Phase gegeneinander verschoben, daß ihre Summe in jedem Zeitpunkt Null ist. Am Kabelende bleibt dann nur die gewünschte Frequenz $f_a = nf_e$ zurück. Wegen der Kabellaufzeit $t = l/v = (\lambda/2)/v = 1/(2f_a) = T_a/2$ ist diese Ausgangsspannung des Kabels gegenüber der Kabeleingangsspannung um eine halbe Periodendauer $T_a/2$, also um den Phasenwinkel π, verschoben. Bild **107.**1 zeigt den Spannungsverlauf am Filtereingang (Kabelanfang) und am Filterausgang (Kabelende).

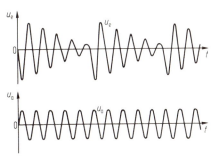

107.1 Zeitliche Spannungsverläufe am Eingang u_e und am Ausgang u_a der $(\lambda/2)$-Leitung

3.8.5.4 Vollständiger Frequenzvervielfacher. Der vollständige Aufbau eines Frequenzvervielfachers ist in Bild **108.**1 wiedergegeben. Die Gleichspannung U_{n-} wird über die Induktivität L_v eingespeist. Die Induktivität L_b und die Kapazität C_b stellen einen Hochpaß für die Eingangsfrequenz f_e dar, dessen Bandbreite bei etwa $0,8 f_e$ liegen sollte. Die Induktivität L_M und die Kapazität C_M sind ein Anpassungsnetz. Kapazität C_T, Induktivität L und Diodenkapazität C_R schwingen gemeinsam auf der Eingangsfrequenz f_e. Die Induktivität L_N und die Kapazitäten C_N und C_K sind die Elemente des Resonanzkreises für die Ausgangsfrequenz f_a. Daran schließt sich noch das in Abschn. 3.8.5.3 beschriebene $(\lambda/2)$-Filter an.

Für einen Frequenzverfünffacher mit der Eingangsfrequenz $f_e = 400$ MHz und der Ausgangsfrequenz $f_a = 2$ GHz betragen beispielsweise die Werte der Bauelemente:
Pulsgenerator: Diode HP 5082-0300: $C_R = 1,2$ pF, $L_S = 0,4$ nH, $L = 4,2$ nH, $C_T = 30$ pF;
Resonanzkreis: $L_N = 4,2$ nH, $C_N = 1,2$ pF, $C_K = 0,4$ pF;

Anpassungsnetz: $L_M = 4,8$ nH, $C_M = 32,4$ pF;
Gleichspannungseinspeisung: $L_b = 60$ nH, $C_b = 22$ pF, $L_v = 0,7$ µH;
Generator: $R_G = 50\,\Omega$; Last: $R_L = Z = 50\,\Omega$;
Bei 5 W Eingangsleistung ist die Ausgangsleistung 1,5 W erzielbar. Das entspricht dem Wirkungsgrad $\eta = 1,5$ W/5 W $= 0,3 = 30\%$.

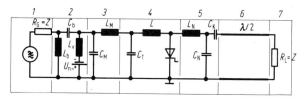

108.1 Vollständiger Step-recovery-Dioden-Frequenzvervielfacher
1 Sinusgenerator für die Eingangsfrequenz f_e, *2* Gleichspannungseinspeisung U_{n-} für die Arbeitspunkteinstellung der Diode, *3* Anpassungsnetzwerk, *4* Impulsgenerator, *5* Resonanzkreis für die Ausgangsfrequenz f_a, *6* ($\lambda/2$)-Filter, *7* Lastwiderstand R_L

Bei der Frequenzvervielfachung mit Varaktor-Dioden hängt die Ausgangsleistung nichtlinear von der Eingangsleistung ab. Bei Step-recovery-Dioden-Frequenzvervielfachern ist in einem weiten Bereich die Ausgangsleistung eine lineare Funktion der Eingangsleistung, da der Oberschwingungsgehalt nicht vom Scheitelwert der Eingangsspannung, sondern nur von der Steilheit des Schaltvorgangs der Step-recovery-Diode bestimmt wird.

3.9 PIN-Dioden

3.9.1 Wirkungsweise

PIN-Dioden sind Siliziumdioden, bei denen nach Bild **108.2** zwischen dem P- und dem N-dotierten Bereich eine ganz schwach dotierte und deshalb hochohmige Zone eingeschoben ist. Die Ladungsträger dieser I-Zone (I steht für intrinsic) rühren von der Eigenleitung des Materials und von den aus dem P- und N-Bereich eindiffundierten Löchern und Elektronen her [10], [23].

108.2 Aufbau einer PIN-Diode (schematisiert)

Bei Polung der PIN-Diode in Vorwärtsrichtung wird die I-Zone mit Ladungsträgern überschwemmt und niederohmig leitend. In Sperrichtung gepolt, verarmt sie dagegen an Ladungsträgern und stellt einen hochohmigen Widerstand dar. Bei Durchlaßpolung treffen sich in den I-Bereich eintretende Löcher und Elektronen und rekombinieren nach einer gewissen Lebensdauer τ miteinander. Die Lebensdauer τ hängt von den P- und N-Konzentrationen und von der Geometrie der I-Zone (insbesondere ihrer Dicke) ab. Über diese Größen kann die Lebensdauer τ in weiten Bereichen (30 ns bis 3 µs) verändert werden. In der I-Zone werden also Ladungsträger im Mittel für die Zeit τ gespeichert.

3.9.1 Wirkungsweise

Für die zeitliche Änderung der in der I-Zone gespeicherten Ladung Q_t gilt nach Gl. (96.1)

$$dQ_t/dt = i_F - (Q_t/\tau) \tag{109.1}$$

Die Ladung Q_t vergrößert sich also durch den eingespeisten Durchlaßstrom i_F und verringert sich durch die Rekombination (Q_t/τ). Die Leitfähigkeit der I-Zone ist jedoch etwa proportional zu der dort gespeicherten Ladung. Für eine Untersuchung des Verhaltens der Diode ist es nötig, die Speicherladung Q_t in Abhängigkeit vom Durchlaßstrom i_F und der Lebensdauer τ zu berechnen. Wir wollen deshalb die Differentialgleichung (109.1) für zwei Fälle lösen:

1. Fall: Zur Zeit $t = 0$ wird ein konstanter Durchlaßstrom I_F eingeschaltet. Dieser Fall ist schon in Abschn. 3.8.2 behandelt worden und führt auf die Sprungantwort von Gl. (96.2), die in Bild **96.1** aufgetragen ist. Die Diode erreicht nach Gl. (96.2) beim sprungartigen Einschalten des Durchlaßstroms I_F erst nach einigen Zeitkonstanten τ die maximale Speicherladung $Q_{max} = I_F \tau$ und somit ihre maximale Leitfähigkeit.

2. Fall: Dieser ist für die Anwendung von PIN-Dioden bedeutungsvoller. Durch die Diode fließt ständig der Strom

$$i_F = I_F + i_{Fm} \sin(\omega t) \tag{109.2}$$

Der Durchlaßgleichstrom I_F ist hier sinusförmig moduliert mit dem Wechselstromscheitelwert i_{Fm}. Die Differentialgleichung

$$\frac{dQ_t}{dt} + \frac{Q_t}{\tau} = I_F + i_{Fm} \sin(\omega t) \tag{109.3}$$

hat mit $\tan \varphi = \omega \tau$ die stationäre Lösung (nach Abklingen des Einschwingvorgangs) für die Ladung

$$Q_t = I_F \tau + i_{Fm} \tau \frac{\sin(\omega t - \varphi)}{\sqrt{1 + (\omega \tau)^2}} = Q_{max} + Q_m \sin(\omega t - \varphi) \tag{109.4}$$

Das 1. Glied von Gl. (109.4) rührt vom Gleichstrom I_F her, während das 2. Glied eine mit der Frequenz $f = \omega/(2\pi)$ auftretende Schwankung der Speicherladung mit dem Scheitelwert

$$Q_m = i_{Fm} \tau / \sqrt{1 + (\omega \tau)^2} \tag{109.5}$$

darstellt.

Ist die Kreisfrequenz $\omega \ll 1/\tau$ bzw. die Frequenz $f \ll 1/(2\pi \tau)$ bei der Lebensdauer τ, dann ist der Phasenwinkel $\varphi = 0$, und es gilt für die Ladungsschwingung

$$Q_t \approx I_F \tau + i_{Fm} \tau \sin(\omega t) \tag{109.6}$$

Daher folgt die gespeicherte Ladung Q_t und somit die Leitfähigkeit G_t der Diode genau den Schwankungen des Durchlaßstroms.

Ist dagegen die Kreisfrequenz $\omega \gg 1/\tau$ bzw. die Frequenz $f \gg 1/(2\pi \tau)$, wird $\tan \varphi \approx \infty$, d.h. der Phasenwinkel $\varphi = 90°$, und es gilt für die Ladungsschwingung

$$Q_t \approx I_F \tau - \frac{i_{Fm}}{\omega} \cos(\omega t) \tag{109.7}$$

3.9 PIN-Dioden

Die Schwankung der Ladung Q_t ist wegen der großen Kreisfrequenz ω jetzt sehr klein, d. h., die Leitfähigkeit G_t der Diode wird praktisch nur durch den viel größeren Gleichstromanteil $I_F \tau$ bestimmt. Wir definieren eine Grenzfrequenz f_g der Diode durch

$$\omega_g \tau = 2\pi f_g \tau = 1$$

oder $\quad f_g = 1/(2\pi \tau) \quad$ (110.1)

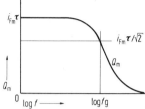

110.1 Amplitude Q_m der Schwankung der Speicherladung in Abhängigkeit von der Frequenz f

Bei dieser Grenzfrequenz ist nach Gl. (109.5) die Amplitude der Schwankung der Speicherladung auf $i_{Fm} \tau/\sqrt{2}$ abgefallen. In Bild 110.1 ist der Verlauf des Scheitelwerts der Ladungsschwankung Q_m als Funktion der Frequenz f dargestellt. Aus diesen Betrachtungen ergibt sich für das Verhalten der Diode: Für Gleichstrom und für Wechselstrom niedriger Frequenz ($f \ll f_g$) verhält sich die PIN-Diode wie jede andere Diode, d. h., ihr Durchlaßleitwert G_t steigt linear mit dem Durchlaßstrom i_F. Ist der Durchlaßstrom i_F ein Wechselstrom, wird dieser gleichgerichtet.

Oberhalb der Grenzfrequenz f_g dagegen wird der Durchlaßleitwert weitgehend konstant, also $G_t = G = $ const, und nur vom Gleichstrom I_F bestimmt, denn die vom überlagerten Wechselstrom herrührende Ladungsschwankung und somit die Leitwertänderung ist sehr klein. Daher verhält sich die Diode bei hohen Frequenzen wie ein normaler Widerstand, der jedoch durch den Dioden-Gleichstrom I_F verändert werden kann. Während bei Gleichstrom und bei Wechselstrom niedriger Frequenz die in den I-Bereich eindringenden Löcher und Elektronen nach der Zeit τ rekombinieren, da die Lebensdauer wesentlich kleiner als die Periodendauer $T = 1/f$ des Wechselstroms ist, ist eine solche Rekombination bei überlagerten Wechselströmen hoher Frequenz erst nach vielen Perioden des Wechselstroms möglich. Die in der I-Zone vorhandenen Elektronen und Löcher können also im anliegenden Wechselfeld ungestört hin- und herwandern. Die Anzahl der Löcher und Elektronen in der I-Zone wird dagegen durch den Dioden-Gleichstrom I_F bestimmt.

Grundsätzlich tritt dieses Verhalten auch bei normalen Halbleiterdioden auf, nur liegt bei ihnen die Grenzfrequenz f_g recht hoch. Bei PIN-Dioden kann die Grenzfrequenz f_g durch den Einbau der I-Zone gesenkt werden, da sich die Lebensdauer τ der Ladungsträger in der eigenleitenden I-Schicht vergrößert.

3.9.2 Eigenschaften und Bauformen

Die Durchlaßkennlinie von PIN-Dioden entspricht weitgehend der Kennlinie üblicher Siliziumdioden. PIN-Dioden haben wegen der hochohmigen I-Zone relativ hohe Sperrspannungen $U_R = -200$ V bis -300 V. Die im Vorwärtsbetrieb zulässige Verlustleistung schwankt von 0,25 W bis 3 W je nach verwendetem Gehäuse.

Für Frequenzen oberhalb der Grenzfrequenz f_g kann man für PIN-Dioden die Ersatzschaltung in Bild **111.**1 mit Zuleitungsinduktivität $L_G \approx 0{,}5$ nH bis 1 nH und Gehäusekapazität $C_G \approx 0{,}2$ pF angeben. Der Bahnwiderstand von Zuleitungen und P- und N-dotierten Halbleiterbahnen beträgt $R_B \approx 0{,}5\,\Omega$ bis $1{,}2\,\Omega$. Die Kapazität C_i der I-Zone wird meßbar, wenn die PIN-Diode in Sperrichtung gepolt wird, so daß die I-Zone trägerfrei ist; sie beträgt $C_i \approx 0{,}05$ pF bis 0,2 pF. Der Widerstand R_i ist der durch den

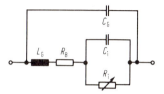

111.1 Hochfrequenz-Ersatzschaltung der PIN-Diode

Diodengleichstrom I_F steuerbare Hochfrequenzwiderstand. Ist der Durchlaßstrom $I_F = 0$ oder wird die Diode gar in Sperrichtung gepolt, so ist der Hochfrequenzwiderstand $R_i > 10$ kΩ und gleich dem Widerstand der ausgeräumten I-Zone. Bei dem Durchlaßstrom $I_F = 100$ mA fällt der Hochfrequenzwiderstand R_i auf nahezu Null ab, so daß als Diodengesamtwiderstand nur noch der Bahnwiderstand R_B verbleibt. In Bild **111.**2 ist der Widerstand $R_i + R_B$ in Abhängigkeit vom Durchlaßstrom I_F doppelt logarithmisch aufgetragen. Bei Durchlaßströmen oberhalb 100 mA verringert sich der gesamte wirksame Hochfrequenzwiderstand $R_B + R_i$ nicht weiter, da er bei $R_i \approx 0$

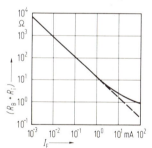

111.2 Abhängigkeit des Hochfrequenz-Widerstandes $R_B + R_i$ der PIN-Diode vom Durchlaßstrom I_F

durch den Bahnwiderstand R_B begrenzt wird. Bei einer Halbleiterdiode sinkt nach Gl. (27.2) der differentielle Durchlaßwiderstand r_F umgekehrt proportional mit dem Durchlaßstrom I_F. Experimente zeigen, daß bei PIN-Dioden diese Beziehung nicht exakt erfüllt ist, sondern daß der Hochfrequenzwiderstand

$$R_i \sim 1/I_F^x \tag{111.1}$$

ist, wobei der Exponent meist $x = 0{,}87$ beträgt.
Da PIN-Dioden nach Abschn. 3.9.3 zur Abschwächung und Modulation von Hochfrequenzsignalen verwendet werden, sind sie in koaxiale Gehäuse eingebaut, die organisch in koaxiale Leitungssysteme eingefügt werden können.

3.9.3 Anwendungen

3.9.3.1 Hochfrequenzabschwächer. Reihen-Abschwächer.
In Bild **112.**1 sind Schaltung und Hochfrequenz-Ersatzschaltung eines PIN-Dioden-Reihen-Abschwächers wiedergegeben. Der Generator G mit dem Ausgangswiderstand $R_G = Z$ (z. B. Wellenwiderstand eines

angeschlossenen Hochfrequenz-Kabels, je nach Kabeltyp $Z = 50\,\Omega$ bis $300\,\Omega$) steuert den PIN-Abschwächer mit der Wechselspannung u_1 an. Über den durch den Steuerstrom I_F veränderbaren Dioden-Widerstand R_i und über den Widerstand $Z = R_L$ wird die Eingangsspannung u_1 geteilt, und man erhält als Ausgangsspannung

$$u_2 = u_1 Z/(Z + R_i) \tag{112.1}$$

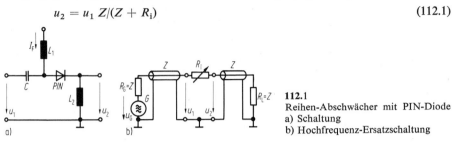

112.1
Reihen-Abschwächer mit PIN-Diode
a) Schaltung
b) Hochfrequenz-Ersatzschaltung

Die Kapazität C hält die angeschlossene HF-Leitung gleichspannungsfrei. Über die Induktivitäten L_1 und L_2 wird der Steuerstrom der PIN-Diode eingespeist und gleichzeitig ein Kurzschluß der HF-Spannung zur Steuerstromquelle und nach Masse verhindert. Das Teilerverhältnis $K = u_1/u_2$ hängt nichtlinear vom Durchlaßstrom I_F ab, denn nach Gl. (111.1) ist der Widerstand R_i eine nichtlineare Funktion des Durchlaßstroms I_F. Ein weiterer Nachteil der Schaltung ist der nicht reflexionsfreie Abschluß; denn nur bei kleinem Widerstand R_i findet eine vom Generator aus einlaufende Welle den Abschlußwiderstand $R_L = Z$ vor, und es tritt keine reflektierte Welle auf. Wird bei größerer Abschwächung der Widerstand R_i durch Verringerung des Durchlaßstroms I_F vergrößert, hat der Abschwächer einen Widerstand $(R_i + Z) \gg Z$, und es entsteht am Abschwächer eine reflektierte Welle, die zusammen mit der einlaufenden Welle auf der Hochfrequenz-Leitung stehende Wellen ausbildet.

Parallel-Abschwächer. Ein Parallel-Abschwächer ist in Bild **112.2** dargestellt. Hier schließt die PIN-Diode bei großem Durchlaßstrom den Ausgang des Abschwächers kurz, so daß das Ausgangssignal u_1 nahezu Null wird. Der Durchlaßstrom wird wieder über die Induktivitäten L_1, L_2 zugeführt. Der Parallel-Abschwächer hat wegen der Entstehung von Reflexionen den gleichen Nachteil wie der Reihen-Abschwächer.

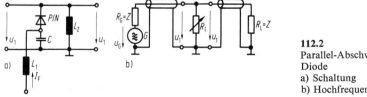

112.2
Parallel-Abschwächer mit PIN-Diode
a) Schaltung
b) Hochfrequenz-Ersatzschaltung

Kombinierter Parallel-Reihen-Abschwächer mit konstanter Impedanz. Sollen Reflexionen am Abschwächer vermieden werden, muß die über das Kabel mit dem Wellenwiderstand Z in den Abschwächer einlaufende Welle u_1 bei allen Teilerverhältnissen den Wellenwiderstand Z vorfinden. Dies kann man mit Π- oder T-Gliedern aus PIN-Dioden erreichen. Wir wollen am Π-Glied die Verhältnisse untersuchen und haben daher in Bild **113.1** die Hochfrequenz-Ersatzschaltung dargestellt.

An das Π-Glied stellen wir die Forderungen:
1. Es muß symmetrisch sein. Daraus ergibt sich, daß die beiden Querwiderstände R_{i1} gleich sein müssen.
2. Die einlaufende Welle u_1 soll stets den Wellenwiderstand Z vorfinden. Daraus ergibt sich, daß

$$\frac{\{R_{i2} + [R_{i1} Z/(R_{i1} + Z)]\} R_{i1}}{R_{i2} + [R_{i1} Z/(R_{i1} + Z)] + R_{i1}} = Z \qquad (113.1)$$

sein muß.
3. Das Teilerverhältnis soll $K = u_1/u_2$ betragen. Hierfür ergibt sich aus der Schaltung in Bild **113.**1

$$\frac{u_1}{u_2} = \frac{R_{i2} + [R_{i1} Z/(R_{i1} + Z)]}{R_{i1} Z/(R_{i1} + Z)} = K \qquad (113.2)$$

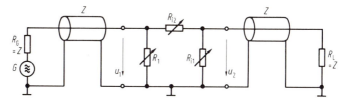

113.1
Hochfrequenz-Ersatzschaltung eines kombinierten Reihen-Parallel-Abschwächers (Π-Glied)

Lösen wir Gl. (113.1) und (113.2) nach den Widerständen R_{i1} und R_{i2} auf, erhalten wir

$$R_{i1} = Z(K + 1)/(K - 1) \qquad (113.3)$$

$$R_{i2} = [K - (1/K)] Z/2 \qquad (113.4)$$

Für $Z = $ const gehört also zu jedem Teilerverhältnis K ein Wertepaar R_{i1}, R_{i2}. Der Verlauf der Widerstände R_{i1}, R_{i2} in Abhängigkeit vom Teilerverhältnis K ist in Bild **113.**2 aufgetragen. Da R_{i1} und R_{i2} die stromabhängigen Widerstände der PIN-Dioden

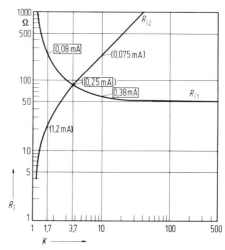

113.2
Verlauf der Hochfrequenz-Widerstände R_{i1} und R_{i2} nach Gl. (113.3) und (113.4) in Abhängigkeit vom Abschwächerverhältnis K mit dem Wellenwiderstand $Z = 50\,\Omega$ als Parameter. Werte im ▭ Steuerströme I_{F1} und Werte in ( ) Steuerströme I_{F2} für PIN-Dioden HP 5082-3101, erforderlich für die entsprechenden Widerstandswerte R_{i1} und R_{i2}

3.9 PIN-Dioden

sind, muß eine Schaltung gefunden werden, in der durch Einspeisung eines einzigen Steuerstroms die Widerstände R_{i1} und R_{i2} so geändert werden, wie es Bild **113.2** fordert. In Bild **113.2** sind die notwendigen Steuerströme für die Reihendiode D_2 (R_{i2}) und für die Paralleldioden D_1 (R_{i1}) bei drei verschiedenen Teilerverhältnissen K eingetragen. Die ausgeführte Schaltung ist in Bild **114.**1 wiedergegeben. Zur Ansteuerung der Schaltung arbeitet man mit einer Konstantspannungsquelle ($+9$ V) und einer Steuerstromquelle G (0,075 mA bis 6 mA). Der Steuerstrom I_{F2} wird über ein HF-Filter der Diode D_2 zugeführt und fließt über den Widerstand R_2 ab. Die Dioden D_1 erhalten über den Widerstand R_1 von der Spannungsquelle ihren Durchlaßstrom I_{F1}, der ebenfalls über den Widerstand R_2 abfließt. Durch die Verkopplung der Ströme über den Widerstand R_2 wird bei einer Änderung des Stroms I_{F2} auch der Strom I_{F1} geändert.

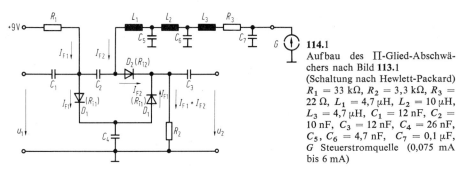

114.1
Aufbau des Π-Glied-Abschwächers nach Bild **113.1**
(Schaltung nach Hewlett-Packard)
$R_1 = 33$ kΩ, $R_2 = 3,3$ kΩ, $R_3 = 22$ Ω, $L_1 = 4,7$ µH, $L_2 = 10$ µH, $L_3 = 4,7$ µH, $C_1 = 12$ nF, $C_2 = 10$ nF, $C_3 = 12$ nF, $C_4 = 26$ nF, C_5, $C_6 = 4,7$ nF, $C_7 = 0,1$ µF, G Steuerstromquelle (0,075 mA bis 6 mA)

Beispiel 30. Mit den Zahlenwerten der Schaltung in Bild **114.**1 berechne man den Durchlaßstrom I_{F1} der Dioden D_1 für die drei eingespeisten Steuerströme $I_{F2} = 0,075$ mA bzw. 0,25 mA bzw. 1,2 mA.
Wir entnehmen der Schaltung die Spannungsgleichung

$$I_{F1} R_1 + 1,6 \text{ V} + (I_{F1} + I_{F2}) R_2 = 9 \text{ V} \tag{114.1}$$

Die Spannung 1,6 V ist die an den Dioden D_1 und D_2 abfallende Durchlaßspannung. Wir stellen Gl. (114.1) nach dem Durchlaßstrom

$$I_{F1} = (7,4 \text{ V} - I_{F2} R_2)/(R_1 + R_2) \tag{114.2}$$

um. Für den Strom $I_{F2} = 0,075$ mA erhalten wir aus Gl. (114.2) $I_{F1} = (7,4 \text{ V} - 0,075 \text{ mA} \cdot 3,3 \text{ k}\Omega)/(33 \text{ k}\Omega + 3,3 \text{ k}\Omega) = 0,2$ mA. In gleicher Weise ergibt sich für $I_{F2} = 0,25$ mA der Strom $I_{F1} = 0,18$ mA und für $I_{F2} = 1,2$ mA der Strom $I_{F1} = 0,093$ mA.
Wachsender Steuerstrom I_{F2} (kleiner werdender HF-Widerstand R_{i2}) hat nach Gl. (114.2) einen kleineren Durchlaßstrom I_{F1} (wachsenden HF-Widerstand R_{i1}) zur Folge. Die aus der Schaltung berechneten Ströme I_{F1} weichen insbesondere bei größeren Teilerverhältnissen von den in Bild **113.2** geforderten Werten merklich ab. Z.B. muß bei dem Teilerverhältnis $K = 10$ der Strom $I_{F2} = 0,075$ mA und der Strom $I_{F1} = 0,38$ mA sein. Berechnet wurde jedoch $I_{F1} = 0,2$ mA. Trotzdem arbeitet der Abschwächer befriedigend im Frequenzbereich von 10 MHz bis 1 GHz. Als PIN-Dioden werden z.B. die Hewlett Packard Dioden HP 5082-3101 verwendet, die die Grenzfrequenz $f_g = 0,8$ MHz entsprechend der Minoritätsträger-Lebensdauer $\tau = 200$ ns aufweisen.

3.9.3.2 Duplex-Schalter in Radaranlagen.
In der Radartechnik wird sowohl der abgestrahlte als auch der empfangene Hochfrequenzimpuls über dieselbe Antenne geleitet. In diesem Simultan-Betrieb muß während des Abstrahlens der Eingang des

Empfängers kurzgeschlossen und der Ausgang des Senders auf die Antenne geschaltet sein. Während der Empfangsphase des reflektierten Hochfrequenzimpulses muß dagegen der Senderausgang kurzgeschlossen und der Empfängereingang auf die Antenne geschaltet werden. Die Sende- und Empfangsintervalle liegen im µs-Bereich.

Als einfache Schaltung für dieses Umschalten zwischen zwei Leitungen kann die in Bild **115.**1 gezeigte Duplex-Schaltung verwendet werden. Ist z.B. die PIN-Diode D_2 leitend und die PIN-Diode D_1 gesperrt, ist der Empfängereingang E kurzgeschlossen, also $u_E = 0$, und der Senderausgang S auf die Antenne A geschaltet und somit $u_A = u_S$. Ist umgekehrt die Diode D_1 leitend und die Diode D_2 gesperrt, ist die Antenne A auf den Empfängereingang E geschaltet, also $u_E = u_A$, und mit $u_S = 0$ der Senderausgang S kurzgeschlossen.

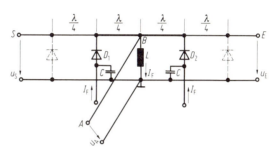

115.1
Duplex-Schaltung mit zwei PIN-Dioden D_1 und D_2 zur Umschaltung der Antenne A für den Simultan-Betrieb auf den Senderausgang S und den Empfängereingang E in Radaranlagen

Die ($\lambda/4$)-Leitungen dienen zur Entkopplung der Dioden D_1 und D_2. $\lambda = v/f$ ist die Wellenlänge der abgestrahlten bzw. nach der Reflexion wieder empfangenen elektromagnetischen Welle und berechnet sich somit aus der Ausbreitungsgeschwindigkeit v und der Frequenz der Schwingung f. Die Ausbreitungsgeschwindigkeit v ist im Vakuum gleich der Lichtgeschwindigkeit $c = 3 \cdot 10^8$ m/s. Auf Leitungen ist sie jedoch geringer und liegt bei $v \approx 2 \cdot 10^8$ m/s.

Am Punkt B wird ein Kurzschluß der Leitung (durch eine der Dioden) nicht bemerkt, wenn dieser im Abstand $\lambda/4$ vom Punkt B in der Leitung auftritt. Läuft z.B. eine Welle in die linke Leitung und wird an der leitenden Diode D_1 reflektiert, kehrt sie nach der Zeit $t_v = 2\lambda/(4v)$ wegen des Kurzschlusses mit umgekehrtem Vorzeichen zum Punkt B zurück. Mit der Signalgeschwindigkeit $v = \lambda f = \lambda/T$ wird die Verzögerungszeit $t_v = T/2$. Nach dieser halben Periode $T/2$ der Hochfrequenzschwingung hat diese am Punkt B ebenfalls gerade das Vorzeichen gewechselt, so daß die von der Antenne A einfallende Welle und die an der Diode D_1 reflektierte Welle sich gleichphasig überlagern. Der Kurzschluß der Diode D_1 ist dadurch von der Antenne A und dem Empfänger E her nicht zu bemerken. Die gleichen Überlegungen gelten für die Diode D_2 bezüglich der Antenne A und dem Senderausgang S.

Häufig reicht der Kurzschluß mit einer Diode noch nicht aus. Dann besteht die Möglichkeit, durch Einbau weiterer Dioden im Abstand von $\lambda/4$ (gestrichelt in Bild **115.**1) die Trennung von Senderausgang S und Empfängereingang E weiter zu verbessern.

Die Induktivität L läßt den Durchlaßstrom I_F der jeweils leitenden Diode gegen Masse abfließen. Die Kondensatoren C erden die Stromquellen der Dioden für die Hochfrequenzspannung und sorgen somit für einen guten Kurzschluß der jeweils leitenden Diode.

3.10 Impatt-Dioden

Die **Impatt-Diode**, auch **Lawinen-Laufzeit-Diode** genannt, ist eine Silizium- oder GaAs-Diode, mit der Mikrowellen im Frequenzbereich von 1 GHz bis 20 GHz erzeugt werden können. Das Wort **Impatt** ist aus den Anfangsbuchstaben von **IMP**act ionisation **A**valanche **T**ransit **T**ime (Stoßionisation und Lawinenlaufzeit) entstanden [25], [26], [27].

3.10.1 Wirkungsweise

3.10.1.1 Qualitative Erklärung. Die Impatt-Diode besteht aus den Schichten P^+NN^+ oder N^+PP^+ (P^+ bzw. N^+ kennzeichnet eine hochdotierte P- bzw. N-Schicht) und wird für den Betrieb als Mikrowellengenerator oder Verstärker in Sperrichtung (plus an N^+) gepolt. Die Sperrspannung liegt im Bereich $U_R = -70$ V bis -150 V. Es bildet sich am Übergang P^+N eine trägerverarmte Schicht, die wegen der schwachen N-Dotierung weit in den N-Bereich hineinreicht. In Bild **116.1** sind diese Verhältnisse dargestellt, wobei sich aus der Verteilung der unkompensierten Raumladung $\varrho_x = f(x)$ in Bild **116.1** b die in Bild **116.1** c angegebene dreieckförmige Feldverteilung $E_x = f(x)$ ergibt. Minoritätsträger (Elektronen) des hochdotierten P^+-Bereichs, die in die Sperrschicht einströmen, vermehren sich im Bereich der höchsten Feldstärke durch Stoßionisation von Gitter-

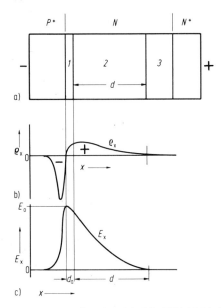

116.1 Modell einer Impatt-Diode
a) Schichtenfolge
b) Verlauf der unkompensierten Raumladung $\varrho_x = f(x)$ am P^+N-Übergang
c) Raumladungsfeldstärke $E_x = f(x)$ am P^+N-Übergang
1 Lawinenbereich, *2* Driftstrecke, *3* raumladungsfreier Bereich

atomen (Lawinenbereich *1* in Bild **116.1** a). Es entstehen weitere Elektronen und Löcher, die sich erneut durch Ionisation vermehren. Diese Trägervervielfachung ist in Bild **117.1** für die Elektronen schematisch dargestellt. Die zur P^+-Schicht zurücklaufenden Löcher tragen ebenfalls zur Trägervermehrung bei. Eine Impatt-Diode muß also, ähnlich wie die Z-Diode, im Durchbruchsbereich (Lawinenbereich) betrieben werden. Schwankt die angelegte Durchbruchspannung sinusförmig, erzeugt die Impatt-Diode kurzzeitige Ladungsimpulse im Lawinenbereich. Diese Elektronenlawinen durchlaufen den sich anschließenden Driftbereich, so daß im Außenkreis gegen die anregende Spannung phasenverschobene Stromimpulse entstehen, die zur Selbsterregung führen können.

3.10.1.2 Genauere Berechnung. Die Trägervervielfachung durch Stoßionisation wird in Abschn. 3.1 durch den Durchbruchfaktor M in Gl. (54.1) und (54.2) berücksichtigt. Um die in der Impatt-Diode auftretenden Mikrowellen-Stromimpulse zu verstehen, müssen wir den Lawinenprozeß genauer betrachten [24]. Wir gehen von den Kontinuitätsgleichungen für die orts- und zeitabhängigen Löcher- und Elektronendichten p_{xt} und n_{xt}

$$\frac{\partial p_{xt}}{\partial t} = -v \frac{\partial p_{xt}}{\partial x} + \alpha v (n_{xt} + p_{xt}) \tag{117.1}$$

$$\frac{\partial n_{xt}}{\partial t} = -v \frac{\partial n_{xt}}{\partial x} + \alpha v (n_{xt} + p_{xt}) \tag{117.2}$$

mit der Driftgeschwindigkeit v der Träger im Feld und dem Stoßionisierungskoeffizienten α aus. Der 1. Term in den Gleichungen gibt den Anteil der Änderung $\partial p_{xt}/\partial x$ der Löcher- bzw. $\partial n_{xt}/\partial x$ der Elektronendichte wieder, der durch die Drift der Ladungsträger im elektrischen Feld verursacht wird. Der 2. Term liefert mit der mittleren Zeit $\tau = 1/(\alpha v)$ zwischen zwei ionisierenden Stößen die Ladungsträgeränderung, die durch Ionisation von Elektronen bzw. Löchern im Wegelement ∂x des Lawinenbereichs erzeugt wird. Eine Lösung der partiellen Differentialgleichungen (117.1) und (117.2) ist nur dann geschlossen möglich, wenn die Dichte

$$N_t = p_{xt} + n_{xt} \tag{117.3}$$

nur noch von der Zeit abhängt, also $p_{xt} = p_t$ und $n_{xt} = n_t$ ist.

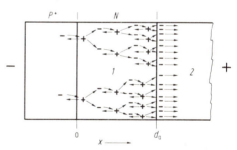

117.1 Modell für die lawinenartige Trägervermehrung der Elektronen im Lawinenbereich des P^+N-Übergangs
1 Lawinenbereich, *2* Driftstrecke, — freies Elektron, + positives Loch

Mit der Elementarladung e wird dann die zeitabhängige **Ladungsdichte**

$$q_t = e N_t \tag{117.4}$$

Die Addition von Gl. (117.1) und (117.2) sowie die Integration über den Ort x von $x = 0$ bis $x = d_a$ (s. Bild **117.1**), also über den Lawinenbereich, liefert mit Gl. (117.3) und (117.4)

$$d_a \frac{dq_t}{dt} = -v e (p - n) \Big|_0^{d_a} + 2 q_t v \int_0^{d_a} \alpha \, dx \tag{117.5}$$

Mit den Randbedingungen, die wir Bild **118.1** entnehmen, erhalten wir für die Orte

$$x = 0: \quad v e (p - n) = v e \left(2p - \frac{q_t}{e} \right) = v e \left(2 p_{n0} - \frac{q_t}{e} \right)$$

$$x = d_a: \quad v e (p - n) = v e \left(-2 n_{p0} + \frac{q_t}{e} \right)$$

3.10 Impatt-Dioden

Setzen wir die Randbedingungen in Gl. (117.5) ein, finden wir mit der Laufzeit $T_a = d_a/v$ der Ladungsträger durch den Lawinenbereich und der Minoritätsträgerladungsdichte $q_0 = e(p_{n0} + n_{p0})$

$$\frac{T_a}{2}\frac{dq_t}{dt} = q_0 + q_t\left(\int_0^{d_a} \alpha\, dx - 1\right) \tag{118.1}$$

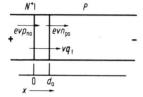

118.1 Randbedingungen zu Gl. (117.5)

Der Stoßionisierungskoeffizient $\alpha(E) \sim E^m$ mit ($m \approx 7$) hängt sehr stark von der Feldstärke E ab. Nehmen wir zur Vereinfachung die Feldstärke $E = E_0$ im Lawinenbereich als konstant an, wird das Integral in Gl. (118.1)

$$\int_0^{d_a} \alpha\, dx = d_a\, \alpha(E_0) = \left(\frac{E_0}{E_{(BR)}}\right)^m \tag{118.2}$$

Erreicht E_0 die Durchbruchsfeldstärke $E_{(BR)}$, wird das Integral

$$\int_0^{d_a} \alpha\, dx = 1$$

Im stationären Fall, also bei konstantem Strom durch die Diode, ist die Ladungsdichteänderung $dq_t/dt = 0$, und Gl. (118.1) liefert die zeitlich konstante Ladungsdichte im Lawinenbereich

$$q_t = q = q_0 \bigg/ \left(1 - \int_0^{d_a} \alpha\, dx\right) \tag{118.3}$$

Den Strom im Außenkreis

$$I_z = V q v / d = I_{RS}/[1 - (E_0/E_{(BR)})^m] \tag{118.4}$$

erhalten wir aus der Ladungsdichte q, dem Volumen V des Lawinenbereichs, der Driftgeschwindigkeit v und der Länge d der Driftstrecke aus Gl. (118.3) und (118.2), wobei der Sättigungssperrstrom $I_{RS} = V q_0 v/d$ ist. Für $\int_0^{d_a} \alpha\, dx = 1$ bzw. $E_0 = E_{(BR)}$ wächst der Strom $I_z \to \infty$.
Setzen wir in Gl. (118.4) noch die zugehörigen Spannungen ein, wird der Strom im Außenkreis

$$I_z = I_{RS}/[1 - (U/U_{(BR)})^m] = M\, I_{RS} \tag{118.5}$$

und es ergibt sich die schon in Abschn. 3.1.1.2 verwendete Gl. (54.2), die das Verhalten des Zener-Stroms I_z beschreibt.
Im nichtstationären Fall ist die an der Diode liegende Spannung $u_0 = U_{(BR)} + u_m \sin(\omega t)$ nicht konstant. Die überlagerte Sinusspannung führt auch zu einer zeitlich nicht konstanten Feldstärke im Lawinenbereich

$$E_{0t} = E_{(BR)} + E_m \sin(\omega t) \tag{118.6}$$

3.10.1 Wirkungsweise

Für die Berechnung des Stroms in diesem nichtstationären Fall setzen wir zunächst Gl. (118.2) in Gl. (118.1) ein und erhalten

$$\frac{T_a}{2}\left(\frac{1}{q_t}\frac{dq_t}{dt}\right) = \frac{T_a}{2}\frac{d}{dt}(\ln q_t) = \left(\frac{E_0}{E_{(BR)}}\right)^m - 1 + \frac{q_0}{q_t} \qquad (119.1)$$

Ist die durch Ionisation erzeugte Ladungsdichte q_t sehr viel größer als die Minoritätsträgerladung q_0, können wir q_0/q_t vernachlässigen. Entwickeln wir ferner noch $(E_0/E_{(BR)})^m$ in eine Reihe von Potenzen von $[(E_0/E_{(BR)}) - 1]$, die wir nach dem ersten Term abbrechen, erhalten wir für die zeitabhängige Ladungsdichte q_t die Differentialgleichung

$$\frac{d}{dt}(\ln q_t) = \frac{2m}{T_a}\left(\frac{E_0}{E_{(BR)}} - 1\right) \qquad (119.2)$$

Setzen wir jetzt Gl. (118.6) ein und integrieren Gl. (119.2) von der Zeit $t = 0$ bis zur Zeit t, erhalten wir als Lösung

$$\ln\left(\frac{q_t}{q_0}\right) = \frac{2m}{T_a \omega} \cdot \frac{E_m}{E_{(BR)}}[1 - \cos(\omega t)] \qquad (119.3)$$

und schließlich die zeitabhängige Ladungsdichte

$$Q_t = Q_0 \exp\left\{\frac{2m}{T_a \omega} \cdot \frac{E_m}{E_{(BR)}}[1 - \cos(\omega t)]\right\} \qquad (119.4)$$

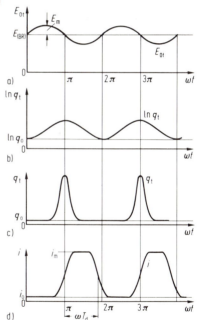

In Bild 119.1 ist der zeitliche Verlauf der anregenden Feldstärke E_{0t}, der Lösung $\ln q_t$ und der Ladungsdichte q_t aufgetragen. Die Ladungsimpulse q_t werden gegenüber dem Maximum der Wechselspannung bzw. der Wechselfeldstärke zeitlich um eine Viertelperiode $\omega t = \pi/2$ verschoben erzeugt. Außerdem sind sie zeitlich sehr stark fokussiert, bedingt durch das nichtlineare Verhalten der Exponentialfunktion.

119.1 Impulsdiagramme der Impatt-Diode
a) zeitlicher Verlauf der Feldstärke $E_{0t} = f(t)$ in der Lawinenzone
b), c) erzeugte Ladungsdichte-Impulse $\ln q_t$ und $q_t = f(t)$
d) Strom im angeschlossenen Kreis $i = f(t)$

Verläßt eine solche Ladungsanhäufung die Lawinenzone und tritt in die Driftstrecke d ein, erzeugen die während der Driftzeit

$$T_d = d/v \qquad (119.5)$$

mit etwa konstanter Driftgeschwindigkeit v sich bewegenden Ladungsträger (bei der P$^+$NN$^+$-Diode Elektronen, bei der N$^+$PP$^+$-Diode Löcher) einen nahezu rechteckförmigen Stromimpuls,

3.10 Impatt-Dioden

dessen Scheitelwert

$$i_\mathrm{m} = \frac{vV}{dT}\int_0^T q_\mathrm{t}\,dt \qquad (120.1)$$

berechnet werden kann, wobei $T = 2\pi/\omega$ die Periode der mit der Kreisfrequenz ω anregenden Wechselfeldstärke $E_{0\mathrm{t}}$ und V das Volumen des Lawinenbereichs ist. Dieser Rechteckstromimpuls ist bei geeigneter Länge der Driftstrecke d im Mittel etwa um den Phasenwinkel π gegen die erregende Spannung verschoben. Wird die Diode in einen Schwingkreis, der auf die Kreisfrequenz ω abgestimmt ist, eingebaut, filtert dieser aus dem Frequenzspektrum des Rechteckimpulses die Grundschwingung mit der Kreisfrequenz ω heraus und, da wegen der Phasenverschiebung π zu fallender Spannung steigender Strom gehört, stellt die Diode einen negativen Widerstand dar, so daß der Schwingkreis auf der Kreisfrequenz ω selbsterregt wird.

Durch Selbsterregung kann sich also eine Schwingung aufschaukeln, ohne primär eine Wechselspannung an die Diode zu legen. Theoretische Untersuchungen ergeben, daß der günstigste Fall für die Selbsterregung vorliegt, wenn der **Laufzeitwinkel**

$$\Theta = 2\pi\,(T_\mathrm{d}/T) = \omega\,T_\mathrm{d} = 0{,}74\,\pi \qquad (120.2)$$

ist.

Beispiel 31. Für eine Impatt-Diode, die optimal bei der Frequenz $f = 10$ GHz arbeitet, berechne man die Driftzeit T_d der Elektronen und die erforderliche Länge d der Driftstrecke, wenn die Driftgeschwindigkeit der Elektronen $v = 10^7$ cm/s beträgt.

Wir erhalten aus der Selbsterregungsbedingung Gl. (120.2) $\Theta = \omega\,T_\mathrm{d} = 2\pi f\,T_\mathrm{d} = 0{,}74\pi$ für die Driftzeit $T_\mathrm{d} = 0{,}37/f = 0{,}37/(10\text{ GHz}) = 0{,}037$ ns. Die Länge der Driftstrecke ist daher nach Gl. (119.5) $d = v\,T_\mathrm{d} = 10^7$ (cm/s) $\cdot\,0{,}037$ ns $= 3{,}7$ µm.

3.10.2 Eigenschaften und Aufbau

3.10.2.1 Kennlinie. Die Kennlinie einer Silizium-Impatt-Diode nach Bild **121**.1 ähnelt sehr stark der Kennlinie einer Z-Diode mit hoher Durchbruchspannung. In Durchlaßrichtung gepolt, verhält sich die Impatt-Diode wie eine normale Siliziumdiode mit der Schwellspannung $U_\mathrm{S} = 0{,}6$ V bis $0{,}7$ V. In Sperrichtung gepolt, was ja die normale Betriebspolung ist, zeigt die Impatt-Diode die Kennlinie einer Diode mit hoher Durchbruchspannung $U_\mathrm{(BR)} = -70$ V bis -150 V. Bei der Durchbruchspannung $U_\mathrm{(BR)}$ steigt der Strom I_z steil an. Begrenzt wird der Anstieg jedoch durch den Bahnwiderstand R_B der Diode und den differentiellen Widerstand r_D der Sperrschicht, so daß der Anstieg nicht unendlich steil ist. Daher muß die Arbeitsspannung der Diode größer als die Durchbruchspannung $U_\mathrm{(BR)}$ sein. Übliche Werte sind z.B. Durchbruchspannung $U_\mathrm{(BR)} = -105$ V bei 300 K und Arbeitsspannung $U_\mathrm{B} = -125$ V.

3.10.2.2 Verlustleistung. Das Abführen der Verlustleistung ist das technologisch schwierigste Problem beim Aufbau von Impatt-Dioden. Bei dem Wirkungsgrad $\eta = 15\,\%$ können Silizium-Impatt-Dioden Mikrowellen-Dauerleistungen bis zu 2 W abgeben, d.h., die in der Diode erzeugte Verlustleistung beträgt bis zu 13 W. Um eine kleine Diodenkapazität zu erzielen, muß andererseits der Diodenquerschnitt möglichst klein gehalten werden. Der Querschnitt der Diode beträgt nur etwa 10^{-4} cm^2, und die Dicke des

Dioden-Chips liegt bei 0,04 mm (Bild 121.2a), so daß die Leistungsdichte 10^7 W/cm^3 bis 10^8 W/cm^3 beträgt. Wie Bild 121.2 zeigt, wird das Dioden-Chip durch Thermokompression auf einen vergoldeten Kupferblock aufgepreßt, der zur Wärmeableitung dient.

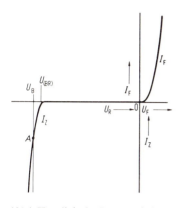

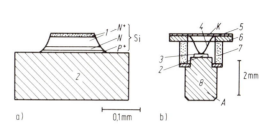

121.2 Aufbau einer Impatt-Diode
a) Diodenkristall mit Kühlblock
b) Gehäuseaufbau
1 Chrom-Gold-Schicht der Kathode K, *2* Kühlblock aus Kupfer (Anode A), *3* Diodenkristall, *4* Zuführungsdraht aus Gold, *5* Kovarkappe, *6* Kovarflansch, *7* Keramik-Isolation, *8* Anodenkupferflansch;
Polung für den Betrieb als Mikrowellengenerator: plus an Kathode K

121.1 Kennlinie der Impatt-Diode
$U_{(BR)}$ Spannung, bei der der Durchbruch einsetzt; U_B Arbeitsspannung, I_F Durchlaßstrom, I_Z Lawinendurchbruchstrom, A Arbeitspunkt

Auflöten ist nicht möglich, da das Lot ein zu schlechtes Wärmeleitvermögen hat. Der vergoldete Block wird in ein Gehäuse eingebaut, das in Bild 121.2b dargestellt ist. Man erreicht mit dieser Anordnung thermische Widerstände R_{thJG} = 5 K/W bis 10 K/W (zur Definition des thermischen Widerstands s. Abschn. 4.7). Die maximale Sperrschichttemperatur darf 473 K betragen, so daß mit Gehäusetemperatur T_G und dem thermischen Widerstand R_{thJG} zwischen Sperrschicht und Gehäuse die maximale Verlustleistung

$$P_{V\,max} = (473\text{ K} - T_G)/R_{thJG} \qquad (121.1)$$

sein darf. Bei dem thermischen Widerstand R_{thJG} = 10 K/W und der Gehäusetemperatur T_G = 353 K wird z. B. die maximale Verlustleistung $P_{V\,max}$ = 12 W. Die dabei fließenden Diodenströme liegen im Bereich $|I_Z|$ = 25 mA bis 200 mA.
Die erzeugten Mikrowellenschwingungen haben Frequenzen f = 5 GHz bis 20 GHz.

3.10.3 Anwendung als Mikrowellengenerator

Bei den Arbeitsfrequenzen von Impatt-Dioden im Bereich von 10 GHz ist es nicht mehr möglich, Schwingkreise in konventioneller Bauweise aus Spulen und Kondensatoren aufzubauen. Bei der Resonanzfrequenz f = 10 GHz würde mit C = 1 pF die Induktivität eines solchen Schwingkreises nur noch $L = 1/(4\pi^2 f^2 C)$ = 0,25 nH betragen und wäre als Drahtspule nicht mehr realisierbar. Hinzu kommt, daß die Wellenlänge der durch die Schwingung erregten elektromagnetischen Welle $\lambda = v/f$ bei der Frequenz f = 10 GHz und der Ausbreitungsgeschwindigkeit $v \approx 2 \cdot 10^{10}$ cm/s auf einer Drahtverbindung nur $\lambda \approx 2$ cm beträgt und damit die Größenordnung der Bauteil-

3.10 Impatt-Dioden

abmessungen hat. Dies führt dazu, daß man Schwingkreise als **Hohlraumresonatoren** auslegt, wobei Eigenkapazität und Induktivität der Diode besonders beachtet werden müssen.

3.10.3.1 Ersatzschaltung. Wir müssen unterscheiden zwischen Dioden-Chip und Gehäuse (Bild **122.1**). Das Dioden-Chip hat bei der Arbeitsfrequenz einen negativen Widerstand $R_D = R_D' + R_B$, der den Halbleiterbahnwiderstand R_B enthält. Er beträgt $R_B = 1\;\Omega$ bis $1,5\;\Omega$, so daß der negative Widerstand der Sperrschicht $R_D' = -3\;\Omega$ bis $-3,4\;\Omega$ ist, wenn der Gesamtwiderstand den Wert $R_D = -2\;\Omega$ hat. Die Kapazität des PN-Übergangs liegt im Bereich $C_S = 0,2$ pF bis $0,5$ pF und stellt die Kapazität der Sperrschicht bei der Durchbruchspannung dar. Gehäuseinduktivität L (einschließlich der Induktivität der Zuleitungen) und Gehäusekapazität C_G müssen bei der Anpassung an einen äußeren Kreis berücksichtigt werden.

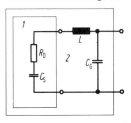

122.1 Ersatzschaltung der Impatt-Diode
  1 Diodenkristall, *2* Diodenkristall mit Gehäuse, $R_D \approx -2\;\Omega$, $C_S = 0,5$ pF, $C_G = 0,3$ pF, $L = 0,6$ nH

3.10.3.2 Schwingbedingung. Für den Schwingfall muß der Betrag des Diodenwiderstandes gleich dem Lastwiderstand $|R_D| = R_L$ sein, den die Diode vorfindet. Der Betrag des Diodenwiderstands $|R_D|$ fällt nach Bild **122.2** mit wachsender Amplitude der Diodenstromimpulse. Als stabiler Oszillator-Arbeitspunkt ergibt sich der Schnittpunkt der $|R_D|$-Kurve mit der Widerstandsgeraden R_L. Würde z.B. die Impulsamplitude größer werden, würde der Diodenwiderstand $|R_D|$ kleiner werden als der Lastwiderstand R_L, und eine Entdämpfung des Kreises wäre nicht mehr möglich; die Amplitude der Schwingung würde zurückgehen und der stabile Punkt wieder erreicht. Ist der Lastwiderstand R_L größer als der Maximalwert $|R_{D\,\text{max}}|$, ist eine Schwingung nicht mehr möglich.

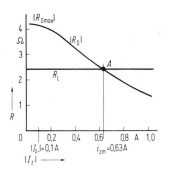

122.2 Abhängigkeit des Betrags des negativen Diodenwiderstands $|R_D|$ vom Diodenstrom $|I_z|$
  Da Sperr-, Zener- und Durchbruchströme gegenüber dem Durchlaßstrom I_F negativ sind, ist hier der Betrag des Zener-Stroms $|I_z|$ aufgetragen.
  A Arbeitspunkt der Diode, $|I_{z-}|$ Diodengleichstrom, i_{zm} Diodenspitzenstrom

Schwierigkeiten ergeben sich beim Impatt-Generator wegen des kleinen Diodenwiderstands $|R_D|$, weshalb auch der Lastwiderstand R_L klein sein muß. Die Wellenwiderstände von Breitband-Koaxialkabeln liegen jedoch etwa bei $Z_0 = 50\;\Omega$. Eine Widerstandstransformation ist deshalb unerläßlich.

3.10.3 Anwendung als Mikrowellengenerator

Wie Bild **123**.1 zeigt, wirkt das Dioden-Chip kapazitiv; die Last muß deshalb induktiv sein. Die Schwingung baut sich dann bei der Frequenz auf, bei der $|X_D| = |1/(j\omega C_S)| = |X_L|$ ist, und schaukelt sich solange auf, bis die Bedingung $|R_D| = |R_L|$ erreicht ist.

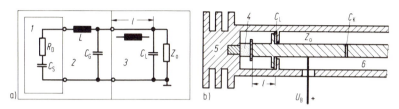

123.1 Vollständiger Impatt-Mikrowellengenerator
    a) Schaltung
    b) Aufbau des Generators
    1 Diodenkristall, *2* Diodenkristall mit Gehäuse, *3* äußerer Kreis, *4* Impatt-Diode, *5* Kühlblock, *6* koaxiale Leitung mit $Z_0 = 50\ \Omega$, $L = 0{,}6$ nH, $C_G = 0{,}3$ pF, $C_L = 1$ pF, $C_S = 0{,}5$ pF, $Z_0 = 50\ \Omega$, $R_D = -2{,}4\ \Omega$, $U_B \approx -125$ V, C_K Koppelkondensator

3.10.3.3 Impatt-Mikrowellengenerator. In Bild **123**.1 sind Schaltung und der Aufbau eines Impatt-Mikrowellengenerators dargestellt, der mit der Frequenz von etwa 11 GHz schwingt.
Für den komplexen Widerstand des Dioden-Chips gilt

$$\underline{Z}_D = R_D + jX_D \tag{123.1}$$

mit Realteil R_D und Imaginärteil

$$X_D = -1/(\omega C_S) \tag{123.2}$$

Der komplexe Widerstand der Last, zu dem wir Gehäuseinduktivität L und -kapazität C_G mit hinzurechnen, ist mit der Summenkapazität $C = C_G + C_L$ und dem reellen Wellenwiderstand Z_0 des Kabels

$$\underline{Z}_L = j\omega L + \frac{Z_0/(j\omega C)}{Z_0 + 1/[j\omega C)]} \tag{123.3}$$

Die Induktivität des Leitungsstücks *l* von der Diode bis zur Lastkapazität C_L (getrennt eingezeichnet in Bild **123**.1a) haben wir vernachlässigt, um die Gleichungen überschaubar zu halten. Über die Lastkapazität C_L kann der Generator in gewissen Grenzen abgestimmt werden.
Wir teilen Gl. (123.3) in Real- und Imaginärteil

$$\underline{Z}_L = \frac{Z_0}{1 + (\omega Z_0 C)^2} + j\left[\omega L - \frac{1/(\omega C)}{1 + 1/\omega Z_0 C)^2}\right] \tag{123.4}$$

auf und erhalten den Realteil

$$R_L = \frac{Z_0}{1 + (\omega Z_0 C)^2} \tag{123.5}$$

3.10 Impatt-Dioden

sowie den Imaginärteil

$$X_L = \omega L - \frac{1/(\omega C)}{1 + 1/(\omega Z_0 C)^2} \tag{124.1}$$

Aus der Bedingung für die Schwingung $X_D = -X_L$ berechnen wir mit Gl. (123.2) und (124.1) die Schwingkreisfrequenz ω_ϱ, indem wir nach der Kreisfrequenz ω auflösen und $\omega = \omega_\varrho$ setzen. Wir erhalten so die **Resonanzkreisfrequenz**

$$\omega_\varrho = \sqrt{\frac{1}{2 L C_S}\left(1 + \frac{C_S}{C}\right)\left(1 + \sqrt{1 + \frac{4 L C_S}{Z_0^2 (C + C_S)^2}}\right)} \tag{124.2}$$

Meist ist das 2. Glied unter der inneren Wurzel klein gegen eins, so daß näherungsweise die Resonanzfrequenz

$$f_\varrho \approx \frac{1}{2\pi}\sqrt{\frac{1 + (C_S/C)}{L C_S}} \tag{124.3}$$

wird.

Beispiel 32. Mit den Werten $L = 0,6$ nH, $C_S = 0,5$ pF, $C = 1,3$ pF und $Z_0 = 50\ \Omega$ ist die Resonanzfrequenz f_ϱ des Generators zu berechnen. Ferner sind der negative Diodenwiderstand R_D und die Amplitude der Diodenstromimpulse i_{zm} zu ermitteln.

Zur Berechnung der Resonanzfrequenz f_ϱ benutzen wir die Näherungsgleichung (124.3) und erhalten

$$f_\varrho = \frac{1}{2\pi}\sqrt{\frac{1 + (C_S/C)}{L C_S}} = \frac{1}{2\pi}\sqrt{\frac{1 + (0,5\text{ pF}/1,3\text{ pF})}{0,6\text{ nH} \cdot 0,5\text{ pF}}} = 10,8\text{ GHz}$$

Eine Berechnung mit der genaueren Gl. (124.2) liefert die Resonanzfrequenz $f_\varrho = 11,0$ GHz, also eine unerhebliche Abweichung.

Da im Resonanzfall $|R_D| = R_L$ ist, können wir aus Gl. (123.5) mit $\omega = \omega_\varrho = 2\pi f_\varrho = 2\pi \cdot 10,8\text{ GHz} = 6,8 \cdot 10^{10}\text{ s}^{-1}$ den sich einstellenden Diodenwiderstand

$$|R_D| = R_L = \frac{Z_0}{1 + (\omega Z_0 C)^2} = \frac{50\ \Omega}{1 + (6,8 \cdot 10^{10}\text{ s}^{-1} \cdot 50\ \Omega \cdot 1,3\text{ pF})^2} = 2,4\ \Omega$$

berechnen. Durch die Widerstandstransformation über die Induktivität L und die Kapazität C findet die Diode den gegenüber dem Wellenwiderstand $Z_0 = 50\ \Omega$ wesentlich kleineren Lastwiderstand $R_L = 2,4\ \Omega$ vor. Nach Bild **122.2** gehört zu diesem Wert der Diodenspitzenstrom $i_{zm} = 0,63$ A. Hiermit läßt sich auch die abgegebene Mikrowellenleistung $P_L = R_L i_{zm}^2/2 = 2,4\ \Omega \cdot (0,63\text{ A})^2/2 = 0,47$ W abschätzen.

Beim technischen Aufbau (Bild **123.1**b) wird die Diode an das Ende einer koaxialen 50-Ω-Leitung gelegt. Ihre Anode wird in eine aus Kupfer bestehende, mit Kühlrippen versehene Halterung eingebettet, um die Verlustwärme abzuführen. Die positive Gleichspannung U_B wird durch ein Loch in der Koaxialleitung dem Mittelleiter und somit der Kathode der Diode zugeführt. Um die angeschlossene Koaxialleitung und somit den Verbraucher gleichspannungsfrei zu halten, ist der Mittelleiter hinter der Spannungszuführung unterbrochen. Die Unterbrechung wirkt bei 11 GHz wie ein Koppelkondensator C_K. Der Abstimmkondensator C_L sollte möglichst nahe bei der Diode liegen, um die Leitungslänge l klein zu halten. Er ist koaxial um den Mittelleiter angeordnet. Derartige Mikrowellengeneratoren werden in zunehmendem Maß als Sender zur Informationsübertragung im 10-GHz-Bereich (X-Band) und in Radaranlagen, insbesondere für Dopplerradaranlagen (Verkehrsüberwachung), angewendet.

3.11 Gunn-Dioden

Gunn-Dioden sind Halbleiterbauelemente, die aus Gallium-Arsenid, einer III-V-Verbindung, bestehen. Sie werden unter Ausnutzung des Gunn-Effektes zur Erzeugung von Mikrowellen benutzt [28], [29]. Mit einer Diode sind Gunn-Dioden, auch Gunn-Elemente genannt, nur noch vergleichbar bezüglich der beiden Anschlüsse. Ihre Struktur ist in Bild 125.1 dargestellt. Die Schichtenfolge beginnt an der Kathode mit einer sehr hoch

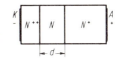

125.1 Halbleiterschichtenfolge des GaAs-Kristalls einer Gunn-Diode
K Kathode, A Anode, d wirksame Länge bei Mikrowellen-Erzeugung, N^{++} hoch dotierte, N^+ mittel dotierte und N schwach dotierte N-Schicht

dotierten N-Schicht (Elektronendichte $n^{++} \approx 10^{19}$ cm^{-3}). Darauf folgt eine schwach dotierte Zone ($n \approx 10^{15}$ cm^{-3}). Den Abschluß an der Anode bildet eine mittelhoch dotierte Zone ($n^+ \approx 10^{18}$ cm^{-3}). Der gesamte Halbleiterkristall ist also N-dotiert. Ein PN-Übergang ist nicht vorhanden.

3.11.1 Wirkungsweise

Um die Wirkungsweise eines solchen GaAs-Kristalls als Mikrowellengenerator zu verstehen, müssen wir zunächst das Verhalten der Elektronendriftgeschwindigkeit v_n im Kristall in Abhängigkeit von der im Kristall herrschenden Feldstärke E_x untersuchen. Durch die besondere Bandstruktur des GaAs-Materials ergibt sich nämlich, daß von einer bestimmten kritischen Feldstärke E_{kr} an bei weiter wachsender Feldstärke E_x die Driftgeschwindigkeit v_n nicht mehr steigt, sondern abnimmt. Dieses Verhalten ist in Bild 125.2 dargestellt. Danach steigt mit wachsender Feldstärke E_x zunächst die Driftgeschwindigkeit v_n der Elektronen bis auf $v_{n\,max} \approx 2 \cdot 10^7$ cm/s bei $E_{kr} = 3$ kV/cm.

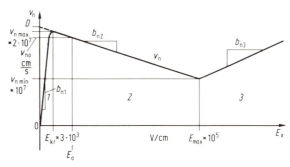

125.2
Abhängigkeit der Elektronendriftgeschwindigkeit v_n von der elektrischen Feldstärke E_x im GaAs-Halbleiter
1 Bereich großer positiver Beweglichkeit b_{n1}
2 Bereich negativer Beweglichkeit b_{n2}
3 Bereich kleiner positiver Beweglichkeit b_{n3}

In diesem Bereich *1* ist die Beweglichkeit b_n der Elektronen positiv. Es schließt sich der Bereich *2* an, in dem bei wachsender Feldstärke E_x die Driftgeschwindigkeit v_n fällt. In diesem Bereich ist deshalb die Beweglichkeit b_n negativ. Schließlich wird im Bereich *3* die Beweglichkeit wieder positiv, ist jedoch wesentlich kleiner als im Bereich *1*. Die Abhängigkeit der Geschwindigkeit v_n von der Feldstärke E_x in den 3 Bereichen können

3.11 Gunn-Dioden

wir wie folgt beschreiben:

Bereich *1*: $E_x < E_{kr}$ $\quad\quad v_n \approx b_{n1} E_x$ \hfill (126.1)

Bereich *2*: $E_{kr} < E_x < E_{max}$ $\quad v_n = b_{n2} E_x + D$ \hfill (126.2)

mit der Konstanten $D = (v_{n\,max} E_{max} - v_{n\,min} E_{kr})/(E_{max} - E_{kr}) \approx v_{n\,max}$, bei der die v_n-Gerade des Bereichs 2 die Ordinate schneidet.

Bereich *3*: $E_x > E_{max}$ $\quad\quad v_n = b_{n3} E_x + B$ \hfill (126.3)

mit der Konstanten $B = v_{n\,min} - b_{n3} E_{max}$, die ebenfalls den Ordinatenabschnitt der v_n-Geraden des Bereichs 3 darstellt.

Die Beweglichkeit in den 3 Bereichen beträgt $b_{n1} = 5 \cdot 10^3$ cm^2/Vs, $b_{n2} = -10^2$ cm^2/Vs, $b_{n3} = 2 \cdot 10^2$ cm^2/Vs.

Da der Strom durch den Kristall

$$I = eAnv_n \tag{126.4}$$

proportional zur Elementarladung e, zum Querschnitt A, zur Elektronendichte n und zur Elektronen-Driftgeschwindigkeit v_n ist, ergibt sich im Bereich 2, daß bei wachsender Feldstärke E_x, also bei wachsender Spannung U, der Strom fällt. Das Gunn-Element zeigt in diesem Bereich einen negativen differentiellen Widerstand r, den wir mit Gl. (126.4) und (126.2) berechnen können. Mit der Spannung $U = E_x d$, von der wir annehmen, daß sie nur am schwach dotierten N-Bereich, also längs der Strecke d (Bild **125.**1), abfällt, finden wir den Strom

$$I = eAn[b_{n2}(U/d) + D] \tag{126.5}$$

Differenzieren wir nach der Spannung U, erhalten wir die Stromänderung

$$dI/dU = eAnb_{n2}/d = 1/r \tag{126.6}$$

und somit den differentiellen Widerstand

$$r = d/(eAnb_{n2}) \tag{126.7}$$

der, wegen des negativen Zahlenwerts der Beweglichkeit b_{n2}, einen negativen Wert hat.

Beispiel 33. Mit der Dicke der N-Schicht $d = 10^{-3}$ cm, der Elektronendichte $n = 10^{15}$ cm^{-3}, dem Diodenquerschnitt $A = 10^{-2}$ cm^2 und der Beweglichkeit $b_{n2} = -10^2$ cm^2/Vs berechne man den differentiellen Widerstand r der Gunn-Diode.

Aus Gl. (126.7) erhalten wir

$r = d/(eAnb_{n2})$
$= (10^{-3}$ cm$)/[1{,}6 \cdot 10^{-19}$ As $\cdot 10^{-2}$ cm$^2 \cdot 10^{15}$ cm$^{-3} \cdot (-10^2$ cm^2/Vs$)] = -6{,}2\ \Omega$

Wegen der Abhängigkeit der Driftgeschwindigkeit v_n von der elektrischen Feldstärke E_x hat das Gunn-Element eine ähnliche Kennlinie wie eine Tunnel-Diode mit zunächst positivem, dann negativem und schließlich wieder positivem Ast.

Wir wollen nun die im Gunn-Element ablaufenden Vorgänge, die zur Erzeugung kurzzeitiger Stromimpulse führen, mit Bild **127.**1 und **128.**1 genauer betrachten. Wir nehmen an, daß am Gunn-Element eine hinreichend hohe Spannung liegt, so daß die Feldstärke E_0 in der N-Zone des Kristalls größer als die kritische Feldstärke E_{kr} ist. Verursacht nun eine statistische Schwankung der Elektronendichte n_x an der Kathodenseite der N-Zone eine kleine Raumladungsstörung, erhöht sich in diesem Bereich die Raumladungsfeldstärke E_x etwas. Die Elektronen in diesem Bereich werden etwas langsamer und von schnelleren weiter zur Kathode hin liegenden Elektronen eingeholt. Vor der Raumladungsstörung zur Anode hin liegende Elektronen laufen jedoch wegen ihrer ebenfalls höheren Geschwindigkeit den langsamen Elektronen in der Raumladungsstörung davon. Es bildet sich im Bereich der Raumladungsstörung eine Elektronendichteüberhöhung, ein **Elektronenschwarm**, und auf der Anodenseite der Störung eine Elektronendichteabsenkung. Das Aufbauen solcher Dichtestörungen läßt sich in Bild **128.**1 gut verfolgen.

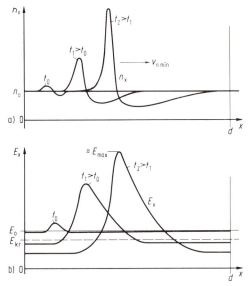

127.1 Aufbau einer Feldstärke-Dreieckdomäne
a) Entwicklung der räumlichen Elektronendichte-Verteilung n_x in drei Zeitschritten ($t_0 < t_1 < t_2$)
b) zugehörige Entwicklung der Raumladungsfeldstärke-Verteilung E_x

In diesem **Weg-Zeit-Diagramm**, auch **Elektronen-Fahrplan** genannt, würden bei konstanter positiver Beweglichkeit alle Elektronen, die an der Stelle $x = 0$ zu beliebigen Zeiten t starten, mit konstanter Geschwindigkeit v_{n0} (dünne Geraden) zur Anode wandern. Baut sich nun bei der Zeit $t = 0$ durch eine Störung ein Bereich erhöhter Raumladungsfeldstärke E_x auf, werden in diesem die Elektronen langsamer. Ein Elektron, das z. B. zum Zeitpunkt t_1 bei $x = 0$ startet, wird nicht gleichbleibend mit der Geschwindigkeit v_{n0} (dünne Gerade) wandern, sondern in der Raumladungsfeld-Überhöhung langsamer werden und schließlich mit der kleineren Geschwindigkeit $v_{n\,min}$ weiter driften. Im Weg-Zeit-Diagramm folgt es dabei einer dick gezeichneten, gekrümmten Bahn. Später gestartete Elektronen bewegen sich zunächst noch nicht im Raumladungsbereich, laufen deshalb schneller und holen schließlich die langsamen Elektronen dieser Raumladungszone ein und werden ebenfalls verlangsamt. Dabei krümmen sich auch ihre Weg-Zeit-Kurven. Die entstehende Kurvenschar hat deshalb Bereiche großer und solche geringer Dichte. Die Bereiche großer Kurvendichte (P in Bild **128.**1) stellen durch die Strecke wandernde Elektronenschwärme mit überhöhter Ladungsdichte dar.

Dieser Ladungskonzentrationsprozeß, der in Bild **127.**1 in drei Zeitschritten t_0 bis t_2 dargestellt ist, setzt sich so lange fort, bis die Feldstärke E_x in der Raumladungsstörung auf etwas größer als E_{max} angestiegen ist. Der Elektronenschwarm driftet dann mit einer Geschwindigkeit, die etwas größer als $v_{n\,min}$ ist, von der Kathode zur Anode. Während des Aufbaus der Ladungskonzentration entsteht im Störungsgebiet eine annähernd dreieckförmige Feldverteilung E_x, die als **Dreieckdomäne** bezeichnet wird. In der Umgebung der Dreieckdomäne sinkt die Feldstärke E_x auf Werte, die kleiner als E_{kr} sind.

3.11 Gunn-Dioden

Erreicht der Elektronenschwarm die Anode (N$^+$-Zone), bricht die Dreieckdomäne zusammen (Zeit t_3 in Bild **128.1**), und in der gesamten Strecke steigt die Feldstärke E_x wieder über E_{kr}. Alle Elektronen laufen nun wieder mit hoher Geschwindigkeit v_{n0}, und an der Kathode (N^{++}-Zone) baut sich eine neue Störung auf.

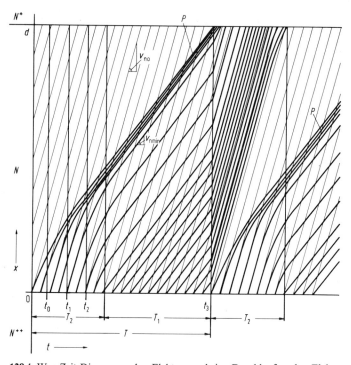

128.1 Weg-Zeit-Diagramm der Elektronen beim Durchlaufen des Elektronenweges von $x = 0$ bis $x = d$ (Elektronenfahrplan)
Die Zeiten t_0, t_1, t_2 stimmen mit den in Bild **127.1** angegebenen Zeiten überein; P stellt eine Elektronenanhäufung dar, die mit der Geschwindigkeit $v_{n\,min}$ zur Anode driftet

Der zeitliche Verlauf des Stroms im Außenkreis ergibt sich aus diesem Verhalten wie folgt: Während der Zeit T_1 laufen nahezu alle Elektronen in der Driftstrecke d in einem Schwarm konzentriert mit der kleinen Geschwindigkeit $v_{n\,min} \approx 10^7$ cm/s. Im Außenkreis fließt ein in etwa konstanter kleinerer Strom. Während der Zeit T_2, in der sich der Schwarm konzentriert, laufen jedoch fast alle Elektronen mit der großen Geschwindigkeit $v_{n\,max} \approx v_{n0} \approx 2 \cdot 10^7$ cm/s, und im Außenkreis fließt ein fast konstanter größerer Strom. Diese so sich ergebenden Stromimpulse sind in Bild **129.1** dargestellt. Da das Geschwindigkeitsverhältnis $v_{n\,max}/v_{n\,min} \approx 2$ ist, ist auch das Verhältnis der Stromimpulse $I_{max}/I_{min} \approx 2$.

Aus der Länge der Driftstrecke d und der Elektronenschwarmgeschwindigkeit $v_{n\,min}$ ergibt sich die **Periodendauer** der Impulse

$$T = d/v_{n\,min} \tag{128.1}$$

und die Wiederholungsfrequenz

$$f = 1/T = v_{n\,min}/d \tag{129.1}$$

Gunn-Elemente arbeiten bei der Frequenz $f \approx 10$ GHz, also mit der Periodendauer $T \approx 0{,}1$ ns. Mit der kleinsten Driftgeschwindigkeit $v_{n\,min} = 10^7$ cm/s wird die Länge der Driftstrecke $d = 10$ μm. Mit wachsender Frequenz f muß die Driftstrecke d immer kürzer werden, so daß schließlich die Periodendauer T in die Größenordnung der Aufbauzeit T_2 der Dreieckdomäne kommt. Dann entstehen keine diskreten Impulse mehr. Die Gunn-Diode kann jedoch noch als negativer Widerstand für Oszillatoren und Verstärker verwendet werden. Sie arbeitet dann im LSA-Modus (limited space charge modus).

3.11.2 Eigenschaften und Bauform

Als Beispiel geben wir die Daten eines typischen Gunn-Elements: Gleichspannung $U_- = 9$ V, Gleichstrom $I = 220$ mA, maximale Verlustleistung $P_{V\,max} = 2$ W, maximale Gehäusetemperatur $T_{G\,max} = 318$ K, Arbeitsfrequenz $f = 8{,}2$ GHz bis 10 GHz, Mikrowellenleistung $P_L = 50$ mW und Wirkungsgrad $\eta = 2{,}5\%$.

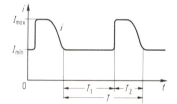

129.1 Stromimpulse einer Gunn-Diode
  Die Zeitintervalle T_1, T_2, T sind identisch mit den in Bild **128**.1 eingetragenen

Die positive Gleichspannung muß an der Anode liegen, da die N^{++}-Schicht Elektronen in die Driftstrecke d einspeisen muß, um den Aufbau von Ladungsstörungen in Kathodennähe zu fördern. Die genaue Arbeitsfrequenz f wird durch den Resonanzkreis bestimmt. Im Vergleich zu Impatt-Dioden ist die Ausgangsleistung P_L relativ klein, und auch der Wirkungsgrad η ist bedeutend schlechter (Si-Impatt-Dioden: $\eta \approx 15\%$). Gunn-Elemente werden vorwiegend in koaxiale Gehäuse eingebaut (s. z.B. Bild **121**.2), um die Gehäuseinduktivität klein zu halten.

Der Anwendungsbereich von Gunn-Dioden deckt sich mit dem Anwendungsbereich von Impatt-Dioden. Sie werden ebenfalls als Mikrowellengeneratoren, z.B. in Dopplerradaranlagen, verwendet. Bleibt man mit der elektrischen Feldstärke unter E_{kr}, kann die Gunn-Diode durch einen Spannungsstoß, der die Feldstärke E über E_{kr} vergrößert, getriggert werden. Sie erzeugt dann einen Triggerimpuls im Subnanosekundenbereich ($\approx 0{,}1$ ns).

4 Bipolare Transistoren

4.1 Aufbau und Wirkungsweise

4.1.1 Allgemeine Beschreibung

Das zur Zeit wichtigste Bauelement der Elektronik ist der Transistor, der hier als bipolarer Transistor bezeichnet wird, um ihn von dem in Teil 2 beschriebenen Feldeffekt-Transistor zu unterscheiden [14], [15], [19]. An den Strömen im bipolaren Transistor sind Ladungsträger beider Polarität beteiligt, wodurch seine Bezeichnung gerechtfertigt wird. Der bipolare Transistor, künftig der Einfachheit halber nur als Transistor bezeichnet, ist ein Dreischicht-Bauelement, das in der Reihenfolge NPN oder PNP unterschiedlich dotierte Schichten enthält (Bild **130.**1 a).

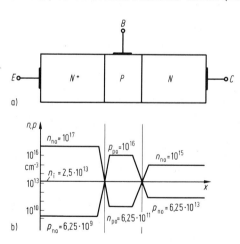

In Bild **130.**1 b ist das Dotierungsprofil eines stromlosen NPN-Transistors aufgetragen. Es beginnt mit einer hochdotierten N-Zone, dem Emitter-Bereich. Daran schließt sich an eine schwächer dotierte P-Zone, die Basis-Schicht. Anschließend folgt eine noch schwächer dotierte N-Zone, die Kollektor-Schicht.

130.1
Schematisierter Querschnitt (a) durch einen NPN-Transistor mit Elektronen- und Löcherdichteverteilung (b)
E, B, C Emitter-, Basis- und Kollektoranschluß; N^+ Emitter-, P Basis-, N Kollektorzone

Da sich der gesamte Kristall auf der gleichen Temperatur T befindet, ist überall im Kristall die Inversionsdichte $n_i = \sqrt{np}$ nach Gl. (9.4) konstant und beträgt z.B. für Germanium $n_i = 2{,}5 \cdot 10^{13}$ cm^{-3} bei der Temperatur $T = 300$ K. Stuft man z.B. wie in Bild **130.**1 durch Dotierung die Majoritätsträgerdichten von Emitter, Basis und Kollektor in der Reihenfolge $n_{n0} = 10^{17}$ cm^{-3}, $p_{p0} = 10^{16}$ cm^{-3} und $n_{n0} = 10^{15}$ cm^{-3} ab, so erhält man aus Gl. (9.4) und mit $n_i = 2{,}5 \cdot 10^{13}$ cm^{-3} für die Minoritätsträgerdichten von Emitter $p_{n0} = 6{,}25 \cdot 10^9$ cm^{-3}, Basis $n_{p0} = 6{,}25 \cdot 10^{10}$ cm^{-3} und Kollektor $p_{n0} = 6{,}25 \cdot 10^{11}$ cm^{-3}.

4.1.1 Allgemeine Beschreibung

Dem äußeren Anschein nach scheint wegen der symmetrischen Schichtenfolge NPN oder PNP der Transistor ein Bauelement zu sein, bei dem Emitter- und Kollektoranschluß vertauschbar sind. Wegen der unterschiedlichen Dotierung der Zonen ist jedoch der Transistor physikalisch unsymmetrisch und eine Vertauschung der beiden Anschlüsse führt zu einer erheblichen Änderung seiner Eigenschaften.

Durch die Aufeinanderfolge von drei Schichten entgegengesetzter Dotierung entstehen zwei in Reihe geschaltete PN-Übergänge (Bild **131.**1 a, b) so daß man formal die in Bild **131.**1 c, d gezeigten Ersatzschaltungen angeben kann. Bild **131.**1 e, f zeigen die für NPN- und PNP-Transistoren benutzten Schaltzeichen. An den Anschlüssen von Emitter, Basis und Kollektor haben wir die Polarität der anzulegenden Spannungen angegeben, wie sie für den Betrieb des Transistors als Verstärker erforderlich sind.

Durch die 2-Dioden-Ersatzschaltung können zwar die Polaritätsverhältnisse richtig wiedergegeben werden, die wesentliche Transistoreigenschaft, die Steuerung des Kollektorstroms durch den Basisstrom, wird hiermit jedoch nicht erfaßt. Bei der in Bild **131.**1 angelegten Polarität der Spannungen dürfte in der 2-Dioden-Ersatzschaltung durch die gesperrte Kollektordiode außer dem geringen Sperrstrom kein Strom fließen. Wesentlich ist nun, daß die beiden Dioden in engen Kontakt miteinander gebracht werden und die dazwischen liegende Basisschicht sehr dünn ist. Ist nämlich die Basis-Schichtdicke d kleiner als die Diffusionsweglänge L_n bzw. L_p der Elektronen bzw. Löcher, so ergibt sich ein neuer, für den Transistor charakteristischer Effekt. Im folgenden wollen wir uns bei der Beschreibung dieses Verhaltens auf den NPN-Transistor beschränken. Beim PNP-Transistor sind lediglich Elektronen durch Löcher und positive Spannungen durch negative zu ersetzen.

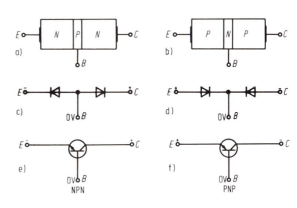

131.1
NPN- (a, c, e) und PNP-Transistor (b, d, f)
a, b) schematisierter Querschnitt
c, d) 2-Dioden-Ersatzschaltung
e, f) Schaltzeichen
E, B, C Emitter-, Basis- und Kollektoranschluß; Polarität der Spannungen für aktiven Betrieb

Da der Emitter-Basis-PN-Übergang auf Durchlaß gepolt ist, werden Elektronen in die Basis emittiert (injiziert). Gleichzeitig wandern Löcher aus der Basis zum Emitter. Der Elektronenstrom ist jedoch wegen der viel höheren Dotierung des Emitters wesentlich größer als der Löcherstrom aus der Basis zum Emitter. Da die Basis sehr dünn ist, wandert der größte Teil der injizierten Elektronen (bis zu 99%) durch die Basis und erreicht die Kollektor-PN-Schicht (Bild **132.**1 a). Verursacht wird diese Wanderung durch die Diffusion. Die Elektronenemission am Emitter-Basisübergang bildet dort eine erhöhte Elektronenkonzentration und damit ein Konzentrationsgefälle zum Kollektor-Basisübergang hin. Dieses Gefälle und die thermische Energie der Elektronen sind der Grund für den Diffusionsstrom der Elektronen zum Kollektor.

4.1 Aufbau und Wirkungsweise

Der Basis-Kollektor-PN-Übergang ist zwar für die Majoritätsträger (Löcher) der Basis gesperrt. Die vom Emitter in die Basis injizierten Minoritätsträger (Elektronen) können ihn jedoch ungehindert passieren und zum Kollektoranschluß abwandern. Wegen der dünnen Basis rekombiniert nur ein Bruchteil (einige %) der in die Basis injizierten Elektronen mit den dortigen Majoritätsträgern (Löcher) oder wandert zum Basisanschluß ab. Von dem in den Emitter hineinfließenden Strom I_E fließen deshalb etwa 99% zum Kollektor hin und nur etwa 1% zum Basisanschluß. Trotz der in Sperrichtung gepolten Kollektor-Basis-Diode fließt durch diese ein großer vom Emitter injizierter Minoritätsträgerstrom. Dieser Kollektorstrom ist

$$I_C' = A\, I_E \tag{132.1}$$

wobei der Faktor $A \approx 0{,}99$, also nahezu 1 ist. Wir müssen deshalb die Ersatzschaltung von Bild 131.1c durch einen zur Kollektordiode parallel geschalteten Stromgenerator, der den Strom $A\, I_E$ liefert, ergänzen (Bild 132.1b). Der gesamte, durch den Kollektor fließende Strom ist dann

$$I_C = A\, I_E + I_{CBO} \tag{132.2}$$

mit I_{CBO} als Sperrstrom der Kollektor-Basisdiode, der gegenüber dem Stromanteil $A\, I_E$ wesentlich kleiner ist.

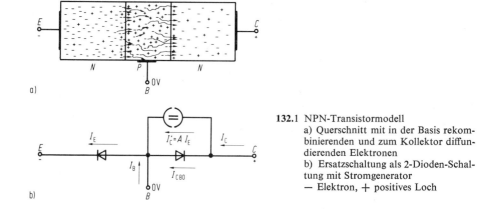

132.1 NPN-Transistormodell
a) Querschnitt mit in der Basis rekombinierenden und zum Kollektor diffundierenden Elektronen
b) Ersatzschaltung als 2-Dioden-Schaltung mit Stromgenerator
— Elektron, + positives Loch

4.1.2 Bändermodell des Transistors

Wir wollen nun in gleicher Weise wie bei den Dioden in Abschn. 2.1.3 das Verhalten des Transistors an seinem Bändermodell untersuchen. Dabei ergeben sich hier bedingt durch die 3 Elektroden fünf verschiedene Polaritätskombinationen der anzulegenden Spannungen (Bild 133.1):

a) Stromloser Zustand (Spannungen an allen Elektroden 0 V).
b) Aktiver Zustand (Emitterdiode leitend, Kollektordiode gesperrt). Dies ist der Betriebszustand für Verstärkeranwendungen.
c) Gesperrter Zustand (Emitterdiode und Kollektordiode gesperrt).

4.1.2 Bändermodell des Transistors

d) **Gesättigter Zustand** (Emitterdiode und Kollektordiode leitend). Fall c) und d) sind die Betriebszustände des Transistors als Schalter.

e) **Inverser Zustand** (Emitterdiode gesperrt und Kollektordiode leitend). Dieser Fall findet selten Anwendung.

Um in Bild **133**.1 diese Zustände darzustellen, halten wir die Basisspannung auf 0 V fest und ändern nach Bedarf die Emitter-Basisspannung U_{EB} und die Kollektor-Basisspannung U_{CB}. Bild **133**.1 b verdeutlicht das Überlaufen der leitenden Emitter-Basisdiode, also das Emittieren von Elektronen aus dem Emitterbereich in die Basiszone, wenn durch Anlegen der Spannung $-U_{EB} = U_{BE}$ die Basis-Emitterdiode auf Durchlaß gepolt wird.

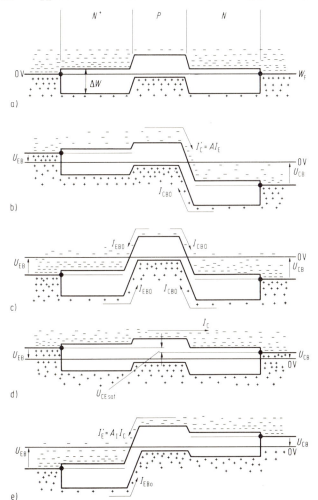

An der Kollektorsperrschicht fällt der größte Teil dieser Elektronen den Potentialberg U_{CB} hinab. Der Kollektor sammelt also die in die Basis injizierten Elektronen auf. Wegen der schwächeren Dotierung der Basis ist der Löcheranteil des Emitter-Basisstroms relativ klein. Auch der Sperrstrom I_{CB0} der Kollektordiode ist klein im Vergleich zum Stromanteil $I'_C = A I_E$.

133.1
Bändermodell des Transistors
a) ohne äußere Spannungen
b) aktiver Zustand
c) gesperrter Zustand
d) gesättigter Zustand
e) inverser Zustand
— Elektron, + positives Loch; N^+, P, N Emitter-, Basis-, Kollektorzone; W_F Fermi-Energie, ΔW Bandabstand; Strompfeile zeigen hier in die Bewegungsrichtung der Ladungsträger

Sind beide Dioden wie in Bild **133**.1 c gesperrt, fließen nur noch die Sperrströme der beiden Dioden. Im gesättigten Zustand (Bild **133**.1 d) sind beide Dioden leitend. Es bildet sich ein durchgehender Elektronensee. Da wegen der schwächeren Dotierung der

134 4.1 Aufbau und Wirkungsweise

Kollektorzone die Durchlaßspannung der Kollektordiode U_{CB} kleiner ist als die der Emitterdiode U_{BE}, ergibt sich ein geringes Potentialgefälle zum Kollektor, die Kollektor-Emitter-Sättigungsspannung $U_{CEsat} = U_{BE} - U_{CB} \approx 0{,}1$ V, so daß die Elektronen vom Emitter zum Kollektor hin wandern.

Beim inversen Zustand nach Bild 133.1e sind Kollektor und Emitter spannungsmäßig vertauscht. Wegen seiner niedrigen Dotierung eignet sich der Kollektor sehr schlecht als Emitter. In der leitenden Kollektor-Basisdiode überwiegt nämlich wegen der stärkeren Dotierung der Basis der Löcherstrom bei weitem. Der Bruchteil A_I der Elektronen, die jetzt den als Kollektor wirkenden Emitter erreichen, also die **inverse Stromverstärkung**, ist sehr klein. Aus Bild 133.1 geht hervor, daß der Kollektorstrom eines NPN-Transistors, wenn wir vom Sperrstrom I_{CB0} absehen, ein reiner Elektronenstrom ist.

4.1.3 Stromverstärkung

Nicht alle in die Basis injizierten Elektronen erreichen die Kollektorsperrschicht, denn in der Basis rekombiniert ein Teil der Elektronen mit den dort als Majoritätsträger vorhandenen Löchern. Soll die Löcherkonzentration in der Basis erhalten bleiben, wie es für einen stationären Stromfluß erforderlich ist, müssen die durch Rekombination verschwundenen Löcher vom Basisanschluß her als Basisstrom zugeführt werden. Mit wachsender Rekombination steigt also der Basisstrom an. Soll der Anteil der rekombinierenden Elektronen klein bleiben, muß die Basiszone möglichst dünn gehalten werden. Wenn wir vom Sperrstrom I_{CB0} absehen, ist nach Gl. (132.2) der Kollektorstrom $I_C = A\,I_E$. Der Bruchteil A strebt um so mehr gegen eins, je weniger Elektronen durch Rekombination in der Basis verlorengehen. Man bezeichnet deshalb das Verhältnis

$$A = I_C/I_E \tag{134.1}$$

als **Gleichstromverstärkung** des Transistors in **Basisschaltung**. Bei der Basisschaltung nach Bild 134.1a ist die Basis als geerdete Elektrode die Bezugselektrode sowohl für die Eingangsspannung U_{EB} als auch für die Ausgangsspannung U_{CB}. Da der Kollektorstrom I_C kleiner als der Emitterstrom I_E ist, ist hier der Faktor $A < 1$, stellt also eigentlich keine Verstärkung, sondern eine Abschwächung dar.

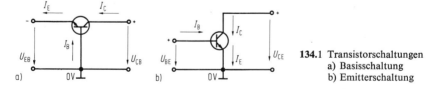

134.1 Transistorschaltungen
 a) Basisschaltung
 b) Emitterschaltung

Für das Verhältnis des Kollektorstroms I_C zum Basisstrom I_B, also für die **Gleichstromverstärkung** des Transistors in **Emitterschaltung** nach Bild 134.1b, ergibt sich dagegen

$$B = \frac{I_C}{I_B} = \frac{I_C}{I_E - I_C} = \frac{I_C/I_E}{1 - (I_C/I_E)} = \frac{A}{1 - A} \tag{134.2}$$

denn der Basisstrom $I_B = I_E - I_C$ ist die Differenz zwischen Emitter- und Kollektorstrom. Bei der Emitterschaltung fassen wir den Emitter als geerdete Bezugselektrode für die Eingangsspannung U_{BE} und die Ausgangsspannung U_{CE} auf. Eingangsstrom ist jetzt nicht der Emitterstrom I_E, sondern der Basisstrom I_B. Ist z.B. die Gleichstromverstärkung der Basisschaltung $A = 0{,}99$, gehen also 1% der Elektronen in der Basis durch Rekombination verloren, wird die Gleichstromverstärkung der Emitterschaltung $B = 0{,}99/(1 - 0{,}99) = 99$. Bei dem Emitterstrom $I_E = 100$ mA würde der Kollektorstrom $I_C = 99$ mA und der Basisstrom $I_B = 1$ mA fließen. Die Stromverstärkung des Transistors in Emitterschaltung B ist also groß im Vergleich zur Stromverstärkung in Basisschaltung A und liegt meist zwischen 50 und 500.

Da die Verstärkungen A und B unabhängig von den Strömen und nahezu konstant sind, erzeugt z.B. eine Verdopplung des Basisstroms I_B von 1 mA auf 2 mA auch eine Verdopplung des Kollektorstroms I_C von 99 mA auf 188 mA. Es ist also möglich, mit einem Transistor in Emitterschaltung durch kleine Basisstromänderungen ΔI_B große Kollektorstromänderungen ΔI_C hervorzurufen, die wiederum an einem im Kollektorkreis liegenden Arbeitswiderstand in große Spannungsänderungen umgesetzt werden können. Daher eignet sich der Transistor sowohl zur **Strom-** als auch zur **Spannungsverstärkung**.

4.2 Transistorkennlinien

Das Verhalten eines Transistors ist mit einer Kennlinie nicht mehr beschreibbar. Man benötigt hierzu ein Kennlinienfeld. Als Darstellung wollen wir das in Bild **135.1** gezeigte **Vierquadranten-Kennlinienfeld** der Emitterschaltung benutzen. Bevor wir mit der Diskussion der Kennlinien beginnen, wollen wir die im Kennlinienfeld enthaltenen Grö-

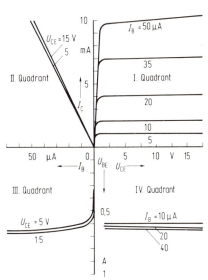

135.1
Vierquadranten-Kennlinienfeld der Emitterschaltung
I. Quadrant: Ausgangskennlinienfeld $I_C = f(U_{CE})$
II. Quadrant: Stromverstärkungs-Kennlinienfeld $I_C = f(I_B)$
III. Quadrant: Eingangskennlinienfeld $U_{BE} = f(I_B)$
IV. Quadrant: Spannungsrückwirkungs-Kennlinienfeld $U_{BE} = f(U_{CE})$
I_B Basisstrom, I_C Kollektorstrom, U_{BE} Basis-Emitterspannung, U_{CE} Kollektor-Emitterspannung

136 4.2 Transistorkennlinien

ßen definieren, da diese auch bei den späteren Betrachtungen zum Kleinsignalverhalten wichtig sind. Wir unterscheiden mit der Zeit t und der Kreisfrequenz ω

Eingangsgrößen:

Basis-Emitter-Gleichspannung	U_{BE}	
Basis-Emitter-Wechselspannung	$u_1 = \Delta U_{BE} \sin(\omega t) = u_{1m} \sin(\omega t)$	(136.1)
Basis-Gleichstrom	I_B	
Basis-Wechselstrom	$i_1 = \Delta I_B \sin(\omega t) = i_{1m} \sin(\omega t)$	(136.2)

Ausgangsgrößen:

Kollektor-Emitter-Gleichspannung	U_{CE}	
Kollektor-Emitter-Wechselspannung	$u_2 = \Delta U_{CE} \sin(\omega t) = u_{2m} \sin(\omega t)$	(136.3)
Kollektor-Gleichstrom	I_C	
Kollektor-Wechselstrom	$i_2 = \Delta I_C \sin(\omega t) = i_{2m} \sin(\omega t)$	(136.4)

4.2.1 Ausgangskennlinienfeld

Das Ausgangskennlinienfeld $I_C = f(U_{CE}, I_B)$ des I. Quadranten beschreibt das Verhalten des Kollektorstroms I_C in Abhängigkeit von der Kollektor-Emitterspannung U_{CE} mit dem Basisstrom I_B als Parameter. Der Kollektorstrom besteht aus dem den Kollektor erreichenden Anteil AI_E des Emitterstroms und dem temperaturabhängigen Sperrstrom I_{CB0} der Kollektor-Basisdiode in Gl. (132.2). Ist der Emitterstrom $I_E = 0$ (offener Emitter), fließt nur noch der Strom I_{CB0}, ein Sperrstrom, dessen Temperaturverhalten in Bild **30.**1 gezeigt ist.

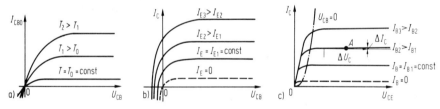

136.1 Entstehung der Ausgangskennlinien $I_C = f(U_{CE})$
 a) Sperrstrom I_{CB0} der Kollektordiode als Funktion der Kollektor-Basisspannung U_{CB} mit Temperatur T als Parameter
 b) Kollektorstrom I_C als Funktion der Kollektor-Basisspannung U_{CB} mit Emitterstrom I_E als Parameter
 c) Kollektorstrom I_C als Funktion der Kollektor-Emitterspannung U_{CE} mit Basisstrom I_B als Parameter (A Arbeitspunkt)

Um den Verlauf der Ausgangskennlinien des Transistors zu verstehen, haben wir in Bild **136.**1a das Kennlinienfeld des III. Quadranten von Bild **30.**1 in den I. Quadranten verlegt, so daß man den Reststrom I_{CB0} in Abhängigkeit von der Kollektor-Basisspannung U_{CB} mit der Temperatur T als Parameter erhält. Da der vom Emitter in die Basis injizierte und zum Kollektor gelangende Strom AI_E ebenso wie der Reststrom I_{CB0} ein Minoritätsträgerstrom ist, kann der Kollektorstrom $I_C = AI_E + I_{CB0}$ auch bei konstanter Temperatur T durch Änderung des injizierten Stromanteils AI_E geändert, also gesteuert werden. Die Darstellung in Bild **136.**1b zeigt dieses Verhalten. In dieser

Darstellung ist der Emitterstrom I_E Parameter, und die gestrichelte Kennlinie gibt den Verlauf des Kollektorstroms I_C bei $I_E = 0$ wieder, stellt also nach Gl. (132.2) den Verlauf des Sperrstroms I_{CB0} dar.

Bei der gewählten Auftragung des Kollektorstroms I_C in Abhängigkeit von der Kollektor-Basisspannung U_{CB} fließt auch bei $U_{CB} = 0$ noch ein beträchtlicher, vom Emitterstrom I_E abhängiger Kollektorstrom. Dieses Verhalten wird aus dem Bändermodell in Bild 133.1 verständlich. Um nämlich den Strom vom Emitter zum Kollektor auf Null zu verringern, muß von der Kollektorseite her ein etwa gleich großer Strom wie von der Emitterseite in die Basis injiziert werden. Dies ist erst der Fall, wenn die Kollektor-Basisspannung U_{CB} bis auf die Öffnungsspannung der Basis-Kollektordiode in negative Richtung abgesenkt wird.

Für die Kollektor-Emitterspannung gilt nun $U_{CE} = U_{CB} + U_{BE}$, und man erhält das endgültige Kennlinienfeld von Bild 136.1c, wenn man zu den Abzissenwerten U_{CB} von Bild 136.1b noch die jeweils anliegende Basis-Emitterspannung U_{BE} addiert. Für $U_{CB} = 0$ ergibt sich $U_{CE} = U_{BE}$, und man findet die strichpunktierte Kennlinie $I_C = f(U_{BE})$, die der Durchlaßkennlinie einer Halbleiterdiode entspricht. Als Parameter ist hier der Basisstrom I_B als der für die Emitterschaltung interessierende Eingangsstrom gewählt worden. Links von der strichpunktierten Kennlinie fallen die Ausgangskennlinien sehr stark ab, da durch die leitend gewordene Kollektordiode ein entgegengesetzt fließender Diffusionsstrom den vom Emitter her injizierten Strom kompensiert. Rechts von dieser Kennlinie ist die Steigung nur noch gering, denn der Kollektor sammelt hier nur die vom Emitter in die Basis injizierten Elektronen auf, sofern sie die Basis-Kollektor-Grenzschicht ohne vorherige Rekombination erreichen.

Bei konstantem Basisstrom I_B kann aus der Steigung einer Kennlinie für einen festgelegten Arbeitspunkt A der differentielle Ausgangswiderstand

$$r_{CE} = \left.\frac{\Delta U_{CE}}{\Delta I_C}\right|_{I_B = \text{const}} = \left.\frac{u_2}{i_2}\right|_{i_{1m} = 0} \qquad (137.1)$$

des Transistors in Emitterschaltung entnommen werden. Die Bedingung $I_B = \text{const}$ bedeutet $\Delta I_B = i_{1m} = 0$, so daß der differentielle Ausgangswiderstand r_{CE} bei wechselstrommäßig offenem Eingang definiert wird.

Liegt der Arbeitspunkt A im nahezu horizontalen Bereich der Kennlinie, beträgt der Widerstand r_{CE} einige 10 kΩ; er fällt mit wachsendem Kollektorstrom, wie Tafel 137.1 für den Transistor BC 108 zeigt.

Liegt der Arbeitspunkt im steil abfallenden Bereich der Kennlinie, kann man einen sehr kleinen Widerstand r_{iL} definieren, der als innerer Lastwiderstand des Transistors bezeichnet wird. Er beträgt wenige Ω bis Bruchteile von Ω bei Leistungstransistoren.

Tafel 137.1 Abhängigkeit des differentiellen Ausgangswiderstands r_{CE} vom Kollektorgleichstrom I_C für Transistor BC 108

I_C in mA	r_{CE} in kΩ
0,1	100
1	50
10	6

4.2.2 Stromverstärkungs-Kennlinienfeld

Das Stromverstärkungs-Kennlinienfeld des II. Quadranten $I_C = f(I_B, U_{CE})$ beschreibt den Zusammenhang zwischen Kollektorstrom I_C und Basisstrom I_B mit der Kollektor-Emitterspannung U_{CE} als Parameter. Bei der Beschreibung des Transistors in Abschn.

4.2 Transistorkennlinien

4.1.3 haben wir festgestellt, daß der Bruchteil A des Emitterstroms I_E bzw. das Vielfache B des Basisstroms I_B als Kollektorstrom I_C auftritt. Dabei sind A oder B nahezu vom Arbeitspunkt unabhängige Konstanten, d. h., der Kollektorstrom I_C ist eine nahezu lineare Funktion des Emitterstroms I_E und des Basisstroms I_B. Dies gilt näherungsweise, denn bei kleinen und großen Kollektorströmen nimmt die Stromverstärkung B ab.

Auch die Kollektor-Emitterspannung U_{CE} hat einen gewissen Einfluß auf die Stromverstärkung. Bei Vergrößerung der Spannung U_{CE} verbreitert sich die Kollektor-Basis-Sperrschicht, und in einem größeren Bereich der Basis tritt eine Verarmung an Majoritätsträgern (Löcher beim NPN-Transistor) auf, so daß die Anzahl der rekombinierenden Elektronen reduziert wird und ein größerer Anteil A den Kollektor erreicht. Steigt aber der Bruchteil A, wächst auch die Stromverstärkung $B = A/(1 - A)$. Dieser Einfluß verursacht in Bild 136.1c auch den, trotz konstantem Basisstrom I_B, weiteren schwachen Anstieg der Ausgangskennlinien rechts von der Kennlinie mit $U_{CB} = 0$.

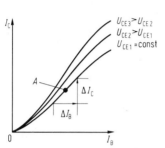

138.1 Stromverstärkungs-Kennlinienfeld $I_C = f(I_B)$ mit Kollektor-Emitterspannung U_{CE} als Parameter

Infolge dieser Einwirkung der Kollektor-Emitterspannung U_{CE} wird die Stromverstärkungskennlinie zu einem Kennlinienfeld aufgefächert. In Bild 138.1 haben wir diese Kennlinien aus dem II. Quadranten des Vierquadranten-Kennlinienfeldes in den I. Quadranten gezeichnet. Bei konstanter Kollektor-Emitterspannung U_{CE} können wir einer Stromverstärkungskennlinie für einen festgelegten Arbeitspunkt A die differentielle Stromverstärkung

$$\beta = \frac{\Delta I_C}{\Delta I_B}\bigg|_{U_{CE} = \text{const}} = \frac{i_2}{i_1}\bigg|_{u_{2m} = 0} \tag{138.1}$$

des Transistors in Emitterschaltung entnehmen. Wegen $\Delta U_{CB} = u_{2m} = 0$ ist β die differentielle Stromverstärkung bei wechselspannungsmäßig kurzgeschlossenem Ausgang. Man bezeichnet die Größe β deshalb oft auch als Kurzschluß-Stromverstärkung. Da der Kollektorstrom I_C nahezu linear vom Basisstrom I_B abhängt, gilt

$$\beta \approx B \tag{138.2}$$

Die Stromverstärkung β beträgt 100 bis 500 für Kleinsignaltransistoren und 20 bis 100 für Leistungstransistoren.

4.2.3 Eingangskennlinienfeld

Das Eingangskennlinienfeld $I_B = f(U_{BE}, U_{CE})$ des III. Quadranten beschreibt die Abhängigkeit des Basisstroms I_B von der Basis-Emitterspannung U_{BE} mit der Kollektor-Emitterspannung U_{CE} als Parameter. Nach Abschn. 4.1 muß im aktiven Zustand des Transistors die Basis-Emitterdiode leitend sein, damit Elektronen in die Basis injiziert werden können. Hieraus ergibt sich für die Eingangskennlinie die exponentielle Kenn-

4.2.4 Spannungsrückwirkungs-Kennlinienfeld

linie einer leitenden Halbleiterdiode. Bedingt durch die dünne Basisschicht hängt jedoch beim Transistor der Basisstrom I_B nicht nur von der Basis-Emitterspannung U_{BE}, sondern in geringem Maß auch von der Kollektor-Emitterspannung U_{CE} ab. Infolgedessen fächert wie in Bild **139.**1 die Eingangskennlinie zu einem Kennlinienfeld auf.
Hält man die Kollektor-Emitterspannung U_{CE} konstant, kann man aus einer Kennlinie für einen festgelegten Arbeitspunkt A den **differentiellen Eingangswiderstand**

$$r_{BE} = \left.\frac{\Delta U_{BE}}{\Delta I_B}\right|_{U_{CE}\,=\,\text{const}} = \left.\frac{u_1}{i_1}\right|_{u_{2m}\,=\,0} \tag{139.1}$$

des Transistors in Emitterschaltung entnehmen. Wegen der Bedingung $\Delta U_{CE} = u_{2m} = 0$ ist der differentielle Eingangswiderstand r_{BE} bei wechselspannungsmäßig kurzgeschlossenem Ausgang definiert und wird deshalb häufig auch als **Kurzschluß-Eingangswiderstand** bezeichnet.

Tafel 139.2 Abhängigkeit des differentiellen Eingangswiderstands r_{BE} vom Basisgleichstrom I_B für den Transistor BC 108

I_B in μA	r_{BE} in kΩ
1	50
10	5
100	0,5
1000	0,05

139.1
Eingangskennlinienfeld $I_B = f(U_{BE})$
mit Kollektor-Emitterspannung U_{CE} als Parameter
U_S Schwellspannung

Unter Benutzung der in Abschn. 2.2.1 durchgeführten Berechnung des differentiellen Durchlaßwiderstands r_F einer Halbleiterdiode können wir nach Gl. (27.2), indem wir $r_F = r_{BE}$ und $I_F = I_B$ setzen, für den differentiellen Eingangswiderstand, der ja dem differentiellen Durchlaßwiderstand der Basis-Emitterdiode entspricht, auch schreiben

$$r_{BE} = U_T/I_B \tag{139.2}$$

Der differentielle Eingangswiderstand r_{BE} nimmt also umgekehrt proportional mit dem Basisstrom I_B ab. In Tafel **139.**2 haben wir diese Werte für den Transistor BC 108 zusammengestellt. Da der Strom durch eine Halbleiterdiode erst beim Erreichen der Schwellspannung U_S merklich ansteigt, ergibt sich, daß im aktiven Zustand eines Siliziumtransistors an der Basis-Emitterdiode eine Spannung von 0,5 V bis 0,7 V liegen muß.

4.2.4 Spannungsrückwirkungs-Kennlinienfeld

Dieses Kennlinienfeld $U_{BE} = f(U_{CE}, I_B)$ beschreibt in Bild **140.**1 den Zusammenhang zwischen Basis-Emitterspannung U_{BE} und Kollektor-Emitterspannung U_{CE} mit dem Basisstrom I_B als Parameter. Die Rückwirkung der Ausgangsspannung U_{CE} auf die Eingangsspannung U_{BE} tritt beim Transistor nicht nur durch kapazitive Rückkopplung bei hohen Frequenzen auf, sondern ist wegen der gemeinsamen, sehr dünnen Basis zwischen Kollektor- und Emitterdiode auch im Gleichstromfall vorhanden. Erhöht man z.B. die Kollektor-Emitterspannung U_{CE}, verbreitert sich die Kollektorsperrschicht. Wegen der dünnen Basis ergibt sich dadurch auch eine Trägerverarmung an der Basis-Emitter-Sperrschicht und somit eine Verringerung des Basisstroms I_B. Soll nun, wie gefordert,

4.3 Darstellung der Verstärkung im Kennlinienfeld der Emitterschaltung

der Basisstrom I_B konstant bleiben, muß durch eine geringfügige Erhöhung der Basis-Emitterspannung U_{BE} der Basisstrom I_B wieder vergrößert werden.

Halten wir den Basisstrom I_B konstant, können wir aus einer Kennlinie für einen bestimmten Arbeitspunkt A die **differentielle Spannungsrückwirkung**

$$h_{12e} = \frac{\Delta U_{BE}}{\Delta U_{CE}}\bigg|_{I_B = \text{const}} = \frac{u_1}{u_2}\bigg|_{i_{1m} = 0} \tag{140.1}$$

ermitteln. Die Bezeichnung der Spannungsrückwirkung mit dem Symbol h_{12e} wird nach der Einführung der h-Parameter in Abschn. 4.4.2.1 verständlich. Auch die Spannungsrückwirkung h_{12e} ist wegen der Bedingung $\Delta I_B = i_{1m} = 0$ bei wechselstrommäßig offenem Eingang definiert. Die Spannungsrückwirkung h_{12e} ist nicht sehr stark arbeitspunktabhängig und relativ klein. Sie beträgt z. B. für den Transistor BC 108 nur $h_{12e} = 2 \cdot 10^{-4}$. Eine Änderung der Kollektor-Emitterspannung von 10 V hat demnach eine Änderung der Basis-Emitterspannung von 2 mV zur Folge.

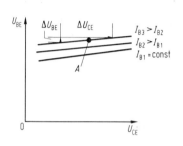

140.1 Spannungsrückwirkungs-Kennlinienfeld $U_{BE} = f(U_{CE})$ mit Basisstrom I_B als Parameter

4.3 Darstellung der Verstärkung im Kennlinienfeld der Emitterschaltung

Das in Bild **135**.1 gezeigte Vierquadranten-Kennlinienfeld ist sehr gut geeignet, die Strom- und Spannungsverstärkung des Transistors zu verfolgen. Wir benutzen hierzu einen Transistor in der in Bild **140**.2 gezeigten Emitterschaltung. Die Einstellung des Arbeitspunktes A führen wir wie in Beispiel 34 durch.

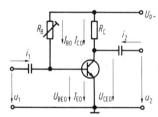

140.2 Vollständige Emitterschaltung zu Bild **141**.1
(Basiswiderstand $R_B = 3{,}86$ MΩ, Kollektorwiderstand $R_C = 10$ kΩ, Versorgungsgleichspannung $U_{p-} = 20$ V, Gleichstromverstärkung $B = 200$)

Beispiel 34. Ein Transistor mit der Stromverstärkung $B = 200$ wird in der Emitterschaltung nach Bild **140**.2 mit der Versorgungs-Gleichspannung $U_{p-} = 20$ V und dem Kollektorwiderstand $R_C = 10$ kΩ betrieben. Im Arbeitspunkt soll seine Kollektor-Emitter-Ruhespannung $U_{CE0} = 10$ V und die Schwellspannung der leitenden Basis-Emitterdiode $U_{BE0} = 0{,}7$ V sein. Man berechne Kollektor- und Basisruhestrom I_{C0} und I_{B0} sowie den für die Einstellung des Basisruhestroms erforderlichen Basisvorwiderstand R_B.

Für den Kollektorruhestrom ergibt sich $I_{C0} = (U_{p-} - U_{CE0})/R_C = (20 \text{ V} - 10 \text{ V})/(10 \text{ k}\Omega) = 1$ mA. Mit der Stromverstärkung $B = 200$ erhalten wir den Basisruhestrom $I_{B0} = I_{C0}/B = 1 \text{ mA}/200 = 5$ µA.

Fließt wie in Bild **140**.2 dieser Basisruhestrom über den Widerstand R_B von der Versorgungsspannung U_{p-} her in die Basis, so berechnet sich mit der Schwellspannung U_{BE0} der Basisvorwiderstand $R_B = (U_{p-} - U_{BE0})/I_{B0} = (20 \text{ V} - 0{,}7 \text{ V})/(5 \text{ µA}) = 3{,}86$ MΩ.

4.3 Darstellung der Verstärkung im Kennlinienfeld der Emitterschaltung 141

I. allg. wird durch Abgleich des Vorwiderstands R_B der genaue Wert des Basisruhestroms $I_{B0} = 5\,\mu\text{A}$ eingestellt.

Mit den Zahlenwerten des Beispiels 34 ist das in Bild **141.1** dargestellte Kennlinienfeld gezeichnet. Im I. Quadranten ist die Widerstandsgerade $U_{CE} = U_{p-} - I_C R_C$, die die Abhängigkeit der Kollektorspannung U_{CE} vom Kollektorstrom I_C angibt, eingetragen. Wie die Widerstandsgerade zeigt, gehört nun zu einem großen Kollektorstrom I_C eine kleine Kollektor-Emitterspannung U_{CE} und umgekehrt. Entsprechend müssen wir im Stromverstärkungs-Kennlinienfeld bei großem Kollektorstrom I_C die Kennlinie mit kleiner Kollektor-Emitterspannung U_{CE} und umgekehrt benutzen. Aus dieser Überlegung ergibt sich die punktiert gezeichnete **Arbeits-Stromverstärkungs-Kennlinie** (*ASK*), die flacher als die Stromverstärkungs-Kennlinien bei $U_{CE} = \text{const}$ verläuft.

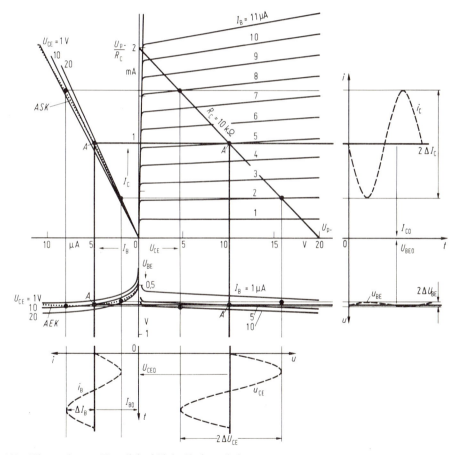

141.1 Vierquadranten-Kennlinienfeld der Emitterschaltung
.... Arbeits-Stromverstärkungs-Kennlinie (*ASK*) und Arbeits-Eingangskennlinie (*AEK*)
– – – – Aussteuerung von Basisstrom i_B, Kollektorstrom i_C, Kollektor-Emitterspannung u_{CE} und Basis-Emitterspannung u_{BE}

4.3 Darstellung der Verstärkung im Kennlinienfeld der Emitterschaltung

In gleicher Weise muß auch bei der Basis-Emitterspannung U_{BE} verfahren werden, so daß man die punktierte **Arbeits-Eingangskennlinie** (*AEK*) erhält. Diese verläuft steiler als die Eingangskennlinien bei konstanter Kollektor-Emitterspannung U_{CE}.

Führen wir nun die eingezeichnete sinusförmige Steuerung des Basisstroms $i_B = I_{B0} + \Delta I_B \sin(\omega t) = I_{B0} + i_1$ durch, so müssen wir die Basisstromschwankungen an den Arbeitskennlinien der Stromverstärkung und des Eingangswiderstands spiegeln, um die Schwankungen des Kollektorstroms I_C und der Basis-Emitterspannung U_{BE} zu erhalten. Wegen der **Nichtlinearität** dieser Kennlinien ist der zeitliche Verlauf des **Wechselstromanteils** i_2' des Kollektorstroms $i_C = I_{C0} + i_2'$ und des **Wechselspannungsanteils** u_1' der Basis-Emitterspannung $u_{BE} = U_{BE0} + u_1'$ **nicht mehr rein sinusförmig**. Überträgt man über die Widerstandsgerade die Kollektorstromschwankungen in Kollektor-Emitter-Spannungsschwankungen, so ergibt sich, daß auch der Wechselspannungsanteil u_2' der Kollektor-Emitter-Spannung $u_{CE} = U_{CE0} + u_2'$ **nicht mehr zeitlich sinusförmig** verläuft.

Beispiel 35. Aus den Kennlinienfeldern von Bild **141**.1 ermittle man die Strom- und Spannungsverstärkung V_i und V_u der Emitterschaltung von Bild **140**.2.

Bei der maximalen Schwankung $2\Delta I_B = 6\,\mu A$ ergibt sich aus Bild **141**.1 die maximale Kollektorstromschwankung $2\Delta I_C = 1{,}1$ mA. Damit wird die **Stromverstärkung** $V_i = 2\Delta I_C/(2\Delta I_B) = 1{,}1$ mA/(6 µA) = 183,3.

Mit der maximalen Kollektor-Emitter-Spannungsschwankung $2\Delta U_{CE} = 11$ V und der geschätzten maximalen Basis-Emitter-Spannungsschwankung $2\Delta U_{BE} \approx 0{,}04$ V berechnet sich die **Spannungsverstärkung** $V_u = 2\Delta U_{CE}/(2\Delta U_{BE}) \approx 11$ V/(0,04 V) = 275.

Wie Beispiel 35 zeigt, ist die im Betrieb sich einstellende Stromverstärkung V_i kleiner als die Kurzschlußstromverstärkung $\beta = B = 200$ und die Spannungsverstärkung V_u der Emitterschaltung groß. Ferner sind Ein- und Ausgangsspannung gegenphasig; denn verringert sich z.B. die Eingangsspannung um $-\Delta U_{BE}$, erhöht sich die Ausgangsspannung um $+\Delta U_{CE}$. Die unsymmetrischen Schwankungen des Kollektorstroms ΔI_C und der Kollektorspannung ΔU_{BE} zeigen, daß selbst bei sinusförmig eingespeistem Basisstrom durch die gekrümmte Stromverstärkungs-Kennlinie eine Verzerrung des Kollektorwechselstroms i_2' und somit auch der Kollektorwechselspannung u_2' auftritt. Die Basis-Emitter-Wechselspannung ist wegen der nichtlinearen Eingangskennlinie noch stärker verzerrt. Steuert man die Kennlinien über einen derart großen Bereich aus, so daß die beschriebenen nichtlinearen Verzerrungen der Ströme und Spannungen auftreten, spricht man von **Großsignalansteuerung**.

Hieraus ergibt sich, daß bei der Großsignalansteuerung eine **Stromansteuerung** des Transistors mit sinusförmigem Wechselstrom i_1 vorteilhafter ist als eine **Spannungsansteuerung** mit sinusförmiger Wechselspannung u_1; denn im 2. Fall ist schon der Basisstrom wegen der nichtlinearen Eingangskennlinie stark verzerrt. Durch die gekrümmte Stromverstärkungs-Kennlinie kommt eine weitere Verzerrung des Kollektorwechselstroms und der Kollektorwechselspannung hinzu.

Steuert man die Kennlinien jedoch nur über einen sehr kleinen Bereich aus, kann man sie in diesem kleinen Intervall als linear betrachten, und alle Spannungen und Ströme verlaufen dann sinusförmig und unverzerrt. Man spricht in diesem Fall von **Kleinsignalansteuerung** des Transistors.

4.4.2. Vierpoldarstellung 143

4.4 Kleinsignalverhalten

4.4.1 Grundschaltungen

Der Transistor kann in drei verschiedenen Grundschaltungen betrieben werden, von denen zwei — die Emitter- und die Basisschaltung — schon in Abschn. 4.1.3 (Bild **134**.1) behandelt sind. Während dort das Gleichstromverhalten des Transistors interessierte, soll jetzt untersucht werden, wie sich der Transistor verhält, wenn den Gleichströmen kleine Wechselströme i_1, i_2 und den Gleichspannungen kleine Wechselspannungen u_1, u_2 überlagert sind. Wir wollen unter klein eine Aussteuerungsamplitude verstehen, innerhalb der alle Kennlinien des Transistors als linear betrachtet werden können. Ist dies der Fall, so treten bei dieser Kleinsignalansteuerung keine nichtlinearen Verzerrungen auf, wie dies bei größerer Amplitude in Abschn. 4.3 festgestellt wurde.

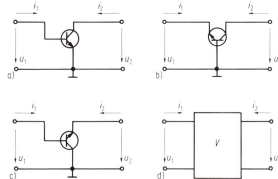
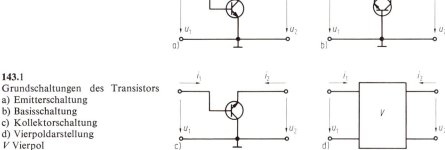

143.1
Grundschaltungen des Transistors
a) Emitterschaltung
b) Basisschaltung
c) Kollektorschaltung
d) Vierpoldarstellung
V Vierpol

In Bild **143**.1 sind die drei Grundschaltungen des Transistors dargestellt. Zu der in Bild **134**.1 gezeigten Emitter- und Basisschaltung kommt jetzt als dritte Grundschaltung die Kollektorschaltung hinzu. Gemeinsame, auf Masse liegende Elektrode für Ein- und Ausgang ist bei dieser Schaltung der Kollektor. Das Signal wird der Basis zugeführt und am Emitter abgegriffen. Bei der Emitterschaltung wird das Eingangssignal an die Basis gelegt und das Ausgangssignal am Kollektor abgenommen. Bei der Basisschaltung liegt das Eingangssignal am Emitter und das Ausgangssignal am Kollektor. Die Zählpfeile für die Wechselströme sind grundsätzlich zum Transistor hingezeichnet. Bei dieser Festlegung kann der Zahlenwert eines Stroms oder einer Spannung gegebenenfalls auch negativ werden.

Bei der Darstellung der drei Grundschaltungen wurde auf die Einstellung des Arbeitspunkts keine Rücksicht genommen. Wie der Arbeitspunkt einer Emitterschaltung eingestellt wird, kann z.B. Bild **140**.2 und Beispiel 34, S. 140 entnommen werden.

4.4.2 Vierpoldarstellung

Alle drei Grundschaltungen von Bild **143**.1 haben zwei Ein- und zwei Ausgänge, also insgesamt vier Pole. Wir wollen deshalb in Bild **143**.1d eine allgemeinere Darstellung wählen und annehmen, daß in dem als Vierpol V (s. auch Band I und XI, Abschn.

4.4 Kleinsignalverhalten

Vierpole) bezeichneten Kasten je nach Bedarf eine der drei Grundschaltungen untergebracht sei. Das Verhalten des Vierpols beschreiben wir nun mit zwei

Eingangsgrößen: Eingangswechselstrom $\quad i_1 = i_{1m} \sin(\omega t)$

Eingangswechselspannung $\quad u_1 = u_{1m} \sin(\omega t + \varphi_1)$

und zwei

Ausgangsgrößen: Ausgangswechselstrom $\quad i_2 = i_{2m} \sin(\omega t + \varphi_2)$

Ausgangswechselspannung $\quad u_2 = u_{2m} \sin(\omega t + \varphi_3)$

Gegenüber den Gl. (136.1) bis (136.4) berücksichtigen die Phasenwinkel φ_1, φ_2 und φ_3 noch eventuell gegenüber dem Eingangsstrom i_1 auftretende Phasenverschiebungen um den Winkel π.

4.4.2.1 Hybrid-Gleichungen. Die lineare Abhängigkeit, die zwischen den 4 Größen wegen der linearen Kennlinien besteht, kann durch zwei Gleichungen dargestellt werden

$$u_1 = h_{11} i_1 + h_{12} u_2 \tag{144.1}$$

$$i_2 = h_{21} i_1 + h_{22} u_2 \tag{144.2}$$

I. allg. sind die Koeffizienten h_{11}, h_{12}, h_{21} und h_{22} — die h-Parameter — komplexe Größen. Da wir jedoch bis jetzt alle im Transistor auftretenden Kapazitäten und Induktivitäten vernachlässigt haben, können wir in unserem Fall die h-Parameter und auch die noch folgenden y- und z-Parameter als reelle Größen betrachten. In den Vierpolgleichungen (144.1) und (144.2) steht der Buchstabe h für hybrid und bedeutet, daß sowohl auf der linken als auch auf der rechten Seite der Gleichungen Spannungen und Ströme des Ein- und Ausgangs auftreten.

Man definiert die h-Parameter, indem man in Gl. (144.1) und (144.2) jeweils einen Strom- oder Spannungswert Null setzt.

Setzen wir in Gl. (144.1) die Ausgangswechselspannung $u_2 = 0$, indem wir ihren Scheitelwert $u_{2m} = 0$ wählen, erhalten wir den Eingangswiderstand bei wechselspannungsmäßig kurzgeschlossenem Ausgang

$$h_{11} = \left. \frac{u_1}{i_1} \right|_{u_{2m}=0} \tag{144.3}$$

Wird dagegen durch $i_{1m} = 0$ in Gl. (144.1) der Eingangswechselstrom $i_1 = 0$ gesetzt, ergibt sich die Spannungsrückwirkung bei wechselstrommäßig offenem Eingang

$$h_{12} = \left. \frac{u_1}{u_2} \right|_{i_{1m}=0} \tag{144.4}$$

Verwenden wir Gl. (144.2) und setzen in dieser wieder mit $u_{2m} = 0$ die Ausgangswechselspannung $u_2 = 0$, so erhalten wir die Stromverstärkung bei wechselspannungsmäßig kurzgeschlossenem Ausgang

$$h_{21} = \left. \frac{i_2}{i_1} \right|_{u_{2m}=0} \tag{144.5}$$

Schließlich ergibt sich aus Gl. (144.2) durch Nullsetzen des Scheitelwerts i_{1m} für den Eingangswechselstroms $i_1 = 0$ der **Ausgangsleitwert bei wechselstrommäßig offenem Eingang**

$$h_{22} = \frac{i_2}{u_2}\bigg|_{i_{1m}=0} \tag{145.1}$$

Diese Definitionen sind zunächst ganz allgemein gehalten; denn in dem Vierpol kann jede der drei Grundschaltungen enthalten sein. Die h-Parameter hängen jedoch sehr stark von der Schaltung des Transistors ab. Wir müssen deshalb, wenn wir eine der drei Grundschaltungen mit den h-Parametern beschreiben wollen, diese noch genauer bezeichnen:

h-Parameter der Emitterschaltung $\quad h_{11e}, h_{12e}, h_{21e}, h_{22e}$

h-Parameter der Kollektorschaltung $\quad h_{11c}, h_{12c}, h_{21c}, h_{22c}$

h-Parameter der Basisschaltung $\quad h_{11b}, h_{12b}, h_{21b}, h_{22b}$

Angegeben sind in der Literatur und in Datenbüchern meist nur die h-Parameter der Emitterschaltung als der gebräuchlichsten Transistorschaltung, und diese können dem Vierquadranten-Kennlinienfeld der Emitterschaltung direkt entnommen werden (s. Abschn. 4.2, Bild **135**.1). Die Parameter der anderen Schaltungen lassen sich aus ihnen ebenfalls berechnen (s. Abschn. 4.4.4).

Die h-Parameter der Emitterschaltung sind identisch mit den in Abschn. 4.2 eingeführten Größen, und aus dem Vergleich von Gl. (137.1), (138.1), (139.1) und (140.1) mit Gl. (144.3) bis (145.1) ergibt sich deshalb

$$h_{11e} = r_{BE} \qquad h_{12e} = h_{12e}$$
$$h_{21e} = \beta \qquad h_{22e} = 1/r_{CE} \tag{145.2}$$

In amerikanischen Datenbüchern findet man für die h-Parameter der Emitterschaltung meist eine andere Bezeichnung, die in Tafel **145**.1 angegeben ist.

Tafel **145**.1 Gegenüberstellung der Kennzeichnung der h-Parameter

deutsch	amerik.	Index
h_{11e}	h_{ie}	i für input
h_{12e}	h_{re}	r für reverse
h_{21e}	h_{fe}	f für forward
h_{22e}	h_{oe}	o für output

4.4.2.2 Leitwert-Gleichungen. Eine andere Darstellung des linearen Zusammenhangs zwischen den Ein- und Ausgangsgrößen erhält man durch die **Leitwert-Gleichungen**

$$i_1 = y_{11} u_1 + y_{12} u_2 \tag{145.3}$$

$$i_2 = y_{21} u_1 + y_{22} u_2 \tag{145.4}$$

Hier sind alle Koeffizienten y_{11}, y_{12}, y_{21} und y_{22} Leitwerte und, wenn wir wieder von den Kapazitäten und Induktivitäten im Transistor absehen, reelle Größen. Man bezeichnet sie als y-**Parameter**. Mit dem gleichen Verfahren, das schon bei der Definition der h-Parameter angewandt wurde, lassen sich die y-Parameter festlegen. Man erhält als **Eingangsleitwert bei wechselspannungsmäßig kurzgeschlossenem Ausgang**

$$y_{11} = \frac{i_1}{u_1}\bigg|_{u_{2m}=0} \tag{145.5}$$

und als **Rückwärtssteilheit** bei wechselspannungsmäßig kurzgeschlossenem Eingang

$$y_{12} = \frac{i_1}{u_2}\bigg|_{u_{1m}=0} \tag{146.1}$$

Als **Vorwärtssteilheit** bei wechselspannungsmäßig kurzgeschlossenem Ausgang ergibt sich

$$y_{21} = \frac{i_2}{u_1}\bigg|_{u_{2m}=0} \tag{146.2}$$

und als **Ausgangsleitwert** bei wechselspannungsmäßig kurzgeschlossenem Eingang

$$y_{22} = \frac{i_2}{u_2}\bigg|_{u_{1m}=0} \tag{146.3}$$

y_{11} und y_{22} stellen also direkt den Kurzschluß-Ein- und -Ausgangsleitwert dar. Die Steilheiten y_{12} und y_{21} beziehen sich auf Ein- und Ausgang; z.B. gibt die Vorwärtssteilheit y_{21} die Änderung des Ausgangsstroms i_{2m} bei Änderung der Eingangsspannung u_{1m} an. Der Transistor ist steil, wenn der Ausgangswechselstrom i_{2m} groß ist bei kleiner Eingangswechselspannung u_{1m}. Der Begriff Steilheit ist den Elektronenröhren entliehen. Auch bei den y-Parametern muß angegeben werden, auf welche Grundschaltung des Transistors sie sich beziehen:

y-Parameter der Emitterschaltung $y_{11e}, y_{12e}, y_{21e}, y_{22e}$
y-Parameter der Basisschaltung $y_{11b}, y_{12b}, y_{21b}, y_{22b}$
y-Parameter der Kollektorschaltung $y_{11c}, y_{12c}, y_{21c}, y_{22c}$

Meist werden wie bei den h-Parametern nur die y-Parameter der Emitterschaltung angegeben, wobei in der amerikanischen Literatur die in Tafel **146.1** angegebene Bezeichnung üblich ist.

Tafel **146.1** Gegenüberstellung der Kennzeichnung der y-Parameter

deutsch	amerik.	Index
y_{11e}	y_{ie}	i für input
y_{12e}	y_{re}	r für reverse
y_{21e}	y_{fe}	f für forward
y_{22e}	y_{oe}	o für output

Während die h-Parameter für die Berechnung üblicher Verstärkerschaltungen vorwiegend im Niederfrequenzbereich verwendet werden, benutzt man die y-Parameter zur Berechnung von Hochfrequenzschaltungen. Bei der Berechnung solcher Schaltungen müssen dann für die Berücksichtigung von Transistor- und Schaltkapazitäten zu den zunächst frequenzabhängigen, also reellen y-Leitwerten noch frequenzabhängige Leitwerte $j\omega C$ komplex hinzuaddiert werden. Dadurch entstehen dann allerdings komplexe Leitwert-Parameter, z.B. mit der Eingangskapazität C_e der komplexe Eingangsleitwert $Y_{11} = y_{11} + j\omega C_e$.

4.4.2.3 Widerstands-Gleichungen. Mit den Hybrid- und Leitwertgleichungen sind die Beschreibungsmöglichkeiten des Transistorvierpols nicht erschöpft. Eine weitere Möglichkeit sind z.B. die **Widerstands-Gleichungen**

$$u_1 = z_{11} i_1 + z_{12} i_2 \tag{146.4}$$

$$u_2 = z_{21} i_1 + z_{22} i_2 \tag{146.5}$$

In diesen Gleichungen stellen die z-Parameter z_{11}, z_{12}, z_{21} und z_{22} reelle Widerstände dar, die im einzelnen wie folgt definiert sind

$$z_{11} = \frac{u_1}{i_1}\bigg|_{i_{2m}=0} \;;\quad z_{12} = \frac{u_1}{i_2}\bigg|_{i_{1m}=0} \;;\quad z_{21} = \frac{u_2}{i_1}\bigg|_{i_{2m}=0} \;;\quad z_{22} = \frac{u_2}{i_2}\bigg|_{i_{1m}=0} \quad (147.1)$$

4.4.2.4 Ersatzschaltungen der Vierpolgleichungen. Der Inhalt der Vierpolgleichungen läßt sich formal durch Ersatzschaltungen ausdrücken, wie dies in Bild **147.1**a für die Hybrid-Gleichungen durchgeführt ist. Die Eingangsseite gibt den Inhalt der 1. Vierpolgleichung (144.1) und die Ausgangsseite den der 2. Vierpolgleichung (144.2) wieder. Der Spannungsgenerator $h_{12}u_2$ berücksichtigt formal die Spannungsrückwirkung des Ausgangs auf den Eingang. Der Stromgenerator $h_{21}i_1$ gibt die Stromverstärkung h_{21} vom Eingang zum Ausgang hin wieder. In ähnlicher Weise lassen sich nach Bild **147.1** b und c auch die Ersatzschaltungen der Leitwert- und Widerstandsgleichungen darstellen.

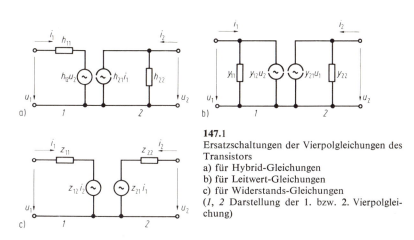

147.1
Ersatzschaltungen der Vierpolgleichungen des Transistors
a) für Hybrid-Gleichungen
b) für Leitwert-Gleichungen
c) für Widerstands-Gleichungen
(*1*, *2* Darstellung der 1. bzw. 2. Vierpolgleichung)

4.4.3 Umrechnung der Vierpol-Parameter

4.4.3.1 Umrechnung der *h*- und *y*-Parameter. Der Zusammenhang zwischen den *h*- und *y*-Parametern ist leicht herleitbar. Aus den Definitionsgleichungen der *h*- und *y*-Parameter und den Leitwertgleichungen läßt sich diese Umrechnung durchführen.
Für $u_2 = u_{2m} = 0$ in Gl. (145.3) und mit Gl. (144.3) ergibt sich $i_1/u_1 = y_{11} = 1/h_{11}$ und umgestellt der Eingangswiderstand

$$h_{11} = 1/y_{11} \quad (147.2)$$

Für $u_2 = u_{2m} = 0$ in Gl. (145.3) und (145.4) sowie mit Gl. (144.5) und (144.3) erhält man $i_2/u_1 = y_{21} = (i_2/i_1)/(u_1/i_1) = h_{21}/h_{11}$. Umgestellt nach h_{21} und mit Gl. (147.2) findet man schließlich die Stromverstärkung

$$h_{21} = y_{21}/y_{11} \quad (147.3)$$

4.4 Kleinsignalverhalten

Für $i_1 = i_{1m} = 0$ in Gl. (145.3) ergibt sich $-y_{11} u_1 = y_{12} u_2$. Umgestellt nach u_1/u_2 und mit Gl. (144.4) erhält man die Spannungsrückwirkung

$$h_{12} = -y_{12}/y_{11} \tag{148.1}$$

Aus Gl. (145.4) und mit Gl. (148.1) und (144.4) ergibt sich der Ausgangsleitwert

$$h_{22} = i_2/u_2 = (y_{11} y_{22} - y_{12} y_{21})/y_{11} = \Delta y/y_{11} \tag{148.2}$$

wobei wir die **Determinante**

$$\Delta y = y_{11} y_{22} - y_{12} y_{21} \tag{148.3}$$

einführen.

Aus Gl. (147.2) bis (148.2) lassen sich bei gegebenen y-Parametern die h-Parameter berechnen. Sind die h-Parameter gegeben und sollen die y-Parameter berechnet werden, müssen diese Gleichungen nach den y-Parametern umgestellt werden. Das Ergebnis dieser Umstellung ist in Tafel **148**.1 zusammengestellt. In Tafel **148**.1 ist auch noch die Umrechnung der Determinanten angegeben, die wir z. B. für Δy leicht aus Gl. (148.2) und (147.2) erhalten

$$\Delta y = h_{22} y_{11} = h_{22}/h_{11} \tag{148.4}$$

Auf eine Umrechnung der weniger gebräuchlichen z-Parameter in die h- und y-Parameter soll verzichtet werden.

Tafel **148**.1 Umrechnung der h-Parameter in die y-Parameter sowie der y-Parameter in die h-Parameter

$h_{11} = 1/y_{11}$	$y_{11} = 1/h_{11}$
$h_{12} = -y_{12}/y_{11}$	$y_{12} = -h_{12}/h_{11}$
$h_{21} = y_{21}/y_{11}$	$y_{21} = h_{21}/h_{11}$
$h_{22} = \Delta y/y_{11}$	$y_{22} = \Delta h/h_{11}$
$\Delta h = y_{22}/y_{11}$	$\Delta y = h_{22}/h_{11}$
$\Delta h = h_{11} h_{22} - h_{12} h_{21}$	
$\Delta y = y_{11} y_{22} - y_{12} y_{21}$	

4.4.3.2 Berechnung der h- und y-Parameter der Kollektor- und der Basisschaltung aus den Parametern der Emitterschaltung. Die in Transistor-Datenbüchern gegebenen Parameter sind meist die h- oder y-Parameter der Emitterschaltung. Wir wollen deshalb hier den Zusammenhang zwischen den Parametern der Emitterschaltung und denen der Kollektor- und Basisschaltung herleiten. Für diese Ableitung eignet sich die Ersatzschaltung der Leitwert-Gleichungen besser als die der Hybrid-Gleichungen. Daher haben wir in Bild **149**.1 a, b, c die Ersatzschaltung der Leitwert-Gleichungen von Bild **147**.1 b in die Emitter-, Basis- und Kollektorschaltung umgezeichnet. Die Anschlüsse von Emitter, Basis und Kollektor sind mit E, B, C gekennzeichnet. Bild **149**.1 a, b, c geben also die Ersatzschaltungen der in Bild **143**.1 a, b, c gezeigten drei Grundschaltungen des Transistors wieder. Bei der Indizierung der verwendeten Wechselspannungen muß man beachten, daß z. B. $u_{BE} = -u_{EB}$ oder $u_{CE} = -u_{EC}$ usw. ist.

Berechnung der y-Parameter der Basisschaltung aus den y-Parametern der Ermitterschaltung. Für diese Umrechnung benutzen wir Bild **149**.1 b und erhalten für den Eingangs-Leitwert y_{11b}, wenn wir $u_2 = u_{CB} = u_{2m} = 0$ setzen (Kurzschluß zwischen C und B)

$$y_{11b} = \left.\frac{i_1}{u_1}\right|_{u_{2m}=0} = \frac{y_{11e} u_{EB} + y_{22e} u_{EB} - y_{21e} u_{BE} - y_{12e} u_{BE}}{u_{EB}} \tag{148.5}$$

Mit $u_{EB} = -u_{BE}$ wird der Eingangsleitwert

$$y_{11b} = y_{11e} + y_{12e} + y_{21e} + y_{22e} \tag{148.6}$$

4.4.3 Umrechnung der Vierpol-Parameter

Für die **Rückwärtssteilheit** ergibt sich mit $u_1 = u_{EB} = u_{1m} = 0$ (Kurzschluß zwischen E und B)

$$y_{12b} = \left.\frac{i_1}{u_2}\right|_{u_{1m}=0} = \frac{-y_{22e} u_{CB} - y_{12e} u_{CE}}{u_{CB}}$$

Wegen des Kurzschlusses der Spannung u_{EB} ist $u_{CE} = u_{CB}$, und man erhält

$$y_{12b} = -y_{12e} - y_{22e} \tag{149.1}$$

Für die **Vorwärtssteilheit** entnehmen wir mit $u_2 = u_{CB} = u_{2m} = 0$ der Ersatzschaltung, indem wir den Kurzschluß zwischen C und B beachten,

$$y_{21b} = \left.\frac{i_2}{u_1}\right|_{u_{2m}=0} = \frac{-y_{22e} u_{EB} + y_{21e} u_{BE}}{u_{EB}}$$

und wegen $u_{EB} = -u_{BE}$ wird dieser Parameter schließlich

$$y_{21b} = -y_{21e} - y_{22e} \tag{149.2}$$

Für den **Ausgangsleitwert** ergibt sich, wenn wir den Kurzschluß zwischen E und B, also $u_1 = u_{EB} = u_{1m} = 0$, beachten,

$$y_{22b} = \left.\frac{i_2}{u_2}\right|_{u_{1m}=0} = \frac{y_{22e} u_{CB}}{u_{CB}} = y_{22e} \tag{149.3}$$

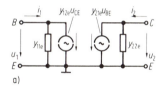
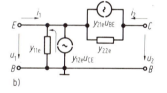
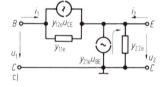

149.1 Ersatzschaltung der Leitwert-Gleichungen
  a) gezeichnet für die Emitterschaltung ($u_1 = u_{BE} = -u_{EB}$, $u_2 = u_{CE} = -u_{EC}$)
  b) umgezeichnet für die Basisschaltung ($u_1 = u_{EB} = -u_{BE}$, $u_2 = u_{CB} = -u_{BC}$)
  c) umgezeichnet für die Kollektorschaltung ($u_1 = u_{BC} = -u_{CB}$, $u_2 = u_{EC} = -u_{CE}$)

Berechnung der y-Parameter der Kollektorschaltung aus den y-Parametern der Emitterschaltung. Für die Herleitung der y-Parameter der Kollektorschaltung benutzen wir Bild **149.1**c und erhalten für den **Eingangsleitwert** mit der Bedingung $u_2 = u_{EC} = u_{2m} = 0$ (Kurzschluß zwischen E und C)

$$y_{11c} = \left.\frac{i_1}{u_1}\right|_{u_{2m}=0} = \frac{y_{11e} u_{BC}}{u_{BC}} = y_{11e} \tag{149.4}$$

Für die **Rückwärtssteilheit** ergibt sich mit der Kurzschlußbedingung zwischen B und C, also mit $u_1 = u_{BC} = u_{1m} = 0$,

$$y_{12c} = \left.\frac{i_1}{u_2}\right|_{u_{1m}=0} = \frac{y_{11e} u_{EB} + y_{12e} u_{CE}}{u_{EC}}$$

4.4 Kleinsignalverhalten

und da wegen des Kurzschlusses $u_{EB} = u_{EC} = -u_{CE}$ ist, erhalten wir schließlich

$$y_{12c} = y_{11e} + y_{12e} \tag{150.1}$$

Für die **Vorwärtssteilheit** entnehmen wir mit $u_2 = u_{EC} = u_{2m} = 0$ (Kurzschluß zwischen E und C) der Ersatzschaltung

$$y_{21c} = \left.\frac{i_2}{u_1}\right|_{u_{2m}=0} = \frac{-y_{11e} u_{BC} - y_{21e} u_{BE}}{u_{BC}}$$

und erhalten mit der durch den Kurzschluß gegebenen Bedingung $u_{BC} = u_{BE}$

$$y_{21c} = -y_{11e} - y_{21e} \tag{150.2}$$

Schließlich ergibt sich für den **Ausgangsleitwert** mit der Bedingung $u_1 = u_{BC} = u_{1m} = 0$ (Kurzschluß zwischen B und C) aus der Ersatzschaltung

$$y_{22c} = \left.\frac{i_2}{u_2}\right|_{u_{1m}=0} = \frac{y_{11e} u_{EC} + y_{22e} u_{EC} - y_{12e} u_{CE} - y_{21e} u_{BE}}{u_{EC}}$$

und mit $u_{CE} = -u_{EC}$ und $u_{BE} = -u_{CE}$ wird

$$y_{22c} = y_{11e} + y_{12e} + y_{21e} + y_{22e} \tag{150.3}$$

Berechnung der h-Parameter der Basis- und der Kollektorschaltung aus den h-Parametern der Emitterschaltung. Für die Berechnung der h-Parameter der Basisschaltung müssen in Gl. (148.6) bis (149.3) die y-Parameter nach Tafel **148.1** durch die h-Parameter ersetzt werden. Gleiches gilt für die Berechnung der h-Parameter der Kollektorschaltung, wo in Gl. (149.4) bis (150.3) die y-Parameter durch die h-Parameter zu ersetzen sind. Auf diese leicht durchführbare Umrechnung wollen wir hier verzichten.

In den folgenden Tafeln **150.1** und **151.1** haben wir die Ergebnisse dieser Berechnungen zusammengestellt. Gegeben sind die h- und y-Parameter der Emitterschaltung, und berechnet werden können die h- und y-Parameter der Basis- und Kollektorschaltung. Für die Gleichungen in den Tafeln sind z.T. Näherungsformeln angegeben, die für das Rechnen in der Praxis ausreichen.

Tafel 150.1 Umrechnung der h- und y-Parameter der Emitterschaltung in die h- und y-Parameter der Basisschaltung

---

$$h_{11b} = \frac{h_{11e}}{1 + h_{21e} - h_{12e} + \Delta h_e} \approx \frac{h_{11e}}{1 + h_{21e}} \qquad \text{da } h_{12e} \ll h_{21e} \text{ und } \Delta h_e \ll h_{21e}$$

$$h_{12b} = \frac{\Delta h_e - h_{12e}}{1 + h_{21e} - h_{12e} + \Delta h_e} \approx \frac{\Delta h_e - h_{12e}}{1 + h_{21e}} \qquad \text{da } h_{12e} \ll h_{21e} \text{ und } \Delta h_e \ll h_{21e}$$

$$h_{21b} = \frac{-h_{21e} - \Delta h_e}{1 + h_{21e} - h_{12e} + \Delta h_e} \approx \frac{-h_{21e}}{1 + h_{21e}} \qquad \text{da } h_{12e} \ll h_{21e} \text{ und } \Delta h_e \ll h_{21e}$$

$$h_{22b} = \frac{h_{22e}}{1 + h_{21e} - h_{12e} + \Delta h_e} \approx \frac{h_{22e}}{1 + h_{21e}} \qquad \text{da } h_{12e} \ll h_{21e} \text{ und } \Delta h_e \ll h_{21e}$$

$y_{11b} = y_{11e} + y_{12e} + y_{21e} + y_{22e}$	$y_{12b} = -y_{12e} - y_{22e}$	$\Delta h_e = h_{11e} h_{22e}$
$y_{21b} = -y_{21e} - y_{22e}$	$y_{22b} = y_{22e}$	$\quad - h_{12e} h_{21e}$
		s. Tafel 148.1

Tafel 151.1 Umrechnung der h- und y-Parameter der Emitterschaltung in die h- und y-Parameter der Kollektorschaltung

$h_{11c} = h_{11e}$	$y_{11c} = y_{11e}$
$h_{12c} = 1 - h_{12e} \approx 1$, da $h_{12e} \ll 1$	$y_{12c} = y_{11e} + y_{12e}$
$h_{21c} = -1 - h_{21e} \approx -h_{21e}$, da $h_{21e} \gg 1$	$y_{21c} = -y_{11e} - y_{21e}$
$h_{22c} = h_{22e}$	$y_{22c} = y_{11e} + y_{12e} + y_{21e} + y_{22e}$

4.4.4 Arbeitspunktabhängigkeit der h-Parameter

Sowohl die h- als auch die y-Parameter hängen z.T. stark vom Arbeitspunkt, also von den Betriebsbedingungen des Transistors, ab. In Bild 151.2a,b sind als Beispiel Arbeitspunktabhängigkeiten der h_e-Parameter der Emitterschaltung wiedergegeben.

Bild 151.2a zeigt die Abhängigkeit der h_e-Parameter vom Kollektorstrom I_C bei konstant gehaltener Kollektor-Emitterspannung $U_{CE} = 5$ V. Die h_e-Parameter sind hier normiert aufgetragen, d.h., sie sind bezogen auf den Nennwert h_{eN} (Index N) der Parameter bei dem Nennstrom $I_C = 2$ mA und der Nennspannung $U_{CE} = 5$ V. Der einfacheren Schreibweise wegen werden bei den h_e-Parametern die Indizes 11, 12, 21, 22 nicht mitgeschrieben. So sind also die stromabhängigen (Index I), normierten h_e-Parameter definiert durch $h_{eIr} = h_{eI}/h_{eN}$, d.h., bei $h_{eI} = h_{eN}$ sind die normierten Parameter $h_{eIr} = 1$. Alle Kurven in Bild 151.2a laufen deshalb beim Nennstrom $I_C = 2$ mA durch den Wert $h_{eIr} = 1$.

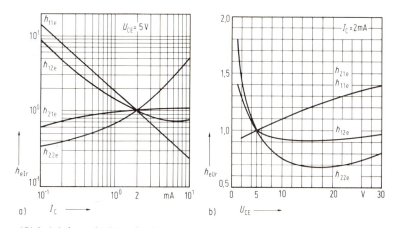

151.2 Arbeitspunktabhängigkeit der h_e-Parameter der Emitterschaltung bezogen auf den Nennwert h_{eN} bei $I_C = 2$ mA und $U_{CE} = 5$ V
a) Stromabhängigkeit: $h_{eIr} = h_{eI}/h_{eN} = f(I_C)$ bei $U_{CE} = 5$ V = const
b) Spannungsabhängigkeit: $h_{eUr} = h_{eU}/h_{eN} = f(U_{CE})$ bei $I_C = 2$ mA = const

Bild 151.2b gibt die Spannungsabhängigkeit der h_e-Parameter bei konstant gehaltenem Nennstrom $I_C = 2$ mA wieder. Auch hier ist eine normierte Auftragung $h_{eUr} = h_{eU}/h_{eN}$ für die spannungsabhängigen (Index U) Parameter h_{eU} gewählt. Alle Kurven laufen deshalb in Bild 151.2b bei der Nennspannung $U_{CE} = 5$ V durch den Wert $h_{eUr} = 1$.

4.4 Kleinsignalverhalten

Diskussion der Arbeitspunktabhängigkeit. Da der differentielle Eingangswiderstand der Basis-Emitterdiode nach Gl. (145.2) $r_{BE} = h_{11e}$ und nach Gl. (139.2) $r_{BE} = U_T/I_B$ ist, ergibt sich für den Eingangswiderstand h_{11e}, wenn wir noch für den Basisgleichstrom $I_B = I_C/B$ nach Gl. (134.2) einführen, $h_{11e} = B\,U_T/I_C$. Danach fällt also der differentielle Eingangswiderstand h_{11e} mit wachsendem Kollektorstrom I_C.

Im Ausgangskennlinienfeld werden bei konstanter Kollektor-Emitterspannung U_{CE} mit wachsendem Kollektorstrom I_C die Kennlinien immer steiler. Also wird der Ausgangsleitwert h_{22e} mit wachsendem Kollektorstrom I_C immer größer.

Die Stromverstärkung $h_{21e} = \beta$ hängt nicht sehr stark vom Arbeitspunkt ab; sie steigt mit wachsendem Kollektorstrom I_C leicht an. Die Spannungsrückwirkung h_{12e} fällt dagegen mit wachsendem Kollektorstrom I_C. Wie Bild **151.**2a, b zeigt, ist die Abhängigkeit der h_e-Parameter vom Kollektorstrom I_C größer als die Abhängigkeit von der Kollektor-Emitterspannung U_{CE}.

Ermittlung der h-Parameter für einen vorgegebenen Arbeitspunkt. Wegen der Arbeitspunktabhängigkeit der h-Parameter muß bei der Berechnung einer Schaltung stets erst ermittelt werden, welchen Wert diese bei dem gewählten Arbeitspunkt (I_C, U_{CE}) des Transistors haben. Gegeben sind für diese Ermittlung die von den Herstellern angegebenen Werte der h_e-Parameter h_{eN} bei bestimmten Nennwerten, also z. B. bei $I_C = 2$ mA und $U_{CE} = 5$ V wie in Bild **151.**2a, b, und ferner die Strom- und Spannungsabhängigkeit der auf diese Nennwerte normierten Parameter h_{eIr} und h_{eUr}.

Für den gewünschten Arbeitspunkt (I, U) finden wir die h_e-Parameter h_{eIU} in zwei Schritten. Zunächst ermitteln wir bei $U_{CE} = \text{const}$ aus Bild **151.**2a und den gegebenen Nennwerten h_{eN} die Parameter beim gewünschten Strom

$$h_{eI} = h_{eIr}\,h_{eN} \tag{152.1}$$

und danach bei $I_C = \text{const}$ aus Bild **151.**2b die Parameter bei der Spannung des neuen Arbeitspunkts

$$h_{eIU} = h_{eUr}\,h_{eI} \tag{152.2}$$

Mit Gl. (152.1) und (152.2) erhalten wir somit aus den normierten Parametern h_{eIr} und h_{eUr} und den Nennwerten h_{eN} beim gewünschten Arbeitspunkt $(I = I_C, U = U_{CE})$ die Parameter

$$h_{eIU} = h_{eUr}\,h_{eIr}\,h_{eN} \tag{152.3}$$

Beispiel 36. Ein Transistor hat bei den in Bild **151.**2a, b angegebenen Nennwerten $I_C = 2$ mA und $U_{CE} = 5$ V folgende h_e-Parameter der Emitterschaltung (Nennwerte): $h_{11eN} = 4,5$ kΩ, $h_{12eN} = 2 \cdot 10^{-4}$, $h_{21eN} = 330$, $h_{22eN} = 30$ μS $= 1/33$ (kΩ)$^{-1}$. Man ermittle aus Bild **151.**2a, b die h_e-Parameter für den neuen Arbeitspunkt $I_C = 5$ mA und $U_{CE} = 10$ V.

Aus Bild **151.**2a erhalten wir beim Kollektorstrom $I_C = 5$ mA die relativen Parameter $h_{11eIr} = 0,43$, $h_{12eIr} = 0,72$, $h_{21eIr} = 1,05$, $h_{22eIr} = 2,4$, und aus Bild **151.**2b ergibt sich bei der Kollektor-Emitterspannung $U_{CE} = 10$ V für die relativen Parameter $h_{11eUr} = 1,1$, $h_{12eUr} = 0,92$. $h_{21eUr} = 1,1$ und $h_{22eUr} = 0,75$. Mit diesen Werten und den Nenngrößen erhalten wir aus Gl. (162.3) für den gewünschten Arbeitspunkt die h_e-Parameter

$$h_{11e} = h_{11eIU} = h_{11eUr}\,h_{11eIr}\,h_{11eN} = 1,1 \cdot 0,43 \cdot 4,5\text{ k}\Omega = 2,13\text{ k}\Omega$$

$$h_{12e} = h_{12eIU} = h_{12eUr}\,h_{12eIr}\,h_{12eN} = 0,92 \cdot 0,72 \cdot 2 \cdot 10^{-4} = 1,32 \cdot 10^{-4}$$

$$h_{21e} = h_{21eIU} = h_{21eUr}\,h_{21eIr}\,h_{21eN} = 1,1 \cdot 1,05 \cdot 330 = 381$$

$$h_{22e} = h_{22eIU} = h_{22eUr}\,h_{22eIr}\,h_{22eN} = 0,75 \cdot 2,4 \cdot 30\text{ μS} = 54\text{ μS}$$

4.4.5 Berechnung des Kleinsignal-Betriebsverhaltens mit h- und y-Parametern

Die h-Parameter sind für offenen Eingang oder kurzgeschlossenen Ausgang und die y-Parameter für kurzgeschlossenen Ein- und Ausgang definiert. In Verstärkerschaltungen sind für den Transistor diese Bedingungen nicht mehr erfüllt. Vielmehr wird jetzt der Eingang der Schaltung von einem Generator G mit dem Ausgangswiderstand R_G angesteuert. Der Ausgang der Schaltung wird durch einen Lastwiderstand R_L belastet, ist also wechselspannungsmäßig nicht mehr kurzgeschlossen. In Bild **153**.1 ist diese Beschaltung des Transistorvierpols V dargestellt. In dem Vierpol kann sich der Transistor wieder in einer der 3 Grundschaltungen befinden.

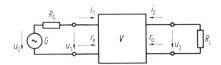

153.1 Transistorvierpol V mit äußerer Beschaltung

Die Eigenschaften, die die Schaltung charakterisieren, sind als Betriebsgrößen

Eingangswiderstand	$r_e = u_1/i_1$	(153.1)
Ausgangswiderstand	$r_a = u_2/i_2$	(153.2)
Spannungsverstärkung	$V_u = u_2/u_1$	(153.3)
Stromverstärkung	$V_i = i_2/i_1$	(153.4)
Leistungsverstärkung	$V_p = u_2 i_2/(u_1 i_1) = V_u V_i$	(153.5)

Für die Definition der Betriebsgrößen braucht nun beim Eingangswiderstand r_e und bei der Stromverstärkung V_i im Gegensatz zu h_{11} oder h_{21} die Ausgangswechselspannung u_2 nicht mehr null zu sein. Ebenfalls muß beim Ausgangswiderstand r_a im Gegensatz zu h_{22} der Eingangswechselstrom i_1 nicht null sein.

4.4.5.1 Berechnung der Betriebsgrößen mit den h-Parametern. Für die Berechnung verwenden wir zusätzlich zu den Vierpolgleichungen (144.1) und (144.2) noch die Spannungsgleichungen

$$u_1 = u_G - i_1 R_G \tag{153.6}$$

und

$$u_2 = -i_2 R_L \tag{153.7}$$

die wir direkt aus Bild **153**.1 ablesen können.

Eingangswiderstand. Wir dividieren Gl. (144.1) durch i_1 und finden

$$r_e = u_1/i_1 = h_{11} + h_{12}(u_2/i_1) \tag{153.8}$$

Eliminieren wir noch die Ausgangsspannung u_2 und den Eingangsstrom i_1 mit Gl. (144.2) und (153.7), so erhalten wir für den **Eingangswiderstand**

$$r_e = h_{11} - h_{12} h_{21}/(h_{22} + 1/R_L)$$

4.4 Kleinsignalverhalten

Führen wir die Determinante Δh von Tafel **148.**1 ein, ergibt sich schließlich

$$r_e = (h_{11} + \Delta h\, R_L)/(1 + h_{22}\, R_L) \tag{154.1}$$

Ausgangswiderstand. Wir verwenden Gl. (144.2) und bilden durch Umformung

$$1/r_a = i_2/u_2 = h_{22} + h_{21}\,(i_1/u_2) \tag{154.2}$$

Aus Gl. (153.6) und für $u_G = u_{Gm} = 0$ (Kleinsignalsteuerung) sowie aus Gl. (144.1) berechnen wir

$$i_1/u_2 = -h_{12}/(h_{11} + R_G)$$

und setzen diesen Ausdruck in Gl. (154.2) ein. Nach Umstellung ergibt sich der Ausgangswiderstand

$$r_a = (h_{11} + R_G)/(\Delta h + h_{22}\, R_G) \tag{154.3}$$

Spannungsverstärkung. Wir verwenden wieder Gl. (144.1) und erhalten, indem wir durch die Eingangsspannung u_1 dividieren

$$V_u\, h_{12} + h_{11}\,(i_1/u_1) = 1 \tag{154.4}$$

Ersetzen wir $i_1/u_1 = 1/r_e$ durch Gl. (154.1), so finden wir nach Umformung die **Spannungsverstärkung**

$$V_u = -h_{21}\, R_L/(h_{11} + \Delta h\, R_L) \tag{154.5}$$

Stromverstärkung. Dividieren wir in Gl. (144.2) durch den Eingangsstrom i_1, so erhalten wir

$$V_i = i_2/i_1 = h_{21} + h_{22}\,(u_2/i_1) = h_{21} - h_{22}\, R_L\,(i_2/i_1) \tag{154.6}$$

Lösen wir Gl. (154.6) nach i_2/i_1 auf, wird schließlich die **Stromverstärkung**

$$V_i = h_{21}/(1 + h_{22}\, R_L) \tag{154.7}$$

Leistungsverstärkung. Da die Leistungsverstärkung das Produkt aus Spannungs- und Stromverstärkung ist, berechnet sich aus Gl. (154.5) und (154.7) die **Leistungsverstärkung**

$$V_p = V_u\, V_i = \frac{h_{21}^2\, R_L}{(1 + h_{22}\, R_L)(h_{11} + \Delta h\, R_L)} \tag{154.8}$$

Wegen der Spannungsrückwirkung h_{12} des Transistors ergibt sich das merkwürdige Verhalten, daß der Eingangswiderstand r_e vom Lastwiderstand R_L des Ausgangs abhängt und umgekehrt der Ausgangswiderstand r_a vom Generatorwiderstand R_G beeinflußt wird. Dieses Verhalten verschwindet, wenn die Spannungsrückwirkung $h_{12} = 0$ gesetzt wird.

4.4.5.2 Berechnung der Betriebsgrößen mit y-Parametern. Für die Berechnung mit y-Parametern müssen Gl. (145.3) und (145.4) sowie Gl. (153.6) und (153.7) verwendet werden. Es ergeben sich ähnliche Umformungen wie bei der Berechnung mit h-Parametern. Die Ergebnisse sind in Tafel **155.**1 zusammengestellt.

4.4.6 Kleinsignal-Betriebsverhalten der Emitterschaltung 155

Tafel 155.1 Berechnungsgleichungen der Betriebsgrößen mit h- und y-Parametern

Betriebsgrößen	h-Parameter	y-Parameter
Eingangswiderstand	$r_e = \dfrac{h_{11} + \Delta h\, R_L}{1 + h_{22} R_L}$	$r_e = \dfrac{1 + y_{22} R_L}{y_{11} + \Delta y\, R_L}$
Ausgangswiderstand	$r_a = \dfrac{h_{11} + R_G}{\Delta h + h_{22} R_G}$	$r_a = \dfrac{1 + y_{11} R_G}{y_{22} + \Delta y\, R_G}$
Spannungsverstärkung	$V_u = \dfrac{-h_{21} R_L}{h_{11} + \Delta h\, R_L}$	$V_u = \dfrac{-y_{21} R_L}{1 + y_{22} R_L}$
Stromverstärkung	$V_i = \dfrac{h_{21}}{1 + h_{22} R_L}$	$V_i = \dfrac{y_{21}}{y_{11} + \Delta y\, R_L}$
Leistungsverstärkung	$V_p = \dfrac{h_{21}^2 R_L}{(1 + h_{22} R_L)(h_{11} + \Delta h\, R_L)}$	$V_p = \dfrac{y_{21}^2 R_L}{(1 + y_{22} R_L)(y_{11} + \Delta y\, R_L)}$

4.4.6 Kleinsignal-Betriebsverhalten der Emitterschaltung

Für die Berechnung des Betriebsverhaltens der Emitter-, Kollektor- und Basisschaltung benutzen wir jetzt die in Tafel 155.1 zusammengestellten Gleichungen. Wir führen dabei außerdem für die h_e-Parameter der Emitterschaltung die Größen r_{BE}, β und r_{CE} nach Gl. (145.2) ein. In Bild 155.2 ist die Emitterschaltung dargestellt und berücksichtigt, daß dem Kollektor über den Widerstand R_C und der Basis über den Vorwiderstand R_B zur Arbeitspunkteinstellung eine positive Versorgungsspannung U_{p-} zugeführt werden muß, die an den Punkten A und B über die Kapazitäten C_A und C_B wechselspannungsmäßig geerdet ist.

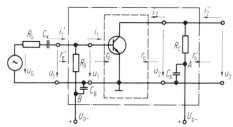

155.2 Emitterschaltung
(– – –) nur Transistor in Emitterschaltung
(– · –) Gesamtschaltung mit Basis- und Kollektorwiderstand R_B und R_C

Zusätzlich zu den schon definierten Ein- und Ausgangswiderständen $r_e = u_1/i_1$ und $r_a = u_2/i_2$ des Transistors können wir jetzt noch für die Gesamtschaltung den Gesamteingangswiderstand

$$r_e' = u_1/i_1' \tag{155.1}$$

und den Gesamtausgangswiderstand

$$r_a' = u_2/i_2' \tag{155.2}$$

festlegen. In diesem Fall fassen wir also den Kollektorwiderstand R_C und den Basiswiderstand R_B als zur Verstärkerstufe zugehörig auf. Für die Gleichungen der Tafel 155.1

4.4 Kleinsignalverhalten

werden wir ferner geeignete Näherungen verwenden und zeigen, wie groß die sich dann ergebenden Fehler sind. Für die Emitterschaltung benutzen wir nach Gl. (145.2) die Kenngrößen

$$h_{11e} = r_{BE}, \quad h_{12e} = 0, \quad h_{21e} = \beta, \quad h_{22e} = 1/r_{CE}, \quad R_L = R_C$$

Da die Spannungsrückwirkung $h_{12e} \approx 10^{-4}$ ist, setzen wir sie für die Näherungsrechnung null. Die Determinante vereinfacht sich zu $\Delta h = h_{11} h_{22} = r_{BE}/r_{CE}$. Mit diesen Bezeichnungen und Vereinfachungen erhalten wir aus den Gleichungen der Tafel **155**.1 die Betriebswerte der Emitterschaltung

Eingangswiderstand $\quad r_e = h_{11e} = r_{BE}$ (156.1)

Gesamteingangswiderstand $\quad r_e' = \dfrac{r_{BE} R_B}{r_{BE} + R_B}$ (156.2)

Ausgangswiderstand $\quad r_a = 1/h_{22e} = r_{CE}$ (156.3)

Gesamtausgangswiderstand $\quad r_a' = \dfrac{r_{CE} R_C}{r_{CE} + R_C}$ (156.4)

Spannungsverstärkung $\quad V_u = \dfrac{-h_{21e}}{h_{11e}} \cdot \dfrac{R_C}{1 + h_{22e} R_C}$ (156.5)

$$= \dfrac{-\beta}{r_{BE}} \cdot \dfrac{r_{CE} R_C}{r_{CE} + R_C}$$ (156.6)

Stromverstärkung $\quad V_i = \dfrac{h_{21e}}{1 + h_{22e} R_C}$ (156.7)

$$= \dfrac{\beta\, r_{CE}}{r_{CE} + R_C}$$ (156.8)

Leistungsverstärkung $\quad V_p = \left(\dfrac{\beta}{r_{BE}}\right)^2 \cdot \dfrac{r_{BE}}{R_C} \left(\dfrac{r_{CE} R_C}{r_{CE} + R_C}\right)^2$ (156.9)

Das negative Vorzeichen bei der Spannungsverstärkung V_u gibt an, daß Ein- und Ausgangsspannung u_1 und u_2 gegenphasig sind (s. Abschn. 4.3 und Bild **141**.1). Wie in Abschn. 4.3 ist nach Gl. (156.8) die Betriebsstromverstärkung V_i kleiner als die Kurzschlußstromverstärkung $\beta = h_{21e}$.

Beispiel 37. Man berechne die Betriebsgrößen der Emitterschaltung von Bild **155**.2 mit den Kennwerten: Transistor: $h_{11e} = r_{BE} = 5$ kΩ, $h_{21e} = \beta = 200$, $1/h_{22e} = r_{CE} = 50$ kΩ, $h_{12e} = 10^{-4}$, $\Delta h_e = 0{,}08$; Schaltung: $R_G = 5$ kΩ, $R_B = 4$ MΩ, $R_C = 10$ kΩ.
Diese Werte entsprechen den in Abschn. 4.3, Bild **141**.1 verwendeten. Der Koppelkondensator C_K sei so groß, daß sein frequenzabhängiger Widerstand nicht berücksichtigt zu werden braucht.
Aus Gl. (156.1) erhalten wir sofort näherungsweise den Eingangswiderstand $r_e = r_{BE} = 5$ kΩ. Den genauen Wert berechnen wir mit $h_{11} = h_{11e}$, $h_{22} = h_{22e}$, $\Delta h = \Delta h_e$ und $R_L = R_C$ aus Gl. (154.1)

$$r_e = \dfrac{h_{11e} + \Delta h_e\, R_C}{1 + h_{22e} R_C} = \dfrac{5\ \text{k}\Omega + 0{,}08 \cdot 10\ \text{k}\Omega}{1 + 0{,}02\ \text{mS} \cdot 10\ \text{k}\Omega} = 4{,}83\ \text{k}\Omega$$

Die Abweichung des Näherungswerts vom genauen Wert beträgt $+3{,}5\%$.

4.4.6 Kleinsignal-Betriebsverhalten der Emitterschaltung

Der Gesamteingangswiderstand r'_e ergibt sich nach Gl. (156.2) aus der Parallelschaltung der Widerstände $r_e = r_{BE}$ und R_B. Da der Basiswiderstand R_B sehr groß gegen den Eingangswiderstand r_e ist, ergibt sich der Gesamteingangswiderstand $r'_e = r_e$.

Aus Gl. (156.3) erhalten wir für den Ausgangswiderstand des Transistors näherungsweise sofort $r_a = r_{CE} = 50\,\text{k}\Omega$. Der genaue Wert muß aus Gl. (154.3) berechnet werden. Selbstverständlich sind dort wieder die h-Parameter der Emitterschaltung einzusetzen. Es ergibt sich der genaue Wert des Ausgangswiderstands

$$r_a = \frac{h_{11e} + R_G}{\Delta h_e + h_{22e} R_G} = \frac{5\,\text{k}\Omega + 5\,\text{k}\Omega}{0{,}08 + 0{,}02\,\text{mS} \cdot 5\,\text{k}\Omega} = 55{,}5\,\text{k}\Omega$$

Für die Berechnung des Gesamtausgangswiderstands r'_a ist zu dem Ausgangswiderstand des Transistors r_e noch der Kollektorwiderstand R_C parallel zu schalten. Nach Gl. (156.3) und (156.4) erhalten wir näherungsweise

$$r'_a = \frac{r_{CE}\,R_C}{r_{CE} + R_C} = \frac{50\,\text{k}\Omega \cdot 10\,\text{k}\Omega}{50\,\text{k}\Omega + 10\,\text{k}\Omega} = 8{,}33\,\text{k}\Omega$$

Hätten wir an Stelle von $r_a = r_{CE}$ den genauen Wert des Ausgangswiderstands $r_a = 55{,}5\,\text{k}\Omega$ benutzt, hätte sich aus der Parallelschaltung der Gesamtausgangswiderstand $r'_a = 8{,}47\,\text{k}\Omega$ ergeben. Er weicht um $+1{,}7\%$ vom Näherungswert ab.

Aus Gl. (156.6) berechnen wir näherungsweise die Spannungsverstärkung

$$V_u = \frac{-\beta}{r_{BE}} \cdot \frac{r_{CE}\,R_C}{r_{CE} + R_C} = \frac{-\beta}{r_{BE}}\,r'_a = \frac{-200 \cdot 8{,}33\,\text{k}\Omega}{5\,\text{k}\Omega} = -333$$

Den genauen Wert der Verstärkung erhalten wir aus Gl. (154.5), indem wir dort wieder die h-Parameter der Emitterschaltung ein- und $R_L = R_C$ setzen

$$V_u = \frac{-h_{21e}\,R_C}{h_{11e} + \Delta h_e\,R_C} = \frac{-200 \cdot 10\,\text{k}\Omega}{5\,\text{k}\Omega + 0{,}08 \cdot 10\,\text{k}\Omega} = -345$$

Der genaue Wert ist um $3{,}5\%$ größer als der Näherungswert.

Da in die Stromverstärkung V_i nach Gl. (154.7) die Spannungsrückwirkung h_{12} nicht eingeht, sind genauer Wert und Näherungswert gleich, und es ergibt sich z. B. aus Gl. (156.8)

$$V_i = \frac{\beta\,r_{CE}}{r_{CE} + R_C} = \frac{200 \cdot 50\,\text{k}\Omega}{50\,\text{k}\Omega + 10\,\text{k}\Omega} = 166{,}7$$

Nach Gl. (154.8) erhalten wir die Leistungsverstärkung

$$V_p = V_u\,V_i = 345 \cdot 166{,}7 = 5{,}75 \cdot 10^4$$

Da die Abweichung von genauen Werten und Näherungswerten nur wenige Prozent beträgt, darf man bei der Berechnung der Emitterschaltung meist mit den Näherungsgleichungen (156.1) bis (156.9) arbeiten. Im allgemeinen sind nämlich die Toleranzen der h-Parameter bereits wesentlich größer.

Zusammenfassend stellen wir fest, daß die Emitterschaltung, die am häufigsten verwendet wird, einen mittelgroßen Ein- und Ausgangswiderstand sowie eine große Strom- und Spannungsverstärkung aufweist.

Berechnung der Spannungsverstärkung aus den Gleichspannungen der Schaltung. Für die Spannungsverstärkung der Emitterschaltung können wir aus Gl. (156.6) noch eine weitere einfache Näherungsbeziehung ableiten. Führen wir nämlich nach Gl. (139.2) für

4.4 Kleinsignalverhalten

den differentiellen Widerstand $r_{BE} = U_T/I_B$ den Basisgleichstrom I_B ein und ersetzen diesen schließlich noch mit Gl. (134.2) und (138.2) durch den Kollektorgleichstrom $I_C = \beta I_B$, erhalten wir

$$V_u = -\frac{\beta I_B}{U_T} \cdot \frac{R_C r_{CE}}{R_C + r_{CE}} = \frac{I_C R_C}{U_T} \cdot \frac{1}{1 + (R_C/r_{CE})} \tag{158.1}$$

Das Produkt $I_C R_C$ ist der Spannungsabfall, den der Kollektorruhestrom (in Bild 141.1 mit I_{C0} bezeichnet) am Kollektorwiderstand R_C hervorruft. Stellt man den Arbeitspunkt so ein, daß $I_C R_C = U_{p-}/2$ ist, wird die Kollektorruhespannung $U_{CE0} = U_{p-}/2$ (wie z.B. in Bild 141.1). Aus Gl. (158.1) ergibt sich dann für die Spannungsverstärkung

$$V_u = -\frac{U_{p-}}{2 U_T} \cdot \frac{1}{1 + (R_C/r_{CE})} \approx -\frac{U_{p-}}{2 U_T} \tag{158.2}$$

wenn $R_C \ll r_{CE}$ ist. Wählen wir z.B. wie in Bild 141.1 die Versorgungsspannung $U_{p-} = 20$ V, so liefert die Abschätzung mit der Näherungsgleichung (158.2), wenn wir für die Temperaturspannung $U_T = 26$ mV verwenden, für die Spannungsverstärkung $V_u = -385$.

Soll in einer Emitterschaltung mit der Arbeitspunkteinstellung $U_{CE0} = U_{p-}/2$ gearbeitet werden, ist eine Erhöhung der Spannungsverstärkung V_u also nur durch Vergrößerung der Versorgungsgleichspannung U_{p-} möglich.

4.4.7 Kleinsignal-Betriebsverhalten der Kollektorschaltung

Für die Berechnung der Kollektorschaltung nach Bild 158.1 müssen die h-Parameter der Kollektorschaltung verwendet werden. Wir wollen deshalb diese zunächst mit Tafel 151.1 aus den h-Parametern der Emitterschaltung berechnen. Wir finden

$$h_{11c} = h_{11e} = r_{BE} \tag{158.3}$$

$$h_{12c} = 1 - h_{12e} \approx 1 \quad \text{(denn es ist } h_{12e} \ll 1\text{)} \tag{158.4}$$

$$h_{21c} = -1 - h_{21e} = -1 - \beta \tag{158.5}$$

$$h_{22c} = h_{22e} = 1/r_{CE} \tag{158.6}$$

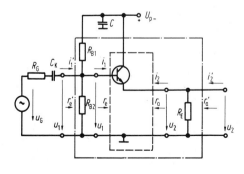

158.1 Kollektorschaltung
(– – –) nur Transistor
(– · · –) Gesamtschaltung mit Basisspannungsteiler R_{B1}, R_{B2} und Emitterwiderstand R_E

4.4.7 Kleinsignal-Betriebsverhalten der Kollektorschaltung

Mit diesen h_c-Parametern berechnen wir die Determinante

$$\Delta h_c = h_{11c} h_{22c} - h_{12c} h_{21c} = 1 + \beta + (r_{BE}/r_{CE}) \tag{159.1}$$

Als Lastwiderstand R_L tritt bei der Kollektorschaltung der Emitterwiderstand R_E auf. Wir können deshalb jetzt durch Einsetzen der h_c-Parameter und mit $R_L = R_E$ aus den Betriebsgleichungen der Tafel **155.**1 die Betriebsgrößen berechnen. Wir erhalten den

Eingangswiderstand
$$r_e = \frac{r_{BE} + R_E [1 + \beta + (r_{BE}/r_{CE})]}{1 + (R_E/r_{CE})} \tag{159.2}$$

und da $1 + (r_{BE}/r_{CE}) \ll \beta$ und weiter i. allg. auch $R_E/r_{CE} \ll 1$ ist, ergibt sich näherungsweise für den

Eingangswiderstand
$$r_e \approx \frac{r_{BE} + \beta R_E}{1 + (R_E/r_{CE})} \approx r_{BE} + \beta R_E \tag{159.3}$$

Wechselspannungsmäßig sind die Teilerwiderstände R_{B1} und R_{B2} parallel geschaltet. Wir erhalten deshalb mit dem Parallelwiderstand $R_p = R_{B1} R_{B2}/(R_{B1} + R_{B2})$ den

Gesamteingangswiderstand
$$r_e' = \frac{R_p r_e}{R_p + r_e} \tag{159.4}$$

und den Ausgangswiderstand
$$r_a = \frac{r_{BE} + [R_G R_p/(R_G + R_p)]}{1 + \beta + \{[R_G R_p/(R_G + R_p)] + r_{BE}\}/r_{CE}} \tag{159.5}$$

$$\approx [r_{BE} + R_G R_p/(R_G + R_p)]/\beta \tag{159.6}$$

(denn es ist

$$1 + \{[R_G R_p/(R_G + R_p)] + r_{BE}\}/r_{CE} \ll \beta)$$

sowie den Gesamtausgangswiderstand
$$r_a' = \frac{R_E r_a}{R_E + r_a} \tag{159.7}$$

die Spannungsverstärkung
$$V_u = \frac{(\beta + 1) R_E}{r_{BE} + R_E [1 + \beta + (r_{BE}/r_{CE})]} \tag{159.8}$$

$$\approx \frac{\beta R_E/r_{BE}}{1 + (\beta R_E/r_{BE})} \lesssim 1 \tag{159.9}$$

(denn es gilt $\beta \gg 1$ und $\beta \gg r_{BE}/r_{CE}$)

ferner die Stromverstärkung
$$V_i = \frac{-(1 + \beta)}{1 + (R_E/r_{CE})} \tag{159.10}$$

und die Leistungsverstärkung
$$V_p = V_u V_i \approx V_i \tag{159.11}$$

(denn es ist die Spannungsverstärkung $V_u \approx 1$)

Bei der Berechnung des Ausgangswiderstands r_a haben wir berücksichtigt, daß der Widerstand R_p wechselspannungsmäßig parallel zum Generatorwiderstand R_G liegt, so daß der effektive Generatorwiderstand $R_G' = R_G R_p/(R_G + R_p)$ beträgt. Um den Gesamtausgangswiderstand r_a' zu erhalten, mußte zu dem Ausgangswiderstand r_a noch der Emitterwiderstand R_E parallel geschaltet werden. Der erstaunlich große Einfluß des Generatorwiderstands R_G bzw. R_G' auf den Ausgangswiderstand r_a wird durch die große Spannungsrückwirkung $h_{12c} \approx 1$ der Kollektorschaltung verursacht. Das gleiche gilt

4.4 Kleinsignalverhalten

übrigens auch für die starke Abhängigkeit des Eingangswiderstands r_e vom Emitterwiderstand R_E.

Da die Spannungsverstärkung der Kollektorschaltung $V_u = u_2/u_1 \approx 1$ ist, folgt die Ausgangsspannung u_2 der Eingangsspannung u_1 mit nahezu gleicher Amplitude und mit gleicher Phase. Da außerdem die Ausgangsspannung u_2 am Emitter abgegriffen wird, wird die Kollektorschaltung häufig als **Emitterfolger** bezeichnet.

Beispiel 38. Man berechne die Betriebsgrößen der Kollektorschaltung von Bild 158.1 mit den Kennwerten: Transistor: Man verwende die gleichen Werte wie in Beispiel 37, S. 156; Schaltung: $R_{B1} = R_{B2} = 100\,\text{k}\Omega$, $R_E = 10\,\text{k}\Omega$, $R_G = 5\,\text{k}\Omega$.

Die Parallelschaltung der Widerstände R_{B1} und R_{B2} liefert $R_p = 50\,\text{k}\Omega$. Aus Gl. (159.3) berechnen wir den Eingangswiderstand

$$r_e = \frac{r_{BE} + \beta R_E}{1 + (R_E/r_{CE})} = \frac{5\,\text{k}\Omega + 200 \cdot 10\,\text{k}\Omega}{1 + (10\,\text{k}\Omega/50\,\text{k}\Omega)} = 1{,}67\,\text{M}\Omega$$

Der genaue Wert des Eingangswiderstands ist $r_e = 1{,}68\,\text{M}\Omega$. Den Gesamteingangswiderstand erhalten wir aus Gl. (159.4)

$$r'_e = \frac{R_p\, r_e}{R_p + r_e} = \frac{50\,\text{k}\Omega \cdot 1{,}67\,\text{M}\Omega}{50\,\text{k}\Omega + 1{,}67\,\text{M}\Omega} = 48{,}5\,\text{k}\Omega$$

Der Ausgangswiderstand ergibt sich aus Gl. (159.6)

$$r_a = [r_{BE} + R_G\, R_p/(R_G + R_p)]/\beta = [5\,\text{k}\Omega + (5\,\text{k}\Omega \cdot 50\,\text{k}\Omega)/(5\,\text{k}\Omega + 50\,\text{k}\Omega)]/200$$
$$= 47{,}8\,\Omega$$

Der Gesamtausgangswiderstand wird dann nach Gl. (159.7)

$$r'_a = R_E\, r_a/(R_E + r_a) = 10\,\text{k}\Omega \cdot 47{,}8\,\Omega/(10\,\text{k}\Omega + 47{,}8\,\Omega) = 47{,}6\,\Omega$$

und unterscheidet sich nur unwesentlich vom Ausgangswiderstand r_a. Die Spannungsverstärkung ergibt sich nach Gl. (159.9)

$$V_u = \frac{\beta R_E/r_{BE}}{1 + (\beta R_E/r_{BE})} = \frac{200 \cdot 10\,\text{k}\Omega/5\,\text{k}\Omega}{1 + (200 \cdot 10\,\text{k}\Omega/5\,\text{k}\Omega)} = 0{,}997 \approx 1$$

Der genaue Wert ist $V_u = 0{,}998$ und unterscheidet sich somit kaum von dem Näherungswert. Aus Gl. (159.10) berechnen wir die Stromverstärkung

$$V_i = \frac{-(1+\beta)}{1 + (R_E/r_{CE})} = \frac{-201}{1 + (10\,\text{k}\Omega/50\,\text{k}\Omega)} = -167{,}5$$

Beispiel 38 zeigt, daß die Kollektorschaltung einen sehr großen Eingangswiderstand r_e aufweist. Dieser wird hauptsächlich durch das Produkt βR_E in Gl. (159.3) bestimmt, da wegen $V_u \approx 1$ Ein- und Ausgangsspannung nahezu gleich sind, wegen der Stromverstärkung des Transistors der Eingangsstrom jedoch um etwa den Faktor β kleiner als der Strom durch den Emitterwiderstand R_E ist, so daß der Eingangswiderstand r_e um etwa den Faktor β größer als R_E wird.

Andererseits hat die Kollektorschaltung einen sehr kleinen Ausgangswiderstand r_a, der in Gl. (159.6), wenn der Generatorwiderstand $R_G = 0$ wird, durch den Term r_{BE}/β bestimmt ist. Bei fehlendem Emitterwiderstand R_E ist nämlich der Ausgang über den Widerstand r_{BE} an den Generator angekoppelt. Wegen der Stromverstärkung fließt im Ausgang wieder ein etwa um den Faktor β größerer Strom als durch den differentiellen

Widerstand r_{BE} am Eingang. Infolgedessen ist der Ausgangswiderstand um den Faktor β kleiner als der Widerstand r_{BE}.

Die Kollektorschaltung ist also eine Schaltung mit großem Ein- und geringem Ausgangswiderstand und einer Spannungsverstärkung $V_u \approx 1$. Sie eignet sich deshalb gut als **Impedanzwandler**, wenn es darauf ankommt, einen Generator mit großem Ausgangswiderstand auf einen niederohmigen Verbraucher anzupassen.

4.4.8 Kleinsignal-Betriebsverhalten der Basisschaltung

Basisschaltungen nach Bild **161**.1 werden vorwiegend in der Hochfrequenztechnik und dort besonders in Eingangsschaltungen von Empfängern verwendet. Das Signal u_1' wird über einen Transformator in den Eingangskreis (Emitterzweig) des Transistors eingekoppelt, und das verstärkte Signal u_2 wird am Kollektorwiderstand R_C abgenommen. Der Widerstand R_C kann auch der Resonanzwiderstand eines Schwingkreises sein. Die Versorgungsspannungen U_{p-} und U_{EB} sind über die Kapazitäten C_A und C_B wechselspannungsmäßig geerdet. Auf der Sekundärseite des Transformators wird mit dem Windungszahlverhältnis N/N' der transformierte Generatorwiderstand

$$R_G = (N/N')^2 \, R_G' \qquad (161.1)$$

wirksam. Wir definieren hier wieder den gesamten Ein- und Ausgangswiderstand $r_e' = u_1'/i_1'$ und $r_a' = u_2/i_2'$, fassen also den Transformator und den Kollektorwiderstand R_C als zur Verstärkerstufe gehörend auf.

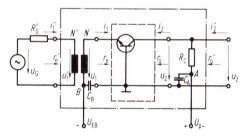

161.1 Basisschaltung
(– – –) nur Transistor
(– · –) vollständige Schaltung mit Eingangstransformator und Kollektorwiderstand R_C

Für die Berechnung der Betriebsgrößen müssen die h-Parameter der Basisschaltung verwendet werden. Wir benutzen schon die Bedingungen $h_{12e} \ll h_{21e}$ und $\Delta h_e \ll h_{21e}$ und erhalten aus den Gleichungen von Tafel **150**.1 für die h-Parameter der Basisschaltung

$$h_{11b} = \frac{h_{11e}}{1 + h_{21e}} = \frac{r_{BE}}{1 + \beta} \qquad (161.2)$$

$$h_{12b} = \frac{\Delta h_e - h_{12e}}{1 + h_{21e}} \approx \frac{r_{BE}/r_{CE}}{1 + \beta} \quad \text{wenn} \quad h_{12e} = 0 \qquad (161.3)$$

$$h_{21b} = \frac{-h_{21e}}{1 + h_{21e}} = \frac{-\beta}{1 + \beta} = -\alpha \qquad (161.4)$$

$$h_{22b} = \frac{h_{22e}}{1 + h_{21e}} = \frac{1/r_{CE}}{1 + \beta} \qquad (161.5)$$

$$\Delta h_b = \frac{r_{BE}}{r_{CE}(1 + \beta)} \quad \text{wenn} \quad h_{12e} = 0 \qquad (161.6)$$

4.4 Kleinsignalverhalten

Hiermit berechnen wir durch Einsetzen in die Gleichungen der Tafel **155.**1 die Betriebsgrößen, also den

Eingangswiderstand
$$r_e = \frac{r_{BE}}{1+\beta} \cdot \frac{1+(R_C/r_{CE})}{1+R_C/[(1+\beta)\,r_{CE}]} \qquad (162.1)$$

$$\approx \frac{r_{BE}}{1+\beta}[1+(R_C/r_{CE})] \qquad (162.2)$$

denn es ist $R_C/[(1+\beta)\,r_{CE}] \ll 1$. Der

Gesamteingangswiderstand
$$r'_e = (N'/N)^2\, r_e \qquad (162.3)$$

ergibt sich aus dem Windungsverhältnis des Eingangstransformators. Weiter ist der

Ausgangswiderstand
$$r_a = r_{CE}\,\frac{r_{BE}+(1+\beta)\,R_G}{r_{BE}+R_G} \qquad (162.4)$$

Für den Generatorwiderstand ist nach Gl. (161.1) der transformierte Generatorwiderstand R_G einzusetzen. Ferner erhalten wir

den Gesamtausgangswiderstand
$$r'_a = \frac{r_a\,R_C}{r_a+R_C} \qquad (162.5)$$

die Spannungsverstärkung
$$V_u = \frac{\beta}{r_{BE}} \cdot \frac{R_C\,r_{CE}}{R_C+r_{CE}} \qquad (162.6)$$

und die Stromverstärkung
$$V_i = \frac{-\beta}{1+\beta+(R_C/r_{CE})} \qquad (162.7)$$

$$\approx -\beta/(1+\beta) = -\alpha \qquad (162.8)$$

Die Spannungsverstärkung V_u ist genauso groß wie die der Emitterschaltung nach Gl. (156.6), jedoch sind hier Ein- und Ausgangssignal gleichphasig. Die Stromverstärkung V_i ist nahezu gleich der Kurzschlußstromverstärkung $h_{21b} = -\alpha$. Die Größe α ist die **Kleinsignalstromverstärkung der Basisschaltung** und die entsprechende Größe zur Gleichstromverstärkung A des Transistors in Basisschaltung nach Gl. (134.1). Ebenso wie nach Gl. (138.2) $\beta \approx B$ gilt, besteht auch der Zusammenhang

$$\alpha \approx A \qquad (162.9)$$

Beispiel 39. Man berechne die Betriebsgrößen der Basisschaltung von Bild **161.**1 mit den Kennwerten: Transistor: Man verwende die gleichen Werte wie in Beispiel 37, S. 156. Schaltung: $R_G = R'_G = 5\,\text{k}\Omega$, $N/N' = 1$, $R_C = 10\,\text{k}\Omega$.

Wir berechnen zunächst nach Gl. (162.2) den Eingangswiderstand r_e, der wegen $N/N' = 1$ gleich dem Gesamteingangswiderstand r'_e ist.

$$r_e = r'_e = \frac{r_{BE}}{1+\beta}\left(1+\frac{R_C}{r_{CE}}\right) = \frac{5\,\text{k}\Omega}{201}\left(1+\frac{10\,\text{k}\Omega}{50\,\text{k}\Omega}\right) = 29{,}9\,\Omega$$

Der genaue Wert ist $r_e = 28{,}9\,\Omega$. Den Ausgangswiderstand erhalten wir aus Gl. (162.4)

$$r_a = r_{CE}\,\frac{r_{BE}+(1+\beta)\,R_G}{r_{BE}+R_G} = 50\,\text{k}\Omega \cdot \frac{5\,\text{k}\Omega+201\cdot 5\,\text{k}\Omega}{5\,\text{k}\Omega+5\,\text{k}\Omega} = 5{,}05\,\text{M}\Omega$$

Der genaue Wert ist hier $r_a = 5,6$ MΩ. Durch die Parallelschaltung des Kollektorwiderstands R_C wird der Gesamtausgangswiderstand

$$r'_a = r_a R_C/(r_a + R_C) = 5,05 \text{ MΩ} \cdot 10 \text{ kΩ}/(5,05 \text{ MΩ} + 10 \text{ kΩ}) = 9,98 \text{ kΩ}$$

wieder niederohmig und unterscheidet sich nicht mehr vom genauen Wert. Eine Berechnung der Spannungsverstärkung V_u erübrigt sich, denn sie hat den gleichen Betrag $V_u = 333$ wie bei der Emitterschaltung. Die Stromverstärkung ergibt sich aus Gl. (162.7)

$$V_i = -\beta/[1 + \beta + (R_C/r_{CE})] = -200/[201 + (10 \text{ kΩ}/50 \text{ kΩ})] = -0,994$$

Im Gegensatz zur Kollektorschaltung hat also die Basisschaltung einen sehr kleinen Eingangswiderstand r_e und einen sehr großen Ausgangswiderstand r_a, eine große Spannungsverstärkung V_u und eine Stromverstärkung $V_i \approx 1$ und ist deshalb die zur Kollektorschaltung komplementäre Schaltung. Vergleicht man die Betriebsgrößen der drei Grundschaltungen des Transistors, kann man die in Tafel 163.1 zusammengestellten qualitativen Aussagen machen.

Tafel 163.1 Qualitativer Vergleich der Betriebsgrößen der Grundschaltungen des Transistors

Betriebsgröße	Emitterschaltung	Basisschaltung	Kollektorschaltung
Eingangswiderstand r_e	mittelgroß (100 Ω bis 10 kΩ)	klein (einige 10 Ω)	sehr groß (einige MΩ)
Ausgangswiderstand r_a	groß (10 kΩ bis 500 kΩ)	sehr groß (einige MΩ)	klein (einige 10 Ω)
Spannungsverstärkung V_u	groß (einige 100)	groß (einige 100)	< 1
Stromverstärkung V_i	groß (einige 100)	< 1	groß (einige 100)

4.4.9 Kopplung von Verstärkerstufen

Werden mehrere Verstärkerstufen zu einem mehrstufigen Verstärker gekoppelt, belastet jeweils die nachfolgende Stufe mit ihrem Eingangswiderstand r'_{ef} die vorangehende Stufe. Bei der Berechnung der dabei sich ergebenden Verstärkungsänderung kann man zwei Verfahren anwenden.

Verfahren 1: Man berechnet sofort die Verstärkung der Stufe unter Lastbedingungen, schaltet also den Eingangswiderstand r'_{ef} der folgenden Stufe parallel zum Ausgangswiderstand r'_a der zu berechnenden Stufe und erhält z.B. beim Emitterverstärker für die Spannungsverstärkung mit Last

$$V_{uL} = \frac{-\beta}{r_{BE}} r'_a \frac{r'_{ef}}{r'_a + r'_{ef}} = \frac{-\beta}{r_{BE}} r'_a K_L = V_u K_L \qquad (163.1)$$

Die Leerlaufverstärkung V_u sinkt also durch die Belastung um den Faktor

$$K_L = r'_{ef}/(r'_a + r'_{ef}) \qquad (163.2)$$

Verfahren 2: Wir berechnen zunächst die Leerlaufverstärkung V_u und berücksichtigen dann den Verstärkungsverlust beim Ankoppeln durch die Spannungsteilung zwischen

4.4 Kleinsignalverhalten

den Widerständen r'_a und r'_{ef}. Wir fassen also die Verstärkerstufe nach Bild **164**.1 als Spannungsgenerator mit der Leerlaufspannung u_2 und dem Ausgangswiderstand r'_a auf und belasten diesen mit dem Eingangswiderstand r'_{ef} der folgenden Stufe. Die am Eingang der folgenden Stufe abfallende Spannung ist dann

$$u_{1f} = [r'_{ef}/(r'_a + r'_{ef})]\, u_2 = K_L\, u_2 \tag{164.1}$$

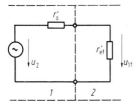

164.1 Ersatzschaltung für die Kopplung von 2 Verstärkerstufen
1 vorangeschaltete Stufe, *2* nachfolgende Stufe

Mit Gl. (164.1) wird die Verstärkung vom Eingang der vorangehenden zum Eingang der folgenden Stufe

$$V_{uL} = u_{1f}/u_1 = (u_2/u_1)(u_{1f}/u_2) = V_u\, K_L \tag{164.2}$$

Wir erhalten daher das gleiche Ergebnis wie in Gl. (163.1) mit dem ersten Verfahren. Den Faktor K_L, der stets $K_L < 1$ ist, wollen wir als **Kopplungsfaktor** bezeichnen.

Mehrstufige Emitterverstärker können ohne Schwierigkeiten aufgebaut werden, da die Widerstände r'_a und r'_e der Stufen in der gleichen Größenordnung liegen. Die Basisschaltung hat zwar eine gleich große Spannungsverstärkung V_u wie die Emitterschaltung, eignet sich aber nicht zum Aufbau mehrstufiger Verstärker. Wegen des relativ großen Ausgangswiderstands r'_a und des sehr kleinen Eingangswiderstands r_e bricht nämlich die Ausgangsspannung u_2 einer Basisschaltung bei Belastung durch eine Basisschaltung weitgehend zusammen, wenn nicht durch Zwischenschalten von Impedanzwandlern, wie Transformatoren oder Emitterfolgern, der Eingangswiderstand r_e der Stufen vergrößert wird.

Diese Schwierigkeiten bei der Ansteuerung von Basisschaltungen müssen auch im Beispiel 39, S. 162 bedacht werden. Dort steuert ein Generator mit der Leerlaufspannung u_G und dem Ausgangswiderstand R'_G über einen Transformator mit dem Übersetzungsverhältnis $N'/N = 1$ die niederohmige Basisschaltung mit dem Eingangswiderstand $r_e = 28,9\,\Omega$ an. Die Leerlaufspannung des Generators u_G bricht deshalb bei Belastung auf $u_{1f} = [r_e/(r_e + R_G)]\, u_G = K_L\, u_G = [28,9\,\Omega/(28,9\,\Omega + 5\,\text{k}\Omega)]\, u_G = 0,00575\, u_G$ zusammen. Daher wird die Verstärkung V_{uG} der Leerlaufspannung u_G sehr viel kleiner als die Leerlaufverstärkung V_u, nämlich $V_{uG} = u_2/u_G = (u_2/u_{1f})(u_{1f}/u_G) = V_u\, K_L = 333 \cdot 0,00575 = 1,91$. Die Verwendung von Basisschaltungen ist deshalb besonders dann zweckmäßig, wenn der ansteuernde Generator einen kleinen Ausgangswiderstand hat. Dies trifft z.B. für Eingangsschaltungen von Empfängern zu, denn Antennen und Hochfrequenzkabel haben meist kleine ($\approx 100\,\Omega$) Ausgangswiderstände.

Beispiel 40. Man berechne die Gesamtverstärkung V_{ug} eines Verstärkers, der aus zwei gleichen Emitterschaltungen nach Bild **155**.2 besteht. Es gelten die Kennwerte von Beispiel 37, S. 156.
Die Leerlaufverstärkung der einzelnen Stufen beträgt demnach $V_u = -333$. Werden die Stufen hintereinander geschaltet, wird die erste Stufe durch den Eingangswiderstand $r'_{ef} = 4,83\,\text{k}\Omega$ der folgenden Stufe belastet. Ihre Verstärkung sinkt dadurch mit Gl. (163.2) auf

$$V_{u1L} = K_L\, V_{u1} = \frac{r'_{ef}}{r'_{ef} + r'_a}\, V_{u1} = \frac{4,83\,\text{k}\Omega}{4,83\,\text{k}\Omega + 8,33\,\text{k}\Omega}(-333) = -122$$

Die Gesamtverstärkung wird

$$V_{ug} = V_{u1L}\, V_{u2} = -122 \cdot (-333) = 40\,600$$

Wegen der zweifachen Vorzeichenumkehr ist die Ausgangsspannung des Verstärkers gleichphasig mit seiner Eingangsspannung. Gleichphasigkeit von Ein- und Ausgangsspannung und große Verstärkung können sehr leicht zur Selbsterregung eines solchen Verstärkers führen.

4.5 Temperaturverhalten

4.5.1 Restströme und ihre Temperaturabhängigkeit

4.5.1.1 Restströme. Nach Gl. (132.2) besteht der **Kollektorstrom** des Transistors

$$I_C = A\, I_E + I_{CB0} \qquad (165.1)$$

aus dem Anteil $A\, I_E$ des den Kollektor erreichenden Emitterstroms und aus dem **Reststrom (Sperrstrom)** I_{CB0} der Kollektor-Basisdiode. Wir können den Strom I_{CB0} auch als denjenigen Kollektorstrom I_C auffassen, der bei offenem Emitter ($I_E = 0$) fließt und bezeichnen ihn deshalb als **Kollektor-Basis-Reststrom bei offenem Emitter**. Ersetzen wir in Gl. (165.1) den Emitterstrom $I_E = I_B + I_C$ durch den Basis- und Kollektorstrom und nach Gl. (134.2) die Gleichstromverstärkung der Basisschaltung $A = B/(1 + B)$ durch die Gleichstromverstärkung B der Emitterschaltung, so erhalten wir

$$I_C = B\, I_B + (1 + B)\, I_{CB0} = B\, I_B + I_{CE0} \qquad (165.2)$$

Der Strom

$$I_{CE0} = (1 + B)\, I_{CB0} \qquad (165.3)$$

ist derjenige Kollektorstrom I_C, der bei offener Basis ($I_B = 0$) fließt; wir bezeichnen ihn als **Kollektor-Emitter-Reststrom bei offener Basis**. Näherungsweise gilt, wenn $B \gg 1$ ist, für den Kollektor-Emitter-Reststrom

$$I_{CE0} \approx B\, I_{CB0} \qquad (165.4)$$

Der Reststrom I_{CB0} fließt bei offenem Emitter über die Basis, bei offener Basis dagegen durch die Basis-Emitterdiode ab. In der Basis-Emitterdiode wird der Strom I_{CB0} genauso behandelt wie ein über den Basisanschluß eingespeister Strom I_B, d.h., er wird um den Faktor B verstärkt. Deshalb setzt sich der resultierende Kollektorstrom bei $I_B = 0$ aus dem Anteil I_{CB0} und dem durch die Verstärkung entstandenen Anteil $B\, I_{CB0}$ zusammen und ist mit $(1 + B)\, I_{CB0} = I_{CE0}$ also wesentlich größer als der Reststrom I_{CB0}.
Die Größenordnung der Restströme beträgt bei der Temperatur $T = 300$ K für Germaniumtransistoren $I_{CB0} \approx 1\,\mu A$ bis $10\,\mu A$ und $I_{CE0} \approx 0{,}1$ mA bis 1 mA sowie für Siliziumtransistoren $I_{CB0} \approx 0{,}1$ nA bis 10 nA und $I_{CE0} \approx 1$ nA bis 100 nA. Germaniumtransistoren haben also wesentlich größere Restströme als Siliziumtransistoren, was sie für viele Schaltungszwecke unbrauchbar macht.

4.5.1.2 Temperaturabhängigkeit der Restströme.

Der Reststrom I_{CBO} ist ein durch Eigenleitung verursachter Sperrstrom der Basis-Kollektordiode und deshalb ein stark temperaturabhängiger Minoritätsträgerstrom, für dessen Temperaturabhängigkeit sich mit der Temperaturkonstanten C und der Temperatur T nach Gl. (29.7) ergibt

$$I_{CBO} = I_{CBO0} \exp[C(T - T_0)] \tag{166.1}$$

Der Strom I_{CBO0} ist der Sperrstrom bei der Temperatur T_0. (Z.B. kann $T_0 = 300$ K sein.) In gleicher Weise können wir für den Kollektor-Emitter-Reststrom schreiben

$$I_{CEO} = I_{CEO0} \exp[C(T - T_0)] \tag{166.2}$$

wobei wieder der Strom I_{CEO0} der Kollektor-Emitter-Reststrom bei der Temperatur T_0 ist. Die Temperaturkonstante ist nach Gl. (29.8) für Silizium $C = 0{,}07$ K^{-1} und für Germanium $C = 0{,}05$ K^{-1}.

Beispiel 41. Ein Siliziumtransistor hat bei der Temperatur $T_0 = 300$ K den Kollektor-Basis-Reststrom $I_{CBO0} = 1{,}5$ nA und die Stromverstärkung $B = 60$. Man berechne den Kollektor-Basis- und den Kollektor-Emitter-Reststrom bei der Temperatur $T = 373$ K.

Aus Gl. (165.3) bestimmen wir zunächst bei der Temperatur $T_0 = 300$ K den Kollektor-Emitter-Reststrom $I_{CEO0} = (1 + B)I_{CBO0} = 61 \cdot 1{,}5$ nA $= 91{,}5$ nA. Aus Gl. (166.1) und (166.2) erhalten wir mit der Temperaturkonstanten $C = 0{,}07$ K^{-1} bei der Temperatur $T = 373$ K für die Restströme

$$I_{CBO} = I_{CBO0} \exp[C(T - T_0)] = 1{,}5 \text{ nA} \cdot \exp[0{,}07 \text{ K}^{-1}(373 \text{ K} - 300 \text{ K})] = 248 \text{ nA}$$

$$I_{CEO} = I_{CEO0} \exp[C(T - T_0)] = 91{,}5 \text{ nA} \cdot \exp[0{,}07 \text{ K}^{-1}(373 \text{ K} - 300 \text{ K})] = 15{,}2 \text{ μA}$$

Näherungsweise verdoppeln sich die Restströme alle 10 K.

4.5.2 Temperaturabhängigkeit der Basis-Emitterspannung

Die Basis-Emitterdiode ist beim Betrieb des Transistors im aktiven Bereich in Durchlaßrichtung gepolt und stellt deshalb eine leitende Halbleiterdiode dar, für die die Ableitungen von Abschn. 2.3.2 und Gl. (30.2) gelten. Wir brauchen nur in Gl. (30.2) die Durchlaßspannung U_F durch die Basis-Emitterspannung U_{BE} zu ersetzen und erhalten dann mit der Temperaturkonstanten C und der Temperaturspannung U_T für die Änderung der Basis-Emitterspannung mit der Temperatur

$$dU_{BE}/dT = -CU_T \tag{166.3}$$

Beispiel 42. Bei der Temperatur $T_0 = 300$ K beträgt die Basis-Emitterspannung eines Siliziumtransistors $U_{BE0} = 0{,}65$ V. Man gebe die Basis-Emitterspannung U_{BE} bei der Temperatur $T = 320$ K an.

Aus Gl. (166.3) und mit der Temperaturkonstanten $C = 0{,}07$ K^{-1} sowie der Temperaturspannung $U_T = 26$ mV erhalten wir

$$U_{BE} = U_{BE0} + \Delta U_{BE} = U_{BE0} - CU_T \Delta T = 0{,}65 \text{ V} - 0{,}07 \text{ K}^{-1} \cdot 26 \text{ mV} \cdot 20 \text{ K} = 0{,}614 \text{ V}.$$

Bei der Rechnung haben wir für die Temperaturspannung $U_T = 26$ mV, also den Wert bei $T = 300$ K, benutzt, was näherungsweise möglich ist, da die relative Temperaturänderung nur 6,7%, also klein ist.

Nach Gl. (166.3) verringert sich die Basis-Emitterspannung eines Siliziumtransistors näherungsweise um -2 mV/K.

4.6 Einstellung und Stabilisierung des Arbeitspunkts

Eine wichtige Eigenschaft einer Verstärkerschaltung ist ein stabiler Arbeitspunkt, d.h., Kollektorruhestrom I_C und Kollektor-Emitterspannung U_{CE} sollen sich bei Temperaturschwankungen möglichst wenig ändern. Nach Abschn. 4.5.1 entsteht jedoch eine Temperaturdrift des Arbeitspunkts durch die Temperaturabhängigkeit von Reststrom I_{CBO} und Basisspannung U_{BE}. Wir wollen deshalb einige Schaltungen zur Arbeitspunkteinstellung des Emitterverstärkers auf ihr Temperaturverhalten hin untersuchen.

4.6.1 Arbeitspunkteinstellung mit Basisspannungsteiler

In der in Bild **167**.1 gezeigten Emitterschaltung wird der Arbeitspunkt über einen aus den Widerständen R_1 und R_2 bestehenden Spannungsteiler eingestellt. Für die Berechnung der Temperaturabhängigkeit des Kollektorstroms I_C und der Kollektor-Emitterspannung U_{CE} verwenden wir folgende Gleichungen, die der Schaltung in Bild **167**.1 entnommen sind

$$I_1 = I_2 + I_B \qquad (167.1)$$

$$I_1 = (U_{p-} - U_{BE})/R_1 \qquad (167.2)$$

$$I_2 = U_{BE}/R_2 \qquad (167.3)$$

$$I_E = I_B + I_C \qquad (167.4)$$

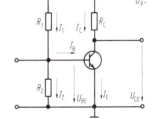

167.1 Emitterschaltung mit Arbeitspunkteinstellung durch einen Basisspannungsteiler R_1, R_2

Für den Kollektorstrom

$$I_C = A\, I_E + I_{CBO} \qquad (167.5)$$

benutzen wir noch Gl. (132.2). Indem wir nun aus Gl. (167.1) bis (167.5) die Ströme I_1, I_2, I_B, I_E eliminieren, erhalten wir

$$I_C \frac{1-A}{A} = \frac{U_{p-}}{R_1} - \left(\frac{1}{R_1} + \frac{1}{R_2}\right) U_{BE} + \frac{I_{CBO}}{A} \qquad (167.6)$$

Wenn wir Gl. (167.6) nach der Temperatur T differenzieren und berücksichtigen, daß nach Gl. (134.2) der Faktor $(1-A)/A = 1/B$ ist und daß ferner die Versorgungsspannung U_{p-} konstant ist, erhalten wir die Kollektorstromänderung durch die Temperatur

$$\frac{dI_C}{dT} = -B \frac{R_1 + R_2}{R_1 R_2} \cdot \frac{dU_{BE}}{dT} + \frac{B}{A} \cdot \frac{dI_{CBO}}{dT} \qquad (167.7)$$

Die Änderung des Kollektor-Basisreststroms I_{CBO} berechnen wir durch Differentiation von Gl. (166.1) und erhalten

$$dI_{CBO}/dT = C\, I_{CBO} \qquad (167.8)$$

4.6 Einstellung und Stabilisierung des Arbeitspunkts

Ersetzen wir nun in Gl. (167.7) den Differentialquotienten dU_{BE}/dT durch Gl. (166.3), so ergibt sich mit Gl. (167.8) für die temperaturbedingte Kollektorstromänderung

$$\frac{dI_C}{dT} = BC \left[\frac{R_1 + R_2}{R_1 R_2} U_T + \frac{I_{CBO}}{A} \right] \tag{168.1}$$

und für die Änderung der Kollektor-Emitterspannung

$$dU_{CE}/dT = -R_C \, (dI_C/dT) \tag{168.2}$$

Beispiel 43. Man berechne die Temperaturdrift von Kollektorstrom und Kollektorspannung der in Bild **167**.1 gezeigten Schaltung mit den Kennwerten: Transistor: Silizium, $B = 200$, $I_{CBO} = 1$ nA bei $T_0 = 300$ K; Schaltung: $U_{p-} = 20$ V, $R_C = 10$ kΩ, $R_1 = 388$ kΩ, $R_2 = 12$ kΩ. Die Arbeitspunkteinstellung soll durch den Basisteiler so abgeglichen sein, daß der Kollektorstrom $I_C = 1$ mA fließt und daher die Kollektorspannung $U_{CE} = 10$ V beträgt.

Aus Gl. (168.1) berechnen wir mit der Temperaturkonstanten $C = 0{,}07$ K^{-1} für Silizium und mit der Temperaturspannung $U_T = 26$ mV die Temperaturdrift des Kollektorstroms

$$\frac{dI_C}{dT} = BC \left(\frac{R_1 + R_2}{R_1 R_2} U_T + \frac{I_{CBO}}{A} \right)$$

$$= 200 \cdot 0{,}07 \text{ K}^{-1} \left(\frac{388 \text{ k}\Omega + 12 \text{ k}\Omega}{388 \text{ k}\Omega \cdot 12 \text{ k}\Omega} \cdot 26 \text{ mV} + \frac{1 \text{ nA}}{1} \right) = 31{,}3 \text{ μA/K}$$

Nach Gl. (168.2) ergibt sich die Kollektorspannungsänderung

$$dU_{CE}/dT = -R_C \, dI_C/dT = -10 \text{ k}\Omega \cdot 31{,}3 \text{ μA/K} = -0{,}313 \text{ V/K}$$

Da sich die Gleichstromverstärkung nur unwesentlich von 1 unterscheidet, haben wir bei der Rechnung $A = 1$ gesetzt.

Bei der numerischen Rechnung zeigt sich, daß der Einfluß des Reststroms I_{CBO} auf die Temperaturdrift vernachlässigbar klein ist. Die Temperaturdrift des Arbeitspunkts wird also nur durch die Temperaturabhängigkeit der Basis-Emitterspannung U_{BE}, d.h., durch den ersten Term in Gl. (167.7) und (168.1), verursacht. Dies gilt jedoch nicht für Germaniumtransistoren, die einen tausendfach größeren Reststrom I_{CBO} haben.

Dennoch ist diese Schaltung auch für Siliziumtransistoren nicht brauchbar, denn bei einer Temperaturänderung von nur 10 K würde sich die Kollektor-Emitterspannung schon um $\Delta U_{CE} = 3{,}13$ V ändern. Bei der Kollektor-Emitter-Ruhespannung $U_{CE} = 10$ V sind dies 31,3%.

4.6.2 Arbeitspunkteinstellung mit Basisvorwiderstand

Vorteilhafter ist die in Bild **169**.1 gezeigte Schaltung. Zur Berechnung der Temperaturdrift von Kollektorstrom und Kollektor-Emitterspannung entnehmen wir der Schaltung die Gleichungen für die Ströme

$$I_B = (U_{p-} - U_{BE})/R_1 \tag{168.3}$$

$$I_E = I_B + I_C \tag{168.4}$$

Mit Gl. (132.2) erhalten wir durch Eliminieren der Ströme I_B und I_E

$$I_C \frac{1-A}{A} = \frac{U_{p-}}{R_1} - \frac{U_{BE}}{R_1} + \frac{I_{CBO}}{A} \tag{168.5}$$

4.6.3 Arbeitspunktstabilisierung durch Gleichstromgegenkopplung

Differenzieren wir Gl. (168.5) nach der Temperatur T, finden wir mit $(1-A)/A = 1/B$ für die Kollektorstromänderung mit der Temperatur

$$\frac{dI_C}{dT} = -\frac{B}{R_1} \cdot \frac{dU_{BE}}{dT} + \frac{B}{A} \cdot \frac{dI_{CBO}}{dT} \qquad (169.1)$$

Schließlich ergibt sich aus Gl. (169.1) mit Gl. (166.3) und (167.8) für die **Temperaturdrift des Kollektorstroms**

$$dI_C/dT = B\,C\,[(U_T/R_1) + (I_{CBO}/A)] \qquad (169.2)$$

Für die temperaturbedingte Änderung der Kollektor-Emitterspannung gilt wieder Gl. (168.2).

Beispiel 44. Mit den Kennwerten $R_C = 10\,\text{k}\Omega$ und $R_1 = 3{,}88\,\text{M}\Omega$ berechne man die Temperaturdrift von Kollektorstrom I_C und Kollektor-Emitterspannung U_{CE} der in Bild **169**.1 gezeigten Schaltung, wenn in diese a) ein Siliziumtransistor und b) ein Germaniumtransistor eingebaut ist. Die Eigenschaften des Siliziumtransistors sind $B = 200$ und $I_{CBO} = 1\,\text{nA}$, die des Germaniumtransistors $B = 200$ und $I_{CBO} = 1\,\mu\text{A}$.

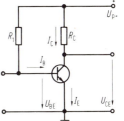

169.1 Emitterschaltung mit Arbeitspunkteinstellung durch Basisvorwiderstand R_B

Zu a): Aus Gl. (169.1) berechnen wir mit der Temperaturkonstanten $C = 0{,}07\,\text{K}^{-1}$ und der Temperaturspannung $U_T = 26\,\text{mV}$ die Kollektorstromänderung

$$\frac{dI_C}{dT} = B\,C\left(\frac{U_T}{R_1} + \frac{I_{CBO}}{A}\right) = 200 \cdot 0{,}07\,\text{K}^{-1}\left(\frac{26\,\text{mV}}{3{,}88\,\text{M}\Omega} + \frac{1\,\text{nA}}{1}\right) = 108\,\text{nA/K}$$

und die Kollektorspannungsänderung

$$dU_{CE}/dT = -R_C\,dI_C/dT = -10\,\text{k}\Omega \cdot 108\,\text{nA/K} = -1{,}08\,\text{mV/K}$$

Auch hier haben wir für die Gleichstromverstärkung $A = 1$ gesetzt. Der Einfluß des Reststroms liegt in diesem Fall in der gleichen Größenordnung wie der der Basis-Emitterspannung.

Zu b): Führen wir die gleiche Rechnung mit den Kennwerten des Germaniumtransistors durch, erhalten wir mit der Temperaturkonstanten $C = 0{,}049\,\text{K}^{-1}$ für die Kollektorstromänderung $dI_C/dT = 9{,}8\,\mu\text{A/K}$ und für die Kollektorspannungsänderung $dU_{CE}/dT = -0{,}098\,\text{V/K}$. Beim Germaniumtransistor überwiegt der Einfluß des Reststroms I_{CBO} bei weitem. Die Schaltung weist für Siliziumtransistoren eine gute Arbeitspunktstabilität auf, ist jedoch für Germaniumtransistoren nicht brauchbar, da z.B. bei einer Temperatursteigerung von 10 K die Kollektor-Emitterspannung um etwa 1 V sinken würde.

4.6.3 Arbeitspunktstabilisierung durch Gleichstromgegenkopplung

Legt man wie in Bild **170**.1 in den Emitterzweig des Transistors einen Widerstand R_E, erhält man eine wesentliche Verbesserung der Arbeitspunktstabilisierung. Allerdings führt dies auch zu einer Verringerung der Wechselspannungsverstärkung auf $V_u \approx R_C/R_E$.

4.6 Einstellung und Stabilisierung des Arbeitspunkts

Um dies zu vermeiden, wird der Emitterwiderstand R_E durch den Kondensator C_E wechselspannungsmäßig kurzgeschlossen. Für die Berechnung der Temperaturdrift entnehmen wir der Schaltung die Gleichungen

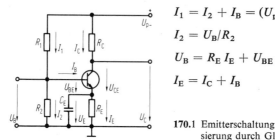

$$I_1 = I_2 + I_B = (U_{p-} - U_B)/R_1 \quad (170.1)$$

$$I_2 = U_B/R_2 \quad (170.2)$$

$$U_B = R_E I_E + U_{BE} \quad (170.3)$$

$$I_E = I_C + I_B \quad (170.4)$$

170.1 Emitterschaltung mit Arbeitspunkteinstellung und -stabilisierung durch Gleichstromgegenkopplung

Mit Gl. (132.2) erhalten wir durch Eliminieren der Größen I_1, I_2, I_B, I_E und U_B und mit $(1-A)/A = 1/B$ und $R_p = (R_1 R_2)/(R_1 + R_2)$

$$I_C \left(\frac{1}{B} + \frac{R_E}{A R_p} \right) = \frac{U_{p-}}{R_1} - \frac{U_{BE}}{R_p} + \frac{1 + (R_E/R_p)}{A} I_{CB0} \quad (170.5)$$

Differenzieren wir Gl. (170.5) nach der Temperatur T, finden wir bei konstanter Versorgungsspannung U_{p-} und mit $A \approx 1$ die Kollektorstromänderung

$$\frac{dI_C}{dT} = \frac{B}{B R_E + R_p} \left[-\frac{dU_{BE}}{dT} + (R_E + R_p) \frac{dI_{CB0}}{dT} \right] \quad (170.6)$$

Führen wir noch Gl. (166.3) und (167.8) ein, ergibt sich schließlich mit der Temperaturkonstanten C und der Temperaturspannung U_T die **Kollektorstromänderung**

$$\frac{dI_C}{dT} = \frac{B C}{B R_E + R_p} [U_T + (R_E + R_p) I_{CB0}] \quad (170.7)$$

Für die Änderung der Kollektorspannung U_C (gemessen gegen 0 V) mit der Temperatur T gilt wieder

$$dU_C/dT = - R_C \, dI_C/dT \quad (170.8)$$

Beispiel 45. Mit den Kennwerten $R_C = 10\,\text{k}\Omega$, $R_E = 5\,\text{k}\Omega$, $R_1 = 154\,\text{k}\Omega$ und $R_2 = 46\,\text{k}\Omega$ berechne man die Änderung von Kollektorstrom I_C und Kollektorspannung U_C für die Schaltung nach Bild **170.1**, wenn in diese a) ein Siliziumtransistor mit $B = 200$ und $I_{CB0} = 1\,\text{nA}$ und b) ein Germaniumtransistor mit $B = 200$ und $I_{CB0} = 1\,\mu\text{A}$ eingebaut wird.
Wir berechnen zunächst den Widerstand

$$R_p = R_1 R_2/(R_1 + R_2) = 154\,\text{k}\Omega \cdot 46\,\text{k}\Omega/(154\,\text{k}\Omega + 46\,\text{k}\Omega) = 35{,}4\,\text{k}\Omega$$

Zu a): Aus Gl. (170.7) erhalten wir mit $C = 0{,}07\,\text{K}^{-1}$ und $U_T = 26\,\text{mV}$ für den Siliziumtransistor die temperaturbedingte Kollektorstromänderung

$$\frac{dI_C}{dT} = \frac{B C}{B R_E + R_p} [U_T + (R_E + R_p) I_{CB0}]$$

$$= \frac{200 \cdot 0{,}07\,\text{K}^{-1}}{200 \cdot 5\,\text{k}\Omega + 35{,}4\,\text{k}\Omega} [26\,\text{mV} + (5\,\text{k}\Omega + 35{,}4\,\text{k}\Omega)\,1\,\text{nA}] = 0{,}35\,\mu\text{A/K}$$

Für die Kollektorspannungsänderung liefert Gl. (170.8)

$$dU_C/dT = -R_C \, dI_C/dT = -10 \text{ k}\Omega \cdot 0{,}35 \text{ μA/K} = -3{,}5 \text{ mV/K}$$

Zu b): Führen wir die gleiche Rechnung mit den Kennwerten des Germaniumtransistors durch, ergibt sich mit $C = 0{,}049$ K^{-1} die Kollektorstromänderung $dI_C/dT = 0{,}63$ μA/K und für die Kollektorspannungsänderung $dU_C/dT = -6{,}3$ mV/K. Die Rechnung zeigt, daß diese Schaltung auch für Germaniumtransistoren brauchbar ist. Würde z. B. die Temperatur um 10 K steigen, würde die Kollektorspannung nur um 63 mV sinken.

Eine weitere Verbesserung der Stabilisierungseigenschaft der Schaltung nach Bild **170**.1 ist möglich, wenn in Reihe zum Widerstand R_2 eine Diode geschaltet wird. Ist diese **Temperaturstabilisierungsdiode** aus dem gleichen Werkstoff wie der Transistor und steht sie in gutem Wärmekontakt mit ihm, kompensiert die Änderung der Diodenspannung U_F z. T. die Änderung der Basis-Emitterspannung U_{BE}. Für die Berechnung der Kollektorstromänderung mit der Temperatur können Gl. (170.1) bis (170.4) verwendet werden, jedoch muß wegen des Einbaus der Diode Gl. (170.2) in

$$I_2 = (U_B - U_F)/R_2 \tag{171.1}$$

geändert und zusätzlich $U_F = U_{BE}$ gesetzt werden. Führt man mit diesen Änderungen die Rechnung wie im vorangehenden Fall durch, erhält man die Kollektorstromänderung

$$\frac{dI_C}{dT} = \frac{BC}{B\,R_E + R_p} \left[\frac{R_p}{R_1} U_T + (R_E + R_p) I_{CB0} \right] \tag{171.2}$$

wobei wieder der Widerstand $R_p = R_1 R_2/(R_1 + R_2)$ ist.

Beispiel 46. Mit den Kennwerten von Beispiel 45, S. 170 berechne man die durch die Temperatur verursachte Kollektorstrom- und Kollektorspannungsänderung, wenn in der Schaltung nach Bild **170**.1 ein Siliziumtransistor und in Reihe mit dem Widerstand R_2 eine **Temperaturstabilisierungsdiode** eingebaut wird.

Aus Gl. (171.2) und mit der Temperaturkonstanten $C = 0{,}07$ K^{-1} und der Temperaturspannung $U_T = 26$ mV erhalten wir für die Kollektorstromänderung

$$\begin{aligned}
\frac{dI_C}{dT} &= \frac{BC}{B\,R_E + R_p} \left[\frac{R_p}{R_1} U_T + (R_E + R_p) I_{CB0} \right] \\
&= \frac{200 \cdot 0{,}07 \text{ K}^{-1}}{200 \cdot 5 \text{ k}\Omega + 35{,}4 \text{ k}\Omega} \left[\frac{35{,}4 \text{ k}\Omega \cdot 26 \text{ mV}}{154 \text{ k}\Omega} + (5 \text{ k}\Omega + 35{,}4 \text{ k}\Omega)\, 1 \text{ nA} \right] \\
&= 0{,}081 \text{ μA/K}
\end{aligned}$$

und für die Kollektorspannungsänderung $dU_C/dT = -R_C \, dI_C/dT = -10 \text{ k}\Omega \cdot 0{,}081 \text{ μA/K} = -0{,}81$ mV/K.

Hier ist gegenüber den Werten von Beispiel 45a), S. 170, eine etwa vierfache Verringerung der Schwankungen erreicht worden.

4.7 Kühlung

Wie die Berechnungen in Abschn. 4.5 und 4.6 zeigen, führen Temperaturänderungen wegen der Temperaturabhängigkeit der Restströme I_{CB0} und I_{CE0} sowie der Basis-Emitterspannung U_{BE} je nach Schaltung zu mehr oder weniger großen Arbeitspunkt-

4.7 Kühlung

verschiebungen. Temperaturschwankungen entstehen durch Änderung der Umgebungstemperatur und durch die in den Bauelementen der Schaltung umgesetzte Verlustleistung P_V. Insbesondere in **Leistungstransistoren** können bei größeren Kollektorströmen I_C und gleichzeitig großer Kollektor-Emitterspannung U_{CE} große Verlustleistungen $P_V = I_C U_{CE}$ entstehen. Sie können zu erheblichen Temperaturerhöhungen im Transistorkristall und somit zu seiner Zerstörung führen. Diese Probleme treten besonders bei **Leistungsverstärkern** mit Ausgangsleistungen von einigen 10 W auf. Es ist deshalb erforderlich, die im Transistor erzeugte Wärme durch geeignete Kühlvorrichtungen abzuführen.

4.7.1 Thermischer Widerstand

Befindet sich der Transistorkristall auf der Temperatur T_U der Umgebung, so wird durch die im Transistor umgesetzte Verlustleistung P_V die **Kristalltemperatur** T_K um

$$\Delta T = T_K - T_U \tag{172.1}$$

erhöht. Diese Temperaturerhöhung ist um so größer, je größer die Verlustleistung P_V und je geringer die Wärmeabfuhr ist. Mit dem **thermischen Widerstand** können wir deshalb für die Temperaturänderung

$$\Delta T = R_{th} P_V \tag{172.2}$$

schreiben. Der thermische Widerstand R_{th} gibt analog zum elektrischen Widerstand an, welchen Widerstand der Wärmestrom beim Abfluß von dem als Wärmequelle wirkenden Transistorkristall zur Umgebung vorfindet. Ist der Wärmewiderstand R_{th} groß, wird der Wärmestrom klein und die Temperaturerhöhung ΔT groß. Für eine gute Kühlung des Transistorkristalls ist deshalb ein kleiner thermischer Widerstand erforderlich.
Die maximal im Transistor umsetzbare Verlustleistung $P_{V\,max}$ wird durch die maximal zulässige Kristalltemperatur $T_{K\,max}$ bestimmt, so daß wir mit Gl. (172.1) und (172.2) schreiben können

$$P_{V\,max} = (T_{K\,max} - T_U)/R_{th} \tag{172.3}$$

Die maximale Kristalltemperatur beträgt für Silizium $T_{K\,max} \approx 473$ K (also 200 °C) und für Germanium $T_{K\,max} \approx 373$ K (also 100 °C). Nach Gl. (172.3) ist bei vorgegebener maximaler Kristalltemperatur $T_{K\,max}$ die zulässige Verlustleistung $P_{V\,max}$ um so größer je niedriger die Umgebungstemperatur T_U und der thermische Widerstand R_{th} sind.
Der thermische Widerstand R_{th} eines Transistors hängt entscheidend von seiner Bauform ab, und, um ihn klein zu halten, wird z.B. bei Leistungstransistoren die Kollektorschicht, in der die Verlustwärme erzeugt wird, direkt auf den Metallboden des Transistorgehäuses gesintert. Der gesamte Wärmewiderstand R_{thJU}, den der Wärmestrom von der Wärmequelle bis zur umgebenden Luft vorfindet, setzt sich zusammen aus dem thermischen Widerstand R_{thJG} zwischen Sperrschicht und Gehäuse und dem thermischen Widerstand R_{thGU} zwischen Gehäuse und freier Umgebungsluft. Dieser enthält auch die Wärmeabgabe vom Gehäuse an die Luft durch Konvektion und Strahlung. Es gilt also für den gesamten **thermischen Widerstand**

$$R_{thJU} = R_{thJG} + R_{thGU} \tag{172.4}$$

4.7.2 Berechnung des thermischen Widerstands eines Kühlblechs 173

Die Einführung eines thermischen Widerstands zur Beschreibung der Wärmeableitung hat den Vorteil, daß eine elektrische Ersatzschaltung angegeben werden kann, die nach Bild **173**.1 die Wärmeabführung durch elektrische Größen wiedergibt. Darin simuliert die Kapazität C_J die Wärmekapazität des Transistorkristalls und der Gleichstromgenerator G die Wärmequelle. Je größer die Temperatur des Kristalls ist, um so größer wird die Ladespannung der Ersatzkapazität C_J. Die Spannung ist also die zur Temperatur analoge elektrische Größe. Durch den elektrischen Strom, der dem Wärmestrom analog ist, wird elektrische Ladung (Wärmemenge) von der Kristallkapazität ab- und über den Widerstand R_{thJG} der Gehäusekapazität C_G zugeführt. Die Kapazität C_G wird aufgeladen; die Gehäusetemperatur T_G steigt also. Über den thermischen Widerstand R_{thGU} fließt der Wärmestrom von der Wärmekapazität C_G des Gehäuses der unendlich großen Wärmekapazität C_U, die die Umgebung darstellt, zu. Wegen dieser großen Kapazität steigt ihre Temperatur nicht an.

Der thermische Widerstand R_{thJU} von der Sperrschicht zur Umgebung ist erheblich größer als der thermische Widerstand R_{thJG} von der Sperrschicht zum Gehäuse. Es bildet sich ein Wärmestau am Gehäuse, und die Gehäusetemperatur T_G steigt an. Um die Wärmeabfuhr vom Gehäuse zur Umgebung zu verbessern, verwendet man Kühlbleche. Auch das Chassisblech kann als Kühlblech dienen, und das Transistorgehäuse wird entweder direkt oder durch eine dünne Glimmerscheibe isoliert auf dieses montiert. Die Isolation ist dann erforderlich, wenn der Kollektor des Transistors an das Gehäuse angeschlossen ist. Häufig werden auch gerippte Kühlkörper auf dem Transistorgehäuse befestigt. Die Verlustwärme wird durch Wärmeleitung auf das

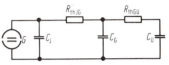

173.1
Elektrische Ersatzschaltung für das thermische Verhalten des Transistors
G Stromgenerator (Wärmequelle), C_J Wärmekapazität des Transistorkristalls, C_G Wärmekapazität des Gehäuses, C_U Wärmekapazität der Umgebung, R_{thJG} thermischer Widerstand zwischen Sperrschicht und Gehäuse, R_{thGU} thermischer Widerstand zwischen Gehäuse und Umgebung

Kühlblech oder den Kühlkörper übertragen und über dessen große Oberfläche wesentlich besser durch Konvektion und Strahlung an die umgebende Luft abgegeben.

Durch den Einbau eines Kühlblechs oder eines Kühlkörpers wird der thermische Widerstand R_{thGU} zwischen Gehäuse und Umgebung auf den geringeren thermischen Widerstand R_{thC} zwischen Kühlblech und Umgebung gebracht, so daß wir in Gl. (172.4) für den gesamten thermischen Widerstand zwischen Sperrschicht und Umgebung schreiben

$$R_{thJU} = R_{thJG} + R_{thC} \tag{173.1}$$

Wegen $R_{thGU} \gg R_{thC}$ wird durch Einbau des Kühlblechs der gesamte thermische Widerstand verringert, so daß größere Verlustleistungen im Transistor umgesetzt werden können.

4.7.2 Berechnung des thermischen Widerstands eines Kühlblechs

Der thermische Widerstand des Kühlblechs läßt sich mit Dicke d, Fläche A, Wärmeleitwert λ des Kühlblechs und Korrekturfaktor K_{th} für Lage und Oberflächenbeschaffenheit des Blechs nach Tafel **174**.1 näherungsweise berechnen aus

$$R_{thC} = \frac{3{,}3\,\text{K/W}}{\sqrt{[\lambda/(\text{W/Kcm})]\,(d/\text{mm})}} \sqrt[4]{K_{th}} + \frac{650\,\text{K/W}}{A/\text{cm}^2} K_{th} \tag{173.2}$$

4.7 Kühlung

Gl. (173.2) gilt für annähernd quadratische Kühlbleche, wenn der Transistor, in der Mitte des Blechs montiert, die einzige Wärmequelle darstellt. Gl. (173.2) ist also nicht für gerippte Kühlkörper zu verwenden. Die Berechnung des thermischen Widerstands R_{thC} von Kühlkörpern ist schwierig. Ihr thermischer Widerstand wird deshalb experimentell bestimmt und von den Herstellern in ihren Datenbüchern angegeben.

Tafel 174.1 Wärmeleitwert λ des Kühlblechwerkstoffs und Korrekturfaktor K_{th} für Lage und Oberflächenbeschaffenheit des Kühlblechs

Werkstoff	λ in W/Kcm	Oberfläche Lage	blank K_{th}	geschwärzt K_{th}
Aluminium	2,1	senkrecht	0,85	0,43
Kupfer	3,8	waagerecht	1,0	0,5
Messing	1,1			
Stahl	0,46			

Muß aus Isolationsgründen zwischen Transistorgehäuse und Kühlblech eine Glimmerscheibe geschoben werden, erhöht sich der thermische Widerstand um den thermischen Widerstand der Glimmerscheibe R_{thGl} auf

$$R_{thJU} = R_{thJG} + R_{thC} + R_{thGl} \tag{174.1}$$

Eine 100 μm dicke Glimmerscheibe hat einen thermischen Widerstand $R_{thGl} \approx 1,5$ K/W bis 3 K/W. Beiderseitiges Einfetten der Scheibe verbessert den Wärmekontakt und reduziert den thermischen Widerstand R_{thGl} um etwa 1 K/W.

Beispiel 47. Ein Siliziumtransistor hat die thermischen Widerstände $R_{thJG} = 36$ K/W und $R_{thJU} = 175$ K/W. Man berechne die maximal zulässige Verlustleistung $P_{V max}$ bei der Umgebungstemperatur $T_U = 298$ K und der maximal zulässigen Kristalltemperatur $T_{K max} = 473$ K, wenn der Transistor a) ohne Kühlblech und b) mit einem quadratischen Kühlblech der Fläche $A = 100$ cm² und der Dicke $d = 1$ mm betrieben wird. Das Kühlblech besteht aus Kupfer, ist vertikal montiert und hat eine geschwärzte Oberfläche.
Zu a): Aus Gl. (172.3) ergibt sich mit $R_{th} = R_{thJU} = 175$ K/W die maximal zulässige Verlustleistung $P_{V max} = (T_{K max} - T_U)/R_{thJU} = (473$ K $- 298$ K$)/(175$ K/W$) = 1$ W.
Zu b): Wir berechnen aus Gl. (173.2) mit dem Wärmeleitwert $\lambda = 3,8$ W/Kcm sowie dem Korrekturfaktor $K_{th} = 0,43$ aus Tafel 174.1 den thermischen Widerstand des Kühlblechs

$$R_{thC} = \frac{3,3 \text{ K/W}}{\sqrt{[\lambda/(\text{W/Kcm})] \, (d/\text{mm})}} \sqrt[4]{K_{th}} + \frac{650 \text{ K/W}}{A/\text{cm}^2} K_{th}$$

$$= \frac{3,3 \text{ K/W}}{\sqrt{3,8 \cdot 1}} \sqrt[4]{0,43} + \frac{650 \text{ K/W}}{100} \cdot 0,43 = 4,17 \text{ K/W}$$

Somit ergibt sich aus Gl. (173.1) der gesamte thermische Widerstand

$$R_{thJU} = R_{thJG} + R_{thC} = 36 \text{ (K/W)} + 4,17 \text{ (K/W)} = 40,17 \text{ K/W}$$

Mit diesem Wert erhalten wir aus Gl. (172.3) die maximale Verlustleistung

$$P_{V max} = (T_{K max} - T_U)/R_{thJU} = (473 \text{ K} - 298 \text{ K})/(40,17 \text{ K/W}) = 4,36 \text{ W}$$

Bei der Gehäusetemperatur $T_G = 298$ K gibt der Hersteller für diesen Transistor die maximal zulässige Verlustleistung $P_{V\,max} = 5$ W an. Durch die Kühlung mit dem Kühlblech kann dieser Wert fast erreicht werden.

Beispiel 48. Mit den Kennwerten des Transistors von Beispiel 47, S. 174, berechne man die Gehäusetemperatur T_G, wenn der Transistor a) ohne Kühlblech mit seiner maximalen Verlustleistung $P_{V\,max} = 1$ W und b) mit Kühlblech und mit der dann zulässigen Verlustleistung $P_{V\,max} = 4{,}36$ W betrieben wird.

Zwischen Gehäuse und Sperrschicht liegen die Temperaturdifferenz $T_{K\,max} - T_G$ und der thermische Widerstand R_{thJG}. Setzen wir in Gl. (172.3) $T_U = T_G$ und $R_{th} = R_{thJG}$, erhalten wir nach Umstellung für die Gehäusetemperatur im Fall a) $T_G = T_{K\,max} - R_{thJG}\,P_{V\,max} = 473$ K $-$ (36 K/W) 1 W $= 437$ K und für den Fall b) mit $P_{V\,max} = 4{,}36$ W die Gehäusetemperatur $T_G = 316$ K.

Durch die Kühlung wird also die Gehäusetemperatur T_G um 121 K gesenkt bei gleichzeitiger Steigerung der maximal zulässigen Verlustleistung $P_{V\,max}$ um 3,36 W.

4.8 Durchbruchverhalten

Als Dreischichtbauelement enthält der Transistor zwei Dioden, die Kollektor- und die Emitter-Basisdiode. Im aktiven Betrieb ist die Kollektor-Basisdiode gesperrt und die Emitter-Basisdiode leitend. Im Betrieb als Schalter kommt es jedoch auch vor, daß die Emitter-Basisdiode gesperrt ist. Bei der Dimensionierung von Transistorschaltungen müssen deshalb die maximal zulässigen Sperrspannungen dieser Dioden bekannt sein. Der in den Dioden beim Überschreiten der Sperrspannung auftretende Zener- oder Lawinendurchbruch (s. Abschn. 3.1.1) wird beim Transistor als Durchbruch 1. Art bezeichnet im Gegensatz zum Durchbruch 2. Art (second breakdown), den wir in Abschn. 4.8.5 behandeln.

Zu untersuchen sind beim Transistor die Sperreigenschaften der Basis-Emitterdiode (U_{BE}), der Kollektor-Basisdiode (U_{CB}) und der Kollektor-Emitterstrecke (U_{CE}) [19].

4.8.1 Basis-Emitter-Sperrspannung

Die Sperrspannung U_{EB0} der Emitter-Basisdiode bei offenem Kollektor ($I_C = 0$) ist wegen der hohen Dotierung des Emitters (Elektronendichte $n \approx 10^{18}$ cm^{-3}) relativ klein und liegt zwischen $U_{EB0} = 5$ V bis 10 V. Als Durchbruchmechanismus tritt der Zener-Effekt auf. Eine Überschreitung der Sperrspannung U_{EB0} führt nicht unbedingt zur Zerstörung des Transistors, sondern wie bei der Z-Diode steigt der Strom zunächst steil an, wird jedoch i. allg. durch im äußeren Kreis liegende Widerstände begrenzt. Wird dabei die maximal zulässige Verlustleistung der Diode nicht überschritten, übersteht diese den Durchbruch, ohne Schaden zu nehmen. Wegen der größeren Temperaturfestigkeit gilt dies besonders für Siliziumtransistoren.

4.8.2 Kollektor-Basis-Sperrspannung

Die Sperrspannung U_{CB0} der Kollektor-Basisdiode bei offenem Emitter ($I_E = 0$) ist wegen der schwachen Dotierung des Kollektors relativ hoch. Als Durchbruchmechanismus ist der Lawineneffekt wirksam. Die Kollektor-Basis-Sperrspannung kann bei modernen Transistoren bis zu 1000 V gesteigert werden. Solche Transistoren werden dann als Hochspannungstransistoren bezeichnet.

Für die Untersuchung der Durchbruchkennlinien führen wir den in Abschn. 3.1.1.2 benutzten **Durchbruchfaktor** M ein und erhalten aus Gl. (54.1) mit $U_R = U_{CB}$ und $U_{(BR)} = U_{CB0}$

$$M = \frac{1}{1 - (U_{CB}/U_{CB0})^m} \tag{176.1}$$

wobei der von der Dotierung abhängige Exponent $m \approx 2$ bis 6 beträgt. Nähert sich die Kollektor-Basisspannung U_{CB} der Durchbruchspannung U_{CB0}, geht der Durchbruchfaktor M gegen unendlich. Gilt jedoch $U_{CB} \ll U_{CB0}$, ist der Faktor $M \approx 1$.

Mit Gl. (132.2) erhalten wir für den **Kollektorstrom**

$$I_C = A\,I_E + I_{CB0} \quad \text{für} \quad U_{CB} \ll U_{CB0} \tag{176.2}$$

In **Durchbruchnähe**, wenn die Kollektor-Basisspannung U_{CB} geringfügig kleiner als die Durchbruchspannung U_{CB0} ist, muß jedoch wegen der **Stromvervielfachung** der Kollektorstrom I_C durch $M\,I_C$ ersetzt werden, so daß

$$I_C = M\,(A\,I_E + I_{CB0}) \tag{176.3}$$

wird. Setzen wir noch den Durchbruchfaktor M aus Gl. (176.1) in Gl. (176.3) ein, finden wir die Abhängigkeit des Kollektorstroms von der Kollektor-Basisspannung U_{CB}

$$I_C = \frac{A\,I_E + I_{CB0}}{1 - (U_{CB}/U_{CB0})^m} \tag{176.4}$$

und speziell für $I_E = 0$, also für offenen Emitter, den **Kollektorstrom**

$$I_C = I_{CB0}/[1 - (U_{CB}/U_{CB0})^m] \tag{176.5}$$

In Bild 177.1 sind diese Durchbruchkennlinien mit dem Emitterstrom I_E als Parameter aufgetragen. Der zunächst nahezu konstante Verlauf des Kollektorstroms I_C geht bei Annäherung der Kollektor-Basisspannung U_{CB} an die Durchbruchspannung U_{CB0} in einen steilen Stromanstieg über. Dabei gibt die gestrichelte Kennlinie den Verlauf des Kollektorstroms bei offenem Emitter ($I_E = 0$) wieder.

4.8.3 Kollektor-Emitter-Sperrspannung

Die wichtigste Sperrspannung des Transistors ist die **Kollektor-Emitter-Sperrspannung** U_{CE0} **bei offener Basis** ($I_B = 0$); denn sie bestimmt die höchste zulässige Kollektor-Emitterspannung U_{CE} des Transistors in Emitterschaltung. Für ihre Berechnung ersetzen wir in Gl. (176.3) die Gleichstromverstärkung A der Basisschaltung durch die Gleichstromverstärkung $B = A/(1 - A)$ der Emitterschaltung, führen den Basisstrom $I_B = I_E - I_C$ ein und erhalten somit für den **Kollektorstrom**

$$I_C = M\left[\frac{B}{1+B}(I_C + I_B) + I_{CB0}\right] \tag{176.6}$$

Lösen wir Gl. (176.6) nach dem Kollektorstrom auf, ergibt sich, wenn wir noch den Kollektor-Emitter-Reststrom I_{CE0} nach Gl. (165.3) einführen,

$$I_C = \frac{M\,(B\,I_B + I_{CE0})}{1 - B\,(M - 1)} \tag{176.7}$$

4.8.3 Kollektor-Emitter-Sperrspannung

Setzen wir noch aus Gl. (176.1) den Durchbruchfaktor M ein, finden wir nach Umformung den Kollektorstrom

$$I_C = \frac{B I_B + I_{CE0}}{1 - (1 + B)(U_{CE}/U_{CB0})^m} \qquad (177.1)$$

und im Fall offener Basis, also bei $I_B = 0$, schließlich

$$I_C = I_{CE0}/[1 - (1 + B)(U_{CE}/U_{CB0})^m] \qquad (177.2)$$

In Gl. (176.1) haben wir die Näherung $U_{CB} \approx U_{CE}$ benutzt.

In Gl. (176.7) bis (177.2) strebt der Kollektorstrom I_C gegen unendlich, wenn der Nenner gegen Null geht, und wir haben hiermit eine Bedingung für den Durchbruch der Kollektor-Emitterstrecke gewonnen. Setzen wir in Gl. (176.7) den Nenner Null, erhalten wir $B(M-1) = 1$ und nach Auflösung den Durchbruchfaktor an der Durchbruchgrenze

$$M = (1 + B)/B = 1/A \qquad (177.3)$$

Für die Gleichstromverstärkung $A = 0{,}99$ wird der Durchbruchfaktor $M = 1{,}01$. Um den Durchbruch der Kollektor-Emitterstrecke zu erreichen, genügt es also, den Durchbruchfaktor M wenig größer als eins werden zu lassen. Für den Durchbruch der Kollektor-Basisstrecke ist es im Gegensatz dazu erforderlich, daß der Faktor $M = \infty$ wird, um nach Gl. (176.3) den Kollektorstrom $I_C = \infty$ werden zu lassen. Daher ist die Durchbruchspannung der Kollektor-Emitterstrecke U_{CE0} kleiner als die der Kollektor-Basisdiode U_{CB0}. Um sie zu berechnen, setzen wir den Nenner von Gl. (177.2) Null und erhalten aus dieser Bedingung, wenn wir nach der Kollektor-Emitterspannung U_{CE} auflösen, diejenige Spannung

$$U_{CE} = U_{CE0} = U_{CB0}/\sqrt[m]{1 + B} \qquad (177.4)$$

bei der der Kollektorstrom I_C unendlich wird. Gl. (177.4) zeigt, daß die Sperrspannung U_{CE0} um den Faktor $1/\sqrt[m]{1 + B}$ kleiner als die Sperrspannung U_{CB0} ist.

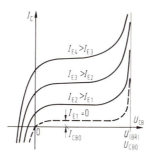

177.1 Durchbruchkennlinien der Kollektor-Basisdiode

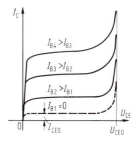

177.2 Durchbruchkennlinien der Kollektor-Emitterstrecke

In Bild **177.2** haben wir noch die Durchbruchkennlinien nach Gl. (177.1) mit dem Basisstrom I_B als Parameter aufgetragen. In dieser Darstellung strebt nun der Kollektorstrom I_C bei der Spannung $U_{CE} = U_{CE0}$ gegen unendlich. Gestrichelt ist wieder die Kennlinie für offene Basis ($I_B = 0$). Sie ist für $U_{CE} \ll U_{CE0}$ identisch mit dem Verlauf des Reststroms I_{CE0}.

4.8 Durchbruchverhalten

Beispiel 49. Ein Transistor hat die Kollektor-Basis-Sperrspannung $U_{CB0} = 100$ V und die Stromverstärkung $B = 50$. Der Exponent des Durchbruchfaktors M ist $m = 6$. Man berechne die Kollektor-Emittersperrspannung U_{CE0}.

Aus Gl. (177.4) erhalten wir die Kollektor-Emittersperrspannung

$$U_{CE0} = U_{CB0}/\sqrt[m]{1+B} = 100 \text{ V}/\sqrt[6]{1+50} = 52 \text{ V}$$

Die Kollektor-Emittersperrspannung ist somit nur etwa halb so groß wie die Kollektor-Basis-Sperrspannung U_{CB0}. Bei der Konstruktion von Verstärkern, insbesondere von Leistungsverstärkern, muß darauf geachtet werden, daß die Versorgungsgleichspannungen nicht größer als die Kollektor-Emitter-Sperrspannung gewählt werden; denn der Betrieb eines Transistors im Durchbruchbereich führt ohne genügende Strombegrenzung zu seiner Zerstörung.

4.8.4 Fallende Ausgangskennlinien

Die Ausgangskennlinien von Bild **177.**2 gelten für positive, in die Basis hineinfließende Ströme I_B. Über den Fall $I_B = 0$ hinaus kann man nach Bild **178.**1 negative Basisströme I_B erhalten, wenn die Basis über einen Widerstand R_{BE} an den Emitter (Bild **178.**1 c) oder sogar an eine negative Basisspannung gelegt (Bild **178.**1 d) wird. Negative, aus der Basis heraus fließende Ströme I_B können, sieht man von dem sehr kleinen Reststrom I_{CB0} ab, erst auftreten, wenn sich die Kollektor-Basisdiode schon im Durchbruchbereich befindet. Der durch den Lawineneffekt angewachsene Kollektorstrom I_C fließt dann z. T. über

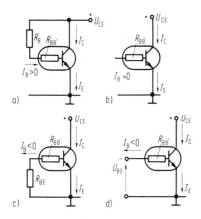
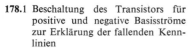
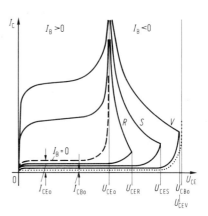

178.1 Beschaltung des Transistors für positive und negative Basisströme zur Erklärung der fallenden Kennlinien
a) aktiver Betrieb $I_B > 0$
b) Betrieb mit offener Basis $I_B = 0$
c) Betrieb mit durch den Widerstand R_{BE} überbrückter Basis-Emitterdiode $I_B < 0$
d) Betrieb mit negativer Basisspannung $I_B < 0$
($R_{BB'}$ Basis-Bahnwiderstand des Transistors)

178.2 Durchbruchkennlinien der Kollektor-Emitterstrecke bei $I_B > 0$ und $I_B < 0$
R Verlauf bei mit R_{BE} überbrückter Basis-Emitterdiode, S bei kurzgeschlossener Basis-Emitterdiode, V bei negativer Basis-Emitterspannung U_{BE}

die Basis-Emitterstrecke und z.T. über die Widerstände $R_{BB'} + R_{BE}$ ab. $R_{BB'}$ ist dabei der Halbleiter-Bahnwiderstand der Basis.

In diesem Betriebszustand des Transistors ergibt sich ein Verhalten, das zu den in Bild **178.**2 gezeigten **fallenden Ausgangskennlinien** führt. Nähert sich die Kollektor-Emitterspannung U_{CE} noch nicht zu sehr der Sperrspannung U_{CB0}, ist der Durchbruchkollektorstrom noch klein, und sein aus der Basis herausfließender Stromanteil I_B erzeugt an den Widerständen $R_{BE} + R_{BB'}$ einen Spannungsabfall, der noch wesentlich kleiner als die Öffnungsspannung der Basis-Emitterdiode $U_{BE} \approx 0.6$ V ist. Unter diesen Verhältnissen ist die Basis-Emitterdiode noch nahezu gesperrt, und es fließt ein zu vernachlässigender kleiner Emitterstrom ($I_E \approx 0$).

Der Transistor erfüllt den Fall des offenen Emitters, in dem nach Abschn. 4.8.2 die hohe Sperrspannung U_{CB0} besteht. Daher kann auch die Kollektor-Emitterspannung U_{CE} zunächst über die Sperrspannung U_{CE0} hinaus erhöht werden. Steigt jedoch bei Annäherung an die Sperrspannung U_{CB0} der Kollektorstrom I_C soweit an, daß über die Widerstände $R_{BE} + R_{BB'}$ eine Spannung von etwa 0,6 V bis 0,7 V an der Basis abfällt, so wird die Basis-Emitterdiode stark leitend, und der Emitterstrom I_E steigt schnell an. Dadurch wachsen auch Kollektorstrom I_C und somit Basis-Emitterspannung U_{BE} und Emitterstrom I_E. Diese positive Rückkopplung setzt sich fort, bis die Basis-Emitterdiode so niederohmig geworden ist, daß die Parallelschaltung der Widerstände $R_{BE} + R_{BB'}$ vernachlässigt werden kann. Dann ist auch der über die Basis abfließende Strom I_B gegenüber dem Emitterstrom I_E vernachlässigbar klein, und der Transistor nähert sich dem Fall offener Basis ($I_B = 0$), in dem nach Abschn. 4.8.3 die geringe Sperrspannung U_{CE0} besteht. Die Ausgangskennlinien, die zunächst der Sperrspannung U_{CB0} entgegenstrebten, knicken deshalb beim Erreichen der Spannung U_{CER} ab und streben nun wie in Bild **178.**2 der kleineren Kollektor-Emitter-Sperrspannung U_{CE0} zu. Im Kennlinienverlauf entsteht ein Bereich negativen differentiellen Widerstands, der um so ausgeprägter ist, je kleiner der Widerstand R_{BE} wird. Schließt man Basis und Emitter kurz, wirkt nur noch der Bahnwiderstand $R_{BB'}$, und es liegt der Fall des kurzgeschlossenen Emitters (shorted emitter) mit dem Kennlinienverlauf S vor. Die in diesem Fall maximal mögliche Sperrspannung U_{CES} wird als **Kollektor-Emitter-Sperrspannung bei kurzgeschlossener Basis-Emitterstrecke** bezeichnet. Ist der Basis-Emitterwiderstand $R_{BE} \neq 0$, erhält man die kleinere Kollektor-Emitter-Sperrspannung U_{CER}. Der Spannungsabfall am Bahnwiderstand $R_{BB'}$ kann durch Anlegen einer negativen Basisspannung weitgehend kompensiert werden, so daß die Kennlinie V in Bild **178.**2 erst dicht an der Sperrspannung U_{CB0} bei der Spannung U_{CEV} abknickt.

Normalerweise werden Transistoren nicht im Durchbruchbereich betrieben. Andererseits sind jedoch Bauelemente entwickelt worden, die die fallenden Kennlinien mit ihrem negativen differentiellen Widerstand zum Erzeugen von Spannungssprüngen ausnutzen. Z.B. kann man mit Lawinen-Transistoren Spannungssprünge von etwa 100 V mit Anstiegszeiten von 1 ns erzeugen. Beim DIAC, einer Trigger-Diode zum Zünden von Thyristoren, werden ebenfalls die fallenden Kennlinien ausgenutzt (s. Band III, Teil 2).

4.8.5 Durchbruch 2. Art

Besonders bei Leistungstransistoren, die mit großem Kollektorstrom und hoher Kollektor-Emitterspannung betrieben werden, beobachtet man, daß diese gelegentlich zerstört werden, auch wenn ihre maximal zulässige Verlustleistung nicht überschritten wird.

4.8 Durchbruchverhalten

Hier handelt es sich um einen speziellen thermischen Durchbruch. Um ihn vom schon bekannten Lawinen- oder Zener-Durchbruch, dem Durchbruch 1. Art, zu unterscheiden, hat man ihn als Durchbruch 2. Art (second breakdown) bezeichnet [17], [18]. Die Bedingungen für diesen Durchbruch sind verschieden, je nachdem ob der Transistor leitend oder gesperrt ist.

4.8.5.1 Durchbruch 2. Art bei leitender Basis-Emitterdiode. In Bild **180**.1 ist der Querschnitt durch einen Transistor mit eindiffundiertem Emitter dargestellt (s. Abschn. 4.12) und die Verteilung des elektrischen Feldes E_x im Kristall eingetragen. Die Skizze zeigt deutlich eine Felderhöhung längs der Emitterkanten. Zusätzlich zur vertikalen Feldkomponente E_v bildet sich eine horizontale Komponente E_p aus, die parallel zur Kollektor-Basis-Sperrschicht nach innen gerichtet ist. Die ohnehin schon längs der Emitterkanten durch die Feldüberhöhung vergrößerte Dichte des Kollektorstroms I_C wird durch die von der Horizontalkomponente E_p in die Außenbereiche abgedrängten Elektronen weiter gesteigert. Durch die örtlich größere Erwärmung des Kristalls steigt auch die Leitfähigkeit in diesen Zonen, und der Strom schnürt sich zunehmend auf eng konzentrierte Fäden zusammen. Da die Wärmeabfuhr aus diesen Stromfäden erheblich schlechter ist, steigt wie in Bild **180**.2 der thermische Widerstand R_{thJG} merklich an, und es bildet sich ein Wärmestau, der die Aufheizung des Stromfadens weiter vorantreibt. Als Endzustand dieses Prozesses entstehen längs der Emitterkanten heiße Stromfäden (hot spots), die den Kristall örtlich aufschmelzen und schließlich den Transistor zerstören.

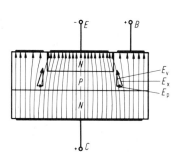
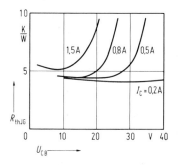

180.1 Vereinfachtes Transistormodell zur Erklärung des Durchbruchs 2. Art bei leitender Basis-Emitterdiode
E Emitter, B Basis, C Kollektor, E_x, E_v, E_p elektrische Feldstärke, Vertikal- und Horizontalkomponente

180.2 Zunahme des thermischen Widerstands $R_{thJG} = f(U_{CB})$ im Bereich des Durchbruchs 2. Art mit Kollektorstrom I_C als Parameter

Insbesondere wenn ein Transistor mit hoher Kollektor-Emitterspannung U_{CE} betrieben wird, ist die Auslösung eines solchen Aufheizungsprozesses wahrscheinlich, da die große elektrische Feldstärke im Kristall über ihre Horizontalkomponente E_p die Stromfokussierung begünstigt. Dieser Vorgang kann deshalb schon bei Verlustleistungen $P_V = I_C U_{CE}$ einsetzen, die kleiner als die maximal zulässige Verlustleistung sind, wenn nur die Kollektor-Emitterspannung U_{CE} hinreichend groß ist.

4.8.5.2 Durchbruch 2. Art bei gesperrter Basis-Emitterdiode. Dieser Durchbruch kann beim Abschalten eines Leistungstransistors auftreten. Wird nämlich durch Anlegen einer negativen Spannung die Basis-Emitterdiode plötzlich gesperrt, fließt wegen der großen, in der Basis gespeicherten Ladung ein Ausräumstrom aus der Basis heraus (s. Abschn. 4.10). Der Kollektorstrom I_C bleibt nun solange nahezu unverändert, bis die Basis weitgehend frei von Ladungsträgern ist. Während dieser Speicherzeit t_s kann im Transistor trotz der bereits in Sperrichtung gepolten Basis-Emitterdiode noch die Verlustenergie

$$W_{sb} = I_C \, U_{CE} \, t_s \qquad (181.1)$$

erzeugt werden. Wegen der gesperrten Basis-Emitterdiode und der hohen Kollektor-Emitterspannung U_{CE} tritt nach Bild **181.1** eine merkliche transversale, nach außen gerichtete Feldstärkekomponente E_p im Transistorkristall auf. Daher werden die Elektronen zur Mitte des Emitters hin abgedrängt, und es kann sich ähnlich wie in Abschn. 4.8.5.1 jetzt im Zentrum des Emitters ein heißer Stromfaden fokussieren. Voraussetzung hierfür ist jedoch, daß der Kollektorstrom noch hinreichend lange fließt, um eine ausreichend große Energiemenge W_{sb} im Kristall freizusetzen. Die Mindestenergie W_{sb}, die zur Erzeugung dieses Durchbruchs im Transistor umgesetzt werden muß, wird in Datenbüchern angegeben.

181.1 Vereinfachtes Transistormodell zur Erklärung des Durchbruchs 2. Art bei gesperrter Basis-Emitterdiode
E Emitter, B Basis, C Kollektor, E_x, E_v, E_p elektrische Feldstärke, Vertikal- und Horizontalkomponente

Beispiel 50. In einem Leistungstransistor tritt beim Abschalten des Kollektorstroms $I_C = 0{,}35$ A ein Durchbruch 2. Art auf, wenn die Kollektor-Emitterspannung $U_{CE} = 100$ V und die kritische Verlustenergie (second breakdown energy) $W_{sb} = 2 \cdot 10^{-4}$ Ws beträgt. Man berechne die Speicherzeit t_s, während der der Kollektorstrom I_C nach Sperren der Basis-Emitterdiode noch weiter fließen darf.

Durch Umstellen von Gl. (181.1) erhalten wir für die Speicherzeit

$$t_s = W_{sb}/(I_C \, U_{CE}) = 2 \cdot 10^{-4} \text{ Ws}/(0{,}35 \text{ A} \cdot 100 \text{ V}) = 5{,}7 \text{ µs}$$

4.8.6 Absolute Grenzwerte von Kollektorstrom und Kollektor-Emitterspannung

Das Überschreiten der absoluten Grenzwerte von Kollektorstrom I_C oder Kollektorspannung U_{CE} führt in der Regel zur baldigen Zerstörung eines Transistors. Der Arbeitsbereich eines Transistors wird nach Bild **182.1** im Ausgangskennlinienfeld durch die verschiedensten Grenzbedingungen eingeschränkt. Das doppelt logarithmisch aufgetragene Kennlinienfeld enthält 4 Grenzlinien, bei deren Überschreiten jeweils eine andere Ursache zur Zerstörung des Transistors führen kann.

Grenzlinie *I*: Für kleine Kollektor-Emitterspannungen U_{CE} wird der Kollektorstrom I_C durch den maximal zulässigen Kollektorstrom $I_{C\,max}$ begrenzt. Ein Überschreiten des

4.8 Durchbruchverhalten

Stroms $I_{C\,max}$ kann unter diesen Bedingungen durch zu große Strombelastung die Zuführungsdrähte zwischen Gehäuse und Transistorkristall abschmelzen. Außerdem sinkt bei so großen Kollektorströmen die Stromverstärkung B soweit ab, daß ein sinnvoller Verstärkerbetrieb nicht mehr möglich ist.

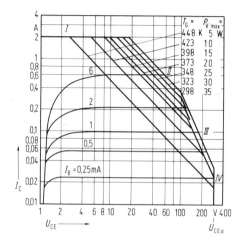

182.1 Ausgangskennlinienfeld des Leistungstransistors 2N 3585 in doppeltlogarithmischer Auftragung mit eingetragenen Grenzlinien
I maximaler Kollektorstrom $I_{C\,max}$ wird überschritten
II maximale Verlustleistung $P_{V\,max}$ wird überschritten (Steigung -1)
III Bereich des Durchbruchs 2. Art wird erreicht (Steigung $-2{,}5$)
IV maximale Kollektor-Emitterspannung U_{CE0} wird überschritten
T_G Gehäusetemperatur, $P_{V\,max}$ zur Temperatur T_G gehörende maximale Verlustleistung

Grenzlinie *II*: An dieser Grenze sind Kollektorstrom I_C und Kollektorspannung U_{CE} durch die maximal zulässige Verlustleistung $P_{V\,max} = I_C\,U_{CE}$ begrenzt. Die Verlustleistungshyperbel $I_C = P_{V\,max}/U_{CE}$ geht wegen der doppeltlogarithmischen Auftragung

$$\ln I_C = \ln P_{V\,max} + (-1)\ln U_{CE} \qquad (182.1)$$

in eine Gerade mit der Steigung -1 über. Die maximal zulässige Verlustleistung $P_{V\,max}$ hängt nach Gl. (172.3) von zulässiger Kristalltemperatur $T_{K\,max}$, Umgebungstemperatur T_U und thermischem Widerstand R_{thJU} ab. Benutzen wir statt der Umgebungstemperatur T_U die Gehäusetemperatur T_G, müssen wir in Gl. (172.3) den thermischen Widerstand R_{thJG} verwenden und erhalten für die **maximale Verlustleistung**

$$P_{V\,max} = (T_{K\,max} - T_G)/R_{thJG} \qquad (182.2)$$

Aus Gl. (182.2) erhalten wir mit $T_{K\,max} = 473$ K und mit $R_{thJG} = 5$ K/W die in Bild **182.1** eingezeichnete Grenzlinienschar, die durch die jeweilige Gehäusetemperatur T_G und die zugehörige Verlustleistung $P_{V\,max}$ als Parameter gekennzeichnet ist.

Überschreitet man entweder durch zu großen Kollektorstrom I_C oder durch zu große Kollektor-Emitterspannung U_{CE} eine zu der entsprechenden Temperatur T_G gehörende Grenzlinie, so wird der gesamte Transistorkristall thermisch überlastet. Zuerst steigt dann die Leitfähigkeit des Kristall durch zunehmende Eigenleitung stark an, bis er schließlich durch Überhitzung schmilzt.

Grenzlinie *III*: Überschreitet man mit der Verlustleistung P_V die Grenzlinie *III*, kann der Transistor über den Durchbruch 2. Art nach Anschn. 4.8.5.1 zerstört werden. Die Grenzlinie wird durch den **Kollektorstrom**

$$I_C = K/U_{CE}^n \qquad (182.3)$$

oder in logarithmischer Darstellung durch

$$\ln I_C = \ln K + (-n)\ln U_{CE} \qquad (182.4)$$

beschrieben. Gl. (183.1) entspricht in Bild **182**.1 einer Geraden, die mit der Steigung $-n = -2{,}5$, also steiler als die Grenzlinie *II*, abfällt. Bei großer Kollektor-Emitterspannung U_{CE} darf deshalb die Verlustleistung $P_{V\,max}$ nach Gl. (182.1) nicht mehr im Transistor umgesetzt werden.

Grenzlinie *IV*: Überschreitet die Kollektor-Emitterspannung U_{CE} die Grenzlinie *IV*, setzt im Transistor der Durchbruch 1. Art (Lawinendurchbruch) ein. Der Kollektorstrom I_C steigt infolgedessen steil an. Wird er durch äußere Widerstände nicht hinreichend begrenzt, so wird schließlich der Durchbruch 2. Art eingeleitet, der den Transistor dann zerstört.

4.8.7 Impulsbelastung

Transistoren können kurzzeitig mit größeren Verlustleistungen belastet werden als im stationären Betrieb. Dauert ein Kollektorstromstoß nicht zu lange, kann die erzeugte Verlustwärme zunächst in der Wärmekapazität C_J des Kristalls aufgefangen werden und dann während der Impulspause über den thermischen Widerstand R_{thJG} dem Gehäuse und der Umgebung zugeführt werden. Mit wachsender Frequenz der Impulsfolge werden jedoch die Impulspausen kürzer, und somit wird die Impulsbelastbarkeit des Transistors kleiner.

Ein Vergleich der Impulsbelastbarkeit mit der Belastbarkeit im stationären Gleichstrombetrieb kann in Bild **183**.1 durchgeführt werden. Im doppeltlogarithmisch aufgetragenen Ausgangskennlinienfeld (die einzelnen Kennlinien sind der Übersicht halber nicht eingezeichnet) ist die Grenzlinie *G* für den stationären Betrieb bei der Gehäusetemperatur $T_G = 298$ K dick ausgezogen. Darüber liegen die Grenzlinien *I* für den Impulsbetrieb mit

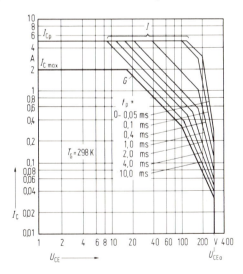

183.1
Grenzlinien des Leistungstransistors 2N 3585 im Ausgangskennlinienfeld bei Impulsbelastung
G Grenzlinien für Gleichstrombetrieb stark ausgezogen; *I* Grenzlinien für Impulsbetrieb;
t_p Impulsdauer; I_{Cp} Kollektor-Spitzenstrom;
$I_{C\,max}$ maximaler Kollektor-Gleichstrom

der Impulsdauer t_p als Parameter. Für den Transistor mit den Grenzwerten von Bild **183**.1 kann z. B. bei der Kollektor-Emitterspannung $U_{CE} = 200$ V für die Zeit $t_p = 50\,\mu s$ der Kollektorstrom $I_C = 2{,}5$ A fließen. Das entspricht der Verlustleistung $P_{V\,max} = I_C\, U_{CE}$ $= 2{,}5$ A $\cdot\ 200$ V $= 500$ W. Bei der Impulsdauer $t_p = 1$ ms darf jedoch nur noch der

Kollektorstrom $I_C = 0{,}3$ A fließen, und die Verlustleistung sinkt auf $P_{V\,max} = 60$ W. Im Gleichstromfall ist nur noch der Kollektorstrom $I_C = 0{,}07$ A erlaubt, und die zulässige Verlustleistung beträgt dann nur noch $P_{V\,max} = 14$ W.

4.9 Frequenzverhalten

In den bisherigen Betrachtungen, insbesondere beim Kleinsignalverhalten in Abschn. 4.4, werden die Transistorkapazitäten vernachlässigt, so daß alle Kenngrößen des Transistors **frequenzunabhängig** sind. Beim Aufbau von Verstärkerschaltungen zeigt sich jedoch, daß mit wachsender Frequenz die Stromverstärkung des Transistors abnimmt, so daß die Verstärkung von Wechselspannungen sehr hoher Frequenz nicht mehr möglich ist.

4.9.1 T-Ersatzschaltung

Um die Frequenzabhängigkeit der Stromverstärkungen α, β zu untersuchen, benutzen wir eine **Strom-Ersatzschaltung, die T-Ersatzschaltung** [19], des Transistors nach Bild **184**.1. Im Gegensatz zu den Ersatzschaltungen von Bild **147**.1, die formalen Charakter haben und nur den Inhalt der Vierpolgleichungen wiedergeben, ist die T-Ersatzschaltung ein **physikalisches Transistormodell**, da die Bauelemente in dieser Schaltung jeweils eine physikalische Eigenschaft des Transistors beschreiben. Insbesondere die Basischaltung läßt sich mit der T-Ersatzschaltung gut wiedergeben. Die einzelnen Schaltzeichen in Bild **184**.1 haben folgende Bedeutung:

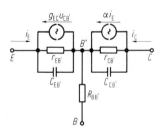

Der **differentielle Widerstand**

$$r_{EB'} = U_T/I_E \quad (184.1)$$

der leitenden Emitter-Basisdiode vom Emitter her gesehen ist niederohmig und beträgt z. B. bei dem Emitterstrom $I_E = 1$ mA und mit der Temperaturspannung $U_T = 26$ mV nur $r_{EB'} = 26\ \Omega$.

184.1 T-Ersatzschaltung des Transistors

Der **differentielle Widerstand** $r_{CB'}$ der gesperrten Kollektor-Basisdiode ist sehr groß und liegt im Bereich von 1 MΩ bis 10 MΩ.

Der schon in Abschn. 4.8 erwähnte **Basis-Bahnwiderstand** $R_{BB'}$ stellt den gesamten Wirkwiderstand vom Basisanschluß bis zum PN-Übergang dar.

Die **Stromquelle** mit dem Quellenstrom $\alpha\, i_E$ beschreibt den zum Kollektor diffundierenden Anteil des Emitterstroms i_E.

Der in den Eingangskreis durch die **Rückwirkung** im Transistor gekoppelte sehr kleine Strom $g_{EC}\, u_{CB'}$ wird durch die zwischen Kollektor C und innerem Basispunkt B' (PN-Übergang) liegende Spannung $u_{CB'}$ über die Rückwärtssteilheit g_{EC} erzeugt und durch eine entsprechende **Stromquelle** dargestellt.

Die **Kapazität** der gesperrten Kollektor-Basisdiode $C_{CB'}$ fällt nach Gl. (31.5) mit wachsender Sperrspannung $U_{CB'}$ und liegt im Bereich von 2 pF bis 5 pF.

Die Diffusionskapazität $C_{EB'}$ der leitenden Emitter-Basisdiode ist nach Gl. (33.4) proportional zum Durchlaßstrom I_E der Emitterdiode und liegt abhängig vom Emitterstrom I_E in der Größenordnung von 0,1 nF bis 10 nF. Sie ist wesentlich größer als die Sperrschichtkapazität $C_{CB'}$ der Kollektordiode.

Drifttransistor. Die Diffusionskapazität $C_{EB'}$ beschreibt auch die Diffusion der vom Emitter in die Basis injizierten Minoritätsträger. Diese durchqueren die Basisschicht und erreichen die Kollektorsperrschicht nur infolge des Konzentrationsgefälles in der Basis und ihrer thermischen Energie. Die hierfür benötigte Laufzeit verursacht eine Phasenverschiebung zwischen Kollektorstrom und Emitterstrom, die mit zunehmender Frequenz größer wird. Die Laufzeit der Minoritätsträger (Elektronen beim NPN-Transistor) kann verkürzt werden, wenn in der Basis ein die Ladungsträger beschleunigendes Raumladungsfeld erzeugt wird. Beim Drifttransistor wird deshalb wie in Bild **185**.1 die Basis inhomogen von der Emittersperrschicht zur Kollektorsperrschicht hin fallend dotiert. Durch das Konzentrationsgefälle der Akzeptoren der P-Basis diffundieren Löcher in Richtung Kollektor, und es entsteht eine Ladungstrennung zwischen negativen, ortsfesten Akzeptoren und positiven Löchern, die mit dem Aufbau eines Raumladungsfeldes der Feldstärke E_x verbunden ist. Beschleunigt durch diese Raumladungsfeldstärke driften die vom Emitter injizierten Elektronen schneller durch die Basisschicht, und ihre Laufzeit wird wesentlich verkürzt. Die Phasenverschiebung zwischen Emitter- und Kollektorstrom wird dadurch geringer und der Transistor auch für höhere Frequenzen einsetzbar.

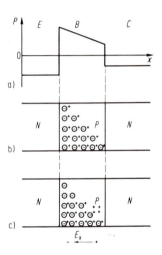

185.1 Dotierung eines NPN-Drifttransistors
  a) Dotierungsprofil der Akzeptorendichte P
  b) schematisierte Verteilung von Akzeptoren ($\ominus$) und Löchern (+) vor der Diffusion der Löcher
  c) Verteilung nach vollendeter Diffusion
  E_x Raumladungsfeld in der Basis; E, B, C Emitter, Basis, Kollektor

4.9.2 Grenzfrequenz der Stromverstärkung der Basisschaltung

Vernachlässigen wir in der Ersatzschaltung von Bild **184**.1 den sehr großen differentiellen Kollektor-Basiswiderstand $r_{CB'}$, erhalten wir, wenn Emitter-Basisspannung $u_{EB'}$ und Kollektorstrom i_C voraussetzungsgemäß in Phase sind, mit der komplexen frequenzabhängigen Kurzschlußstromverstärkung $\underline{\alpha}$ (komplexe Größen sind durch unterstrichene Formelzeichen gekennzeichnet, s. Band I, Abschn. Komplexe Rechnung, Index m steht für Scheitelwerte) aus Bild **184**.1 für den komplexen Scheitelwert des Emitterwechselstrom

$$\underline{i}_{Em} = j\omega\, C_{EB'}\, u_{EB'm} + (u_{EB'm}/r_{EB'}) = \underline{i}_{Cm}/\underline{\alpha} \qquad (185.1)$$

Da es sich hier um die Kurzschlußstromverstärkung $\underline{\alpha}$ handelt, für die $u_{CE} \approx u_{CB'} = 0$ gilt, haben wir bei der Aufstellung von Gl. (185.1) die Stromanteile $g_{EC}\, u_{CB'm}$ und $j\omega\, C_{CB'}\, u_{CB'm}$ vernachlässigt. Aus Gl. (185.1) ergibt sich die Stromverstärkung

$$\underline{\alpha} = \frac{i_{Cm}\,(r_{EB'}/u_{EB'm})}{1 + j\omega\, r_{EB'}\, C_{EB'}} \qquad (185.2)$$

4.9 Frequenzverhalten

Berücksichtigen wir, daß $u_{EB'm}/r_{EB'} = i_{E0m}$ der Emitterstrom bei nicht vorhandener Kapazität $C_{EB'}$ (oder bei $\omega = 0$) und das Verhältnis $i_{Cm}/i_{E0m} = \alpha_0$ die nicht frequenzabhängige Kurzschlußstromverstärkung der Basisschaltung bei der Kreisfrequenz $\omega = 0$ ist, so können wir mit Gl. (185.2) für die **frequenzabhängige Kurzschlußstromverstärkung der Basisschaltung** schreiben

$$\underline{\alpha} = \alpha_0/(1 + j\omega\, r_{EB'}\, C_{EB'}) \qquad (186.1)$$

Führen wir noch mit der **Eingangszeitkonstanten** τ_e die **Grenzkreisfrequenz**

$$\omega_\alpha = 1/(r_{EB'}\, C_{EB'}) = 1/\tau_e \qquad (186.2)$$

ein, erhalten wir für den Betrag der frequenzabhängigen Kurzschlußstromverstärkung

$$\alpha = \alpha_0/\sqrt{1 + (\omega/\omega_\alpha)^2} = \alpha_0/\sqrt{1 + (f/f_\alpha)^2} \qquad (186.3)$$

Bei der Kreisfrequenz $\omega = \omega_\alpha = 2\pi f_\alpha$ sinkt die Kurzschlußstromverstärkung der Basisschaltung auf den Wert $\alpha_0/\sqrt{2}$ ab. Man bezeichnet deshalb die Frequenz f_α als die **Grenzfrequenz der Kurzschlußstromverstärkung der Basisschaltung**. Mit Gl. (186.2) ist

$$f_\alpha = 1/(2\pi\, r_{EB'}\, C_{EB'}) = 1/(2\pi\, \tau_e) \qquad (186.4)$$

Die Grenzfrequenz f_α ist nach Gl. (186.4) also durch die Eingangszeitkonstante $\tau_e = r_{EB'}\, C_{EB'}$ des Transistors in Basisschaltung bestimmt.

4.9.3 Grenzfrequenz der Stromverstärkung der Emitterschaltung

Um die Grenzfrequenz f_β der Kurzschlußstromverstärkung β der Emitterschaltung zu berechnen, führen wir nach Gl. (162.8) die Gleichungen

$$\underline{\alpha} = \underline{\beta}/(1 + \underline{\beta}) \qquad (186.5)$$

$$\alpha_0 = \beta_0/(1 + \beta_0) \qquad (186.6)$$

ein und erhalten, wenn wir diese in Gl. (186.1) einsetzen mit Gl. (186.2), Gl. (186.4) und der Kreisfrequenz $\omega = 2\pi f$

$$\frac{\underline{\beta}}{1 + \underline{\beta}} = \frac{\beta_0/(1 + \beta_0)}{1 + j\,(f/f_\alpha)} \qquad (186.7)$$

Aus Gl. (186.7) ergibt sich die **komplexe frequenzabhängige Stromverstärkung**

$$\underline{\beta} = \frac{\beta_0}{1 + j\,(1 + \beta_0)\,(f/f_\alpha)} \qquad (186.8)$$

Mit der **Grenzfrequenz der Kurzschlußstromverstärkung der Emitterschaltung**

$$f_\beta = f_\alpha/(1 + \beta_0) \qquad (186.9)$$

erhalten wir aus Gl. (186.8) den Betrag

$$\beta = \beta_0/\sqrt{1 + (f/f_\beta)^2} \qquad (186.10)$$

Bei der Frequenz $f = f_\beta$ ist wiederum die Stromverstärkung der Emitterschaltung auf den Wert $\beta_0/\sqrt{2}$ abgefallen. Die Grenzfrequenz f_β ist nach Gl. (186.9) um den Faktor $1/(1 + \beta_0) \approx 1/\beta_0$ kleiner als die Grenzfrequenz f_α der Basisschaltung. Daher ist die Basisschaltung zur Verstärkung von Spannungen hoher Frequenz besser geeignet als die Emitterschaltung.

4.9.4 Transitfrequenz

Bei der **Transitfrequenz** f_T ist der Betrag β der Stromverstärkung der Emitterschaltung auf den Wert 1 abgefallen. Mit dieser Definition erhält man aus Gl. (186.10) die Bestimmungsgleichung

$$1 = \beta_0/\sqrt{1 + (f_T/f_\beta)^2} \tag{187.1}$$

und die **Transitfrequenz**

$$f_T = f_\beta \sqrt{\beta_0^2 - 1} \approx \beta_0 f_\beta \tag{187.2}$$

da i. allg. die Stromverstärkung $\beta_0 \gg 1$ ist. Führen wir noch mit Gl. (186.9) die Grenzfrequenz f_α ein, so ergibt sich für die **Transitfrequenz**

$$f_T = f_\alpha \sqrt{(\beta_0 - 1)/(\beta_0 + 1)} \approx f_\alpha \tag{187.3}$$

Die Transitfrequenz f_T, die wegen ihrer Definition gelegentlich auch **Einsfrequenz** genannt wird, ist also etwa um den Faktor β_0 größer als die Grenzfrequenz f_β und nahezu gleich der Grenzfrequenz f_α.

4.9.5 Arbeitspunktabhängigkeit der Transitfrequenz

Für die Transitfrequenz können wir nach Gl. (187.3) und (186.4) schreiben $f_T \approx f_\alpha = 1/(2\pi \tau_e)$. Somit ist die Transitfrequenz umgekehrt proportional zur Eingangszeitkonstanten τ_e des Transistors. Nach Gl. (184.1) ist der differentielle Widerstand $r_{EB'} = U_T/I_E$ umgekehrt proportional zum Emitterstrom I_E. Die Diffusionskapazität $C_{EB'}$ ist jedoch nach Abschn. 4.9.1 proportional zum Emitterstrom I_E. Deshalb sollte die Eingangszeitkonstante τ_e und somit auch die Transitfrequenz f_T unabhängig vom Emitterstrom I_E oder Kollektorstrom I_C sein. Aus Bild **187.1**, in dem die Transitfrequenz f_T in Abhängigkeit vom Kollektorstrom I_C mit der Kollektor-Emitterspannung U_{CE} als Parameter aufgetragen ist, ergibt sich jedoch, daß dies nur in einem begrenzten Stromintervall ($\approx$ 5 mA bis 50 mA) näherungsweise zutrifft. Bild **187.1** gibt dabei das Verhalten der Transitfrequenz f_T eines typischen Kleinsignal-Niederfrequenztransistors wieder, der schon eine maximale Transitfrequenz von etwa 300 MHz erreicht. Die Transitfrequenz von Drifttransistoren kann mit modernen Transistortechnologien (s. Abschn. 4.12) bis zu Frequenzen von 10 GHz erhöht werden.

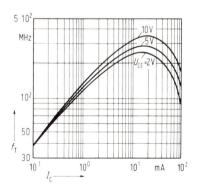

187.1 Kollektorstromabhängigkeit der Transitfrequenz $f_T = f(I_C)$ mit der Kollektor-Emitterspannung U_{CE} als Parameter

188 4.10 Schaltverhalten

Beispiel 51. Bei dem Emitterstrom $I_E = 1$ mA hat ein Transistor die Stromverstärkung $B_0 = \beta_0 = 120$ und die Diffusionskapazität $C_{EB'} = 420$ pF. Man berechne die Grenzfrequenzen f_α, f_β und f_T.
Mit der Temperaturspannung $U_T = 26$ mV bestimmen wir zunächst aus Gl. (184.1) den differentiellen Widerstand $r_{EB'} = U_T/I_E = 26$ mV/(1 mA) $= 26\ \Omega$. Aus Gl. (186.4) ergibt sich die Grenzfrequenz $f_\alpha = 1/(2\pi\ r_{EB'}\ C_{EB'}) = 1/(2\pi \cdot 26\ \Omega \cdot 420$ pF$) = 14{,}6$ MHz.
Mit Gl. (186.9) erhalten wir die Grenzfrequenz $f_\beta = f_\alpha/(1 + \beta_0) = 14{,}6$ MHz$/(1 + 120) = 120{,}7$ kHz.
Die Transitfrequenz wird dann nach Gl. (187.2) $f_T = f_\beta \sqrt{\beta_0^2 - 1} = 120{,}7$ kHz $\cdot \sqrt{120^2 - 1}$ $= 14{,}5$ MHz. Die Transitfrequenz f_T ist also nahezu identisch mit der Grenzfrequenz f_α.

4.10 Schaltverhalten

In Verstärkerschaltungen arbeiten Transistoren i. allg. im aktiven Zustand; in der digitalen Elektronik und Computertechnik werden sie dagegen meist als Schalter benutzt und sind dann im gesperrten oder im gesättigt leitenden Zustand. Nur beim Übergang von dem einen in den anderen Zustand wird kurzzeitig der aktive Bereich durchlaufen [16].

4.10.1 Schaltzustände im Kennlinienfeld

In Bild **188.**1 a ist die Prinzipschaltung einer als Schalter betriebenen Emitterstufe dargestellt und in Bild **188.**1 b das dazugehörende Ausgangskennlinienfeld mit der Widerstandsgeraden des Kollektorwiderstands R_C aufgetragen. Wie beim Kleinsignalverhalten der Emitterschaltung sind Ein- und Ausgangsspannung gegenphasig. In der digitalen Elektronik bezeichnet man deshalb die Emitterschaltung als **Inverter**, da die Eingangsspannung u_e durch die Stufe invertiert (umgekehrt) wird.

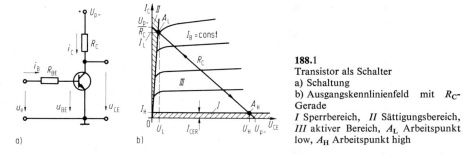

188.1
Transistor als Schalter
a) Schaltung
b) Ausgangskennlinienfeld mit R_C-Gerade
I Sperrbereich, *II* Sättigungsbereich, *III* aktiver Bereich, A_L Arbeitspunkt low, A_H Arbeitspunkt high

Ein Siliziumtransistor ist gesperrt, wenn seine Basis-Emitterspannung U_{BE} negativ wird. I. allg. genügt es, die Spannung U_{BE} merklich kleiner als die Schwellspannung $U_S = 0{,}6$ V bis 0,7 V zu machen. So ist ein NPN-Siliziumtransistor praktisch gesperrt, wenn seine Basis-Emitterspannung $U_{BE} < +\,0{,}3$ V wird. Wir wollen im folgenden die Eingangsspannung u_e zwischen der negativen Spannung U'_{n-} und der positiven Spannung U'_{p-} schalten. Dabei kann z.B. die positive Spannung $U'_{p-} = U_{p-}$, also gleich der positiven Versorgungsspannung U_{p-} und die negative Spannung $U'_{n-} = 0$ sein.

Gesperrter Transistor. Die Eingangsspannung u_e ist gleich U'_{n-}, d.h., die Basis des Transistors liegt über den Widerstand R_{BE} an der negativen Spannung U'_{n-}. Der Transistor ist gesperrt, jedoch fließt ein Kollektor-Emitter-Reststrom I_{CEV}, der kleiner als der Reststrom I_{CE0} bei offener Basis und größer als der Kollektor-Basis-Reststrom bei offenem Emitter I_{CB0} ist. Ist die Kollektor-Emitterspannung U_{CE} hinreichend weit von der Durchbruchspannung U_{CE0} entfernt, kann man den aus der Basis herausfließenden Strom I_B (s. Bild **178**.1d) vernachlässigen, und die Basis-Emitterspannung wird $U_{BE} = U'_{n-}$. Der Transistor befindet sich in dem in Bild **188**.1b eingetragenen Arbeitspunkt A_H (H für high), und die **Kollektor-Emitterspannung** ist

$$U_{CE} = U_H = U_{p-} - I_{CEV} R_C \approx U_{p-} \qquad (189.1)$$

Sie weicht um weniger als 1 mV von der Versorgungsspannung U_{p-} ab.

Leitender Transistor. Jetzt ist die Eingangsspannung $u_e = U'_{p-}$, und der Transistor erhält über den Widerstand R_{BE} den Basisstrom

$$I_B = (U'_{p-} - U_S)/R_{BE} = (U'_{p-} - 0{,}7\,\text{V})/R_{BE} \qquad (189.2)$$

wenn sich an seiner leitenden Basis-Emitterdiode die Schwellspannung $U_S = 0{,}7$ V aufbaut. Begrenzt durch den Kollektorwiderstand R_C fließt bei gesättigt leitendem Transistor maximal der Kollektorstrom

$$I_{C\max} = (U_{p-} - U_{CE\,sat})/R_C \approx U_{p-}/R_C \qquad (189.3)$$

I. allg. ist die Kollektor-Emitter-Sättigungsspannung $U_{CE\,sat} \ll U_{p-}$. Um den Kollektorstrom $I_{C\max}$ zu erzeugen, muß mit der Gleichstromverstärkung B ein Basisstrom

$$I'_B = I_{C\max}/B = (U_{p-} - U_{CE\,sat})/(B\,R_C) \qquad (189.4)$$

zugeführt werden.
Ist der tatsächlich zugeführte Basisstrom I_B nach Gl. (189.2) größer als der erforderliche Basisstrom I'_B nach Gl. (189.4), so wird der Transistor **übersteuert**, also **gesättigt leitend**, und seine Kollektor-Emitterspannung bricht auf $U_{CE\,sat}$ zusammen. Wir führen den **Übersteuerungsgrad** $\ddot{U} = I_B/I'_B$ ein und erhalten mit Gl. (189.2) und (189.4)

$$\ddot{U} = \frac{B\,R_C}{R_{BE}} \cdot \frac{U'_{p-} - U_S}{U_{p-} - U_{CE\,sat}} \approx \frac{B\,R_C}{R_{BE}} \cdot \frac{U'_{p-}}{U_{p-}} \qquad (189.5)$$

Die Näherung gilt, wenn $U'_{p-} \gg U_S$ und $U_{p-} \gg U_{CE\,sat}$ ist.
Im gesättigt leitenden Fall ist $I_B > I'_B$ und somit der Übersteuerungsgrad $\ddot{U} > 1$; es wird mehr Basisstrom als erforderlich zugeführt. An der Übersteuerungsgrenze gilt $I_B = I'_B$ und $\ddot{U} = 1$, und der zugeführte Basisstrom I_B reicht gerade aus, um den Kollektorstrom $I_{C\max}$ zu erzeugen. Ist $I_B < I'_B$ und deshalb $\ddot{U} < 1$, arbeitet der Transistor im aktiven Bereich und die Kollektor-Emitterspannung wird $U_{CE} > U_{CE\,sat}$. In den meisten Transistorschaltungen der Digitaltechnik wird der Transistor übersteuert und arbeitet dann im Arbeitspunkt A_L (L für low) mit der **Kollektor-Emitterspannung**

$$U_{CE} = U_L = U_{CE\,sat} < 0{,}2\,\text{V} \qquad (189.6)$$

Verlustleistung in den Schaltzuständen. In einem idealen Schalter sollte weder im geschlossenen noch im geöffneten Zustand Verlustleistung umgesetzt werden. Auch im Transistor werden im gesperrten Zustand wegen des kleinen Reststroms I_{CEV} und im

4.10 Schaltverhalten

leitenden Zustand wegen der niedrigen Sättigungsspannung $U_{CE\,sat}$ nur geringe Verlustleistungen umgesetzt. Mit $I_{CEV} < 1\,\mu\text{A}$ und $U_{p-} = 10\,\text{V}$ beträgt im gesperrten Zustand die Verlustleistung $P_{VH} = I_{CEV}\,U_{p-} < 1\,\mu\text{A} \cdot 10\,\text{V} = 10\,\mu\text{W}$. Im leitenden Zustand beträgt z. B. mit $I_C = 10\,\text{mA}$ und $U_{CE\,sat} < 0{,}1\,\text{V}$ die Verlustleistung $P_{VL} = I_C\,U_{CE\,sat} < 10\,\text{mA} \cdot 0{,}1\,\text{V} = 1\,\text{mW}$. Dieser geringen Verlustleistungen wegen ist der Transistor als Schalter sehr gut geeignet.

Beispiel 52. Ein Transistor hat die Stromverstärkung $B = 60$, die Basis-Emitterschwellspannung $U_{BE} = U_S = 0{,}7\,\text{V}$, die Sättigungsspannung $U_{CEsat} = 0{,}1\,\text{V}$ und wird in der Emitterschaltung nach Bild **188.**1a mit den Widerständen $R_C = 1{,}5\,\text{k}\Omega$, $R_{BE} = 12\,\text{k}\Omega$ und der Versorgungsspannung $U_{p-} = 12\,\text{V}$ betrieben. Man berechne den Übersteuerungsgrad $\ddot{U}$, wenn die Eingangsspannung auf $u_e = U_{p-} = 5\,\text{V}$ geschaltet wird.

Aus Gl. (189.5) erhalten wir den Übersteuerungsgrad

$$\ddot{U} = \frac{B\,R_C}{R_{BE}} \cdot \frac{U'_{p-} - U_S}{U_{p-} - U_{CEsat}} = \frac{60 \cdot 1{,}5\,\text{k}\Omega}{12\,\text{k}\Omega} \cdot \frac{5\,\text{V} - 0{,}7\,\text{V}}{12\,\text{V} - 0{,}1\,\text{V}} = 2{,}71$$

4.10.2 Schaltzeiten

Für den in Emitterschaltung als Schalter betriebenen Transistor lassen sich Ersatzschaltungen angeben, die sein Verhalten in den drei Betriebszuständen näherungsweise beschreiben. So gibt zunächst Bild **190.**1a die vereinfachte Ersatzschaltung des gesperrten Transistors wieder. Vernachlässigen wir die Restströme und somit die Sperrwiderstände der gesperrten Kollektor- und Emitterdiode, verbleiben als für das Schalten wichtige Größen noch die Kapazität $C_{B'ES}$ der gesperrten Basis-Emitterdiode, die Kapazität $C_{B'CS}$ der gesperrten Kollektor-Basisdiode und der Basisbahnwiderstand $R_{BB'}$. Der Index S kennzeichnet den gesperrten Zustand.

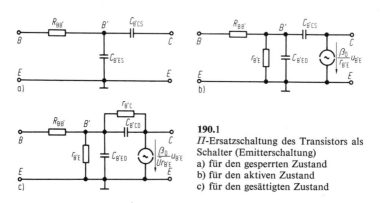

190.1
Π-Ersatzschaltung des Transistors als Schalter (Emitterschaltung)
a) für den gesperrten Zustand
b) für den aktiven Zustand
c) für den gesättigten Zustand

Während des Durchschaltens, z. B. vom gesperrten in den übersteuerten Zustand, befindet sich der Transistor im aktiven Bereich. Für diesen läßt sich dann die Ersatzschaltung nach Bild **190.**1b finden. Jetzt ist die Basis-Emitterdiode leitend und stellt die große Diffusionskapazität $C_{B'ED}$ (Index D für Diffusion) mit dem parallel geschalteten differentiellen Widerstand $r_{B'E}$ dar. Die Kollektor-Basisdiode ist nach wie vor gesperrt und wird durch ihre Sperrschichtkapazität $C_{B'CS}$ wiedergegeben. Im Ausgangskreis wird

4.10.2 Schaltzeiten

durch den Basisstrom $i_B = u_{B'E}/r_{B'E}$ ein Kollektorstrom $i_C = \beta_0 i_B = \beta_0 u_{B'E}/r_{B'E}$ erzeugt, der durch den Stromgenerator in Bild **190.**1 b dargestellt wird.

Im übersteuerten Zustand ist auch die Kollektor-Basisdiode in Durchlaßrichtung gepolt und kann durch ihre Diffusionskapazität $C_{B'CD}$ und den parallel geschalteten differentiellen Widerstand $r_{B'C}$ wiedergegeben werden. Im übersteuerten Zustand ist der Basisstrom um den Übersteuerungsgrad $\ddot{U}$ größer als der für die Erzeugung des Kollektorstroms $I_{C\max}$ erforderliche Basisstrom. Diese Eigenschaft können wir auch durch eine Absenkung der Stromverstärkung β_0 auf den Wert $\beta_0/\ddot{U}$ charakterisieren. Daher wird in den Kollektorkreis nur der Strom $i_C = (\beta_0/\ddot{U})(u_{B'E}/r_{B'E})$ gekoppelt und in der Ersatzschaltung von Bild **190.**1 c wieder durch einen Stromgenerator dargestellt.

Diese in Bild **190.**1 gezeigten Ersatzschaltungen, die sich im Gegensatz zu Bild **184.**1 auf die Emitterschaltung beziehen, werden auch als Π-Ersatzschaltungen des Transistors bezeichnet.

4.10.2.1 Übergang vom gesperrten in den übersteuerten Zustand. Um eine qualitative Beschreibung des Schaltvorgangs zu geben, nehmen wir an, daß nach Bild **191.**1 a zur Zeit t_e ein rechteckförmiger Spannungssprung von der Spannung U'_{n-} zur Spannung U'_{p-} an die Schaltstufe von Bild **188.**1 a gelegt wird. Unmittelbar nach der Zeit t_e fließt, vom Reststrom abgesehen, noch kein Kollektorstrom i_C, denn zunächst müssen die Sperrschichtkapazitäten $C_{B'ES}$ und $C_{B'CS}$ von U'_{n-} auf U'_{p-} umgeladen werden. Es fließt dabei ein erhöhter, aber schnell abklingender, kapazitiver Ladestrom in die Basis (Bild **191.**1 b).

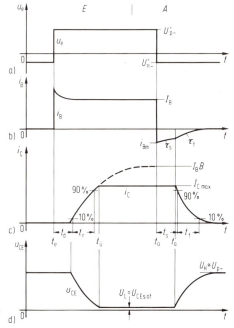

191.1 Impulsdiagramme zur Erläuterung der Schaltzeiten des Transistors
a) Eingangsimpuls $u_e = f(t)$
b) zeitlicher Verlauf des Basisstroms $i_B = f(t)$
c) zeitlicher Verlauf des Kollektorstroms $i_C = f(t)$
d) zeitlicher Verlauf der Kollektor-Emitterspannung $u_{CE} = f(t)$
E Einschaltintervall, A Ausschaltintervall

Wenn nach der Verzögerungszeit t_d (d für delay) umgeladen ist, kommt der Transistor in den aktiven Bereich, und es werden Elektronen vom Emitter in die Basis injiziert, die zum Kollektor diffundieren und den Kollektorstrom i_C erzeugen. Für die Diffusion dieser Elektronen muß ein Konzentrationsgefälle in der Basis vorhanden sein. Der Kollektorstrom fließt deshalb nicht sofort in voller Höhe (Bild **191.**1 c). Erst wenn etwa nach der Anstiegszeit t_r (r für rise) in der Basis eine wie in Bild **192.**1 a dargestellte, nahezu linear abfallende Elektronendichte aufgebaut ist, hat der Kollektorstrom i_C seinen vollen stationären Wert erreicht. Das Aufbauen der Elektronenkonzentration in der Basis können wir auch als Aufladen der Diffusionskapazität $C_{B'ED}$ auffassen.

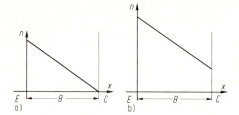

192.1
Verlauf der Elektronendichte n in der Basiszone eines NPN-Transistors
a) im aktiven Zustand
b) im übersteuerten Zustand (gesättigt leitend)
E Emitterzone, B Basiszone, C Kollektorzone

Wird nun der Transistor übersteuert, ist also der Basisstrom $I_B > I_B' = I_{C\,max}/B$ und somit größer als der zur Erzeugung des maximal möglichen Kollektorstroms $I_{C\,max}$ erforderliche Basisstrom I_B', so strebt der Kollektorstrom den Wert $i_C = I_B B > I_{C\,max}$ an (gestrichelte Kurve in Bild **191.1**c). Wird zum Zeitpunkt $t_{\text{ü}}$ der maximal mögliche Kollektorstrom $I_{C\,max}$ nach Gl. (189.3) erreicht, beginnt in der folgenden Zeit die Übersteuerung des Transistors. Die Kollektor-Emitterspannung nach Bild **191.1**d ist auf die Sättigungsspannung $U_{CE\,sat}$ zusammengebrochen, und die Kollektor-Basisdiode ist ebenfalls auf Durchlaß gepolt. In der Basis werden überschüssige Ladungsträger gespeichert, und die Elektronenkonzentration steigt nach Bild **192.1**b an der Basis-Kollektorsperrschicht. Diese Vergrößerung der Elektronenkonzentration durch überschüssige Ladungsträger können wir auch als Aufladung der Diffusionskapazität $C_{B'CD}$ auffassen. Wird durch Vergrößerung des Basisstroms I_B der Transistor immer stärker übersteuert, strebt der Kollektorstrom $i_C = I_B B$ zu immer größeren Werten, und die Anstiegszeit t_r wird zunehmend verkürzt. Schnelles Durchschalten eines Transistors erfordert also einen großen Übersteuerungsgrad $\ddot{U}$.

4.10.2.2 Übergang aus dem leitenden in den gesperrten Zustand. Ist nun der Transistor gesättigt leitend und fließt der konstante Kollektorstrom $I_{C\,max}$, wird zum Zeitpunkt t_a die Eingangsspannung u_e der Schaltstufe von Bild **188.1**a vom positiven Wert U'_{p-} wieder auf den negativen Wert U'_{n-} zurückgeschaltet. Der Basisstrom i_B kehrt sich um, und es fließt ein negativer Strom, der Ausräumstrom, aus der Basis heraus. Dabei entladen sich die beiden Diffusionskapazitäten $C_{B'CD}$ und $C_{B'ED}$. Da die Kapazitäten auf die positive Schwellspannung $U_S \approx 0{,}7$ V aufgeladen waren, hat der Ausräumstrom zu Beginn den Scheitelwert $i_{Bm} = (|U'_{n-}| + 0{,}7\text{ V})/R_{BE}$. Zunächst wird während der Speicherzeit t_s (s für storage) die Elektronenkonzentration in der Basis von der Verteilung in Bild **192.1**b auf die Verteilung nach Bild **192.1**a reduziert, die Kollektor-Basis-Diffusionskapazität $C_{B'CD}$ wird also entladen. Während dieser Zeit ist die Kollektor-Basisdiode noch leitend, und der Kollektor führt die Sättigungsspannung $U_{CE\,sat}$. Deshalb fließt auch der Kollektorstrom $I_{C\,max}$ nach Bild **191.1**c nahezu unverändert weiter. Der Ausräumstrom der Basis nimmt wie in Bild **191.1**b während der Speicherzeit t_s langsam exponentiell mit der Zeitkonstanten $\tau_s = (R_{BE} + R_{BB'})(C_{B'ED} + C_{B'CD})$ ab. Ist die Elektronendichteverteilung nach Bild **192.1**a erreicht, ist die Diffusionskapazität $C_{B'CD}$ entladen, und die Kollektor-Basisdiode sperrt wieder. Der Transistor verläßt somit den Zustand der Übersteuerung zum Zeitpunkt t'_a und kommt erneut in den aktiven Bereich. Während der Abfallzeit t_f (f für fall) wird die restliche Elektronenkonzentration der Basis abgebaut, und somit die Diffusionskapazität $C_{B'ED}$ entladen. Der Kollektorstrom i_C wird mit fallender Elektronenkonzentration kleiner und geht schließlich, wenn die Basis von den injizierten Elektronen geräumt ist und die Basis-Emitterdiode wieder sperrt, in den geringen Reststrom I_{CEV} über. Während dieser Abfallzeit t_f fällt der Ausräumstrom der Basis nach Bild 191.1 b mit der Zeitkonstanten $\tau_f = (R_{BE} + R_{B'B}) C_{B'ED}$ schneller ab als während der Speicherzeit t_s. Zum Abschluß werden sich die neu bildenden Sperrschichtkapazitäten $C_{B'CS}$ und $C_{B'ES}$ auf die negative Spannung U_{n-} aufgeladen.

Abschließend stellen wir fest, daß für ein schnelles Durchschalten des Transistors ein großer Übersteuerungsgrad $Ü$ von Vorteil ist. Beim Sperren des Transistors ergibt sich jedoch der Nachteil, daß bei großer Übersteuerung wegen der großen Speicherladung der Basis die Speicherzeit t_s verlängert wird und somit eine große Sperrverzögerung eintritt. Wird die Basis mit größerem Ausräumstrom geräumt, kann sowohl die Speicherzeit t_s als auch die Abfallzeit t verkürzt werden. Der Ausräumstrom kann durch Erhöhung der negativen Spannung U'_{n-} vergrößert werden.

4.10.2.3 Berechnung der Schaltzeiten. Die Schaltzeiten t_d, t_r, t_s und t_f können mit den Ersatzschaltungen von Bild **190**.1 berechnet werden. Wir wollen hier jedoch auf die Ableitung verzichten und nur die Ergebnisse der Berechnungen mitteilen [16], [19]. Setzen wir hierzu die frequenzunabhängige differentielle Stromverstärkung $\beta_0 = B$, führen über Gl. (189.5) den Übersteuerungsgrad $Ü$ ein und definieren einen Ausschaltfaktor

$$K_A = \frac{B R_C}{R_{BE}} \cdot \frac{|U'_{n-}|}{U_{p-}} \tag{193.1}$$

so erhalten wir mit der Grenzkreisfrequenz der Basisschaltung für den Normalbetrieb des Transistors nach Gl. (186.2)

$$\omega_{\alpha N} = 1/(r_{EB'} C_{B'ED}) = I_E/(U_T C_{B'ED}) \tag{193.2}$$

und mit der Grenzkreisfrequenz der Basisschaltung für den Inversbetrieb des Transistors (Kollektor als Emitter und Emitter als Kollektor)

$$\omega_{\alpha I} = 1/(r_{CB'} C_{B'CD}) = I_C/(U_T C_{B'CD}) \tag{193.3}$$

($r_{EB'} = U_T/I_E$ und $r_{CB'} = U_T/I_C$)

für die Schaltzeiten:

Verzögerungszeit

$$t_d = [2 R_{BE} C_{B'ES} + (R_{BE} + R_C) C_{B'CS}] \ln [1 + (K_A/Ü)] \tag{193.4}$$

Anstiegszeit

$$t_r = B \left(2 R_C C_{B'CS} + \frac{1}{\omega_{\alpha N}}\right) \ln \left(\frac{Ü - 0{,}1}{Ü - 0{,}9}\right) \tag{193.5}$$

Speicherzeit

$$t_s = \left(\frac{1}{\omega_{\alpha N}} + \frac{1}{\omega_{\alpha I}}\right) \ln \left(\frac{Ü + K_A}{1 + K_A}\right) \tag{193.6}$$

4.10 Schaltverhalten

Abfallzeit

$$t_f = B\left(2 R_C C_{B'CS} + \frac{1}{\omega_{\alpha N}}\right) \ln\left(\frac{K_A + 0{,}9}{K_A + 0{,}1}\right) \quad (194.1)$$

In die Verzögerungszeit t_d gehen nach Gl. (193.4) nur die Sperrschichtkapazitäten $C_{B'ES}$ und $C_{B'CS}$ ein. Dies wird aus Abschn. 4.10.2.1 unmittelbar verständlich. Die Anstiegszeit t_r enthält als wesentliche Größe die Eingangszeitkonstante des Transistors, die durch die reziproke Grenzkreisfrequenz $1/\omega_{\alpha N}$ wiedergegeben wird. Während der Speicherzeit sind beide Transistordioden leitend, so daß als wesentliche Größen jetzt sowohl die Eingangskonstante $1/\omega_{\alpha N}$ als auch die Eingangszeitkonstante für den Inversbetrieb $1/\omega_{\alpha I}$ auftreten. Im Aktivbetrieb während der Abfallzeit t_f ist wieder nur die Basis-Emitterdiode leitend und nur die Eingangszeitkonstante $\tau_e = 1/\omega_{\alpha N}$ wirksam. Während der Anstiegszeit t_r und der Abfallzeit t_f muß noch die Kapazität der gesperrten Kollektor-Basisdiode $C_{B'CS}$ über den Kollektorwiderstand R_C auf- bzw. entladen werden. Daher geht auch die Zeitkonstante $R_C C_{B'CS}$ in diese Zeiten ein.

Beispiel 53. Ein Transistor mit der Stromverstärkung $B = 50$, den Grenzkreisfrequenzen $\omega_{\alpha N} = 10^9\,\text{s}^{-1}$ und $\omega_{\alpha I} = 10^8\,\text{s}^{-1}$, den Sperrschichtkapazitäten $C_{B'ES} = 10\,\text{pF}$ und $C_{B'CS} = 5\,\text{pF}$ wird in einer Schaltung nach Bild 188.1a mit den Widerständen $R_C = 500\,\Omega$ und $R_{BE} = 5\,\text{k}\Omega$ betrieben. Bei der Versorgungsspannung $U_{p-} = 5\,\text{V}$ wird die Eingangsspannung U_e zwischen $U'_{n-} = -2\,\text{V}$ und $U'_{p-} = 5\,\text{V}$ geschaltet. Man berechne die Schaltzeiten des Transistors.

Mit $U_S = 0{,}7\,\text{V}$ und $U_{CEsat} = 0{,}1\,\text{V}$ ermitteln wir aus Gl. (189.5) zunächst den Übersteuerungsgrad in gleicher Weise wie in Beispiel 52, S. 190, und erhalten $\ddot{U} = 4{,}4$. Aus Gl. (193.1) berechnen wir den Ausschaltfaktor

$$K_A = B R_C |U'_{n-}|/(R_{BE} U_{p-}) = 50 \cdot 500\,\Omega \cdot 2\,\text{V}/(5\,\text{k}\Omega \cdot 5\,\text{V}) = 2$$

Aus Gl. (193.4) bis (194.1) berechnen wir die Schaltzeiten

$$t_d = [2 R_{BE} C_{B'ES} + (R_{BE} + R_C) C_{B'CS}] \ln [1 + (K/\ddot{U})]$$
$$= [2 \cdot 5\,\text{k}\Omega \cdot 10\,\text{pF} + (5\,\text{k}\Omega + 500\,\Omega) 5\,\text{pF}] \ln [1 + (2/4{,}4)] = 48\,\text{ns}$$

$$t_r = B\left(2 R_C C_{B'CS} + \frac{1}{\omega_{\alpha N}}\right) \ln\left(\frac{\ddot{U} - 0{,}1}{\ddot{U} - 0{,}9}\right)$$
$$= 50\,(2 \cdot 500\,\Omega \cdot 5\,\text{pF} + 10^{-9}\,\text{s}) \ln\left(\frac{4{,}4 - 0{,}1}{4{,}4 - 0{,}9}\right) = 62\,\text{ns}$$

$$t_s = \left(\frac{1}{\omega_{\alpha N}} + \frac{1}{\omega_{\alpha I}}\right) \ln\left(\frac{\ddot{U} + K_A}{1 + K_A}\right)$$
$$= (10^{-9}\,\text{s} + 10^{-8}\,\text{s}) \ln\left(\frac{4{,}4 + 2}{1 + 2}\right) = 8{,}3\,\text{ns}$$

$$t_f = B\left(2 R_C C_{B'CS} + \frac{1}{\omega_{\alpha N}}\right) \ln\left(\frac{K_A + 0{,}9}{K_A + 0{,}1}\right)$$
$$= 50\,(2 \cdot 500\,\Omega \cdot 5\,\text{pF} + 10^{-9}\,\text{s}) \ln\left(\frac{2 + 0{,}9}{2 + 0{,}1}\right) = 97\,\text{ns}$$

Wird z.B. die Eingangsspannung u_e zwischen $U_{n-} = 0\,\text{V}$ und U_{p-} geschaltet, wird der Ausschaltfaktor $K_A = 0$ und somit der Logarithmus in Gl. (193.4) ebenfalls 0. Die Verzögerungszeit t_d entfällt dann, denn die Sperrschichtkapazitäten brauchen nicht umgeladen zu werden.

4.10.3 Verbesserung des Schaltverhaltens

Ein idealer Schalter muß eine Spannung in unendlich kurzer Zeit ein- oder ausschalten. Für den Transistor würde diese Forderung bedeuten, daß alle Schaltzeiten von Abschn. 4.10.2.3 auf Null reduziert werden. Dies ist jedoch physikalisch nicht möglich. Allerdings können durch geeignete Schaltungen diese Zeiten z. T. erheblich verkürzt werden.

4.10.3.1 Beschleunigungskondensatoren. Schaltet man wie in Bild **195**.1 zu dem Basiswiderstand R_{BE} einen Kondensator C parallel, verkürzen sich Anstiegs-, Speicher- und Abfallzeit t_r, t_s und t_f. Die Schaltung wird von einem Generator mit dem Ausgangswiderstand R_G angesteuert, dessen Spannung u_G zwischen den Werten $U'_{p-} = U_{p-}$ und $U'_{n-} = 0$ rechteckförmig hin- und herschaltet.

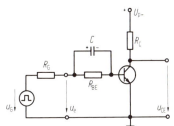

195.1 Transistorschalter mit Speed-up-Kondensator C

Einschalten des Transistors. Vor dem Einschalten ist $u_G = 0$ und deshalb der Kondensator C entladen. Springt nun die Generatorspannung auf $u_G = U_{p-}$, fließt in diesem Augenblick der große Anfangsladestrom

$$i_{Bm} = (U_{p-} - U_S)/R_G \tag{195.1}$$

U_S ist die Schwellspannung der Basis-Emitterdiode. Danach klingt der Basisstrom i_B exponentiell mit der Zeitkonstanten

$$\tau_e = \frac{R_G R_{BE}}{R_G + R_{BE}} C \tag{195.2}$$

auf den erheblich kleineren stationären Wert

$$I_B = (U_{p-} - U_S)/(R_G + R_{BE}) \tag{195.3}$$

ab. Hierdurch wird zwar der Transistor beim Einschalten stark übersteuert, und sein Kollektorstrom strebt dem großen Endwert $I_C = B\, i_{Bm}$ entgegen, jedoch sinkt nach dem Einschaltstromstoß die Übersteuerung wegen des kleineren stationären Stroms I_B erheblich ab, so daß die Nachteile der großen Übersteuerung beim Abschalten vermieden werden. Um die große Übersteuerung während des gesamten Anstiegs des Kollektorstroms aufrecht zu erhalten, sollte die Zeitkonstante τ_e merklich größer als die Anstiegszeit t_r sein.

Ausschalten des Transistors. Nach abgeklungenem Einschaltvorgang ist der Kondensator C auf die Spannung

$$U_C = \frac{R_{BE}}{R_G + R_{BE}} (U_{p-} - U_S) \tag{195.4}$$

aufgeladen. Springt nun die Generatorspannung u_G auf 0 V zurück, entsteht an der Basis ein negativer Spannungssprung der Höhe U_C. Aus der Basis heraus fließt ein großer, als Ausräumstrom wirkender Ladestrom in den Kondensator C hinein und verkürzt dadurch auch die Speicher- und Abfallzeit t_s und t_f.

Bei der Bemessung des Kondensators C muß ein Kompromiß geschlossen werden: Einerseits sollte die Kapazität C groß sein, um die Übersteuerung beim Einschalten und den Ausräumstrom beim Ausschalten hinreichend lange groß zu halten, andererseits wird dadurch jedoch die Schaltfolgefrequenz begrenzt, denn vor jedem weiteren Schaltsprung muß der Kondensator C seinen neuen Ladezustand erst voll erreicht haben. Wirkte beim Einschalten noch die relativ kleine Zeitkonstante τ_e nach Gl. (195.2), so kann sich nach dem Ausschalten, wenn die Basis wieder ausgeräumt ist und die Basis-Emitterdiode sperrt, der Kondensator C nur über den Widerstand R_{BE} mit der Zeitkonstanten $\tau_a = R_{BE} C$ exponentiell entladen. Ist der Generatorwiderstand $R_G \ll R_{BE}$, ist $\tau_e \ll \tau_a$, und die Schaltfolgefrequenz wird hauptsächlich durch τ_a begrenzt.

4.10.3.2 Kollektor-Fangschaltung. Mit der Schaltung nach Bild **196**.1 kann ebenfalls das Schaltverhalten verbessert werden. Ist die Eingangsspannung $u_e = 0$, ist der Transistor gesperrt, und seine Kollektor-Emitterspannung ist $u_{CE} = U_{p-}$ und die Spannung $u_1 = 0$. Die Dioden D_1, D_2 und die Basis-Emitterdiode des Transistors sind unter diesen Verhältnissen ebenfalls gesperrt. Springt nun die Eingangsspannung u_e auf den Wert U_{p-}, fließt über den Widerstand R_{BE} bei der Schwellspannung U_S der Basisstrom

$$I_B = (U_{p-} - 2 U_S)/R_{BE} \qquad (196.1)$$

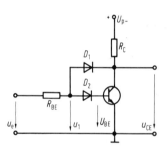

196.1 Kollektor-Fangschaltung

Wird der Widerstand R_{BE} klein gewählt, wird die Übersteuerung des Transistors groß und die Anstiegszeit t_r klein. Der Transistor wird leitend, die Kollektorspannung u_{CE} fällt in der Zeit t_r ab und erreicht schließlich den Wert 0,7 V. Da sich an der leitenden Basis-Emitterdiode und an der ebenfalls leitenden Diode D_2 insgesamt die Spannung $u_1 = 2 U_S \approx 1{,}4$ V aufbaut, wird jetzt auch die Diode D_1 leitend. Sinkt die Spannung u_{CE} noch weiter ab, fällt wegen der leitenden Diode D_1 auch die Spannung u_1, und der Basisstrom des Transistors wird verringert. Daher nimmt auch der Kollektorstrom i_C ab, und die Spannung u_{CE} würde wieder ansteigen. Die Kollektor-Emitterspannung u_{CE} kann deshalb nicht bis auf die Sättigungsspannung $U_{CE\,sat} \approx 0{,}1$ V absinken. Der beim Einschalten nach Gl. (196.1) große und zur Übersteuerung führende Basisstrom I_B fließt, wenn die Diode D_1 leitend wird, über diese und die Kollektor-Emitterstrecke und nicht mehr über die Basis ab. Da der Transistor nun nicht übersteuert ist, entfällt die Speicherzeit t_s.

Um kurze Schaltzeiten zu erreichen, müssen jedoch schnelle Dioden, z. B. Hot-carrier-Dioden (s. Abschn. 3.5), verwendet werden. Wegen der gegenüber Siliziumdioden kleineren Schwellspannung U_S von Hot-carrier-Dioden kann dann sogar die Diode D_2 entfallen. Angewendet wird diese Technik in integrierten TTL-Schaltkreisen, die als Schottky-TTL bezeichnet werden und besonders kurze Schaltzeiten aufweisen.

4.10.4 Schalten von kapazitiven und induktiven Lasten

Ein Transistor hat meist keine reine Wirklast zu schalten. In fast allen Fällen enthält die Last kapazitive und induktive Komponenten. Anhand der Schaltungen von Bild **197**.1 wollen wir mit den Ausgangskennlinienfeldern von Bild **197**.2 die Besonderheiten beim Schalten von kapazitiven und induktiven Lasten untersuchen.

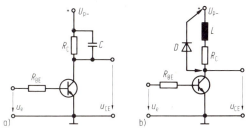

197.1
Transistorschalter mit kapazitiver Last C (a) und induktiver Last L (b)

4.10.4.1 Kapazitive Last. Nach Bild **197**.1a ist parallel zum Kollektorwiderstand R_C ein Kondensator C geschaltet. Da die Versorgungsspannung U_{p-} wechselspannungsmäßig geerdet ist, ist es dabei gleichgültig, ob der Kondensator C parallel zum Widerstand R_C oder parallel zum Transistor liegt. Wird ein reiner Wirkwiderstand R_C geschaltet, erfolgt in Bild **197**.2a der Übergang zwischen den beiden Arbeitspunkten A_H und A_L entlang der Widerstandsgeraden R_C. Bei parallel geschaltetem Kondensator C ist dies nicht mehr der Fall. Wählen wir als Ausgangspunkt den Arbeitspunkt A_H, so muß beim Einschalten des Transistors der Kondensator C aufgeladen werden, und erst mit zunehmender Ladespannung des Kondensators sinkt die Kollektor-Emitterspannung u_{CE}. Verfolgen wir während des Einschaltvorgangs zusammengehörende Wertepaare i_C, u_{CE}, so liegen diese auf der in Bild **197**.2a stark ausgezogenen Kurve E. Der Strom i_C steigt also bei relativ hoher Kollektorspannung u_{CE} steiler an als die R_C-Gerade. Mit zunehmender Auflandung des Kondensators C bricht schließlich die Kollektorspannung bis auf die Sättigungsspannung $U_{CE\,sat}$ zusammen. Bei diesem Punkt B fließt ein wesentlich größerer Kollektorstrom i_C als im stationären Arbeitspunkt A_L. Beim Durchlaufen dieser Einschaltkurve E befindet sich der Transistor z.T. im Bereich großer Verlust-

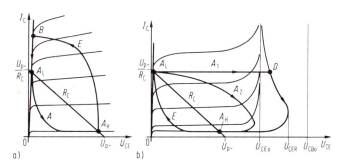

197.2 Ausgangskennlinienfeld des Transistors
a) mit eingezeichnetem Übergang bei kapazitiver Last C (E Einschaltkurve, A Ausschaltkurve)
b) mit eingezeichnetem Übergang bei induktiver Last L (E Einschaltkurve, A_1 Ausschaltkurve bei großer Induktivität L und großer Stromänderung di_C/dt, A_2 Ausschaltkurve bei kleiner Induktivität L und kleiner Stromänderung di_C/dt)

leistung, und es ist wichtig, daß die Grenzlinien von Bild **182**.1 und **183**.1 nicht überschritten werden; insbesondere muß auch beachtet werden, daß im Punkt B der zulässige Spitzenstrom des Transistors eingehalten wird.

Das Ausschalten ist dagegen problemlos; denn wird der Transistor gesperrt, entlädt sich der Kondensator C über den Kollektorwiderstand R_C mit der Zeitkonstanten $\tau = R_C C$ und, während Kollektorstrom I_C und Ladespannung des Kondensators abnehmen, steigt die Kollektorspannung u_{CE} vom Arbeitspunkt A_L entlang der Ausschaltkurve A zum Arbeitspunkt A_H an. Dabei werden nur Bereiche geringer Verlustleistung durchlaufen.

4.10.4.2 Induktive Last. Die Last besteht aus der Reihenschaltung von Widerstand R_C und Induktivität L, wobei der Widerstand R_C auch der Verlustwiderstand der Induktivität L sein kann. Diese Verhältnisse treten immer beim Schalten von Relais oder Schaltschützen mit Transistoren auf. Im Gegensatz zur kapazitiven Last gibt es hier keine Schwierigkeiten beim Einschalten des Kollektorstroms i_C, denn der Strom kann wegen der Induktivität L im Kollektorkreis nur langsam mit der Zeitkonstanten $\tau = L/R_C$ ansteigen. Die Einschaltkurve E von Bild **197**.2b verläuft deshalb vom Arbeitspunkt A_H durch den Bereich geringer Verlustleistung zum Arbeitspunkt A_L.

Probleme entstehen jedoch beim Ausschalten des Stroms i_C. Wird nämlich der Transistor plötzlich gesperrt, tritt an seinem Kollektor eine hohe positive Induktionsspannung $u_{CE} = u_i = L\, di_C/dt$ auf. Sind Induktivität L und Stromänderung di_C/dt groß, kann diese Spannung die Durchbruchspannung U_{CE0} übersteigen. Unter diesen Umständen kommt der Transistor auf der Ausschaltkurve A_1 in den Lawinendurchbruchbereich zum Punkt D und durchläuft diesen beim Übergang zum Arbeitspunkt A_H. Ist jetzt die in der Induktivität gespeicherte magnetische Energie $W_M = L I_C^2/2$ kleiner als die kritische Energie für den Durchbruch 2. Art W_{sb} (s. Abschn. 4.8.5.2), so übersteht der Transistor diesen Ausschaltvorgang ohne Schaden, anderenfalls wird er über den Durchbruch 2. Art zerstört. Bei kleiner Induktivität L oder kleiner Stromänderung di_C/dt wird auf der Ausschaltkurve A_2 der Durchbruchbereich nicht erreicht, und es besteht keine Gefahr für den Transistor.

Zusammenfassend stellen wir fest, daß bei kapazitiver Last große Spitzenströme und bei induktiver Last hohe Spitzenspannungen auftreten können. Diese Spitzenspannungen lassen sich vermeiden, wenn wie in Bild **197**.1b parallel zur Induktivität L eine Diode D geschaltet wird. Die Diode D wird nur beim Abschalten leitend, da dann die Spannung u_{CE} die Versorgungsspannung U_{p-} übersteigt. Somit kann beim Sperren des Transistors der Strom durch die Induktivität über die leitende Diode D weiterfließen, bis die magnetische Energie verbraucht ist.

4.11 Transistorrauschen

Werden Transistoren in empfindlichen Spannungsverstärkern eingesetzt, macht sich das Rauschen in den Bauelementen und in den Transistoren bemerkbar. Dies wird durch statistische Schwankungen der Ströme, also durch die thermische Energie der Ladungsträger, verursacht. Da in dieser Rauschspannung Wechselspannungen verschiedenster Frequenz enthalten sind, wird in einem an einen Verstärker angeschlossenem Lautsprecher ein charakteristisches akustisches Rauschen erzeugt.

4.11.1 Widerstandsrauschen

Wir stellen uns den elektrischen Strom durch einen Widerstand R im Teilchenbild des Elektrons als eine Strömung von Korpuskeln vor, die bei der Temperatur T infolge ihrer thermischen Energie kT (Boltzmann-Konstante $k = 1{,}38 \cdot 10^{-23}$ Ws/K) beim Durchqueren des Kristallgitters zickzackförmige Wege zurücklegen. Bei kleinen Strömen wird deshalb die Anzahl der in der Zeit durch eine Fläche senkrecht zum Elektronenstrom hindurchtretenden Elektronen statistischen Schwankungen unterworfen sein. Bei größeren Strömen gleichen sich diese Schwankungen aus. Sehr kleine Gleichströme weisen also eine statistische Amplitudenschwankung auf, die als eine Überlagerung von kleinen Wechselströmen der Frequenz Null bis unendlich aufgefaßt werden kann. Durch diese Wechselströme wird in dem Widerstand eine **Rauschleistung**

$$P_r = 4\,kT\,\Delta f \tag{199.1}$$

erzeugt. Sie hängt nur von der Temperatur T und der Bandbreite Δf ab. Da die Rauschleistung linear mit der Bandbreite Δf ansteigt, sind im Spektrum der Rauschleistung alle Frequenzen mit gleichem Leistungsanteil enthalten. Die auf die Frequenz bezogene **Rauschleistungdichte**

$$P_r/\Delta f = 4\,kT \tag{199.2}$$

ist also frequenzunabhängig und nur eine Funktion der Temperatur T. Man bezeichnet deshalb dieses **thermische Widerstandsrauschen** in Anlehnung an die Optik als **weißes Rauschen**, denn weißes Licht enthält auch alle Frequenzen (Spektralfarben). Aus der Rauschleistung P_r ergibt sich für den Effektivwert der am Widerstand abfallenden nichtperiodischen **Rauschspannung**

$$\tilde{u}_r = \sqrt{P_r\,R} = \sqrt{4\,kT\,\Delta f\,R} \tag{199.3}$$

(Wir kennzeichnen in diesem Abschn. 4.11 Effektivwerte durch über die Formelzeichen gesetzte Tilden.)
Bei gegebener Rauschleistung P_r wächst also die Rauschspannung $\tilde{u}_r$ mit wachsendem Widerstand R.

4.11.2 Rauschursachen bei Transistoren

Auch in Halbleitern tritt thermisches Widerstandsrauschen, **Johnson noise** genannt, auf. Hinzu kommen jedoch noch andere Rauschursachen. Im Halbleiter steht die Elektronen-Löcherdichte in einem dynamischen Gleichgewicht, d.h., auf die Zeit bezogen werden genauso viele Elektron-Lochpaare durch thermische Ionisation erzeugt, wie durch Rekombination wieder verschwinden. Dies gilt aber nur im zeitlichen Mittel, denn in der Erzeugungs- und Rekombinationsrate treten statistische Schwankungen auf, so daß die Elektronen- und Löcherdichte zeitlichen, von der Feldstärke unabhängigen Fluktuationen unterworfen ist: **Schottky-Rauschen** (**shot noise**). Als weitere Rauschquelle kommt bei Transistoren die statistische Schwankung der Minoritätsträgerdichte in der Basis hinzu. Hierbei spielt besonders die Elektronen-Löcher-Rekombination an Oberflächenzuständen [30] der Basiszone eine Rolle. Die dadurch entstehenden Ladungsträgerfluktuationen sind frequenzabhängig und liefern einen Rauschanteil bei tieferen Frequenzen $f < 1$ kHz, der als **flicker noise** bezeichnet wird.

4.11 Transistorrauschen

Soll das Rauschen eines Bauelements modellmäßig erfaßt werden, betrachtet man meist das Bauelement selbst als rauschfrei und legt an seinen Eingang einen Rauschspannungs- oder Rauschstromgenerator, wie dies in Bild **200.1** dargestellt ist. Beim Transistor enthält die Rauschspannung $\tilde{u}_r$ in Bild **200.1** die Anteile des Widerstandsrauschens von Basisbahnwiderstand $R_{BB'}$ und differentiellem Eingangswiderstand $r_{EB'}$. Aus Gl. (199.3) erhalten wir deshalb für die **Rauschspannung**

$$\tilde{u}_r = \sqrt{4\,kT\,\Delta f\,[R_{BB'} + (r_{EB'}/2)]} \tag{200.1}$$

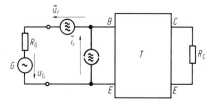

200.1
Transistorvierpol T mit Rauschquellen
B Basis, C Kollektor, E Emitter, G Signalgenerator

Der differentielle Widerstand $r_{EB'}$ der Emitter-Basisdiode erzeugt in Gl. (200.1) wegen der besonderen Korrelation von Strom und Spannung in der Diode nur eine um $1/\sqrt{2}$ kleinere Rauschspannung wie ein gleich großer Wirkwiderstand. Nach Gl. (184.1) schreiben wir für den differentiellen Widerstand $r_{EB'} = U_T/I_E$, und für die thermische Energie führen wir mit der Elementarladung e die Temperaturspannung U_T nach Gl. (20.2), also $kT = U_T\,e$ ein. Somit erhalten wir aus Gl. (200.1) für die **Rauschspannung**

$$\tilde{u}_r = \sqrt{4\,U_T\,e\,\Delta f\left(R_{BB'} + \frac{U_T}{2\,I_E}\right)} \tag{200.2}$$

Bei großem Emitterstrom I_E vereinfacht sich Gl. (200.2) zu

$$\tilde{u}_r \approx \sqrt{4\,U_T\,e\,\Delta f\,R_{BB'}} \tag{200.3}$$

und die Rauschspannung ist unabhängig vom Emitterstrom; sie wird nur durch das Rauschen des Basisbahnwiderstands bestimmt. Bei kleinen Emitterströmen kann in Gl. (200.2) der Widerstand $R_{BB'}$ vernachlässigt werden, und es ergibt sich

$$\tilde{u}_r \approx U_T\sqrt{2\,e\,\Delta f/I_E} \tag{200.4}$$

In diesem Fall nimmt mit fallendem Emitterstrom I_E nach Gl. (200.4) die Rauschspannung $\tilde{u}_r$ mit $1/\sqrt{I_E}$ zu. In Bild **201.1** ist die auf die Wurzel der Frequenz bezogene Rauschspannung $\tilde{u}_r/\sqrt{\Delta f}$ nach Gl. (200.2) aufgetragen. Wir erkennen, daß bei Strömen $I_E < 100\,\mu$A die Rauschspannung ansteigt.
Durch den **Rauschstromgenerator** mit dem Rauschstrom $\tilde{i}_r$ von Bild **200.1** werden die stromabhängigen Komponenten $2e\,\Delta f\,I_B$ des **Schottky-Rauschens** und $C\,I_E\,\Delta f/f$ des **flicker noise** eingeführt, so daß wir für den Effektivwert des Rauschstroms schreiben können

$$\tilde{i}_r = \sqrt{2e\,\Delta f\,I_B + (C\,I_E\,\Delta f/f)} \tag{200.5}$$

Dabei ist I_B der Basisstrom und $C \approx 3\cdot 10^{-19}$ A bis $6\cdot 10^{-18}$ A die experimentell gefundene Konstante des flicker noise. Bei höheren Frequenzen ist der Anteil des flicker noise vernachlässigbar, und es ergibt sich mit $I_B = I_C/B \approx I_E/B$ der **Rauschstrom**

$$\tilde{i}_r \approx \sqrt{2e\,\Delta f\, I_E/B} \tag{201.1}$$

Bei hohen Frequenzen ist danach der Rauschstrom $\tilde{i}_r$ frequenzunabhängig und steigt proportional zu $\sqrt{I_E}$. Bei tiefen Frequenzen macht sich in Gl. (200.5) der Anteil des flicker noise bemerkbar, und der Rauschstrom steigt wie in Bild 201.2 proportional zu $1/\sqrt{f}$ mit fallender Frequenz f.

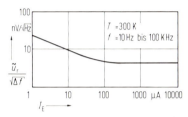
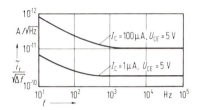

201.1 Effektivwert der Rauschspannung $\tilde{u}_r$ bezogen auf die Wurzel der Bandbreite $\sqrt{\Delta f}$ eines Transistors in Abhängigkeit vom Emitterstrom I_E nach Gl. (200.2)

201.2 Effektivwert des Rauschstroms $\tilde{i}_r$ bezogen auf die Wurzel der Bandbreite $\sqrt{\Delta f}$ eines Transistors in Abhängigkeit von der Frequenz f nach Gl. (200.5)

4.11.3 Definition von Rauschzahl und Rauschmaß

Der Transistor T wird in Bild 201.3 von dem Signalgenerator G mit dem Ausgangswiderstand R_G angesteuert. In dieser Ersatzschaltung betrachten wir den Generator selbst als rauschfrei, und auch in seinem Ausgangswiderstand R_G soll keine Rauschspannung erzeugt werden. Die vom Generator erzeugte Rauschspannung $\tilde{u}_{rG}$ soll deshalb in dem gesondert gezeichneten Rauschgenerator entstehen. Die am Eingang des Transistors in Bild 200.1 liegenden Generatoren für die Rauschspannung $\tilde{u}_r$ und den Rauschstrom $\tilde{i}_r$ fassen wir jetzt zu einem Generator für die Gesamtrauschspannung zusammen, der das Quadrat der Effektivwerte der Rauschspannungen

$$\tilde{u}_{rT}^2 = \tilde{u}_r^2 + R_G^2\, \tilde{i}_r^2 \tag{201.2}$$

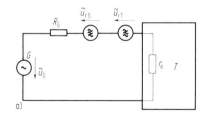
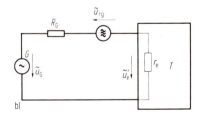

201.3 Transistorvierpol T mit an seinem Eingang liegenden Rauschquellen
a) mit den Rauschgeneratoren für die Spannungen $\tilde{u}_{rG}$ und $\tilde{u}_{rT}$
b) mit Generator für die Gesamtrauschspannung $\tilde{u}_{rg}$
G rauschfreier Signalgenerator, R_G rauschfreier Ausgangswiderstand des Generators G, r_e Eingangswiderstand des Transistors

4.11 Transistorrauschen

erzeugt. Am Eingang des Transistors liegt deshalb in Bild **201**.3 die Summe der Rauschspannungsquadrate von Generator und Transistor

$$\tilde{u}_{rg}^2 = \tilde{u}_{rG}^2 + \tilde{u}_{rT}^2 \tag{202.1}$$

Führen wir jetzt die Rauschleistungen ein, so erzeugt der Generator nach Gl. (199.3) die Rauschleistung

$$P_{rG} = \tilde{u}_{rG}^2 / R_G = 4\, kT\, \Delta f \tag{202.2}$$

und der Transistor die Rauschleistung

$$P_{rT} = \tilde{u}_{rT}^2 / R_G \tag{202.3}$$

so daß die gesamte am Eingang auftretende Rauschleistung

$$P_r = P_{rG} + P_{rT} = (\tilde{u}_{rG}^2 + \tilde{u}_{rT}^2)/R_G = \tilde{u}_{rg}^2 / R_G \tag{202.4}$$

ist. Durch den Transistor und seine Rauschquellen wird also die Rauschleistung des Generators P_{rG} am Transistoreingang um P_{rT} auf P_r vergrößert.
Die Rauschzahl F führen wir als Faktor ein, indem wir festlegen, daß die Generatorrauschleistung P_{rG} durch den Transistor um den Faktor F auf die Gesamtrauschleistung

$$P_r = F P_{rG} \tag{202.5}$$

vergrößert wird.
Somit ist die Rauschzahl durch

$$F = \frac{P_r}{P_{rG}} = \frac{P_{rG} + P_{rT}}{P_{rG}} = \frac{\tilde{u}_{rG}^2 + \tilde{u}_{rT}^2}{\tilde{u}_{rG}^2} \tag{202.6}$$

$$= \frac{\text{Gesamtrauschleistung am Eingang verursacht durch Generator und Transistor}}{\text{Rauschleistung verursacht nur durch den Generator}}$$

definiert.
Mit dieser Definition der Rauschzahl F nach Gl. (202.5) und mit Gl. (202.2) und (202.4) erhalten wir den Effektivwert der Gesamtleerlaufrauschspannung am Transistoreingang

$$\tilde{u}_{rg} = \sqrt{4\,kT\,\Delta f\, R_G\, F} = \sqrt{4\,e\,U_T\,\Delta f\, R_G\, F} \tag{202.7}$$

Die gesamte am Transistoreingang liegende Leerlaufspannung setzt sich aus der Rauschspannung $\tilde{u}_{rg}$ und der Signalspannung $\tilde{u}_G$ des Generators G zusammen

$$\tilde{u}_e = \sqrt{\tilde{u}_{rg}^2 + \tilde{u}_G^2} \tag{202.8}$$

Durch den Eingangswiderstand r_e des Transistors wird der Generator G belastet, und die Eingangsspannung $\tilde{u}_e$ bricht auf

$$\tilde{u}_e' = \frac{r_e}{r_e + R_G}\, \tilde{u}_e \tag{202.9}$$

zusammen. Abschließend definieren wir noch das Rauschmaß

$$F_{dB} = 10\,\lg F \tag{202.10}$$

als die Rauschzahl F in Dezibel (dB).

Beispiel 54. Ein Transistor hat das Rauschmaß $F_{dB} = 5$ dB und beim Betrieb in Emitterschaltung den Eingangswiderstand $r_e = r_{BE} = 5$ kΩ. Er wird von einem Generator mit dem Generatorausgangswiderstand $R_G = 2$ kΩ angesteuert. Die Bandbreite der Schaltung beträgt $\Delta f = 125$ kHz. Man bestimme, wenn die Signalspannung $\tilde{u}_G = 0$ ist, die Gesamtleerlaufrauschspannung $\tilde{u}_{rg}$ und die Eingangsspannung $\tilde{u}'_e$ bei der Temperatur $T = 300$ K.
Wir berechnen zunächst aus Gl. (202.10) die Rauschzahl $F = 10^{(F_{dB}/10)} = 10^{(5/10)} = 3{,}16$. Aus Gl. (202.7) erhalten wir jetzt mit $U_T = 26$ mV und $e = 1{,}6 \cdot 10^{-19}$ As die Rauschspannung

$$\tilde{u}_{rg} = \sqrt{4\,e\,U_T\,\Delta f\,R_G\,F} = \sqrt{4 \cdot 1{,}6 \cdot 10^{-19} \text{ As} \cdot 26 \text{ mV} \cdot 125 \text{ kHz} \cdot 2 \text{ kΩ} \cdot 3{,}16} = 3{,}62\ \mu\text{V}$$

Somit wird nun nach Gl. (202.9) mit $\tilde{u}_e = \tilde{u}_{rg}$ ($\tilde{u}_G = 0$) bei Belastung die Eingangsspannung

$$\tilde{u}'_e = r_e\,\tilde{u}_{rg}/(r_e + R_G) = 5 \text{ kΩ} \cdot 3{,}62\ \mu\text{V}/(5 \text{ kΩ} + 2 \text{ kΩ}) = 2{,}59\ \mu\text{V}$$

4.11.4 Berechnung der Rauschzahl

Die Rauschzahl F hängt vom Emitterstrom I_E des Transistors und vom Ausgangswiderstand R_G des Generators ab. Um diese Abhängigkeit zu berechnen, setzen wir Gl. (201.2) in Gl. (202.6) ein und erhalten die **Rauschzahl**

$$F = 1 + (\tilde{u}_r^2 + \tilde{i}_r^2\,R_G^2)/\tilde{u}_{rG}^2 \tag{203.1}$$

Ersetzen wir jetzt in Gl. (203.1) die Größen $\tilde{u}_r^2$, $\tilde{i}_r^2$ und $\tilde{u}_{rG}^2$ durch Gl. (200.2), (200.5) und (202.2), erhalten wir mit $I_B \approx I_E/B$ und $kT = U_T\,e$ für die **Rauschzahl**

$$F = 1 + \frac{R_{BB'}}{R_G} + \frac{U_T}{2\,R_G} \cdot \frac{1}{I_E} + \left(\frac{1}{B} + \frac{C}{2\,e\,f}\right)\frac{R_G}{2\,U_T}\,I_E \tag{203.2}$$

Nach Gl. (203.2) wird für die Grenzwerte des Emitterstroms $I_E = 0$ und $I_E = \infty$ auch die Rauschzahl $F = \infty$. Halten wir alle anderen Parameter konstant, muß die Rauschzahl F für einen bestimmten Emitterstrom I_E einen minimalen Wert F_{min} haben. Das gleiche gilt auch für den Generatorwiderstand R_G bei konstant gehaltenem Emitterstrom I_E. Die minimale Rauschzahl F_{min} berechnen wir, indem wir bei $R_G = $ const die Ableitung $\partial F/\partial I_E = 0$ bilden. Nach Differentiation von Gl. (203.2), erhalten wir nach Nullsetzen den Emitterstrom, für den die Rauschzahl $F = F_{min}$ wird,

$$I_{E(F=F_{min})} = U_T\bigg/\left(R_G\sqrt{\frac{1}{B} + \frac{C}{2\,e\,f}}\right) \tag{203.3}$$

Wenn wir diesen Strom in Gl. (203.2) einsetzen, ergibt sich die minimale Rauschzahl

$$F_{min} = 1 + \frac{R_{BB'}}{R_G} + \sqrt{\frac{1}{B} + \frac{C}{2\,e\,f}} \tag{203.4}$$

Für einen Silizium-Kleinsignal-Niederfrequenz-Transistor ist in Bild **204.1** das Rauschmaß bei konstantem Generatorwiderstand R_G in Abhängigkeit vom Kollektorstrom $I_C \approx I_E$ aufgetragen. Die Kurven weisen, wie nach Gl. (203.2) erwartet, ein Minimum F_{min} auf, das sich nach Gl. (203.3) mit wachsendem Widerstand R_G zu immer geringeren Strömen I_C verlagert und dabei nach Gl. (203.4) immer kleiner wird. Wird andererseits wie in Bild **204.2** der Kollektorstrom I_C konstant gehalten, so zeigt die Rauschzahl F in Abhängigkeit vom Generatorwiderstand R_G das erwartete Minimum, das hier bei $R_G = 2$ kΩ liegt.

4.11 Transistorrauschen

Wird eine Transistorverstärkerstufe z. B. von einem Signalgenerator mit dem Ausgangswiderstand $R_G = 1\,\text{k}\Omega$ angesteuert, so muß der Transistor für rauscharmen Betrieb (kleine Rauschzahl F) mit einem Kollektorstrom im Bereich von $I_C = 0{,}1\,\text{mA}$ bis $0{,}4\,\text{mA}$ betrieben werden.

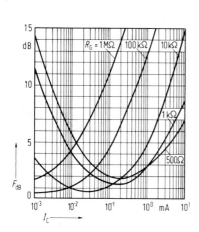

204.1 Rauschmaß F_{dB} in Abhängigkeit vom Kollektorstrom I_C mit dem Generatorwiderstand R_G als Parameter bei der Frequenz $f = 1\,\text{kHz}$ und der Kollektor-Emitterspannung $U_{CE} = 5\,\text{V}$

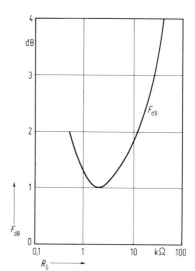

204.2 Rauschmaß F_{dB} in Abhängigkeit vom Generatorwiderstand R_G für die Kollektor-Emitterspannung $U_{CE} = 5\,\text{V}$, den Kollektorstrom $I_C = 0{,}2\,\text{mA}$ und die Frequenz $f = 1\,\text{kHz}$

Beispiel 55. Ein Kleinsignaltransistor hat die Stromverstärkung $B = 150$, den Basisbahnwiderstand $R_{BB'} = 250\,\Omega$ und wird von einem Generator mit dem Ausgangswiderstand $R_G = 1\,\text{k}\Omega$ angesteuert. Man berechne die minimale Rauschzahl F_{min} und den zugehörigen Emitterstrom $I_{E(F=F_{min})}$ für die Frequenz $f = 10\,\text{kHz}$ und die Temperatur $T = 300\,\text{K}$.
Mit der Temperaturspannung $U_T = 26\,\text{mV}$, der Konstanten $C = 3 \cdot 10^{-19}\,\text{A}$ des flicker noise und der Elementarladung $e = 1{,}6 \cdot 10^{-19}\,\text{As}$ erhalten wir aus Gl. (203.4) die minimale Rauschzahl

$$F_{min} = 1 + \frac{R_{BB'}}{R_G} + \sqrt{\frac{1}{B} + \frac{C}{2\,e\,f}}$$

$$= 1 + \frac{250\,\Omega}{1\,\text{k}\Omega} + \sqrt{\frac{1}{150} + \frac{3 \cdot 10^{-19}\,\text{A}}{2 \cdot 1{,}6 \cdot 10^{-19}\,\text{As} \cdot 10\,\text{kHz}}} = 1{,}33$$

Das Rauschmaß wird nach Gl. (202.10) $F_{dB} = 10\,\lg F = 10\,\lg 1{,}33 = 1{,}24\,\text{dB}$. Aus Gl. (203.3) berechnen wir den Emitterstrom

$$I_{E(F=F_{min})} = U_T \bigg/ \left(R_G \sqrt{\frac{1}{B} + \frac{C}{2\,e\,f}} \right)$$

$$= 26\,\text{mV} \bigg/ \left(1\,\text{k}\Omega \sqrt{\frac{1}{150} + \frac{3 \cdot 10^{-19}\,\text{A}}{2 \cdot 1{,}6 \cdot 10^{-19}\,\text{As} \cdot 10\,\text{kHz}}} \right) = 0{,}32\,\text{mA}$$

Diese Werte stimmen gut mit der Kurve für $R_G = 1\,\text{k}\Omega$ in Bild **204.**1 überein. Es zeigt sich ferner, daß bei der Frequenz $f = 10\,\text{kHz}$ der flicker-noise-Anteil $C/(2\,e f)$ noch vernachlässigbar klein ist. Er wird erst bei Frequenzen unterhalb 1 kHz wirksam.

4.11.5 Signal-Rauschabstand

Wir definieren das Signal-Rauschverhältnis

$$A = \frac{\tilde{u}_G}{\tilde{u}_{rg}} = \frac{\text{Signalspannung des Generators}}{\text{Gesamtleerlauf-Rauschspannung}} \tag{205.1}$$

In dB angegeben ist dies der Signal-Rauschabstand

$$A_{dB} = 20\lg A \tag{205.2}$$

Liefert ein Mikrophon als Signalgenerator G die Signalspannung $\tilde{u}_G$, so ist bei dem Signal-Rauschabstand $A_{dB} = 0$ bzw. $A = 1$ eine Sprachverständigung unmöglich. Steigt der Signal-Rauschabstand auf $A_{dB} = 40\,\text{dB}$ (also $A = 100$), besteht schon eine gute Wiedergabe, und bei $A_{dB} = 60\,\text{dB}$ (also $A = 1000$) ist das Rauschen vernachlässigbar klein.

Beispiel 56. Man berechne das erforderliche Rauschmaß F_{dB} der Eingangsstufe eines Mikrophonverstärkers, wenn das Mikrophon die Signalspannung $\tilde{u}_G = 350\,\mu\text{V}$ bei dem Ausgangswiderstand $R_G = 250\,\Omega$ liefert und der Signal-Rauschabstand $A_{dB} = 60\,\text{dB}$ bei der Bandbreite $\Delta f = 15\,\text{kHz}$ und der Temperatur $T = 300\,\text{K}$ gefordert wird.
Setzen wir Gl. (205.1) in Gl. (205.2) ein und lösen nach der Rauschspannung $\tilde{u}_{rg}$ auf, erhalten wir die Gesamtleerlauf-Rauschspannung

$$\tilde{u}_{rg} = \tilde{u}_G\, 10^{-(A_{dB}/20)} = 350\,\mu\text{V} \cdot 10^{-(60/20)} = 0{,}35\,\mu\text{V}$$

Wir setzen diese zulässige Gesamtrauschspannung $\tilde{u}_{rg}$ in Gl. (202.7) ein und lösen mit der Elementarladung $e = 1{,}6 \cdot 10^{-19}\,\text{As}$ und der Temperaturspannung $U_T = 26\,\text{mV}$ auf nach der Rauschzahl

$$F = \tilde{u}_{rg}^2/(4\,e\,U_T\,\Delta f\,R_G) = (0{,}35\,\mu\text{V})^2/(4 \cdot 1{,}6 \cdot 10^{-19}\,\text{As} \cdot 26\,\text{mV} \cdot 15\,\text{kHz} \cdot 250\,\Omega)$$
$$= 1{,}96$$

Mit Gl. (202.10) erhalten wir das Rauschmaß $F_{dB} = 10\lg F = 10\lg 1{,}96 = 2{,}93\,\text{dB}$

Daher muß anhand von Datenbüchern ein Transistor gefunden werden, der im eingestellten Arbeitspunkt das Rauschmaß $F_{dB} = 2{,}93\,\text{dB}$ nicht überschreitet.

4.12 Technologie und Bauformen

Transistoren bestehen aus mindestens drei verschieden dotierten Schichten, die mit sehr unterschiedlichen technologischen Verfahren hergestellt werden. Angewendet werden hauptsächlich Legierungs- und Diffusionsverfahren, Epitaxie und Ionenimplantation. Bei der Herstellung eines Transistors werden häufig mehrere Verfahren miteinander kombiniert [8], [17], [18].

4.12 Technologie und Bauformen

4.12.1 Legierungsverfahren

Es ist das älteste Verfahren, nach dem zunächst alle Transistoren hergestellt wurden. Heute wird es in geringerem Maß speziell für die Herstellung von Germaniumtransistoren angewendet. Bild 206.1 zeigt den Querschnitt durch einen solchen PNP-Germanium-Legierungstransistor, der in folgender Weise hergestellt wird: Auf ein N-leitendes Germaniumplättchen wird von beiden Seiten eine Indiumpille aufgebracht und bei hoher Temperatur ($\approx$ 1300 K) auf das Germanium legiert. Dabei wandern an der Grenzschicht Indiumatome als Akzeptoren in das N-leitende Germanium und erzeugen dort eine P-Dotierung (schraffierte Bereiche in Bild 206.1). Aus technologischen Gründen wurde früher die Reihenfolge PNP bevorzugt, jedoch werden inzwischen auch NPN-Legierungstransistoren hergestellt.

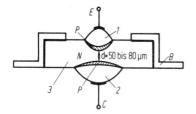

206.1 Schnitt durch einen PNP-Legierungstransistor
1 Emitterpille
2 Kollektorpille
3 Germaniumplättchen
E Emitteranschluß
B Basisanschluß
C Kollektoranschluß

Legierungstransistoren haben i. allg. große Diffusions- und Sperrschichtkapazitäten und sind deshalb nur für niedrigere Frequenzen geeignet. Die relativ dicke Basisschicht d $\approx$ 50 µm bis 80 µm macht sie für sehr hohe Frequenzen unbrauchbar. Vorteilhaft sind jedoch ihre robusten PN-Übergänge, die große Energieimpulse ohne Schaden überstehen. Dies gilt besonders für den Kollektor-Basisübergang, denn in ihm fließt wegen der gleichmäßigen Auffächerung des Emitterstroms durch die dicke Basis ein homogen verteilter Kollektorstrom. Der Transistor ist deshalb weniger anfällig gegenüber dem Durchbruch 2. Art. Der Nachteil der niedrigen Grenzfrequenz läßt sich z.T. beseitigen, wenn man das Prinzip des Drifttransistors anwendet und statt des homogen dotierten Grundmaterials inhomogen dotierte Germaniumplättchen benutzt und auf diese die Indiumpillen legiert.

4.12.2 Diffusionsverfahren

Es wird mit zwei verschiedenen Verfahren gearbeitet, die unterschiedliche Dotierungsprofile erzeugen.

4.12.2.1 Diffusion bei konstanter Oberflächenkonzentration. Die zu dotierenden Siliziumkristalle werden in einem Quarzofen auf Temperaturen von 1300 K bis 1800 K erhitzt. Bei dieser Temperatur leitet man einen Gasstrom über die Kristalloberfläche, der die Störstellenatome enthält, z.B. PCl_3 oder $POCl_3$ bei N-Dotierung oder BCl_3 bei P-Dotierung. Durch die hohe Temperatur dissoziieren die Gase, und die Phosphor- oder Boratome diffundieren in das durch die hohe Temperatur aufgelockerte Gitter. Die Eindringtiefe x_0 hängt von der Temperatur T und der Diffusionszeit t ab, und die Störstellenkonzentration N nimmt, wie in Bild 207.1 gezeigt, exponentiell mit der Tiefe x ab. Als Eindringtiefe x_0 wird diejenige Tiefe festgelegt, bei der die Störstellenkonzentration der Oberfläche N_0, die gleich der Störstellenkonzentration des Spülgases ist, auf den Wert N_0/e abgefallen ist. Den Zusammenhang zwischen Eindringtiefe x_0 und Diffusionszeit t mit der Temperatur T als Parameter zeigt Bild **207.2**. Es werden einige Stunden Diffusionszeit benötigt, wenn bei der Temperatur $T \approx 1300$ K bis 1400 K eine Eindringtiefe von $x_0 \approx 1$ µm erreicht werden soll.

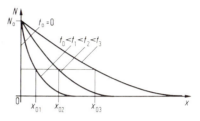

207.1 Verlauf der Störstellendichte N mit der Tiefe x bei der Diffusion mit konstanter Oberflächenkonzentration
Parameter ist die Diffusionszeit t_0 bis t_3

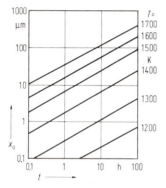

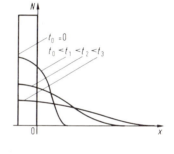

207.2 Eindringtiefe x_0 in Abhängigkeit von der Diffusionszeit t mit der Temperatur T als Parameter

207.3 Verlauf der Störstellendichte N mit der Tiefe x bei der Diffusion mit konstanter Teilchenmenge. Parameter ist die Diffusionszeit t_0 bis t_3

4.12.2.2 Diffusion bei konstanter Teilchenmenge. Bei diesem Verfahren wird auf der zu dotierenden Oberfläche des Kristalls ein fester, Störstellenatome enthaltender Belag niedergeschlagen (z. B. B_2O_3 oder P_2O_5). Durch die nachfolgende Temperaturerhöhung zerfallen diese Substanzen, und Störstellenatome diffundieren in den Halbleiterkristall. Mit wachsender Diffusionszeit t sinkt die Störstellenanzahl an der Oberfläche und steigt im Inneren des Kristalls; denn immer mehr Atome diffundieren von der Oberfläche in den Kristall. Nach Bild **207.3** ergibt sich hier keine mit der Tiefe x exponentiell abfallende Störstellendichte N.

4.12.3 Diffundierte Transistoren

4.12.3.1 Einfach diffundierter Transistor. Bei der Herstellung geht man von einem dünnen, schwach P-dotierten Siliziumplättchen aus (Bild **208.1**a) und beschichtet es beidseitig mit einem Donatoren enthaltenden Niederschlag (z. B. P_2O_5 als N-Deposit, Bild **208.1**b).

Nach kurzer Aufheizung und Diffusion unterbricht man diese, ätzt auf der Emitterseite eine **Tafelbergstruktur** (**Mesa-Struktur**, spanisch mesa = Tafelberg) und beschichtet sie wie in Bild **208.**1 c mit einem P^+-Belag, auch Deposit genannt, hoher Akzeptorendichte. Danach wird die Diffusion bei hoher Temperatur solange fortgesetzt, bis die auf beiden Seiten eindiffundierten N-Bereiche nur noch etwa 25 µm voneinander entfernt sind. Durch die Mesa-Ätzung ist die Basis von der Emitterseite erreichbar. Gleichzeitig

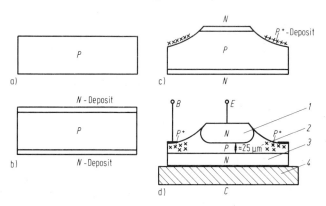

208.1 Entstehung eines einfach diffundierten Transistors
  a) P-dotiertes Silizium-Plättchen
  b) Silizium-Plättchen mit N-Deposit
  c) nach erfolgter Mesa-Ätzung und mit P^+-Deposit
  d) nach erfolgter Diffusion
  1 diffundierter Emitter, *2* nichtdiffundierte Basis, *3* diffundierter Kollektor,
  4 Gehäuseboden, *E* Emitter, *B* Basis, *C* Kollektor

wird hierdurch die Emitterfläche verkleinert und somit die Emitter-Basiskapazität verringert. Durch die P^+-Diffusion in der Basis wird auch der Basis-Bahnwiderstand $R_{BB'}$ gesenkt. Da das Ausgangsmaterial homogen dotiert war, ist die Basisschicht in axialer Richtung gleichmäßig P-dotiert. Diese Eigenschaft führte zu der Bezeichnung **Hometaxial-Base-Transistor**. Seine Eigenschaften entsprechen weitgehend denen des Legierungstransistors, allerdings ist er mit geringeren Kosten herstellbar.

4.12.3.2 Zweifach diffundierter Transistor. Ausgangsmaterial ist ein schwach N-dotiertes Siliziumplättchen, der spätere Kollektor. In einem ersten Diffusionsprozeß wird nach dem Auftragen eines P-dotierten Belags, von oben die P-Basis eindiffundiert. Im nächsten Schritt wird die Oberseite oxydiert, so daß eine SiO_2-(Quarz-)Schicht entsteht. Mit der Photomaskentechnik wird eine Emitterinsel freigeätzt. Im zweiten Diffusionsprozeß diffundiert man ein N-Deposit in die Emitterinsel ein. Da die N-Konzentration größer als die vorangegangene P-Konzentration ist, wächst die Emitter-N-Schicht schneller in die Tiefe als die Basis-P-Schicht, so daß nach einer gewissen Diffusionszeit die entstehende Basisschicht die gewünschte Dicke von etwa 2,5 µm erreicht. Ätzt man jetzt am Rand eine Mesa-Struktur, erhält man den in Bild **209.**1a gezeigten, zweifach diffundierten **Mesa-Transistor**. Benutzt man dagegen bereits bei der ersten Diffusion die Maskentechnik und diffundiert die Basis als Insel ein, so entsteht ein zweifach diffundierter **Planar-Transistor** (Bild **209.**1b). Doppelt diffundierte Transistoren erreichen wegen ihrer dünnen Basis hohe Transitfrequenzen f_T, sind jedoch deshalb auch gegen hohe Energieimpulse anfälliger. Sie haben außerdem wegen des schwach dotierten Kollektors relativ hohe Sättigungsspannungen. Planar-Transistoren haben gegenüber den Mesa-Typen einen kleineren Reststrom, da der Kollektor-Basisübergang an der Oberfläche durch die SiO_2-Schicht geschützt ist.

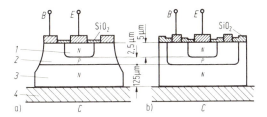 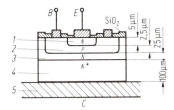

209.1 Zweifach diffundierter Transistor als Mesa-Transistor (a) und zweifach diffundierter Transistor als Planar-Transistor (b)
1 diffundierter Emitter, *2* diffundierte Basis, *3* nichtdiffundierter Kollektor, *4* Gehäuseboden, *E* Emitter, *B* Basis, *C* Kollektor

209.2 Dreifach diffundierter Planar-Transistor
1 diffundierter Emitter, *2* diffundierte Basis, *3* nichtdiffundierter Kollektor, *4* diffundierter Kollektor, *5* Gehäuseboden

4.12.3.3 Dreifach diffundierter Transistor. Der dreifach diffundierte Transistor wird in gleicher Weise wie der zweifach diffundierte hergestellt. Zusätzlich wird auf der Kollektorseite eine hoch dotierte N^+-Schicht solange eindiffundiert, bis nur noch eine dünne, schwach N-dotierte Schicht stehen bleibt. Dabei entsteht der in Bild **209.**2 gezeigte Querschnitt eines dreifach diffundierten Planar-Transistors. Die Erzeugung von Mesa-Transistoren ist ebenfalls möglich. Dreifach diffundierte Transistoren haben wegen der hochdotierten N^+-Kollektorschicht kleine Sättigungsspannungen und wegen der schwach dotierten N-Kollektorschicht auch hohe Sperrspannungen. Sonst zeigen sie die gleichen Eigenschaften wie zweifach diffundierte Transistoren.

4.12.4 Epitaxialverfahren

Unter Epitaxie versteht man das Aufwachsen einkristalliner Schichten aus der Dampfphase heraus auf einem Kristall. Dabei wird die Gitterstruktur des Kristalls von der aufwachsenden Schicht in gleicher kristalliner Ordnung fortgesetzt. In der Halbleitertechnologie wird als Basismaterial ein Siliziumplättchen verwendet, das bei 1250 K bis 1700 K im Quarzofen mit Silizium-Halogenid-Gasen (z. B. SiF_4 oder $SiCl_4$) und H_2 als Schutzgas bespült wird. Das Spülgas dissoziiert, und es bildet sich auf dem Siliziumkristall die eben erwähnte kristalline Schicht. Diese aufwachsenden Si-Schichten können sehr leicht und sehr genau dotiert werden, indem man dem Spülgas ein entsprechendes, die Donatoren oder Akzeptoren enthaltendes Gas (z. B. PCl_3 oder BCl_3) in der richtigen Konzentration beimengt. Die Störstellenatome werden dann homogen in gleicher Konzentration in die aufwachsende Siliziumschicht eingebaut.

4.12.5 Epitaxiale Transistoren

4.12.5.1 Epitaxial-Base-Transistor.
Auf ein hoch N^+-dotiertes Siliziumplättchen, das Kollektor-Substrat, läßt man zunächst eine P-dotierte Epitaxialschicht als Basis aufwachsen und diffundiert danach mit der Maskentechnik eine N-dotierte Emitterinsel ein. Der Transistor kann entweder als Mesa- oder als Planar-Typ hergestellt werden. Wegen der homogen dotierten, und mit etwa 12 µm relativ dicken Basisschicht sind Epitaxial-Base-Transistoren robuster als diffundierte Transistoren. Die hohe Kollektordotierung sorgt zudem für kleine Sättigungsspannungen. Im Frequenzverhalten sind sie besser als der Hometaxial-Base-Transistor, jedoch schlechter als die mehrfach diffundierten Typen.

4.12.5.2 Multiple-Epitaxial-Base-Transistor.
Wie beim einfachen Epitaxial-Base-Transistor ist das Ausgangsmaterial ein hoch N^+-dotiertes Siliziumplättchen als Kollektorschicht. Auf dieses werden 3 Epitaxial-Schichten aufgedampft in der Reihenfolge N, N^-, P^-. Die hohe N^+-Dotierung wird also über 2 Schichten auf die schwache N^--Dotierung abgebaut. Danach wird in die schwach dotierte P^--Schicht eine hoch dotierte P^+-Schicht und in diese schließlich ein N^+-Emitter mit der Maskentechnik eindiffundiert.

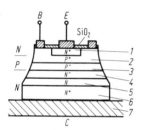

210.1 Multiple-Epitaxial-Base-Transistor (NPN)
1 diffundierter Emitter, *2* diffundierte Basis, *3* epitaxiale Basis, *4* epitaxialer Kollektor, *5* epitaxialer Kollektor, *6* nichtdiffundierter Kollektor (Substrat), *7* Gehäuseboden, *E* Emitter, *B* Basis, *C* Kollektor

Ein Querschnitt durch einen solchen Transistor ist in Bild **210.1** wiedergegeben. Dieser Transistor vereinigt die Vorteile aller vorangegangenen Typen: Hohe Spannungsfestigkeit, kleine Sättigungsspannung, große Impulsstrombelastbarkeit und hohe Grenzfrequenz. Als Nachteil sind allerdings die hohen Herstellungskosten zu nennen.

4.12.6 Ionen-Implantation

Dies ist ein neueres Verfahren, um oberflächennahe Dotierungsschichten herzustellen. Es werden Atome des Dotierungsmaterials in einer Gasentladung ionisiert, dann mit einem Teilchenbeschleuniger auf Energien von 10 keV bis 100 keV beschleunigt und auf das zu dotierende Halbleitermaterial geschossen. Um nur die gewünschte Ionensorte zu erhalten, wird der Ionenstrahl durch ein **magnetisches Massenfilter** (**Massenspektrometer**) geleitet. Beim Aufprall auf den Halbleiter dringen diese Ionen wegen ihrer hohen kinetischen Energie in den Kristall ein. Ihre **Eindringtiefe** hängt von ihrer Energie und von der Ausrichtung des Kristalls zum Ionenstrahl ab. Bor-Ionen erreichen z.B. bei einer Energie von 30 keV in einem Siliziumkristall etwa eine Tiefe von 0,3 µm. Beim Einschuß zwischen zwei Gitterebenen kann die Eindringtiefe erheblich größer werden, ein Effekt, der **channeling** (tunneln) genannt wird.

Mit der Ionen-Implantation können sehr dünne, oberflächennahe PN-Übergänge hergestellt werden. Bei Verwendung der Maskentechnik entstehen außerdem scharf begrenzte Dotierungsinseln, wie sie mit Diffusionsverfahren nicht erreicht werden. Dies macht die Ionen-Implantation besonders für die Herstellung von Feldeffekt-Transistoren (s. Band III, Teil 2) geeignet.

4.12.7 Transistor-Topographie

Gegenstand der Untersuchungen in Abschn. 4.12.1 bis 4.12.6 ist die Schichtenfolge im Transistorkristall und ihre technologische Herstellung. Wir wollen jetzt noch die geometrische Form der eindiffundierten Basis-, Emitter- und Kollektorinseln betrachten. Bei den bisher behandelten Transistorkristallen ist die Rückseite des Halbleiterplättchens der Kollektor. Diese Anordnung wird bei Leistungstransistoren der Kühlung wegen meist bevorzugt. In der Planartechnologie muß jedoch auch der Kollektoranschluß auf die Oberseite des Plättchens gelegt werden, da der in das Gehäuse eingebaute Transistorkristall nur von dieser Seite aus zugänglich ist.

In Bild **211**.1 sind Querschnitt, Dotierungsverteilung und Draufsicht (Topographie) eines Planartransistors dargestellt. Dieser kann z.B. Teil eines integrierten Schaltkreises sein. Der Transistor wird nur mit der Diffusionstechnik hergestellt. Ausgangsmaterial ist das mit der Donatorendichte $N = 2 \cdot 10^{16}$ cm^{-3} N-dotierte Kollektorsubstrat. Die eindiffundierte P-Basis hat an der Oberfläche die Akzeptoren-Dotierungskonzentration $P = 3 \cdot 10^{18}$ cm^{-3}, die in der Tiefe $x = 2{,}8$ μm auf $P = 2 \cdot 10^{16}$ cm^{-3} abgefallen ist, so daß in größeren Tiefen die N-Dotierung des Kollektorsubstrats überwiegt. Der in die Basis eindiffundierte Emitter ist an der Oberfläche mit der Donatorendichte $N^+ = 10^{21}$ cm^{-3} sehr hoch dotiert, und seine Donatoren-Konzentration fällt in der Tiefe $x = 2$ μm auf $N^+ = 10^{17}$ cm^{-3} ab. Für größere Tiefen überwiegt wieder die P-Dotierung der Basis, so daß sich die Basisdicke $d = 0{,}8$ μm ergibt. Für den Kollektoranschluß wird in die Oberfläche des N-Substrats eine hoch dotierte N$^+$-Insel eindiffundiert. Hierdurch wird der Kollektorbahnwiderstand herabgesetzt und so die Sättigungsspannung klein gehalten. Bild **211**.1c zeigt die Topographie dieses Planar-Transistors,

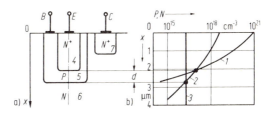

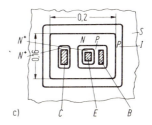

211.1
Planar-Transistor mit oben liegendem Kollektor
a) Querschnitt
b) Verlauf der Störstellenkonzentrationen P und N abhängig von der Tiefe x
c) Draufsicht (Topographie) (Maße in mm)
1 Emitter-N-Dichte, *2* Basis-P-Dichte, *3* N-Dichte des Kollektorsubstrats, *4* N$^+$-Emitter, *5* P-Basis, *6* N-Kollektorsubstrat, *7* N$^+$-Kollektoranschluß, *B* Basis, *C* Kollektor, *E* Emitter, *S* Substrat, *I* P-diffundierter Isolationsring

der die Kristallfläche $A = 0{,}2$ mm $\cdot$ $0{,}16$ mm $= 0{,}032$ mm^2 benötigt. Zur Isolation wird das Kollektorsubstrat von einem P-dotierten Ring eingeschlossen.

Overlay-Struktur. Besonders bei Leistungstransistoren tritt eine Stromeinschnürung entlang der Emitterkanten auf (s. Abschn. 4.8.5.1), die den Durchbruch 2. Art einleiten kann. Um bei gegebenem Gesamtstrom die Stromdichte an den Emitterkanten zu verringern, müssen diese möglichst lang gemacht werden. Über den Weg der ineinandergreifenden Basis-Emitterinseln nach Bild 212.1a (Kammstruktur) entwickelte man deshalb die Struktur der Einzelemitter (Overlay-Struktur) von Bild 212.1b. Hier werden in die Basisinsel viele Einzelemitter eindiffundiert, die nach einer Isolationsoxydation durch einen aufgedampften Metallfilm miteinander verbunden werden. Die

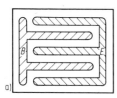
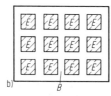

212.1
Emitterstrukturen
a) Kammform
b) Einzelemitter (Overlay-Struktur)
E Emitter, B Basis

Anzahl der herstellbaren Einzelemitter wird begrenzt durch die Feinheit der verwendeten Masken. Man hat mit dieser Technik auf der Basisfläche $A = 30$ mm^2 eines Leistungstransistors eine gesamte Emitterkantenlänge $l = 300$ mm erzeugen können. Die kleinste Breite einer Emitterinsel beträgt bei Legierungstransistoren $D = 0{,}6$ mm, bei Hometaxial-Base-Transistoren $D = 0{,}25$ mm und bei dreifach diffundierten Transistoren $D = 0{,}05$ mm.

4.12.8 Gehäuseformen

Transistorkristalle werden bei Leistungstransistoren durch Weich- oder Hartlötung und bei Kleinsignaltransistoren meist durch Klebung mit Epoxid-Harz auf dem Gehäuseboden befestigt. Bei Leistungstransistoren kann durch häufigen Temperaturwechsel eine **thermische Ermüdung** des Lots auftreten, das durch die unterschiedliche Ausdehnung von Transistorkristall und Gehäusemetall brüchig wird. Um diese Materialspannungen zu verringern, bringt man häufig ein **Anpassungsplättchen aus Molybdän** zwischen Kristall und Gehäuse, das einen Ausdehnungskoeffizienten hat, der zwischen dem

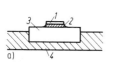
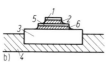

212.2
Verbindung des Transistor-Kristalls mit dem Gehäuse
a) einfache Weichlotverbindung
b) mit Molybdänzwischenlage
1 Silizium-Kristall, *2* Weichlot, *3* Kupferkühlblock, *4* Gehäuseboden, *5* Molybdänplättchen, *6* Hartlot

Ausdehnungskoeffizienten der beiden Materialien liegt. Als Beispiel ist in Bild **212.2a** der Siliziumkristall mit Weichlot auf einen Kupferblock gelötet, der zur Herabsetzung des thermischen Widerstands dient. Der Kupferblock ist direkt in den Stahlboden des Gehäuses eingepreßt. Hier kann nur das Weichlot die Ausdehnungsunterschiede ausgleichen und ermüdet im Laufe der Zeit. In Bild **212.2b** ist der Transistorkristall weich auf ein Molybdänplättchen und dieses hart auf den Kupferblock gelötet. Molybdän hat fast den gleichen Ausdehnungskoeffizienten wie Silizium und fängt die bei Temperaturschwankungen auftretenden mechanischen Spannungen auf, so daß Weichlot und Siliziumkristall geschont werden. Der Siliziumkristall kann auf den Kupferblock nicht unmittelbar hart gelötet werden, da dann die mechanischen Spannungen durch das Hartlot direkt auf den Halbleiterkristall übertragen werden und in ihm Haarrisse erzeugen, die den Transistor zerstören.

Emitter-, Basis- und bei Kleinsignaltransistoren auch Kollektoranschluß werden meist mit Golddrähten an den Zuführungsstiften des Gehäuses befestigt. Dabei bedient man sich der Thermokompression, bei der ein aus einer Düse austretender Golddraht von einigen μm Durchmesser bis kurz vor den Schmelzpunkt erhitzt und dann von der Düse unter Druck auf die Kontaktfläche gepreßt wird, wobei sich an der Kontaktstelle eine nagelkopfförmige Verbindung (nail head bonding) bildet. Die Größe der Gehäuse, in die Transistorkristalle eingebaut werden, richtet sich nach der Verlustleistung und dem geforderten thermischen Widerstand R_{thJG}. Häufig bestimmen auch die Hochfrequenzeigenschaften des Transistors die Gehäuseform.

Gehäuseformen richten sich heute meist nach der Jedec-Norm (s. Abschn. 2.5). Dort werden die Gehäuse für Transistoren durch TO-1 bis TO-132 gekennzeichnet. Die Jedec-Norm enthält also 132 verschiedene Gehäuse, von denen nur ein geringer Teil häufiger verwendet wird. Als Gehäusewerkstoff wird Kunststoff oder Metall benutzt, wobei Leistungstransistoren meist in Metallgehäuse eingebaut werden.

4.13 Weitere wichtige Grundschaltungen

4.13.1 Darlington-Schaltung

Beim Betrieb von Leistungstransistoren mit Kollektorströmen $I_C > 1$ A werden zur Ansteuerung große Basisströme $I_B > 10$ mA benötigt; denn diese Transistoren haben meist eine Stromverstärkung $B < 100$. Die meisten Kleinsignalverstärker können diese großen Steuerströme nicht liefern, so daß es von Vorteil wäre, wenn der angesteuerte

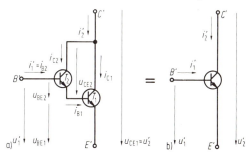

213.1
Darlington-Schaltung
a) Aufbau der Darlington-Schaltung aus zwei NPN-Transistoren
b) NPN-Ersatztransistor
C' effektiver Kollektor, B' effektive Basis, E' effektiver Emitter

Leistungstransistor eine sehr große Stromverstärkung ($B > 1000$) aufweisen würde. Mit einem Transistor ist diese Forderung nicht erfüllbar. Verwendet man jedoch zwei Transistoren in der Schaltung nach Bild 213.1a, läßt sich eine sehr große Stromverstärkung erzielen [12]. Da in dieser Darlington-Schaltung der Emitterstrom des Transistors T_2 als Basisstrom des Transistors T_1 benutzt wird, ergibt sich als Gesamtstromverstärkung näherungsweise das Produkt $B = B_1 B_2$, wobei B_1 und B_2 die Stromverstärkungen der Transistoren T_1 und T_2 sind.

Faßt man die Darlington-Schaltung mit ihren drei Anschlüssen E', B', C' nach Bild 213.1 b als einen einzigen Transistor auf, so hat dieser Ersatztransistor eine große Stromverstärkung B und, wenn der Transistor T_1 ein Leistungstransistor ist, auch eine große Verlustleistung P_V. Man bezeichnet deshalb diese Kombination oft als **High-gain-high-power-Transistor**. Solche Darlington-Schaltungen werden heute fertig montiert in einem Gehäuse geliefert, so daß sie sich rein äußerlich von einem einfachen Leistungstransistor nicht unterscheiden. Ebenso wie durch Zusammenschaltung von zwei NPN-Transistoren ein High-gain-high-power-NPN-Ersatztransistor entsteht, wird durch Zusammenschalten zweier PNP-Transistoren der entsprechende PNP-Ersatztransistor erzeugt.

Um die Eigenschaften dieses Ersatztransistors kennenzulernen, wollen wir seine differentiellen Parameter, den Eingangswiderstand $r_{B'E'}$, den Ausgangswiderstand $r_{C'E'}$ und die Stromverstärkung β berechnen und dabei die Spannungsrückwirkung der Transistoren $h_{12e} = 0$ setzen. Mit dieser zulässigen Vereinfachung entnehmen wir der Schaltung von Bild 213.1 und Gl. (144.1), (144.2) und (145.2) (in Gl. (144.1) und (144.2) entsprechen $u_1 = u_{BE}, i_1 = i_B, u_2 = u_{CE}$ und $i_2 = i_C$) für die Basis-Emitterspannung von Transistor T_2

$$u_{BE2} = r_{BE2}\, i_{B2} \tag{214.1}$$

für den Kollektorstrom des Transistors T_2

$$i_{C2} = \beta_2\, i_{B2} + (u_{CE2}/r_{CE2}) \tag{214.2}$$

für die Basis-Emitterspannung von Transistor T_1

$$u_{BE1} = r_{BE1}\, i_{B1} \tag{214.3}$$

für den Kollektorstrom des Transistors T_1

$$i_{C1} = \beta_1\, i_{B1} + (u_{CE1}/r_{CE1}) \tag{214.4}$$

für den Basisstrom des Transistors T_1

$$i_{B1} = i_{C2} + i_{B2} \tag{214.5}$$

und für die Kollektor-Emitterspannung von Transistor T_1

$$u_{CE1} = u_{CE2} + u_{BE1} \tag{214.6}$$

Differentieller Eingangswiderstand. Er ist definiert durch

$$r_{B'E'} = \left.\frac{u'_1}{i'_1}\right|_{u'_{2m}=0} = \left.\frac{u_{BE1} + u_{BE2}}{i_{B2}}\right|_{u_{CE1m}=0} \tag{214.7}$$

Setzen wir Gl. (214.2), (214.5) und (214.6) in Gl. (214.3) ein und lösen nach u_{BE1} auf, so erhalten wir mit $u_{CE1} = u_{CE1m} = 0$ die Basis-Emitterspannung von Transistor T_1

$$u_{BE1} = \frac{r_{BE1}(1 + \beta_2)}{1 + (r_{BE1}/r_{CE2})}\, i_{B2} \tag{214.8}$$

Setzen wir nun noch Gl. (214.1) und (214.8) in Gl. (214.7) ein, ergibt sich der **differentielle Eingangswiderstand des Ersatztransistors**

$$r_{B'E'} = \frac{r_{BE1}(1 + \beta_2)}{1 + (r_{BE1}/r_{CE2})} + r_{BE2} \tag{214.9}$$

4.13.1 Darlington-Schaltung

Da $\beta_2 \gg 1$ und $r_{BE1}/r_{CE2} \ll 1$ sind, können wir näherungsweise schreiben

$$r_{B'E'} \approx \beta_2 r_{BE1} + r_{BE2} \qquad (215.1)$$

Gl. (215.1) erhält man auch, wenn in Gl. (159.3) der Emitterwiderstand R_E durch den differentiellen Eingangswiderstand r_{BE1} des Transistors T_1 ersetzt wird, denn in der Darlington-Schaltung arbeitet der Transistor T_2 als Emitterfolger auf den Eingangswiderstand r_{BE1}, der somit sein Emitterwiderstand R_E ist.
Führen wir Basis- und Kollektorgleichströme I_{B1}, I_{B2} und I_{C1}, I_{C2} ein, läßt sich mit $I_{B1} \approx I_{C2} = B_2 I_{B2}$ für den differentiellen Eingangswiderstand des Transistors T_1

$$r_{BE1} = U_T/I_{B1} \approx U_T/(B_2 I_{B2}) = r_{BE2}/B_2 \qquad (215.2)$$

schreiben. Dabei haben wir $r_{BE2} = U_T/I_{B2}$ für den Eingangswiderstand des Transistors T_2 eingeführt. Mit Gl. (215.2) und mit der Näherung $B_2 \approx \beta_2$ erhalten wir aus Gl. (215.1) für den differentiellen Eingangswiderstand des Ersatztransistors

$$r_{B'E'} \approx 2 r_{BE2} \qquad (215.3)$$

Der Eingangswiderstand der Darlington-Schaltung ist somit doppelt so groß wie der wegen des kleinen Basisstroms I_{B2} ohnehin schon große differentielle Eingangswiderstand r_{BE2} des Transistors T_2.

Differentieller Ausgangswiderstand. Er wird definiert durch

$$r_{C'E'} = \left.\frac{u_2'}{i_2'}\right|_{i_{1m}'=0} = \left.\frac{u_{CE1}}{i_{C1} + i_{C2}}\right|_{i_{B2m}=0} \qquad (215.4)$$

Lösen wir Gl. (214.1) bis (214.6) auf, erhalten wir mit $i_{B2} = i_{B2m} = 0$ für den differentiellen Ausgangswiderstand der Darlington-Schaltung

$$r_{C'E'} = \frac{r_{CE1} r'}{r_{CE1} + r'} \qquad (215.5)$$

mit dem zur Vereinfachung eingeführten Widerstand

$$r' = (r_{CE2} + r_{BE1})/(1 + \beta_1) \approx r_{CE2}/\beta_1 \qquad (215.6)$$

Da sowohl $\beta_1 \gg 1$ als auch $r_{CE2} \gg r_{BE1}$ sind, ist die Näherung in Gl. (215.6) erlaubt.

Differentielle Stromverstärkung. Wir definieren sie durch

$$\beta = \left.\frac{i_2'}{i_1'}\right|_{u_{2m}'=0} = \left.\frac{i_{C1} + i_{C2}}{i_{B2}}\right|_{u_{CE1m}=0} \qquad (215.7)$$

und erhalten durch Auflösen von Gl. (214.1) bis (214.6) mit $u_{CE1} = u_{CE1m} = 0$

$$\beta = \beta_1 + \frac{\beta_2 (\beta_1 + 1)}{1 + (r_{BE1}/r_{CE2})} \qquad (215.8)$$

Da der zweite Summand in Gl. (215.8) erheblich größer als β_1 und ferner i. allg. $(r_{BE1}/r_{CE2}) \ll 1$ ist, können wir näherungsweise für die differentielle Stromverstärkung der Darlington-Schaltung schreiben

$$\beta \approx \frac{\beta_2(\beta_1+1)}{1+(r_{BE1}/r_{CE2})} \approx \beta_2(\beta_1+1) \approx \beta_2 \beta_1 \qquad (216.1)$$

Die differentielle Stromverstärkung β der Darlington-Schaltung ist also näherungsweise gleich dem Produkt der Stromverstärkungen β_1 und β_2 der beiden Einzeltransistoren.

Beispiel 57. Ein Kleinsignaltransistor T_2 mit dem differentiellen Eingangswiderstand $r_{BE2} = 500\,\Omega$, dem differentiellen Ausgangswiderstand $r_{CE2} = 10\,k\Omega$ und der Stromverstärkung $\beta_2 = B_2 = 200$ wird nach Bild 213.1a mit einem Leistungstransistor T_1 zu einer Darlington-Schaltung kombiniert. Der Leistungstransistor T_1 hat einen Eingangswiderstand $r_{BE1} = 2{,}5\,\Omega$, einen Ausgangswiderstand $r_{CE1} = 100\,\Omega$ und eine Stromverstärkung $\beta_1 = B_1 = 50$. Man berechne den differentiellen Ein- und Ausgangswiderstand $r_{B'E'}$ und $r_{C'E'}$ sowie die Stromverstärkung β der Darlington-Schaltung.
Aus Gl. (214.9) erhalten wir den Eingangswiderstand

$$r_{B'E'} = \frac{r_{BE1}(1+\beta_2)}{1+(r_{BE1}/r_{CE2})} + r_{BE2} = \frac{2{,}5\,\Omega\,(1+200)}{1+(2{,}5\,\Omega/10\,k\Omega)} + 500\,\Omega = 1002\,\Omega$$

Aus Gl. (215.3) ergibt sich näherungsweise $r_{B'E'} \approx 2\,r_{BE2} = 2 \cdot 500\,\Omega = 1\,k\Omega$. Der differentielle Ausgangswiderstand $r_{C'E'}$ wird mit dem Widerstand

$$r' = (r_{CE2} + r_{BE1})/(1+\beta_1) = (10\,k\Omega + 2{,}5\,\Omega)/(1+50) = 196\,\Omega$$

aus Gl. (215.5) und (215.6)

$$r_{C'E'} = r_{CE1}\,r'/(r_{CE1} + r') = 100\,\Omega \cdot 196\,\Omega/(100\,\Omega + 196\,\Omega) = 66{,}2\,\Omega$$

Für die Stromverstärkung erhalten wir aus Gl. (215.8)

$$\beta = \beta_1 + \frac{\beta_2(\beta_1+1)}{1+(r_{BE1}/r_{CE2})} = 50 + \frac{200\,(50+1)}{1+(2{,}5\,\Omega/10\,k\Omega)} = 10247$$

Verfolgt man die Zahlenrechnungen dieses Beispiels, erkennt man, daß die im Abschn. 4.13.1 verwendeten Näherungen erlaubt sind.

4.13.2 Komplementär-Darlington-Schaltung

Eine Darlington-Schaltung läßt sich auch aus einem NPN- und einem PNP-Transistor wie in Bild 217.1a aufbauen, wenn der Kollektor des PNP-Transistors T_2 mit der Basis des NPN-Ausgangstransistors T_1 verbunden wird. Diese Schaltung verhält sich wie der PNP-Ersatztransistor von Bild 217.1b. Zunächst merkwürdig erscheint, daß der Emitter des Ausgangstransistors T_1 als Kollektor C' des Ersatztransistors wirkt. Dies ist jedoch verständlich; denn bei Erhöhung der negativen Basis-Emitterspannung $u'_1 = u_{BE2}$ des Transistors T_2 fließt mehr Kollektorstrom i_{C2} und somit mehr Basisstrom i_{B1}. Dadurch erhöht sich aber auch der Emitterstrom i'_2 des Transistors T_1. In gleicher Weise würde sich auch der PNP-Ersatztransistor verhalten und seinen Kollektorstrom i'_2 vergrößern.

Für die Berechnung der Parameter der Komplementär-Darlington-Schaltung bzw. ihres Ersatztransistors benutzen wir wieder Gl. (144.1) und (144.2) mit der Spannungsrückwirkung $h_{12e} = 0$ sowie Gl. (145.2) und erhalten aus der Schaltung von Bild 217.1a

4.13.2 Komplementär-Darlington-Schaltung

für die Basis-Emitterspannung von Transistor T_2

$$u_{BE2} = r_{BE2}\, i_{B2} \tag{217.1}$$

für den Kollektorstrom des Transistors T_2

$$i_{C2} = \beta_2\, i_{B2} + (u_{CE2}/r_{CE2}) \tag{217.2}$$

für die Basis-Emitterspannung von Transistor T_1

$$u_{BE1} = r_{BE1}\, i_{B1} \tag{217.3}$$

für den Kollektorstrom des Transistors T_1

$$i_{C1} = \beta_1\, i_{B1} + (u_{CE1}/r_{CE1}) \tag{217.4}$$

für den Basisstrom des Transistors T_1

$$i_{B1} = i_{C2} \tag{217.5}$$

und für die Kollektor-Emitterspannung von Transistor T_1

$$u_{CE1} = u_{CE2} + u_{BE1} \tag{217.6}$$

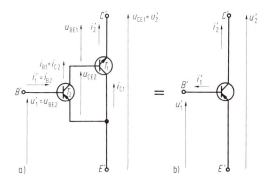

217.1
Komplementäre Darlington-Schaltung
a) Aufbau aus PNP- und NPN-Transistor
b) PNP-Ersatztransistor
C' effektiver Kollektor, B' effektive Basis,
E' effektiver Emitter

Differentieller Eingangswiderstand. Für die Komplementär-Darlington-Schaltung wird er definiert durch

$$r_{B'E'} = \left.\frac{u'_1}{i'_1}\right|_{u'_{2m}=0} = \left.\frac{u_{BE2}}{i_{B2}}\right|_{u_{CE1m}=0} \tag{217.7}$$

Setzen wir Gl. (217.1) in Gl. (217.7) ein, erhalten wir sofort den differentiellen Eingangswiderstand

$$r_{B'E'} = r_{BE2} \tag{217.8}$$

Differentieller Ausgangswiderstand. Seine Definition lautet

$$r_{C'E'} = \left.\frac{u'_2}{i'_2}\right|_{i'_{1m}=0} = \left.\frac{u_{CE1}}{i_{B1} + i_{C1}}\right|_{i_{B2m}=0} \tag{217.9}$$

Mit $i_{B2} = i_{B2m} = 0$ erhalten wir durch Auflösen der Gl. (217.1) bis (217.6) und Einsetzen in Gl. (217.9) für den differentiellen Ausgangswiderstand den gleichen

Ausdruck wie in Abschn. 4.13.1 und Gl. (215.5) bei der einfachen Darlington-Schaltung

$$r_{C'E'} = (r_{CE1}\, r')/(r_{CE1} + r') \tag{218.1}$$

mit $\quad r' = (r_{CE2} + r_{BE1})/(1 + \beta_1) \approx r_{CE2}/\beta_1 \tag{218.2}$

Differentielle Stromverstärkung. Sie ist definiert durch

$$\beta = \left.\frac{i'_2}{i'_1}\right|_{u'_{2m}=0} = \left.\frac{i_{B1} + i_{C1}}{i_{B2}}\right|_{u_{CE1m}=0} \tag{218.3}$$

Hier liefert mit $u_{CE1} = u_{CE1m} = 0$ das Auflösen von Gl. (217.1) bis (217.6) und Einsetzen in Gl. (218.3) die differentielle Stromverstärkung

$$\beta = \frac{\beta_2\,(\beta_1 + 1)}{1 + (r_{BE1}/r_{CE2})} \approx \beta_2\,(\beta_1 + 1) \approx \beta_2\,\beta_1 \tag{218.4}$$

Die Komplementär-Darlington-Schaltung hat also den halben differentiellen Eingangswiderstand $r_{B'E'}$, den gleichen Ausgangswiderstand $r_{C'E'}$ und nahezu die gleiche Stromverstärkung β wie die einfache Darlington-Schaltung nach Abschn. 4.13.1.

Beispiel 58. Man berechne den differentiellen Ein- und Ausgangswiderstand $r_{B'E'}$ und $r_{C'E'}$ sowie die Stromverstärkung β einer Komplementär-Darlington-Schaltung, wenn die Transistoren T_1 und T_2 die gleichen Eigenschaften wie in Beispiel 57, S. 216, haben.
Gl. (217.8) liefert den differentiellen Eingangswiderstand $r_{B'E'} = r_{BE2} = 500\,\Omega$. Für die Berechnung des differentiellen Ausgangswiderstands können wir die Ergebnisse von Beispiel 57 übernehmen und erhalten daher $r_{C'E'} = 66{,}2\,\Omega$. Die Stromverstärkung ergibt sich aus Gl. (218.4)

$$\beta = \frac{\beta_2\,(\beta_1 + 1)}{1 + (r_{BE1}/r_{CE2})} = \frac{200\,(50 + 1)}{1 + (2{,}5\,\Omega/10\,\text{k}\Omega)} = 10\,197$$

Sie unterscheidet sich also nur unwesentlich von der Stromverstärkung der einfachen Darlington-Schaltung des Beispiels 57.

Die zur Auswahl stehende Anzahl moderner Silizium-NPN-Leistungstransistoren ist größer als die entsprechender PNP-Typen. Häufig wird deshalb ein PNP-high-gain-high-power-Transistor mit der Komplementär-Darlington-Schaltung simuliert. In Quasikomplementär-Gegentakt-Leistungsverstärkern wird in der Ausgangsstufe eine Darlington-Schaltung und eine Komplementär-Darlington-Schaltung zusammengeschaltet, die als komplementäre Emitterfolger im Gegentakt auf den Lastwiderstand (häufig ein Lautsprecher) arbeiten.

4.13.3 Kaskode-Schaltung

Die Kaskode-Schaltung ist nach Bild **219.1** a eine Serienschaltung zweier Transistoren mit der Besonderheit, daß die Basis des Ausgangstransistors T_1 wechselstrommäßig auf gleichem Potential liegt wie der Emitter des Eingangstransistors T_2. Dies wird durch die Überbrückung mit der Kapazität C erreicht. Für die Einstellung des Arbeitspunkts muß die Basis des Transistors T_1 über einen Spannungsteiler die erforderliche Gleichspannung erhalten. Wir interessieren uns hier nur für die Kleinsignalparameter und führen für ihre Berechnung wieder einen Ersatztransistor nach Bild **219.1** b ein. Aus

4.13.3 Kaskode-Schaltung

Gl. (144.1), (144.2), (145.2) und der Schaltung von Bild 219.1a erhalten wir mit $h_{12e} = 0$ für die Basis-Emitterspannung des Transistors T_2

$$u_{BE2} = r_{BE2}\, i_{B2} \tag{219.1}$$

für den Kollektorstrom des Transistors T_2

$$i_{C2} = \beta_2\, i_{B2} + (u_{CE2}/r_{CE2}) \tag{219.2}$$

für die Basis-Emitterspannung von Transistor T_1

$$u_{BE1} = r_{BE1}\, i_{B1} \tag{219.3}$$

für den Kollektorstrom des Transistors T_1

$$i_{C1} = \beta_1\, i_{B1} + (u_{CE1}/r_{CE1}) \tag{219.4}$$

und wegen des wechselstrommäßigen Kurzschlusses durch die Kapazität C die Gleichung

$$u_{CE2} + u_{BE1} = 0 \tag{219.5}$$

Ferner gilt näherungsweise für den Kollektorstrom des Transistors T_2

$$i_{C2} \approx i_{C1} \tag{219.6}$$

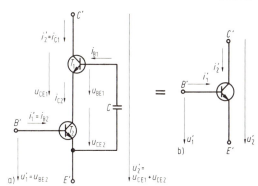

219.1
Kaskode-Schaltung
a) Aufbau aus zwei NPN-Transistoren
b) Ersatztransistor
C' effektiver Kollektor,
B' effektive Basis,
E' effektiver Emitter

Differentieller Eingangswiderstand. Indem wir ihn durch

$$r_{B'E'} = \left.\frac{u'_1}{i'_2}\right|_{u'_{2m}=0} = \left.\frac{u_{BE2}}{i_{B2}}\right|_{u_{CE1m}+u_{CE2m}=0} \tag{219.7}$$

definieren, erhalten wir mit Gl. (219.1)

$$r_{B'E'} = r_{BE2} \tag{219.8}$$

Daher hat die Kaskode-Schaltung den Eingangswiderstand des Transistors T_2.

Differentieller Ausgangswiderstand. Er ist definiert durch

$$r_{C'E'} = \left.\frac{u'_2}{i'_2}\right|_{i'_{1m}=0} = \left.\frac{u_{CE1} + u_{CE2}}{i_{C1}}\right|_{i_{B2m}=0} \tag{219.9}$$

4.13 Weitere wichtige Grundschaltungen

Auflösen von Gl. (219.1) bis (219.6) mit $i_{B2} = i_{B2m} = 0$ und Einsetzen in Gl. (219.9) liefert für den **differentiellen Ausgangswiderstand**

$$r_{C'E'} = \beta_1 \frac{r_{CE1}\, r_{CE2}}{r_{BE1}} + r_{CE1} + r_{CE2} \qquad (220.1)$$

oder näherungsweise

$$r_{C'E'} \approx \beta_1\, r_{CE1}\, r_{CE2}/r_{BE1} \qquad (220.2)$$

Differentielle Stromverstärkung. Mit ihrer Definition

$$\beta = \frac{i'_2}{i'_1}\bigg|_{u'_{2m}=0} = \frac{i_{C1}}{i_{B2}}\bigg|_{u_{CE1m}+u_{CE2m}=0} \qquad (220.3)$$

erhalten wir durch Auflösen von Gl. (219.1) bis (219.6) und Einsetzen in Gl. (220.3), wenn wir noch die Bedingung $u_{CE1m} + u_{CE2m} = 0$ berücksichtigen, die **differentielle Stromverstärkung**

$$\beta = \beta_2 \frac{r_{CE2}\{1 + [r_{BE1}/(\beta_1\, r_{CE1})]\}}{r_{CE2} + \{[1 + (r_{CE2}/r_{CE1})]\, r_{BE1}/\beta_1\}} \qquad (220.4)$$

Die geschweifte Klammer im Zähler ist näherungsweise 1 und der zweite Summand im Nenner ist klein gegen r_{CE2}, so daß sich näherungsweise

$$\beta \approx \beta_2 \qquad (220.5)$$

ergibt. Die Kaskode-Schaltung hat also näherungsweise die Stromverstärkung des Eingangstransistors T_2.

Beispiel 59. Zwei Kleinsignaltransistoren mit den gleichen Ein- und Ausgangswiderständen $r_{BE1} = r_{BE2} = 5$ kΩ und $r_{CE1} = r_{CE2} = 50$ kΩ sowie der gleichen Stromverstärkung $\beta_1 = \beta_2 = 200$ werden zu einer Kaskode-Schaltung nach Bild **219.1a** geschaltet. Man berechne den differentiellen Ein- und Ausgangswiderstand $r_{B'E'}$ und $r_{C'E'}$ sowie die Stromverstärkung β der Kaskode-Schaltung.
Gl. (219.8) liefert den differentiellen Eingangswiderstand $r_{B'E'} = r_{BE2} = 5$ kΩ. Für den differentiellen Ausgangswiderstand benutzen wir die Näherung von Gl. (220.2) und erhalten

$$r_{C'E'} \approx \beta_1\, r_{CE1}\, r_{CE2}/r_{BE1} = 200 \cdot 50\text{ kΩ} \cdot 50\text{ kΩ}/5\text{ kΩ} = 100\text{ MΩ}$$

Die Stromverstärkung ist nach Gl. (220.5) näherungsweise $\beta \approx \beta_2 = 200$.
Während Eingangswiderstand und Stromverstärkung der Kaskode-Schaltung den Werten der Emitterschaltung gleichen, ist ihr Ausgangswiderstand extrem groß.

Die Kaskode-Schaltung hat gegenüber der Emitterschaltung einen weiteren wichtigen Vorteil: In der Emitterschaltung wird nämlich die Kollektor-Basiskapazität C_{CB} auf $C'_{CB} = C_{CB}(V_u + 1)$ vergrößert (V_u Spannungsverstärkung), weil der Kollektor nicht auf konstantem Potential liegt, so daß über die Kapazität C_{CB} die Summe von Ein- und Ausgangsspannung auftritt und entsprechend größere Ladeströme entstehen. Diese Erscheinung wird als **Miller-Effekt** und die Kapazität C'_{CB} als **Miller-Kapazität** bezeichnet.
Bei der Kaskode-Schaltung ist das Basispotential des Transistors T_1 konstant. Somit ändert sich aber auch seine Emitterspannung fast nicht und der Kollektor von Transistor T_2 führt ebenfalls konstante Spannung. Eine Vergrößerung der Kollektor-Basis-

kapazität des Transistors T_2 kann also nicht auftreten. Im Transistor T_2 wird nur Stromverstärkung β_2 erzeugt, und die Ausgangswechselspannung fällt dann nur über den Transistor T_1 ab. Wegen der nicht vergrößerten Kapazität C_{CB} bleibt die Eingangskapazität der Kaskode-Schaltung klein, und sie ist deshalb vor allem für den Einsatz in Breitbandverstärkern geeignet. Ihres günstigen Rauschverhaltens wegen wird sie auch in Eingangsschaltungen von Empfängern eingesetzt.

4.13.4 Konstantstromquelle

In vielen Anwendungen und Schaltungen der Elektronik werden Stromquellen benötigt, die unabhängig von der Größe des belastenden Widerstands R_L einen konstanten Ausgangsstrom I_a liefern. Eine solche Konstantstromquelle muß deshalb einen sehr großen differentiellen Ausgangswiderstand

$$r_a = dU_a/dI_a \qquad (221.1)$$

haben, denn die Stromänderungen $dI_a = dU_a/r_a$ sollen bei Spannungsänderungen dU_a, die durch Änderungen des Lastwiderstands R_L verursacht werden, möglichst klein bleiben. Insofern stellt die Kaskode-Schaltung nach Abschn. 4.13.3 mit ihrem sehr großen differentiellen Ausgangswiderstand $r_{C'E'}$ eine Konstantstromquelle dar. Wird bei ihr der Eingangsbasisstrom I_{B2} = const, also $i'_{1m} = i_{B2m} = 0$ gehalten und ferner die Basis-Gleichspannung $U_{BE'1}$ des Ausgangstransistors T_1 ebenfalls nicht geändert, so arbeitet der Transistor T_2 stets im festen Arbeitspunkt I_{B2}, $U_{CE2} = U_{BE'1} - U_{BE1}$, und seine Kollektor-Emitterspannung ändert sich wegen der nur geringfügigen Änderung der Basis-Emitterspannung U_{BE1} nur unwesentlich. Daher sind Kollektorstrom I_{C2} und Ausgangsstrom I_{C1} konstant.

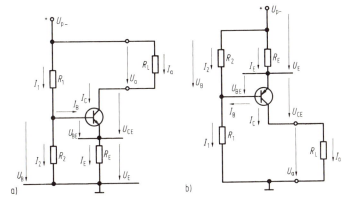

221.1
Aufbau einer Konstantstromquelle
a) mit einem NPN-Transistor
b) mit einem PNP-Transistor

Mit einem Transistor läßt sich eine Konstantstromquelle aufbauen, wenn wie in Bild 221.1 in den Emitterzweig ein Widerstand R_E geschaltet und die Basis über einen Spannungsteiler R_1, R_2 auf konstanter Spannung gehalten wird. Soll der konstante Ausgangsstrom I_a gegen Masse abfließen, ist die Schaltung mit dem PNP-Transistor nach Bild 221.1 b zu wählen.

Ausgangsstrom. Die Konstantstromquelle von Bild 221.1 a stellt eine stromgegengekoppelte Emitterschaltung dar, deren Arbeitspunktstabilität in Abschn. 4.6.3 berechnet wird. Der

4.13 Weitere wichtige Grundschaltungen

Ausgangsstrom I_a der Quelle ist gleich dem Kollektorstrom I_C des Transistors. Vernachlässigen wir deshalb den sehr kleinen Reststrom I_{CBO}, erhalten wir mit der Gleichstromverstärkung $A \approx 1$ und mit $I_a = I_C$ durch Umformen von Gl. (170.5) den Ausgangsstrom

$$I_a = \left(\frac{U_{p-}}{R_1} - \frac{U_{BE}}{R_p}\right) \frac{B\,R_p}{R_p + B\,R_E} \qquad (222.1)$$

Dabei sind der Widerstand $R_p = R_1 R_2/(R_1 + R_2)$ und die Öffnungsspannung der leitenden Basis-Emitterdiode $U_{BE} = U_S \approx 0{,}7$ V.

Die Konstantstromquelle arbeitet einwandfrei, solange der Transistor nicht übersteuert, solange also seine Kollektor-Emitterspannung U_{CE} größer als seine Sättigungsspannung $U_{CE\,sat}$ ist. Da die Summe der Spannungen

$$U_a + U_{CE} + U_E = U_{p-} \qquad (222.2)$$

ist, tritt mit $I_a \approx I_E$ Übersteuerung für denjenigen maximalen Lastwiderstand $R_{L\,max}$ auf, für den nach Gl. (222.2)

$$R_{L\,max}\,I_a + U_{CE\,sat} + R_E\,I_a = U_{p-} \qquad (222.3)$$

gilt. Aufgelöst erhalten wir den **maximal zulässigen Lastwiderstand**

$$R_{L\,max} = [(U_{p-} - U_{CE\,sat})/I_a] - R_E \approx (U_{p-}/I_a) - R_E \qquad (222.4)$$

Die Näherung gilt, da $U_{p-} \gg U_{CE\,sat}$ ist.

Differentieller Ausgangswiderstand. Für die Berechnung benutzen wir Gl. (170.1) bis (170.4) und Gl. (222.2) mit $U_E = R_E\,I_E$. Ferner führen wir noch mit den differentiellen Parametern des Transistors für die Änderung der Basis-Emitterspannung

$$dU_{BE} = r_{BE}\,dI_B \qquad (222.5)$$

und für die Änderung des Kollektorstroms

$$dI_C = \beta\,dI_B + (dU_{CE}/r_{CE}) = dI_a \qquad (222.6)$$

ein. Eliminieren wir nun zunächst aus Gl. (170.1) und (170.2) die Ströme I_1 und I_2, erhalten wir die Basisspannung

$$U_B = (U_{p-}\,R_p/R_1) - R_p\,I_B \qquad (222.7)$$

Wir differenzieren jetzt unter Berücksichtigung konstanter Versorgungsspannung U_{p-}, also mit $dU_{p-} = 0$, Gl. (222.2), (170.3), (170.4) und (222.7) und erhalten für die Änderung der Ausgangsspannung

$$dU_a = -dU_{CE} - R_E\,dI_E \qquad (222.8)$$

für die Änderung der Basisspannung

$$dU_B = R_E\,dI_E + dU_{BE} \qquad (222.9)$$

für die Änderung des Emitterstroms

$$dI_E = dI_C + dI_B \qquad (222.10)$$

und für die Änderung der Basisspannung ferner noch

$$dU_B = -R_p\,dI_B \qquad (222.11)$$

Lösen wir nun Gl. (222.8) bis (222.11) und Gl. (222.5) und (222.6) nach dU_a/dI_a auf, erhalten wir den **differentiellen Ausgangswiderstand der Konstantstromquelle**

$$r_a = -\frac{dU_a}{dI_a} = r_{CE}\left\{1 + \frac{\beta R_E + [(r_{BE} + R_p) R_E/r_{CE}]}{r_{BE} + R_E + R_p}\right\} \tag{223.1}$$

Da in Gl. (223.1) der Ausdruck $(r_{BE} + R_p) R_E/r_{CE} \ll \beta R_E$ ist, können wir vereinfacht schreiben

$$r_a \approx r_{CE}\left(1 + \frac{\beta R_E}{r_{BE} + R_E + R_p}\right) \tag{223.2}$$

Da der zweite Term in der Klammer von Gl. (223.1) und (223.2) bedeutend größer als 1 ist, wird der Ausgangswiderstand r_a bedeutend größer als der differentielle Ausgangswiderstand r_{CE} des Transistors in Emitterschaltung. Das Minuszeichen in Gl. (223.1) zeigt ferner, daß mit wachsendem Ausgangsstrom I_a die Ausgangsspannung U_a fällt.

Beispiel 60. Eine Konstantstromquelle nach Bild 221.1a wird mit den Widerständen $R_E = 2,5$ kΩ, $R_1 = 7,2$ kΩ, $R_2 = 2,8$ kΩ und mit der Versorgungsspannung $U_{p-} = 20$ V betrieben. Der Transistor hat den differentiellen Ein- und Ausgangswiderstand $r_{BE} = 2,5$ kΩ und $r_{CE} = 50$ kΩ sowie die Stromverstärkung $\beta = B = 200$. Man berechne Ausgangsstrom I_a, maximal zulässigen Lastwiderstand R_{Lmax} und differentiellen Ausgangswiderstand r_a der Konstantstromquelle.
Wir berechnen zunächst den Widerstand

$$R_p = R_1 R_2/(R_1 + R_2) = 7,2 \text{ kΩ} \cdot 2,8 \text{ kΩ}/(7,2 \text{ kΩ} + 2,8 \text{ kΩ}) = 2,02 \text{ kΩ}$$

Aus Gl. (222.1) erhalten wir mit $U_{BE} = 0,7$ V den Ausgangsstrom

$$I_a = \left(\frac{U_{p-}}{R_1} - \frac{U_{BE}}{R_p}\right)\frac{B R_p}{R_p + B R_E}$$
$$= \left(\frac{20 \text{ V}}{7,2 \text{ kΩ}} - \frac{0,7 \text{ V}}{2,02 \text{ kΩ}}\right)\frac{200 \cdot 2,02 \text{ kΩ}}{2,02 \text{ kΩ} + 200 \cdot 2,5 \text{ kΩ}} = 1,96 \text{ mA}$$

Mit $U_{CEsat} = 0,1$ V ergibt sich aus Gl. (222.4) der maximal zulässige Lastwiderstand

$$R_{Lmax} = [(U_{p-} - U_{CEsat})/I_a] - R_E = [(20 \text{ V} - 0,1 \text{ V})/1,96 \text{ mA}] - 2,5 \text{ kΩ} = 7,65 \text{ kΩ}$$

Für die Berechnung des differentiellen Ausgangswiderstands benutzen wir Gl. (223.2) und erhalten

$$r_a = r_{CE}\left(1 + \frac{\beta R_E}{r_{BE} + R_E + R_p}\right) = 50 \text{ kΩ}\left(1 + \frac{200 \cdot 2,5 \text{ kΩ}}{2,5 \text{ kΩ} + 2,5 \text{ kΩ} + 2,02 \text{ kΩ}}\right)$$
$$= 3,61 \text{ MΩ}$$

Der Ausgangswiderstand der Konstantstromquelle ist also erheblich größer als der differentielle Ausgangswiderstand des Transistors $r_{CE} = 50$ kΩ.

Anhang

1 Weiterführende Bücher und Literatur

[1] Finkelnburg, W.: Einführung in die Atomphysik. Berlin-Göttingen-Heidelberg 1967
[2] Kittel, C.: Einführung in die Festkörperphysik. 3. Aufl. München-Wien 1973
[3] Spenke, E.: Elektronische Halbleiter. Berlin-Heidelberg-New York 1965
[4] Madelung, O.: Grundlagen der Halbleiterphysik. Berlin-Heidelberg-New York 1970
[5] Sze, S.M.: Physics of semiconductor devices. New York 1969
[6] Bitterlich, W.: Einführung in die Elektronik. Wien-New York 1967
[7] Müller, R.: Halbleiter-Elektronik. Band 1 und 2. Berlin-Heidelberg-New York 1971 und 1973
[8] Harth, W.: Halbleitertechnologie. Stuttgart 1972
[9] Cassignol, E.J.: Halbleiter I (Physik und Elektronik). Eindhoven 1966
[10] Guggenbühl, W.; Strutt, M.J.O.; Wunderlin, W.: Halbleiterbauelemente. Basel-Stuttgart 1962
[11] Hilpert, H.: Halbleiterbauelemente. Stuttgart 1972
[12] Tietze, U.; Schenk, Ch.: Halbleiterschaltungstechnik. Berlin-Heidelberg-New York 1971
[13] Unger, H.G.; Schultz, W.: Elektronische Bauelemente und Netzwerke. 3 Bde. Braunschweig 1971−1973
[14] Rusche, G.; Wagner, K.; Weitzsch, F.: Flächentransistoren. Berlin-Göttingen-Heidelberg 1961
[15] Gärtner, W.W.: Einführung in die Physik des Transistors. Berlin-Göttingen-Heidelberg 1963
[16] Le Can, C.; Hart, K.; De Ruyter, C.: Schalteigenschaften von Dioden und Transistoren. Eindhoven 1963
[17] RCA: Halbleiterschaltungen der Leistungselektronik. Quickborn-Hamburg 1971
[18] RCA: Applikationsberichte über RCA-Transistoren. Quickborn-Hamburg 1971
[19] Valvo: Transistorkompendium, Teil I. Hamburg 1967
[20] Hewlett Packard: The Hot-carrier-diode. Application notes 907 und 923
[21] Motorola: Varaktors. Application notes AN-147, AN-176, AN-213, AN-228, AN-232, AN-243, AN-260
[22] Hewlett Packard: Step-recovery-Dioden. Application notes 918, 920, 928
[23] Hewlett Packard: PIN-Dioden. Application notes 914, 922, 929, 936
[24] Read, W.T.: A proposed high frequency negativ resistance diode. Bell Syst. Techn. Journal 1958, S. 401−446
[25] Cowley, A.M.: Impatt-Diode. Hewlett Packard Journal May 1970
[26] Hewlett Packard: Impatt-Diode. Application note 935
[27] Heywang, W.: Impatt-Diode. El. Rundschau 1969, S. 230, 267
[28] Gunn, J.B.: Microwave oscillations of current in III-V semiconductors. Solid State Commun. 1, 1963, S. 88−91
[29] Möschwitzer, A.; Lunze, K.: Halbleiterelektronik. Heidelberg 1973
[30] Paul, R.: Halbleiterphysik. Heidelberg 1975

226 Anhang

2 Normblätter

DIN	1 301	Einheiten, Kurzzeichen
DIN	1 339	Einheiten magnetischer Größen
DIN	1 357	Einheiten elektrischer Größen
DIN	1 304	Allgemeine Formelzeichen
DIN	1 344	Formelzeichen der elektrischen Nachrichtentechnik
DIN	5 483	Formelzeichen für zeitabhängige Größen
DIN	41 782	Gleichrichterdioden
DIN	41 785	Halbleiter-Bauelemente
DIN	41 790	Halbleiter-Bauelemente (Z-Dioden)
DIN	41 791	Halbleiter-Bauelemente für die Nachrichtentechnik
DIN	40 700	Schaltzeichen, Halbleiterbauelemente
DIN	1 311	Schwingungslehre
DIN	1 323	Elektrische Spannung, Potential Zweipolquelle, elektromotorische Kraft
DIN	1 324	Elektrisches Feld
DIN	1 325	Magnetisches Feld
DIN	5 488	Zeitabhängigkeit physikalischer Größen
DIN	40 108	Gleich- und Wechselstromsysteme
DIN	40 110	Wechselstromgrößen
DIN	40 148	Übertragungssysteme und Vierpole
DIN	1 302	Mathematische Zeichen
DIN	1 313	Schreibweise physikalischer Gleichungen
DIN	5 489	Vorzeichen- und Richtungsregeln für elektrische Netze
DIN	5 493	Logarithmierte Verhältnisgrößen (Pegel, Maß)

3 Schaltzeichen

Auswahl aus den Normblättern DIN 40 700, 40 710, 40 712

—	Gleichstrom allgemein	⊝(≋)	Hochfrequenz-Wechselspannungsgenerator
∼	Wechselstrom	⊝(−)	Gleichstromquelle
≋	Hochfrequenz-Wechselstrom, Rauschstrom	⊝(∼)	Wechselstromquelle
⊣⊢	Batterie	⊝(≋)	Hochfrequenz-Wechselstromquelle
⊥	Masse		
⊝(∼)	Wechselspannungsgenerator	⊝(⊓)	Rechteckspannung-Generator

⊖	Rechteckspannung-Sprunggenerator	▷⊢	Tunnel-Diode
▭	Widerstand allgemein	▷⊢	Z-Diode
▬	Induktivität		gegeneinander geschaltete
⊣⊢	Kapazität	▷◁	Z-Dioden, Begrenzer
⌿	Widerstand regelbar	▷⊢	Backward-Diode
⌿	Widerstand einstellbar	▷⊢	Step-recovery-Diode
⏛	Transformator		NPN-Transistor
▷⊢	Diode		
▷⊢	Kapazitäts-Diode		PNP-Transistor

4 Formelzeichen

(In Klammern Abschnittsnummern der Einführung der Zeichen)

Die Formelzeichen sind (z. B. im Gegensatz zu den Bezeichnungen der Einheiten) *kursiv* geschrieben und bezeichnen daher nach DIN 5483 skalare Größen bzw. Beträge. Die großen Buchstaben U, I kennzeichnen Gleichstromgrößen (in Abschn. 2.6 auch Effektivwerte gleichgerichteter Größen), die kleinen Buchstaben u, i allgemein Zeitwerte – insbesondere von Wechselstromgrößen. Ihre Effektivwerte werden dann durch eine Tilde, wie in $\tilde{u}$, $\tilde{i}$, und ihre Scheitelwerte durch den Index m, wie in u_m, i_m, hervorgehoben. Die Formelzeichen komplexer Wechselstromgrößen sind, wie in $\underline{\tilde{u}}$, $\underline{i}_m$, $\underline{Y}$, $\underline{Z}$, unterstrichen. Lineare Mittelwerte werden durch einen Überstrich, wie in $\bar{u}$, Gleichrichtwerte wie in $|u|$ bezeichnet.

Die zunächst angegebenen Indizes gelten für die bei den Formelzeichen am häufigsten benutzte Bedeutung. Die mit diesen Indizes versehenen Formelzeichen werden daher nicht in allen Fällen in der Formelzeichenliste aufgeführt. Selten benötigte Formelzeichen sind in der Formelzeichenliste nicht enthalten, jedoch im Text ausreichend benannt.

Indizes

A	für Austritt	Brss	Brumm (Spitze-Spitze-Wert)
AK	Akzeptor	b	Basisschaltung
a	Ausgangswerte	C	Kollektor
B	Basis	CB	Kollektor-Basis
BE	Basis-Emitter	CE	Kollektor-Emitter
BC	Basis-Kollektor	c	Kollektorschaltung
(BR)	Durchbruch (breakdown)	D	Diffusion

Anhang

dB	Dezibel	p	positive Löcher, positiv
E	Emitter	R	Sperrwerte
EB	Emitter-Basis	r	Rauschwerte
EC	Emitter-Kollektor	S	Sperrschicht
e	Emitterschaltung	s	Speicher (storage)
F	Durchlaßwerte	sb	Durchbruch 2. Art (second breakdown)
f	Abfall (fall)	T	Temperatur
G	Generator	t	Zeitabhängigkeit
g	Gesamtwerte	th	thermisch
H	Hochfrequenz	U	Spannungsabhängigkeit
I	Stromabhängigkeit	u	Spannung
i	Strom	ü	Überstromwerte
K	Kristall	V	Verluste
k	Kurzschluß	x	Ortsabhängigkeit
L	Last	z	Zener
M	Modulationsfrequenz	α	Basisschaltungswerte
m	Scheitelwerte	β	Emitterschaltungswerte
max	Maximalwerte	ϱ	Resonanzwerte
min	Minimalwerte	—	Gleichwerte
N	Nennwerte	0	Ruhewerte
n	Elektronen, negativ	1	Eingangswerte
P	Höckerwerte (peak)	2	Ausgangswerte

Formelzeichen

A	Gleichstromverstärkung der Basisschaltung (4.1.1)	E_x	Ortswert der Feldstärke (3.11.1)
A	Fläche (2.1.2)	e	Elementarladung (1.4.1)
A	Signal-Rauschverhältnis (4.11.5)	F	Kraft (1.3)
A_{dB}	Signal-Rauschabstand (4.11.5)	F	Rauschzahl (4.11.3)
a	Beschleunigung (1.4.1)	F_{dB}	Rauschmaß (4.11.3)
B	Gleichstromverstärkung der Emitterschaltung (4.1.3)	f	Frequenz (2.4.3)
b_n	Beweglichkeit der Elektronen (1.4.2.2)	f	Fermi-Funktion (1.4.2.3)
b_p	— — positiven Löcher (1.4.2.2)	f_n	— der Elektronen (3.2.1)
C	Kapazität (2.6.3)	f_p	— — positiven Löcher (3.2.1)
C	Temperaturkonstante (2.3.1)	f_a	Ausgangsfrequenz (3.8.5)
C	Konstante des flicker noise (4.11.2)	f_e	Eingangsfrequenz (3.8.5)
C_D	Diffusionskapazität (2.4.2)	f_g	Grenzfrequenz (3.7.1)
C_G	Gehäusekapazität (3.5.2)	f_α	— der Stromverstärkung der Basisschaltung (4.9.2)
C_S	Sperrschichtkapazität (2.4.1)	f_β	— — — — Emitterschaltung (4.9.3)
D_n	Diffusionskoeffizient der Elektronen (2.1.2)	f_ϱ	Resonanzfrequenz (3.6.3.1)
D_p	— — positiven Löcher (2.1.2)	f_T	Transitfrequenz (4.9.4)
d	Sperrschichtdicke (2.4.1)	g	Erzeugungsrate (1.4.1)
d	Driftstrecke (3.10.1)	h	Plancksches Wirkungsquantum (1.1.1)
E	elektrische Feldstärke (1.4.2)	h_{11}	h-Parameter (Eingangswiderstand) (4.4.2.1)
$E_{(BR)}$	Durchbruchsfeldstärke (3.10.1.2)	h_{12}	— (Spannungsrückwirkung) (4.4.2.1)
E_D	Diffusionsfeldstärke (2.1.2)	h_{21}	— (Stromverstärkung) (4.4.2.1)
E_{kr}	kritische Feldstärke (3.11.1)	h_{22}	— (Ausgangsleitwert) (4.4.2.1)
E_t	Zeitwert der Feldstärke (3.10.1.2)	I	Effektivwert des Stroms (2.6.1)
		I_B	Basisgleichstrom (4.1.3)

I_C	Kollektorgleichstrom (4.1.3)	m	Dioden-Qualitätsfaktor (3.5.2.1)
I_{CB0}	Kollektor-Basisreststrom (4.1.1)	N	Windungszahl (4.4.8)
I_{CE0}	Kollektor-Emitterreststrom (4.5.1)	n	Hauptquantenzahl (1.1.1)
I_{CER}	— bei mit R_{BE} überbrückter Basis-Emitterdiode (4.8.4)	n	Elektronendichte (1.4.1)
		n_{AK}	Akzeptorendichte (1.5.3)
I_{Dn}	Diffusionsstrom der Elektronen (2.1.2)	n_D	Donatorendichte (1.5.3)
I_{Dp}	— — positiven Löcher (2.1.2)	n_g	Gesamtdichte (1.4.2.2)
I_E	Emittergleichstrom (4.1.3)	n_i	Inversionsdichte (1.4.1)
I_{Esaki}	Esaki-Strom (3.2.1)	n_{nx}	ortsabhängige Elektronendichte im N-Gebiet (2.1.4.1)
I_F	Durchlaßgleichstrom (2.1.4)		
I_L	Laststrom (3.1.4.1)	n_{px}	— — — P-Gebiet (2.1.4.1)
I_P	Höckerstrom (3.2.2)	n_{no}	ungestörte Elektronendichte im N-Gebiet (2.1.2)
I_R	Sperrstrom (2.2.2)		
I_{RS}	Sättigungssperrstrom (2.1.4)	n_{po}	— — — P-Gebiet (2.1.2)
I_S	Spitzenstrom (2.6.3)	P	Leistung
I_V	Talstrom (3.2.2)	P_L	Nutzleistung (4.7)
I_a	Ausgangsstrom (4.13.4)	P_V	Verlustleistung (3.1.4.1)
I_{fn}	Feldstrom der Elektronen (2.1.2)	P_r	Rauschleistung (4.11.1)
I_{fp}	— — positiven Löcher (2.1.2)	p	Löcherdichte (1.4.1)
I_k	Kurzschlußstrom (2.6.1)	p_{nx}	ortsabhängige Löcherdichte im N-Gebiet (2.1.4.1)
I_{nn}	Elektronenstrom im N-Gebiet (2.1.4)		
I_{np}	— — P-Gebiet (2.1.4)	p_{px}	— — — P-Gebiet (2.1.4.1)
I_{pp}	Löcherstrom im P-Gebiet (2.1.4)	p_{no}	ungestörte Löcherdichte im N-Gebiet (2.1.2)
I_{pn}	— — N-Gebiet (2.1.4)		
$I_ü$	Überstrom (2.6.1)	p_{po}	— — — P-Gebiet (2.1.2)
I_z	Zener-Strom (3.1.2)	Q	Ladung (2.4.1)
i	Zeitwert des Stroms (2.6.3)	q	Ladungsdichte (3.10.1.2)
$\overline{|i|}$	Gleichrichtwert des Stromes (2.6.1)	Q_D	Dioden-Gütefaktor (3.6.2)
i_B	Basisstrom (Zeitwert) (4.10.2)	Q_F	Speicherladung (2.4.2)
i_C	Kollektorstrom (Zeitwert) (4.10.2)	Q_n	— der Elektronen (2.4.2)
i_D	Diodenstrom (Zeitwert) (3.8.4.1)	Q_p	— — positiven Löcher (2.4.2)
i_F	Durchlaßstrom (Zeitwert) (2.4.3)	Q_t	Zeitwert der Ladung (3.8.2)
i_m	Scheitelwert des Stroms (2.6.1)	q_t	Ladungsdichte (3.10.1.2)
$\tilde{i}_r$	Rauschstrom, Effektivwert (4.11.2)	R	Widerstand
i_{rr}	Ausräumstrom (2.4.3)	R_B	Basisvorwiderstand (4.3)
i_1	Eingangswechselstrom (4.4.2)	$R_{BB'}$	Basisbahnwiderstand (4.9.1)
i_2	Ausgangswechselstrom (4.4.2)	R_{BE}	Basis-Emitterwiderstand (4.8.4)
j	$\sqrt{-1}$ (3.10.3.2)	R_C	Kollektorwiderstand (4.3)
K_A	Ausschaltfaktor (4.10.2.3)	R_E	Emitterwiderstand (4.6.3)
K_L	Kopplungsfaktor (4.4.9)	R_G	Generatorwiderstand (2.4.3)
K_{th}	Oberflächenfaktor (4.7.2)	R_L	Lastwiderstand (2.6.1)
k	Boltzmann-Konstante (1.4.1)	R_S	Schutzwiderstand (2.6.1)
L	Induktivität (3.5.2.6)	R_V	Vorwiderstand (3.1.4.1)
L_n	Rekombinationsweglänge der Elektronen (2.1.4)	R_i	HF-Widerstand (PIN-Diode) (3.9.1)
		R_p	Parallelwiderstand (4.6.3)
L_p	— — positiven Löcher (2.1.4)	R_s	Serienwiderstand (3.7.1)
l	Kabellänge (3.8.4.2)	R_{th}	thermischer Widerstand (4.7)
M	Durchbruchfaktor (3.1.1.2)	R_{thJG}	— — zwischen Gehäuse und Sperrschicht (4.7)
m	Masse (1.1.1)		
m	Pulszahl (2.6.3)	R_{thGU}	— — — — Umgebung (4.7)
m	Exponent des Durchbruchfaktors (3.1.1.2)	R_{thC}	— — des Chassisblechs (4.7)
		r	Ortskoordinate (1.1.1)
		r	Rekombinationskoeffizient (1.4.1)

r_{BE}	differentieller Eingangswiderstand der Emitterschaltung (4.2.3)	u	Zeitwert der Spannung
r_{CE}	— Ausgangswiderstand der Emitterschaltung (4.2.1)	u_{Brss}	Brummspannung (2.6.3)
		$\overline{\|u\|}$	Gleichrichtwert der Spannung (2.6.2)
r_F	differentieller Durchlaßwiderstand der Diode (2.2.1)	u_a	Ausgangswechselspannung (3.2.3.2)
		u_e	Eingangswechselspannung (3.2.3.2)
r_{TD}	differentieller Widerstand der Tunneldiode (3.2.2)	u_m	Scheitelwert der Spannung (2.6.1)
		$\tilde{u}_r$	Rauschspannung, Effektivwert (4.11)
r_a	— Ausgangswiderstand (3.1.4.1)	u_1	Eingangswechselspannung (4.4.2)
r_e	— Eingangswiderstand (4.4.5)	u_2	Ausgangswechselspannung (4.4.2)
r_z	— Widerstand der Z-Diode (3.1.2)	$\ddot{U}$	Übersteuerungsgrad (4.10.2)
S	Stromdichte (1.4.2.2)	V_i	Stromverstärkung (4.3)
S	Stabilisierungsfaktor (3.1.4.1)	V_p	Leistungsverstärkung (4.4.5)
T	Temperatur (1.4.1)	V_u	Spannungsverstärkung (3.2.3.2)
T	Periodendauer (3.8.4.2)	V_u	— des Transistors (4.3)
T_G	Gehäusetemperatur (4.7)	v	Geschwindigkeit (1.1.1)
T_K	Kristalltemperatur (4.7)	v_n	Driftgeschwindigkeit der Elektronen (1.4.2.2)
T_S	Sperrschichttemperatur (2.5)		
T_U	Umgebungstemperatur (4.7)	v_p	— — positiven Löcher (1.4.2.2)
t	Zeit	W	Energie (1.3)
t_d	Verzögerungszeit (4.10.2.3)	W_A	Austrittsarbeit (1.4.2.3)
t_f	Abfallzeit (2.4.3)	W_{AK}	Akzeptoren-Energieniveau (1.5.2)
t_p	Impulsdauer (3.8.5.1)	W_D	Donatoren-Energieniveau (1.5.1)
t_r	Anstiegszeit (2.4.3)	W_E	elektrostatische Energie (3.8.5.1)
t_{rr}	Rückwärts-Erholzeit (2.4.3)	W_F	Fermi-Energie (1.4.2.2)
t_s	Speicherzeit (3.8.2)	W_K	Kontaktpotential (1.4.2.2)
U	Effektivwert der Spannung (2.6.1)	W_M	magnetische Energie (3.8.5.1)
U_{BE}	Basis-Emitter-Gleichspannung (4.1.2)	W_{sb}	Energie für den Durchbruch 2. Art (4.8.5.2)
$U_{(BR)}$	Durchbruchspannung (3.1.1.2)	X	Wahrscheinlichkeit (3.2.1)
U_{CB}	Kollektor-Basis-Gleichspannung (4.1.2)	X	Blindwiderstand (3.10.3.2)
U_{CB0}	Sperrspannung der Kollektor-Basisdiode (4.8.2)	x	Ortskoordinate (1.3)
		y_{11}	y-Parameter (Eingangsleitwert) (4.4.2.2)
U_{CE}	Kollektor-Emitter-Gleichspannung (4.1.3)	y_{12}	— (Rückwärtssteilheit) (4.4.2.2)
		y_{21}	— (Vorwärtssteilheit) (4.4.2.2)
U_{CE0}	Sperrspannung der Kollektor-Emitterstrecke (4.8.3)	y_{22}	— (Ausgangsleitwert) (4.4.2.2)
		Z	Tunnelwahrscheinlichkeit (3.2.1)
U_{CEsat}	Kollektor-Emitter-Sättigungsspannung (4.1.2)	Z	Wellenwiderstand (3.8.4.1)
		$\underline{Z}$	komplexer Widerstand (3.10.3.2)
U_D	Diffusionsspannung (2.1.2)	z_{11}	z-Parameter (Eingangswiderstand) (4.4.2.3)
U_E	Emitter-Gleichspannung (4.13.4)		
U_{EB}	Emitter-Basis-Gleichspannung (4.1.2)	z_{12}	— (reziproke Rückwärtssteilheit) (4.4.2.3)
U_{EB0}	Sperrspannung der Emitter-Basisdiode (4.8.2)	z_{21}	— (reziproke Vorwärtssteilheit) (4.4.2.3)
U_F	Durchlaßspannung der Diode (2.2.1)		
U_P	Höckerspannung (3.2.2)	z_{22}	— (Ausgangswiderstand) (4.4.2.3)
U_R	Sperrspannung der Diode (2.2.2)	α	differentielle Stromverstärkung der Basisschaltung (4.4.8)
U_S	Schwellspannung der Diode (2.2.1)		
U_T	Temperaturspannung (2.1.4)	α	Temperaturkoeffizient (3.1.2)
U_V	Talspannung (3.2.2)	α	Stoßionisierungskoeffizient (3.10.1.2)
U_a	Ausgangs-Gleichspannung (4.13.4)	β	differentielle Stromverstärkung der Emitterschaltung (4.2.2)
$U_\sim$	Gleichspannung (3.2.3.2)		
U_{n-}	— negativ (3.8.5.1)	γ	elektrische Leitfähigkeit (1.4.2.2)
U_{p-}	— positiv (3.8.4.1)	ΔW	Bandabstand (1.4)

Δf	Bandbreite (3.5.2.5)	τ	Zeitkonstante (2.4.2)
Δh	Determinante der h-Parameter (4.4.3.1)	τ	Lebensdauer (3.8.2)
Δy	— — y-Parameter (4.4.3.1)	ω	Kreisfrequenz (2.6.1)
δ	Dotierungsgrad (1.5.3)	ω_H	Kreisfrequenz der Hochfrequenzspannung (3.5.3.2)
ε_r	relative Dielektrizitätszahl (2.4.1)		
ε_0	absolute Dielektrizitätskonstante (2.4.1)	ω_M	— — Modulationsspannung (3.5.3.2)
φ	Phase (3.9.1)	ω_g	Grenzkreisfrequenz (3.7.1)
η	Wirkungsgrad (4.7)	ω_α	— der Stromverstärkung der Basisschaltung (4.9.2)
Θ	Stromflußwinkel (2.6.3)		
λ	Wellenlänge (1.1.1)	$\omega_{\alpha N}$	— — — — — für den Normalbetrieb (4.10.2)
λ	Wärmeleitwert (4.7)		
ϱ	spezifischer Widerstand (1.4.2.2)	$\omega_{\alpha I}$	— — — — — — Inversbetrieb (4.10.2)
ϱ_L	Zustandsdichte im Leitungsband (3.2.1)		
ϱ_V	— — Valenzband (3.2.1)	ω_ϱ	Resonanz-Kreisfrequenz (3.10.3.3)

Sachverzeichnis

Abfallzeit, Tunnel-Diode 68
—, Transistor 192 ff.
Abstimmdiode 86 f.
Abstimmung, Schwingkreis 87 f.
Achterschale 4
aktiver Zustand 132 f.
Akzeptor 16
—-Niveau 16
Anstiegszeit, Diode 33 f.
—, Step-recovery-Diode 99
—, Tunnel-Diode 68
—, Transistor 191 ff.
Amplitudenspektrum 105 f.
Arbeitspunkt, Tunnel-Diode 65 ff.
—einstellung, — 69
— —, Transistor 167 ff.
—stabilisierung, Transistor 169 ff.
Atommodell 1 f.
Ausbrennen 79
Ausgangs | kennlinien, fallende 178 f.
— —feld des Transistors 136 f.
—leitwert 145 f.
—widerstand 154 ff.
— —, differentieller 137
Ausräumstrom 34
Ausschalt | faktor 193
—kurve 198
Austauschwechselwirkung 4 f.
Austrittsarbeit 14

Backward-Dioden 69 ff.
Bahnen 1
—, Elektronen- 2
—, erlaubte 2
Bahnwiderstand 28
Band | abstände 13
—überlappung 13, 62 ff., 70
Bändermodell 5 ff., 12

Bändermodell des PN-Übergangs 20 f.
— der Backward-Diode 20 f.
— des Metall-Halbleiterkontakts 75 f.
— der Tunnel-Diode 62 ff.
— des Transistors 132 ff.
Basis 130 ff.
—schaltung 134, 143, 161
Beschleunigungskondensator 195
Besetzungswahrscheinlichkeit 64
Betriebsgrößen des Transistors 153 ff.
Beweglichkeit 11 ff.
—, negative 125 f.
Bindungsenergie 5
Boltzmann-Konstante 9
Brückenschaltung 42 f.
Brummspannung 50

channeling 210
Chassisblech 173

Darlington-Schaltung 213 ff.
— —, Ausgangswiderstand 215
— —, Eingangswiderstand 214
— —, Komplementär- 216 ff.
— —, Stromverstärkung 215
De Broglie 1 f.
Defekt | elektron 7
—leiter 16
Diamantgitter 4 f.
Dichte der Energiezustände 64
Dielektrizitätskonstante, relative 31
differentieller Durchlaßwiderstand der Diode 27
Diffusion 10, 206
Diffusionsfeldstärke 19

Diffusions | kapazität 32 f.
—koeffizient 18
—spannung 18 f., 62
—strom 18, 131 f.
—verfahren 206
—zeit 206 f.
diffundierte Transistoren 207 ff.
Dioden 26 ff.
—güte 90
—qualitätsfaktor 77
—spitzenstrom 48 f.
—strom 25
—tor 80 f.
—durchlaßspannung 21
Dissoziation 15
Donator 15
— -Niveau 15
Doppelabstimmdiode 86, 88
Dotierung 15
Dotierungsgrad 16
Dreieckdomäne 127 f.
Dreiphasen- | Brückenschaltung 45 f.
—Mittelpunktschaltung 43 f.
Drift | geschwindigkeit der Elektronen 11, 125 ff.
— der Löcher 11
—strecke 116, 119
—transistor 185
— Zeit 119 f.
Duplex-Schalter 114 f.
Durchbruch | bereich 54
—faktor 54
—spannung der Diode 54
—spannung des Transistors 175 ff.
—verhalten des Transistors 175 ff.
—, 2. Art 179 ff.
Durchlaß | bereich 26
—kennlinie der Diode 26
—spannung der Diode 21, 27

Sachverzeichnis

Edelgascharakter 5
effektive Masse 7
Effektivwert 39 ff.,
— von Rauschgrößen 199 ff.
elektrische Feldstärke 11
Elektronen 1 f.
—bahnen 2
—fahrplan 127 ff.
—gas 13
—-Interferenz 2
—-Mikroskopie 2
—wanderung 10
Elektron-Loch-Paar 11
Elementarladung 9
Eigenkonzentration 9
Eindringtiefe 206 ff.
Eingangs | kennlinien, Arbeits- 141 f.
— —feld des Transistors 138 f.
—leitwert 145
—widerstand 153 ff.
— —, differentieller 139
— —, Kurzschluß- 139, 144
—zeitkonstante des Transistors 186
Einschaltkurve 197 f.
Einsfrequenz 187
Einstein-Gleichung 20
Einweggleichrichtung 38 ff.
Emission von Elektronen 131 f.
Emitter 130 ff.
—schaltung 134 ff., 143, 155
Energie | bandschema 8
—-Eigenwert 5 ff.
—term 5 ff.
— für Durchbruch 2. Art 181
Entartung 6 f.
Epitaxial-Base-Transistor 210
Epitaxie 209
Ersatzschaltung der Hot-carrier-Diode 78
— — Impatt-Diode 122
— — Kapazitäts-Diode 86
— — PIN-Diode 111
— — Varaktor-Diode 89 f.
— des Transistors 132
— — —, π- 190 f.
— — —, T- 184
Erzeugungsrate 8
Esaki-Strom 62 ff.

Feld | stärke, kritische 125 ff.
— — am PN-Übergang 52

Feldstrom 18 f.
Fermi | -Energie 13
—-Funktion 14
—-Kante 13
—-See 13
Formfaktor 39
Fourier-Koeffizienten 105 f.
freie Zustände 64
Fremdatom 15
Frequenz | verdopplung 91 f.
—verdreifachung 92 f.
—vervierfachung 92 f.
—vervielfacher 90 ff., 102 ff.
—verhalten von Transistoren 184 ff.

Gegentakt-Modulator 81 f.
Germanium 2, 5
gesättigter Zustand 133 f.
gesperrter — 133 f.
Gitterenergie 5
Gleich | richterdioden 37
—richtung 37
—richtwert 39 ff.
— — der Ausgangsspannung 50
—stromverstärkung 134 f.
Glimmerscheibe 173 f.
Grenz | frequenz der PIN-Diode 110
— — — Varaktor-Diode 90
— — — Stromverstärkung der Basisschaltung 185 f.
— — — — — Emitter-schaltung 186 f.
—linien 182 f.
—werte für Kollektorstrom 181 ff.
— — — Kollektorspannung 181 ff.
Großsignalansteuerung 142
Grundschaltungen des Transistors 143
Gunn- | Dioden 125 ff.
—-Effekt 125 ff.

Halb | leiter 12
— —diode 22
— —schwingung 38
Hauptquantenzahl 2, 6
Heitler-London-Modell 7
High-gain-high-power-Transistor 214

Hochfrequenz | abschwächer 111 ff.
—widerstand 111 ff.
Höcker | spannung 64 ff.
—strom 64 ff.
Hohlraumresonator 122
Hometaxiale-Base-Transistor 208
homöopolare Bindung 5
hot | -carrier 76
— —-Dioden 74 ff.
— —-spots 180 f.
h-Parameter 144 f.
— —, Arbeitspunkt-abhängigkeit 151 f.
— —, Kennzeichnung 145
— — der Basisschaltung 150, 161
— — — Emitterschaltung 145
— — — Kollektorschaltung 151, 158
Hund-Mulliken-Modell 7
Hybrid-Gleichungen 144 f.

Idler-Kreis 92
Impatt-Dioden 116 ff.
Impedanzwandler 161
Impuls | aufsteilung 98 ff.
—belastung 183 f.
—-Burnout 79
—formung 99 ff.
—generator, mit Tunnel-Diode 66 ff.
induktive Last des Transistors 198
Injektion von Elektronen 131 f.
Intrinsiczahl 9
inverse Gleichrichter 71
— Stromverstärkung 134
— Zustände 133 f.
Inversionsdichte 9, 12
Inverter 188
Ion 5
Ionen | -Implantation 210 f.
—kristall 5
Ionisation 15
Ionisationsgrad 11
Isolator 12

Jedec-Norm 36

Kammstruktur 212
Kapazität, Diffusions- 32 f.

Sachverzeichnis

Kapazität, Sperrschicht- 31 f.
Kapazitäts-Dioden 84 ff.
kapazitive Last des Transistors 197 f.
Kaskode-Schaltung 218 ff.
— —, Ausgangswiderstand 219 f.
— —, Eingangswiderstand 219
— —, Stromverstärkung 220
Kenn|linie der Backward-Diode 71
— — — Hot-carrier-Diode 77 f.
— — — idealen Diode 26
— — — Impatt-Diode 121 f.
— — — Spitzen-Diode 73
— — — Tunnel-Diode 64 ff.
— — — Z-Diode 54 f.
— — des PN-Übergangs 22
—werte von Tunnel-Dioden 66
—zeichnungsschema von Halbleiter-Bauelementen 35
— — — Z-Dioden 57
Kleinsignal|ansteuerung 142
—-Betriebsverhalten 153 ff.
— — der Emitterschaltung 155 ff.
— — — Kollektorschaltung 158 ff.
— — — Basisschaltung 161 ff.
—verhalten 143 ff.
Kohlenstoff 2, 5
Kollektor 130 ff.
—-Fangschaltung 196
—schaltung 143, 158
—strom 132
Konstantstromquelle 221 ff.
—, Ausgangsstrom 221 ff.
—, Ausgangswiderstand 222 f.
Kontaktpotential 14
Kontinuitätsgleichungen 117
Konzentrationsgefälle 18, 131 f.
Kopplung von Verstärker-stufen 163 f.
Kopplungsfaktor 164
kovalente Bindung 5
Kreisfrequenz 47
Kristall|aufbau 4 f.
—temperatur 172 f.
Kühl|blech 173 ff.
—körper 173 f.

Kühlung von Transistoren 171 ff.
Kurzschlußstrom 40

Ladekondensator 46 ff.
Lawinen|bereich 116 ff.
—durchbruch 53 f.
—effekt 52 ff.
—-Laufzeit-Diode 116 ff.
Legierungstransistor 206
Leistungsverstärkung 154 ff.
Leitfähigkeit 11
Leitungs|band 7 f.
—elektron 7
Leitwert-Gleichungen 145 f.
Löcherwanderung 10
LSA-Modus 129

Majoritätsträger 17
—-Elektronendichte 19
—-Löcherdichte 19
—strom 24
Massenwirkungsgesetz 9
Materiewelle 1 f., 7, 13
Mesa-Struktur 208 f.
Metall 12
—-Halbleiter|dioden 74 ff.
— — kontakt 75 f.
metallische Bindung 5
Mikrowellengenerator 121 ff.
Miller|-Effekt 220 f.
—-Kapazität 220 f.
Minoritätsträger 17
—-Elektronendichte 19
—-Löcherdichte 19
—strom 24
Mittelpunktschaltung 41
Modulation 81

nail head bonding 213
Neutron 2
N-Halbleitung 15
noise, Johnson- 199
—, shot 199
—, flicker 199 f.

Ordnungszahl 2 ff.
Oszillator mit Tunnel-Diode 68 f.
Overlay-Struktur 212

parametrischer Verstärker 93 f.
P-Halbleiter 16

Periodendauer 39
periodisches System 3 f.
PIN-Dioden 108 ff.
Planar-Transistor 208 f., 211
Plancksches Wirkungs-quantum 2
PN-Übergang 18
—, abrupter 85
—, hyperabrupter 85
—, linearer 85
positives Ion 8
— Loch 8
Potential|barriere 21, 76
—topf 6
— —modell des Metalls 13
potentielle Energie 6
Protonen 2
Pulse-snap-Diode 94 ff.
Pulszahl 48
π-Glied 112 ff.

Radius der Elektronenbahnen 6
Raum|ladung 18
—ladungsfeldstärke 18
Rausch|abstand 205
—leistung 199
—maß 201 ff.
—spannung 199 f.
—strom 200 ff.
—zahl 201 ff.
Rauschen im Transistor 198 ff.
—, Schottky- 199
—, thermisches 199
—, weißes 199
—, Widerstands- 199
Rekombinations|koeffizient 9
—rate 9
—weglänge 25
Resonanzfrequenz bei Kapazitäts-Diode 87 f.
— — Impatt-Diode 124
— — Step-recovery-Diode 106
Reststrom 165 f.
reverse recovery current 34
Ringmodulation 82 f.
Rückwärts|-Diode 71
—-Erholzeit 34
—steilheit 146

Sättigungs-Sperrstrom 22, 25
Schalt|verhalten der Diode 33
— — des Transistors 188 ff.